Quick Flora Deutschland

Horst Mehlhorn

Quick Flora Deutschland

Das kleine Pflanzenbestimmungsbuch für Ihren Ausflug in die Natur

Horst Mehlhorn
Essen, Deutschland

ISBN 978-3-662-61695-6 ISBN 978-3-662-61696-3 (eBook)
https://doi.org/10.1007/978-3-662-61696-3

Die Deutsche Nationalbibliothek verzeichnet diese Publikation in der Deutschen Nationalbibliografie; detaillierte bibliografische Daten sind im Internet über http://dnb.d-nb.de abrufbar.

Springer ist ein Imprint der eingetragenen Gesellschaft Springer-Verlag GmbH, DE und ist ein Teil von Springer Nature.
Die Anschrift der Gesellschaft ist: Heidelberger Platz 3, 14197 Berlin, Germany

Vorwort

Vor jeder Wanderung und jedem Ausflug überlege ich immer wieder aufs Neue, ob ich ein Bestimmungsbuch mitnehme oder nicht. Keines davon passt in meine Hosen- oder Jackentasche und ausserdem sind sie so schwer und so gross, dass ich sie nur im Rucksack mitnehmen kann. So sind sie nicht direkt verfügbar oder enthalten nicht alle Arten. So bleiben sie oft zu Hause, auch weil eine Bestimmung oft länger dauert, als auf Wanderungen akzeptabel ist. All dieses waren Gründe, dieses Buch zu schreiben. Es sollte

- klein genug für die Hosen-/Jackentasche sein,
- in wenigen Schritten eine schnelle Bestimmung ermöglichen,
- alle Wildblumenarten Deutschlands enthalten,
- als Buch, auf dem PC, Tablet und Smartphone nutzbar sein,
- keine Internetverbindung erfordern,
- weitgehend auf Fachbegriffe verzichten und
- möglichst viele Bilder enthalten.

Ausgangspunkt hierfür war die Arbeit über die Pflanzen auf Mallorca und den anderen Inseln der Balearen. Diese hatten ergeben, dass es möglich ist, ein solches Buch zu schreiben. Die dort entwickelten Ansätze wurden auf die in Deutschland vorkommenden Arten übertragen. Ergebnis ist das vorliegende Bestimmungsbuch, das es erlaubt auch in Deutschland mit denselben vier Merkmalen wie auf den Balearen die bei uns vorkommenden Pflanzen so zu unterteilen, dass mit Hilfe einrer einseitigen Tabelle in den meisten Fällen direkt die (Doppel-) Seite ermittelt werden kann, auf der die Pflanzen anschließend in wenigen Schritten bestimmt werden können. Bei Nutzung auf einem Smartphone, Tablet oder PC erlauben es Hyperlinks in der Bestimmungstabelle ausserdem, die angegebenen Seiten direkt aufzurufen, ohne lästiges Blättern, wie in herkömmlichen Bestimmungsbüchern.

Grundlage für die Auswahl der Arten war eine ältere Ausgabe des Schmeil-Fitschen (1976). Diese schränkte die Arten auf die in Deutschland vorkommenden Arten ein. Um die Bestimmung der Pflanzen weiter zu beschleunigen wurden die Pflanzen im

Bestimmungsteil auch noch nach Standorten unterteilt. Grundlage hierfür war das Bestimmungsbuch der Pflanzengesellschaften Deutschlands von Schubert, Hilbert und Klotz (2001). Weil Gräser, Moose oder Flechten nur selten auf Wanderungen bestimmt werden, wurde auf die Aufnahme dieser Arten verzichtet.

Auch bei diesem Werk haben mir die Hinweise von Dr. Sarah Koch und Dr. Meike Barth vom Springer-Verlag sehr dabei geholfen, das Buch in der vorliegenden Form fertig zu stellen. Hierfür möchte ich mich ebenso bedanken, wie für das Verständnis und die Geduld meiner Ehefrau für die vielen Stunden, die ich mit dem Schreiben dieses Buches verbracht habe.

Ich wünsche Ihnen beim besseren Kennenlernen der Pflanzenwelt Deutschlands viel Freude und bin Ihnen für Korrekturvorschläge und Anregungen, die zur Verbesserung des Inhaltes beitragen, jederzeit dankbar.

Essen, den 1. März 2020

Horst Mehlhorn

quickflora@t-online.de

Inhaltsverzeichnis

Einführung in die Benutzung des Buches

Zur Gruppierung der Pflanzen in diesem Buch werden vier Kriterien herangezogen: die *Farbe* und *Form* der Blüten, die *Blattstellung* und die Art des *Blattrandes*. Mit Hilfe dieser vier Kriterien konnter ich auch für Deutschland einen Schlüssel entwickeln, der es erlaubt, die meisten Arten in weniger als 10 Schritten auf einer Doppelseite zu bestimmen.

Farbe

In diesem Buch werden die Pflanzen nach den Farben *Weiß*, *Rosa*, *Rot*, *Blau*, *Gelb*, *Grün*, *Mehrfarbig* und *Anders* unterschieden. Weil sich die Wahrnehmung von Farben aber von Mensch zu Mensch unterscheidet und Farben oft Übergänge aufweisen, die nur schwer zu fassen sind, ist es oft schwierig, Arten eindeutig zuzuordnen. Entsprechend wurden viele Arten mehrfach zugeordnet.

Blütenform

Blüten unterscheiden sich außer in der Farbe auch hinsichtlich ihrer Form. Ähnlich wie bei den Farben konnten die Pflanzen auch hier in acht Gruppen unterteilt werden, (1) kleine Blüten, bei denen es oft schwierig ist zu erkennen, wie die Einzelblüte aussieht, (2) Blüten mit 2-4 radiärsymmetrischen Blütenblättern, (3) Blüten mit 5 radiärsymmetrischen Blütenblättern, (4) Blüten mit mehr als 5 radiärsymmetrischen Blütenblättern, (5) Blüten mit doldigen Blütenständen, (6) Blüten mit einer dorsiventralen Symmetrieachse, (7) margeriten- und löwenzahnartige Blütenstände und Blüten, die nicht in eines der vorhergehenden Kriterien passen.

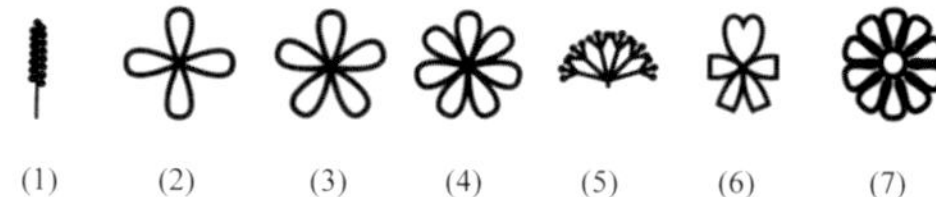

Blattstellung

Neben den Blüten unterscheiden sich Pflanzen auch durch ihre Blätter. Diese können *gegenständig* (8) oder *wechselständig* (9) sein.

H. Mehlhorn, *Quick Flora Deutschland*,
https://doi.org/10.1007/978-3-662-61696-3_1

(8) (9)

Hierbei schließt das Kriterium *wechselständig* (*nicht gegenständig)* auch Pflanzen ohne Blätter mit ein, ebenso wie Pflanzen, deren Blätter quirl- oder grundständig sind.

Blattrand

Außer in der Blattstellung unterscheiden sich Blätter auch in ihrem *Blattrand.* Dieser kann *ganzrandig* (10) oder *nicht ganzrandig* (11) sein. Ähnlich wie bei der Blattstellung gehören Pflanzen ohne Blätter auch hier zu den Pflanzen mit nicht ganzrandigen Blättern.

(10) (11)

Weitere Bestimmungsmerkmale

Nach der Identifizierung der Doppelseite können die Arten anschließend in wenigen Schritten bestimmt werden. Wichtige Unterscheidungsmerkmale hierfür sind die Form der Blätter,

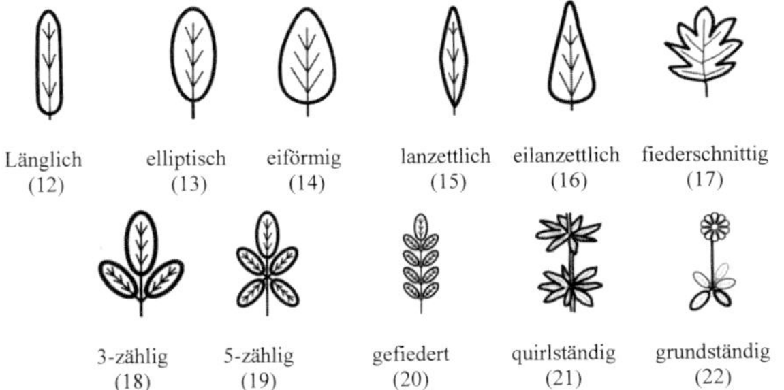

Länglich (12) elliptisch (13) eiförmig (14) lanzettlich (15) eilanzettlich (16) fiederschnittig (17)

3-zählig (18) 5-zählig (19) gefiedert (20) quirlständig (21) grundständig (22)

die An- (23) oder Abwesenheit (24) von Blattstielen,

Blätter gestielt (23)

Blätter sitzend (24)

die An- (25) oder Abwesenheit (26) von Nebenblättern,

Blätter mit Nebenblättern (25)

Blätter ohne Nebenblätter (26)

und verschiedene Blütenmerkmale (27):

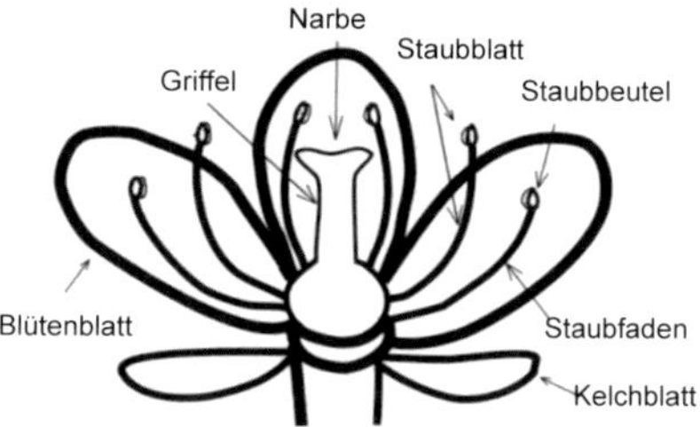

Blütenaufbau (27)

Pflanzenfamilien mit besonderen Merkmalen für die Bestimmung
Bei wenigen Pflanzenfamilien werden auch noch andere Merkmale bei der Bestimmung genutzt. So sind bei Schmetterlingsblütlern (*Fabaceae*) (28) die Farbe und Größe der Blütenblätter wichtig,

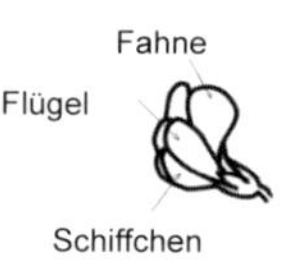

Schmetterlingsblüte (28)

bei Korbblütlern (*Compositae*) die Zahl der Reihen von Blütenhüllblättern (29),

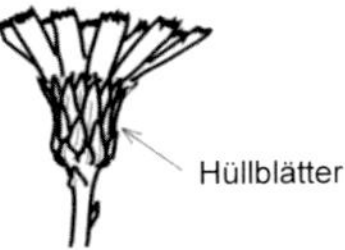

Korbblütler mit mehreren Reihen von Hüllblättern (29)

bei Doldenblütlern (*Apiaceae*) die Präsenz von Hüll- und Hüllchenblättern,

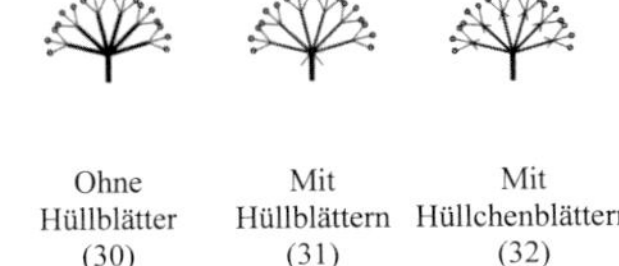

Ohne Hüllblätter (30)	Mit Hüllblättern (31)	Mit Hüllchenblättern (32)

bei Kreuzblütlern (*Cruciferae*) die Form der Früchte,

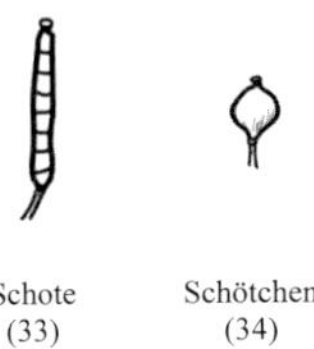

Schote (33)	Schötchen (34)

und bei Lippenblütlern (*Lamiaceae*) und anderen Pflanzenfamilien die Anwesenheit, Gestalt, und Größe von Unterlippe und Oberlippe (35).

Blüte mit Unterlippe und Oberlippe(35)

Nutzung der Bestimmungstabelle

Die Tabelle auf der gegenüberliegenden Seite gibt an, auf welcher Seite im Buch, eine Pflanzenart, die die entsprechenden vier Bestimmungsmerkmale aufweist, gefunden und bestimmt werden kann. Hierfür ist die Tabelle folgendermaßen aufgebaut:

- Spalte 1 enthält die *Blütenform.*
- Die Spalten zwei bis fünf verweisen auf Seiten mit Pflanzen mit *ganzrandigen Blatträndern.*
- Die Spalten sechs bis neun verweisen auf Seiten mit Pflanzen deren *Blattränder nicht ganzrandig* sind.
- Die Spalten 2, 3, 6 und 7 verweisen auf Seiten mit Pflanzen, deren Blätter *gegenständig* sind.
- Die Spalten 4, 5, 8 und 9 verweisen auf Seiten mit Pflanzen, deren Blätter *nicht gegenständig (wechselständig)* sind.
- Die farbigen Zellen verweisen jeweils auf die Blütenfarben *Weiß*, *Rosa*, *Rot*, *Blau*, *Gelb*, *Grün*, *Mehrfarbig* und *Anders,* wobei der olive Block die Farbe *Mehrfarbig* und der orange Block die Farbe *Anders* repräsentiert.

Beispiele:

A) Eine Pflanze mit blauen Blüten, mit 5 Blütenblättern, gegenständigen Blättern und ganzrandigem Blattrand kann auf der Seite 61 bestimmt werden.

B) Eine Rosettenpflanze mit mehrfarbigen Blüten, symmetrischen Blütenblättern, grundständigen Blättern und einem gezähnten Blattrand, kann auf der Seite 623 bestimmt werden.

C) Eine Pflanze mit violetten, symmetrischen Blüten und ganzrandigen, nicht gegenständigen Blättern kann auf der Seite 290 bestimmt werden.

Im Ebook sind zusätzlich auch Hyperlinks integriert, in der Tabelle, im Inhaltsverzeichnis, durch Ansteuerung der Kopfzeile (Sprung zurück zur Tabelle) oder Fußzeile (Sprung zum Index), im Schlüssel und der Artbeschreibung (unterstrichene Arten), der Bildlegende sowie den Registereinträgen im Index. Vom Index ist es außerdem möglich, auf die Seiten mit den abgebildeten Arten zu gelangen, indem die fett markierten Seitenzahlen angesteuert werden.

	Blätter ganzrandig				Blätter nicht ganzrandig			
	Gegenständig		Wechselständig		Gegenständig		Wechselständig	
Kleine Blüten	19	67			313	359		529
	37	81	141	231		371		588
	45		161				483	
		93		277		386		639
2-4 Blütenblätter	19	67	109	197	313	359	408	530
	37	81	143	237	327	375	461	599
	45	87	161	253	337	381	483	613
	59	93	183	279	349	386	515	645
5 Blütenblätter	22	68	118	202	317	361	416	536
	39	83	147	243	331	377	465	603
	47	87	164	255	339	381	489	615
	61	97	185	280	349	387	517	648
> 5 Blütenblätter	33	75	126	209	319	363	433	547
	43		153	247				
	53	91	171	261	341		495	621
		101	191	287			521	657
Dolde		75		213	321	363	438	551
				251		379	471	607
							521	497
Blüten symmetrisch	35	77	133	214	323	365	451	555
	43	85	155	249	333		477	607
	55	91	172	264	342	383	501	623
	65	103	193	290	353	394	521	658
Margerite Löwenzahn		79		223		369	455	560
			159	225			479	568
			181	275			505	628
				293			525	665
Anders	35		139	229	325	369	457	580
			159	251		379	481	609
			181	275	343		506	637
			195	302	357	405	527	668

Glossar

Ähre (1):	Blütenstand mit sitzenden Blüten an unverzweigter, nicht verdickter Stängelachse
Ausdauernd:	Pflanze mit unterirdischen Überdauerungsorganen
Außenkelch:	kelchähnlicher Blattwirtel unmittelbar unter der Blütenhülle
Blütenhüllblätter (29):	verschieden gestaltetes Tragblatt eines Blütenstandes
Brutzwiebeln:	Vermehrungsorgan im Blütenstand
Dolde (30-32):	schirmartiger Blütenstand, bei dem alle Blütenstiele vom selben Punkt ausgehen
Fahne (28):	Blütenblatt der Schmetterlingsblüte
Flügel (28):	Blütenblatt der Schmetterlingsblüte
Gefiedert (20):	zusammengesetztes Blatt mit meist gegenständigen Blättchen an einer Blattspindel
Geflügelt:	flügelartige Auswüchse oder Blattbildungen, z. B. an Stängeln, Blüten, Früchten
Gegenständig (23):	zwei einander gegenüberstehende Blätter an einem Stängelknoten
Griffel (27):	oberer, verjüngter Teil von Fruchtblättern, Narbe und Fruchtknoten der Blüte verbindend
Grundständig (22):	Blätter stehen am Grund des Stängels, und bilden zu mehreren eine Rosette
Hüllblätter (29):	verschieden gestaltetes Tragblatt eines Blütenstandes
Hüllchenblätter (32):	Hüllblatt eines Döldchens
Kätzchen:	ährenähnlicher Blütenstand
Kelch (27):	unterer, meist grün gefärbter Blattwirtel einer doppelten Blütenhülle
Kelchblatt (27):	einzelnes Blatt des Kelches
Knoten:	Ansatzstelle der Blätter am Sproß

Köpfchen:	vielblütiger Blütenstand mit horizentraler Blütenstandsachse
Lippe (35):	Blütenblatt, welches sich durch Form und Größe von den anderen Blütenblättern unterscheidet
Narbe (27):	oberster, bisweilen etwas verdickter oder lappig verlängerter Teil von Fruchtblättern der Blüte, Keimbett für Blütenstaub bildend
Nebenblatt (25):	Blattbildung am Grunde des Blattstieles
Perianth:	Doppelte Blütenhülle aus Kelch- und Kronblättern
Quirlständig (21):	an jedem Knoten mehr als zwei Blätter stehend
Razem:	Ansammlung von Blüten innerhalb eines Blütenstandes, z. B. Ähren, Dolden, Trauben
Rispe:	mehrfach verzweigter Blütenstand, bei dem jedes Ästchen eine Blüte hat
Rosetten (22):	ringförmig angeordnete, grundständige Blätter
Schiffchen (28):	Kronblatt der Schmetterlingsblüte
Schmetterlingsblüte:	Blütenform, bei der das obere Blütenblatt Fahne(28), das untere Schiffchen (28) und die seitlichen Flügel (28) genannt werden
Schote (33):	Frucht (Länge zu Breite größer als 3 : 1)
Schötchen (34):	Frucht (Länge zu Breite kleiner als 3 : 1)
Staubblätter (27):	stark umgewandeltes Blatt der Blüte, in der Regel aus Staubfaden und Staubbeutel bestehend
Tragblätter:	Blatt, in dessen Achsel ein Seitenzweig oder eine einzelne Blüte steht
Traube:	verlängerter Blütenstand mit gestielten Blüten
Wechselständig (9):	an jedem Stängelknoten nur ein Blatt stehend
Zweihäusig:	männliche und weibliche Blüten auf verschiedenen Pflanzen

Blätter ganzrandig
-
Blätter gegenständig

Blutroter Hartriegel
Cornus sanguinea
(Cornaceae)

Blüten klein

1A-Blüten mit 3 Blütenblättern
  2A-Blüten mit 3 Staubblättern (Moore) ***Elatine triandra***
  2B-Blüten mit 6 Staubblättern (Ufervegetation) ***Elatine hexandra***

2-4 Blütenblätter

1A-Blüten mit 3 Blütenblättern
  2A-Blüten mit 3 Staubblättern (Moore) ***Elatine triandra***
  2B-Blüten mit 6 Staubblättern (Ufervegetation) ***Elatine hexandra***
1B-Blüten mit 4 Blütenblättern
  2A-Wälder und Gebüsche
    3A-Blüten mit vielen Staubblättern ***Clematis vitalba***
    3B-Blüten mit 4 Staubblättern ***Cornus sanguinea***
    3C-Blüten mit 2 Staubblättern
      4A-Blätter am Grund herzförmig ***Syringa vulgaris***
      4B-Blätter am Grund nicht herzförmig ***Ligustrum vulgare***
  2B-Rasengesellschaften und Ruderalstandorte
    3A-Blüten mit 4 Staubblättern (verbreitet) ***Sagina procumbens***
    3B-Blüten mit 8 Staubblättern (nur in SO-Bayern) ***Minuartia cherlerioides***
  2C-Moore und Zwergstrauchheiden
    3A-Kelchblätter der Blüten eingeschnitten ***Radiola linoides***
    3B-Kelchblätter der Blüte nicht so ***Sagina procumbens***
  2D-Felsstandorte im Voralpenland ***Moehringia muscosa***
  2E-Salzstandorte an Nord- und Ostsee ***Sagina maritima***

Gemeiner Liguster
Ligustrum vulgare
(Oleaceae)

Clematis vitalba Gemeine Waldrebe (Ranunculaceae) Windender Kletter-strauch/Blätter gefiedert/Blüten 2-3 cm/kalkhaltige Böden/Buchenwälder-Gebüsche/Juni-Juli

Cornus sanguinea Blutroter Hartriegel (Cornaceae) Strauch/junge Zweige rot/Blätter 5-8 cm lang/Blüten in Scheindolden/Ton- und Lehmböden/ Buchenwälder-Gebüsche/Mai-Juni

Elatine hexandra Sechsmänniges Tännel (Elatinaceae) Niederliegendes Kraut/ an den Knoten wurzelnd/unbehaart/Stängel bis 20 cm lang/Blätter kurz ge-stielt/3 Blütenblätter/6 Staubblätter/Schlammböden/Ufervegetation/Juni-Sep

Elatine triandra Dreimänniges Tännel (Elatinaceae) Niederliegendes Kraut/an den Knoten wurzelnd/unbehaart/Stängel bis 20 cm lang/Blätter kurz gestielt/ 3 Blütenblätter/3 Staubblätter/nährstoffreiche Böden/Moore/Juni-Sep

Ligustrum vulgare Gemeiner Liguster (Oleaceae) Immergrüner Strauch/kahl/ Blätter gestielt + lanzettlich/Blüten 4-6 mm/in dichten Rispen/Ton- und Lehmböden/Eichenmischwälder-Gebüsche/Juni-Aug

Minuartia cherlerioides Polster-Miere (Caryophyllaceae) Polsterpflanze bis 5 cm/Blätter 1-3 mm lang/unterseits dreinervig/Blüten 2-4 mm/8 Staubblätter/ auf Kalk/Rasengesellschaften/Juli-Aug

Moehringia muscosa Moos-Nabelmiere (Caryophyllaceae) Unbehaartes Kraut/ Blätter fädlich bis 7 cm lang/Blütenkronblätter 4-8 mm/8 Staubblätter/ humose Steinböden/meist auf Kalk/Felsstandorte/Mai-Sep

Radiola linoides Zwerg-Flachs (Linaceae) Unbehaartes Kraut/1-8 cm/Blätter sitzend/Blüten 1-2 mm in verzweigten Blütenständen/Moorböden/Moore/ Juli-Aug

Sagina maritima Strand-Mastkraut (Caryophyllaceae) Fleischiges Kraut/bis 15 cm/Blätter sitzend/oben stachelspitzig/Blüten 3-5 mm/Sandböden/Moore-Salzstandorte/Mai-Sep

Sagina procumbens Liegendes Mastkraut (Caryophyllaceae) Niederliegende Pflanze/1-5 cm/Blätter sitzend/kurz stachelspitzig/Blüten meist nur mit Kelch/Blütenstiel unbehaart/basenarme Böden/Rasengesellschaften-Ruderalpflanzen/Mai-Sep

Syringa vulgaris Gemeiner Flieder (Oleaceae) Strauch/Blätter gestielt und herzförmig/Blütenkronröhre 8-12 mm mit 4-5 mm langen Zipfeln/Gebüsche/Mai-Juni

5 Blütenblätter

1A-Wälder und Gebüsche
  2A-Blätter gestielt
    3A-Strauch — ***Lonicera caerulea***
    3B-Krautige Pflanze
      4A-Blütenblätter tief eingeschnitten — ***Stellaria holostea***
      4B-Blütenblätter nicht eingeschnitten
        5A-Kelch- und Blütenblätter gleich groß — ***Moehringia trinervia***
        5B-Kelchblätter < Blütenblätter — ***Vincetoxicum hirundinaria***
  2B-Blätter sitzend
    3A-Blütenblätter nicht eingeschnitten
      4A-Kelch- und Blütenblätter gleich groß — ***Moehringia trinervia***
      4B-Kelchblätter < Blütenblätter — ***Vincetoxicum hirundinaria***
    3B-Blütenblätter gebuchtet — ***Cerastium glomeratum***
    3C-Blütenblätter fransig eingeschnitten — ***Dianthus arenarius***
    3D-Blütenblätter eingeschnitten
      4A-Kelchblätter röhrig verwachsen
        5A-Kelch nur gekerbt — ***Cucubalus baccifer***
        5B-Kelch tief eingeschnitten — ***Silene nutans***
      4B-Kelchblätter nicht röhrig verwachsen
        5A-Kelchblätter > Blütenblätter — ***Stellaria uliginosa***
        5B-Kelchblätter < Blütenblätter
          6A-Stängel vierkantig/Blätter eiförmig — ***Myosoton aquaticum***
          6B-Stängel rund
            7A-Blätter linealisch — ***Stellaria graminea***
            7B-Blätter eiförmig — ***Stellaria nemorum***
1B-Rasengesellschaften und Ruderalstandorte
  2A-Blätter gestielt
    3A-Blütenblätter eingeschnitten — ***Stellaria media***
    3B-Blütenblätter nicht eingeschnitten — ***Vincetoxicum hirundinaria***
  2B-Blätter sitzend
    3A-Kelchblätter röhrig verwachsen
      4A-Blütenblätter eingeschnitten
        5A-Griffel 5 — ***Silene latifolia***
        5B-Griffel 3
          6A-Kelch 10nervig — ***Silene rupestris***
          6B-Kelch 20nervig — ***Silene vulgaris***
      4B-Blütenblätter nicht eingeschnitten
        5A-Blätter lineal/Blüten < 1 cm — ***Scleranthus perennis***
        5B-Blätter eiförmig/Blüten > 1 cm
          6A-Blütenblätter rund — ***Saponaria officinalis***
          6B-Blütenblätter spitz — ***Gentianella germanica***

3B-Kelchblätter nicht röhrig verwachsen
4A-Blütenblätter eingeschnitten
5A-Blütenblätter < Kelchblätter — ***Cerastium semidecandrum***
5B-Blüten- + Kelchblätter gleich lang
6A-5 Staubblätter — ***Cerastium pumilum***
6B-10 Staubblätter
7A-Kelchblätter am Rand unbehaart — ***Cerastium holosteoides***
7B-Kelchblätter am Rand behaart — ***Cerastium glomeratum***
5C-Blütenblätter > Kelchblätter
6A-Blütenblätter tief gespalten — ***Stellaria palustris***
6B-Blütenblätter wenig eingescnitten
7A-Blätter länglich (Apr-Juli) — ***Cerastium arvense***
7B-Blätter eiförmig (Juli-Sep) — ***Cerastium alpinum***
4B-Blütenblätter ungeteilt
5A-Blütenblätter < Kelchblätter — ***Arenaria serpyllifolia***
5B-Blüten- und Kelchblätter gleich lang
6A-Blätter lineal — ***Minuartia verna***
6B-Blätter lineal-lanzettlich — ***Gypsophila fastigiata***
6C-Blätter eiförmig/Stängel 4kantig — ***Anagallis arvensis***
5C-Blütenblätter > Kelchblätter
6A-Blütenblätter gezähnt — ***Holosteum umbellatum***
6B-Blütenblätter nicht gezähnt
7A-Pflanze bis 30 cm gross — ***Honckenya peploides***
7B-Pflanze 30-120 cm — ***Vincetoxicum hirundinaria***
1C-Uferpflanze
2A-Blätter gestielt — ***Stellaria nemorum***
2B-Blätter sitzend
3A-Blütenblätter gebuchtet — ***Cerastium glomeratum***
3B-Blütenblätter tief gespalten
4A-Blütenblätter < Kelch — ***Stellaria uliginosa***
4B-Blütenblätter ≥ Kelch — ***Stellaria palustris***
3C-Blütenblätter ganz — ***Montia fontana***
1D-Moore und Zwergstrauchheiden
2A-Blätter gestielt — ***Valeriana dioica***
2B-Blätter sitzend
3A-Weniger als 5 Staubblätter — ***Valeriana dioica***
3B-10 Staubblätter
4A-Blütenblätter eingeschnitten — ***Stellaria uliginosa***
4B-Blütenblätter nicht eingeschnitten
5A-Blüten einzeln/5-10 mm — ***Sagina nodosa***
5B-Blüten zu mehreren/4-5 mm — ***Illecebrum verticillatum***
1E-Salzstandorte — ***Sagina nodosa***

Fortsetzung nächste Seite

Weiße Schwalbenwurz
Vincetoxicum hirundinaria
(Asclepiadaceae)

1I-Felsstandorte	
2A-Blätter gestielt	***Vincetoxicum hirundinaria***
2B-Blätter sitzend	
3A-Blüte gespornt/1 Staubblatt	***Centranthus ruber***
3B-Blüte anders	
4A-Blütenblätter ungeteilt	
5A-Staubblätter nicht frei	***Vincetoxicum hirundinaria***
5B-Staubblätter frei	
6A-Kelch < Blütenblätter	***Moehringia ciliata***
6B-Kelch ~ Blütenblätter	***Minuartia verna***
6C-Kelch > Blütenblätter	***Minuartia rupestris***
4B-Blütenblätter gezähnt	***Silene pusilla***
4C-Blütenblätter gebuchtet	***Gypsophila repens***
4D-Blütenblätter eingeschnitten	
5A-Pflanze unbehaart	***Silene vulgaris***
5B-Pflanze behaart	***Cerastium alpinum***

Kriechendes Gipskraut
Gypsophila repens
(Caryophyllaceae)

Anagallis arvensis Acker-Gauchheil (Primulaceae) Kahle Pflanze/5-30 cm/ Stängel 4kantig/Blätter eiförmig/Blüten 6-7 mm/frische und nährstoffreiche Böden/Ruderalstandorte/Juni-Okt

Arenaria serpyllifolia Quendelblättriges Sandkraut (Caryophyllaceae) Behaarte Pflanze/3-30 cm/Blätter eiförmig/Blüten < Kelch/Blüten 5-7 mm/lockere Böden/Rasengesellschaften-Ruderalpflanzen/Mai-Sep

Centranthus ruber Spornblume (Valerianaceae) Unbehaarte Pflanze/25-100 cm/Blätter eiförmig/Blüten gespornt/Blüten 8-12 mm/Felsstandorte/Mai-Juni

Cerastium alpinum Gewöhnliches Alpen-Hornkraut (Caryophyllaceae) Wollig behaarte Pflanze/5-20 cm/Blätter eiförmig/Blüten 14-20 mm/Griffel 5/ lehmige Steinböden/Felsstandorte-Rasengesellschaften/Juli-Sep

Cerastium arvense Acker-Hornkraut (Caryophyllaceae) Behaartes Kraut/3-30 cm/Blätter länglich-lanzettlich/Blüten 12-20 mm/Blüten zu 1-7/Lehm- und Sandböden/Rasengesellschaften-Ruderalpflanzen/Apr-Sep

Cerastium glomeratum Knäuel-Hornkraut (Cruciferae) Abstehend behaarte Pflanze/2-45 cm/obere Blätter oval mit Stachelspitze/Blüte 5-8 mm/mäßig frische bis feuchte, nährstoffreiche, kalkarme, sandige oder reine Lehm- und Tonböden/Gebüsche-Ruderalstandorte-Ufervegetation/März-Sep

Cerastium holosteoides Gewöhnliches Hornkraut (Caryophyllaceae) Behaarte Pflanze/10-40 cm/Blätter länglich-eiförmig/Blüten 4-6 mm/Blütenblätter eingeschnitten/Rasengesellschaften-Ruderalpflanzen/Apr-Okt

Cerastium pumilum Niedriges Hornkraut (Caryophyllaceae) Behaarte Pflanze/ 1-30 cm/obere Blätter länglich bis eiförmig/Blüten 6-9 mm/5 Staubblätter/ 5 Griffel/Sand- und Steinböden/Rasengesellschaften/Apr-Juni

Cerastium semidecandrum Fünfmänniges Hornkraut (Caryophyllaceae) Klebrig behaartes Kraut/1-30 cm/Blätter länglich-eiförmig/Blüten < Kelch/ 5 Staubblätter/5 Griffel/Sand-Steingrusböden/Rasengesellschaften/März-Juni

Cucubalus baccifer Taubenkropf (Caryophyllaceae) Pflanze mit kurz gestielten Blättern/60-200 cm/Blütenblätter tief eingeschnitten/Kelchblätter ungleich/ 3 Griffel/nährstoffreiche Schlickböden/meist kalkhaltige Böden/Waldnahe Staudenfluren/Juli-Sep

Dianthus arenarius Sand-Nelke (Caryophyllaceae) Polsterpflanze/10-45 cm/ Blätter 3nervig/Blüten zu 1-2/Blütenblätter eingeschnitten/humose Sandböden/Kiefernwald/Juni-Aug

Gentianella germanica Deutscher Fransenenzian (Gentianaceae) Kahle Pflanze 5-40 cm/Blätter eiförmig/Blüten 2-4 cm/auf Kalk/Rasengesellschaften/ Juni-Okt

Gypsophila fastigiata Büscheliges Gipskraut (Caryophyllaceae) Klebrig-behaarte Pflanze/15-50 cm/Blätter lineal-lanzettlich/Blüten 5-8 mm/ Blütenstand trugdoldig/kalkreiche, humose Sand- und Gipsböden/ Rasengesellschaften/Juni-Aug

Gypsophila repens Kriechendes Gipskraut (Caryophyllaceae) Kahle Pflanze/ 8-25 cm/Blätter länglich-lanzettlich/Blüte 6-10 mm/Blütenblätter gebuchtet/ Blütenstand vielblütig/kalkreiche Schuttböden/Felsstandorte/Mai-Aug

Gewöhnliches Seifenkraut
Saponaria officinalis
(Caryophyllaceae)

Holosteum umbellatum Spurre (Caryophyllaceae) Klebrige Pflanze/3-25 cm/ Blätter verkehrt-eiförmig/Blütenstand doldig/Blüte 4-6 mm/Blütenblätter gezähnt/3-10 Staubblätter/3-4 Griffel/Kies-, Sand- und Steinböden/ Rasengesellschaften/März-Mai

Honckenya peploides Salz-Miere (Caryophyllaceae) Unbehaarte Pflanze/5-30 cm/Blätter eiförmig/Blütenstand 1-6blütig/Blüte 6-10 mm/10 Staubblätter/ 3 Griffel/feuchter Sand/Rasengesellschaften-Ruderalpflanzen/Juni-Juli

Illecebrum verticillatum Quirlige Knorpelmiere (Caryophyllaceae) Pflanze niederliegend/unbehaart/Blüten zu mehreren/Blüte 4-5 mm/lehmige Sandböden/Moore/Juli-Sep

Lonicera caerulea Blaue Heckenkirsche (Caprifoliaceae) Aufrechter Strauch/ 60-150 cm/Stängel nicht windend/Blätter eiförmig/Blüten paarweise in den Blattachseln/kalkarme Rohhumusböden/Fichtenwald-Gebüsche-Kiefernwald/ Mai-Juli

Minuartia rupestris Felsen-Miere (Caryophyllaceae) Kriechende Pflanze/4-15 cm/Blätter länglich-lanzettlich/Blüte 4-5 mm/10 Staubblätter/auf Kalk/ Felsstandorte/Juli-Aug

Minuartia verna Frühlings-Miere (Caryophyllaceae) Rasen-bildende Pflanze/ 2-15 cm/Blätter lineal/Blüte 6-8 mm/2-7 rötliche Staubblätter/lehmige Steinböden/Felsstandorte-Rasengesellschaften/Mai-Aug

Moehringia ciliata Gewimperte Nabelmiere (Caryophyllaceae) Rasen-bildende Pflanze/5-20 cm/Blätter lineal/Blüte 4-5 mm/10 Staubblätter/3 Griffel/ feuchtes Geröll/Gebüsche/Juni-Aug

Moehringia trinervia Dreinervige Nabelmiere (Caryophyllaceae) Behaartes Kraut/10-30 cm/Blätter eiförmig/Blüten 5-6 mm/einzeln/Blüten < Kelch/ 3 Griffel/10 Staubblätter/humose Lehmböden/Buchenwälder-Felsstandorte-Waldnahe Staudenfluren/Mai-Juli

Montia fontana Bach-Quellkraut (Portulacaceae) Unbehaarte Pflanze/2-30 cm/ Blätter länglich/Blüte 2 mm/Blütenstand 2-5blütig/feuchte Böden/ Uferstandorte/Apr-Sep

Myosoton aquaticum Wasserdarm (Caryophyllaceae) Kraut/20-50 cm/Stängel schlaff/Blätter herzförmig/Blüten 10-18 mm/Blütenblätter eingeschnitten/ 5 Griffel/10 Staubblätter/Lehm-, Ton- oder Schlammböden/Waldnahe Staudenfluren/Juni-Sep

Sagina nodosa Knotiges Mastkraut (Caryophyllaceae) Aufrechte Pflanze/ 5-35 cm/Blätter schmal lineal/kurz stachelspitzig/Blüten einzeln/5-10 mm/ kalkhaltige Torf- oder hümose Tonböden/Moore-Salzstandorte/Juni-Aug

Saponaria officinalis Gewöhnliches Seifenkraut (Caryophyllaceae) Unbehaarte oder flaumig behaarte Pflanze/30-70 cm/Blätter spitz-eiförmig/Blüte 25-38 mm/humose oder rohe Sand- und Kiesböden/Ruderalpflanzen/Juni-Sep

Scleranthus perennis Ausdauernder Knäuel (Caryophyllaceae) Am Grund verholzte Pflanze/5-25 cm/Blätter lineal/Blüte 3-4 mm/10 Staubblätter/ kalkarme Stein- und Steingrusböden/Rasengesellschaften/Mai-Sep

Gewöhnliches Leimkraut
Silene vulgaris
(Caryophyllaceae)

Silene latifolia Weiße Lichtnelke (Caryophyllaceae) Klebrig behaarte Pflanze/ 30-100 cm/Blätter eiförmig/Blüte 25-30 mm/5 Griffel/humose, rohe oder steinige Stein-, Sand und Lehmböden/Ruderalpflanzen/Juni-Sep

Silene nutans Nickendes Leimkraut (Caryophyllaceae) Pflanze weichhaarig/ Blätter breit lanzettlich/Blütenkronblätter 15-25 mm/humose Steinböden oder sandig-steinige Lehmböden/Waldnahe Staudenfluren/Juni-Aug

Silene pusilla Kleiner Strahlensame (Caryophyllaceae) Polsterpflanze bis 22 cm/Blätter lineal/Blütenblätter 7-9 mm/Blüten zu 2-6/3 Griffel/humose Steinböden/Felsstandorte/Juni-Sep

Silene rupestris Felsen-Leimkraut (Caryophyllaceae) Pflanze nur unten behaart bis 25 cm/Blätter unten lanzettlich + oben eiförmig/Blüte 7-9 mm/ humose oder rohe Sand- und Steinböden/Rasengesellschaften/Juli-Aug

Silene vulgaris Gewöhnliches Leimkraut (Caryophyllaceae) Unbehaarte Pflanze/Blätter eiförmig/Blütenstand 5-30blütig/Blüte 15-25 mm/3 Griffel/ humose oder rohe Böden/Felsstandorte-Rasengesellschaften/Juni-Sep

Stellaria graminea Gras-Sternmiere (Caryophyllaceae) Stängel unten 4kantig/ Blätter lineal-lanzettlich/sitzend/Blütenblätter tief eingeschnitten/Blüten 10-12 mm/kalkarme humose, meist sandige Lehmböden/Gebüsche/Mai-Juli

Stellaria holostea Große Sternmiere (Caryophyllaceae) Kraut mit 4kantigem Stängel/15-60 cm/Blätter lineal-lanzettlich/sitzend/Blütenblätter tief eingeschnitten/Blüten 20-30 mm/kalkarme humose Lehmböden/ Buchenwälder-Eichenmischwälder-Gebüsche/Apr-Juni

Stellaria media Vogel-Miere (Caryophyllaceae) Behaarte Pflanze bis 40 cm/ Stängel einreihig behaart/Blätter eiförmig/Blüte 5-10 mm/Blütenblätter tief gespalten/humose oder rohe Böden/Ruderalpflanzen/Jan-Dez

Stellaria nemorum Hain-Sternmiere (Caryophyllaceae) Behaartes Kraut mit rundem Stängel/bis 60 cm/Blätter eiförmig/Blütenblätter eingeschnitten/ Blüten 10-18 mm/10 Staubblätter/3 Griffel/kalkarme humose Ton- und Lehmböden/Buchenwälder-Uferstandorte-Waldnahe Staudenfluren/Mai-Sep

Stellaria palustris Sumpf-Sternmiere (Caryopyllaceae) Kahle Pflanze/10-45 cm/Blätter breit, lineal-lanzettlich/staunasse, mäßig nährstoffreiche, kalkarme, humose oder torfige Böden/Rasengesellschaften-Ufervegetation/Mai-Juli

Stellaria uliginosa Bach-Sternmiere (Caryophyllaceae) Kraut mit 4kantigem Stängel/Blätter eiförmig-lanzettlich/sitzend/Blütenblätter tief eingeschnitten/ Blüten 2-7 mm/10 Staubblätter/kalkarme humose Ton- und Lehmböden/ Moore-Uferstandorte-Waldnahe Staudenfluren/Mai-Juli

Valeriana dioica Kleiner Baldrian (Valerianaceae) Rhizomkraut/Blätter gefiedert/Blüten in 3teiligen Trugdolden/Einzelblüten 3 mm/kalkhaltige torfhaltige Böden/Moore/Mai-Juni

Vincetoxicum hirundinaria Weiße Schwalbenwurz (Asclepiadaceae) Aufrechte Pflanze/30-120 cm/Stängel unverzweigt/Blätter länglich-herz-förmig/Blüten 5-10 mm zu 6-8/kalkreiche, humusarme Böden/Buchenwälder-Felsstandorte-Rasengesellschaften-Waldnahe Staudenfluren/Mai-Sep

Gemeine Waldrebe
Clematis vitalba
(Ranunculaceae)

Mehr als 5 Blütenblätter

1A-Wälder und Gebüsche
  2A-Blätter grundständig — ***Leucojum vernum***
  2B-Blätter quirlständig — ***Polygonatum verticilllatum***
  2C-Blätter anders
    3A-Blüten mit 4 Staubblättern — ***Cornus sanguinea***
    3B-Blüten mit vielen Staubblättern — ***Clematis vitalba***
1B-Rasengesellschaften und Ruderalstandorte
  2A-Blätter parallelnervig — ***Leucojum vernum***
  2B-Blätter nicht parallelnervig — ***Valerianella dentata***

Clematis vitalba Gemeine Waldrebe (Ranunculaceae) Windender Kletterstrauch/Blätter gefiedert/Blüten 2-3 cm/kalkhaltige Böden/Buchenwälder-Gebüsche/Juni-Juli

Cornus sanguinea Blutroter Hartriegel (Cornaceae) Strauch/junge Zweige rot/Blätter eiförmig/Blätter 5-8 cm lang/Blüten 8-10 mm/4 Staubblätter/Blüten in Scheindolden/Ton- + Lehmböden/Gebüsche/Mai-Juni

Leucojum vernum Frühlings-Knotenblume (Amaryllidaceae) Zwiebelpflanze mit parallelnervigen Blättern/10-35 cm/Blüte 15-25 mm zu 1-2/feuchte, nährstoffreiche Mullböden/Eichenmischwälder-Erlenstandorte-Rasengesellschaften/Feb-Apr

Polygonatum verticillatum Quirlblättrige Weißwurz (Liliaceae) Pflanze mit parallelnervigen Blättern/30-100 cm/Blätter schmal lanzettlich in Scheinquirlen/Blüten 10 mm/± frische, ± nährstoffreiche Mullböden/Buchenwälder-Eichenmischwälder-Fichtenwälder-Kiefernwälder/Mai-Juli

Valerianella dentata Gezähnter Feldsalat (Valerianaceae) Unbehaarte Pflanze/10-40 cm/Blätter am Grund gezähnt/Blüte in vielblütigen Blütenständen/mäßig frische, nährstoffreiche Böden/Ruderalpflanzen/Juni-Aug

Deutsches Geißblatt
Lonicera periclymenum
(Caprifoliaceae)

Blütenblätter symmetrisch

1A-Wälder und Gebüsche
  2A-Blätter grundständig — ***Leucojum vernum***
  2B-Blätter sitzend — ***Lonicera periclymenum***
  2C-Blätter gestielt
    3A-Kraut/Stängel 4kantig
      4A-Aromatisch riechend/Blüten 6-8 mm — ***Origanum vulgare***
      4B-Blüten 25-30 mm — ***Prunella grandiflora***
    3B-Strauch/Stängel nicht 4kantig
      4A-Zweige mit weißem Mark — ***Lonicera nigra***
      4B-Zweige hohl — ***Lonicera xylosteum***
1B-Rasengesellschaften und Ruderalstandorte
  2A-Aromatisch riechend/Blüten 6-8 mm — ***Origanum vulgare***
  2B-Blüten 25-30 mm — ***Prunella grandiflora***
1C-Moore und Zwergstrauchheiden — ***Lindernia procumbens***
1D-Felsstandorte — ***Centranthus ruber***

Centranthus ruber Spornblume (Valerianaceae) Kahle Pflanze/25-100 cm/ Blätter eiförmig/Blüten gespornt/Blüten 8-12 mm/Felsstandorte/Mai-Juni

Lindernia procumbens Liegendes Büchsenkraut (Scrophulariaceae) Kraut/3-18 cm/kahl/Blätter eiförmig/Blüten 5-6 mm/4 Staubblätter/Moore/Aug-Sep

Lonicera nigra Schwarze Heckenkirsche (Caprifoliaceae) Strauch/50-200 cm/ Blätter elliptisch/Blüten 6-10 mm/Buchenwälder-Kiefernwälder/Apr-Mai

Lonicera periclymenum Deutsches Geißblatt (Caprifoliaceae) Kletterstrauch/ Zweige hohl/Blätter ei-lanzettlich/Blüten 35-55 mm/nährstoffarme und kalkarme Böden/Buchenwälder-Eichenmischwälder-Gebüsche/Mai-Juli

Lonicera xylosteum Rote Heckenkirsche (Caprifoliaceae) Aufrechter Strauch/ Blätter flaumig behaart + elliptisch/kurz gestielt/Blüten 10-15 mm/kalkhaltige Mullböden/Buchenwälder-Gebüsche/Mai-Juni

Origanum vulgare Gemeiner Dost (Lamiaceae) Behaarte Pflanze/Blätter eiförmig/Einzelblüten 6-8 mm/humose Lehm- und Lössböden/Buchenwälder-Gebüsche-Rasengesellschaften-Waldnahe Staudenfloren/Juli-Sep

Prunella grandiflora Große Brunelle (Lamiaceae) Behaarte Pflanze/10-30cm/ Blätter eiförmig/meist deutlich gestielt/Blüten in 3-5 cm langen Scheinähren/ Einzelblüten 2-3 cm/meist kalkhaltige Ton-, Lehm- und Lössböden/ Kiefernwälder-Rasengesellschaften/Juni-Aug

Blüten anders

1A-Wälder und Gebüsche — ***Clematis vitalba***

Clematis vitalba Gemeine Waldrebe (Ranunculaceae) Windender Kletterstrauch/Blätter gefiedert/Blüten 2-3 cm/kalkhaltige Böden/Buchenwälder-Gebüsche/Juni-Juli

Schwarze Heckenkirsche
Lonicera nigra
(Caprifoliaceae)

Blüten klein

1A-Ufervegetation — ***Elatine hexandra***
1B-Moore und Zwergstrauchheiden — ***Elatine triandra***

Elatine hexandra Sechsmänniges Tännel (Elatinaceae) Niederliegendes Kraut/an den Knoten wurzelnd/unbehaart/Stängel bis 20 cm lang/Blätter kurz gestielt/3 Blütenblätter/6 Staubblätter/Schlammböden/Ufervegetation/Juni-Sep

Elatine triandra Dreimänniges Tännel (Elatinaceae) Niederliegendes Kraut/an den Knoten wurzelnd/unbehaart/Stängel bis 20 cm lang/Blätter kurz gestielt/3 Blütenblätter/3 Staubblätter/nährstoffreiche Böden/Moore/Juni-Sep

2-4 Blütenblätter

1A-Wälder und Gebüsche — ***Lonicera nigra***
1B-Ufervegetation — ***Elatine hexandra***
1C-Moore und Zwergstrauchheiden — ***Elatine triandra***

Elatine hexandra Sechsmänniges Tännel (Elatinaceae) Niederliegendes Kraut/an den Knoten wurzelnd/unbehaart/Stängel bis 20 cm lang/Blätter kurz gestielt/3 Blütenblätter/6 Staubblätter/Schlammböden/Ufervegetation/Juni-Sep

Elatine triandra Dreimänniges Tännel (Elatinaceae) Niederliegendes Kraut/an den Knoten wurzelnd/unbehaart/Stängel bis 20 cm lang/Blätter kurz gestielt/3 Blütenblätter/3 Staubblätter/nährstoffreiche Böden/Moore/Juni-Sep

Lonicera nigra Schwarze Heckenkirsche (Caprifoliaceae) Strauch/50-200 cm/Blätter elliptisch/Blüten mit 4 Blütenblättern, paarig und lang gestielt/Blüten 6-10 mm/Kiefernwald/Apr-Mai

Kartäuser-Nelke
Dianthus carthusianorum
(Caryophyllaceae)

5 Blütenblätter

1A-Wälder und Gebüsche	***Symphoricarpos albus***
1B-Rasengesellschaften und Ruderalstandorte	
2A-Blütenblätter eingeschnitten	
3A-Blütenblätter mehrfach eingeschnitten	***Silene noctiflora***
3B-Blütenblätter einfach eingeschnitten	***Dianthus superbus***
2B-Blütenblätter gebuchtet	
3A-Pflanze unbehaart	***Silene rupestris***
3B-Pflanze behaart	
4A-Blüten in dichten Köpfchen/2 Griffel	***Gypsophila fastigiata***
4B-Blüten einzeln/3 Griffel	***Silene conica***
2C-Blütenblätter gezähnt	***Dianthus carthusianorum***
2D-Blütenblätter anders	***Saponaria officinalis***
1C-Moore und Zwergstrauchheiden	
2A-Stängelblätter tief eingeschnitten	***Valeriana dioica***
2B-Blätter nicht eingeschnitten	
3A-Blütenblätter gebuchtet	***Gypsophila muralis***
3B-Blütenblätter nicht gebuchtet	***Centaurium littorale***
1D-Felsstandorte	***Gypsophila repens***
1E-Salzstandorte	
2A-10 Staubblätter	***Spergularia maritima***
2B-1-5 Staubblätter	
3A-Blütenblätter < Kelchblätter	***Spergularia salina***
3B-Blütenblätter > Kelchblätter	***Centaurium littorale***

Acker-Leimkraut
Silene noctiflora
(Caryophyllaceae)

Rosa

Centaurium littorale Strand-Tausendgüldenkraut (Gentianaceae) Unbehaartes Kraut/5-25 cm/Stängelblätter lineal/Blüten 11-14 mm in mehrblütigen Blütenständen/sandige Salztonböden/Moore-Salzstandorte/Juli-Sep

Dianthus carthusianorum Kartäuser-Nelke (Caryophyllaceae) Kahle Pflanze/ 15-60 cm/Stängel oberwärts 4-kantig/Blätter lineal/Blüten 18-20 mm/Blütenblätter gezähnt/humose Sandböden oder sandige Lehmböden/Juni-Sep

Dianthus superbus Pracht-Nelke (Caryophyllaceae) Unbehaarte Pflanze/20-60 cm/Stängel rund/Blätter lineal/Blüten 30-50 mm/Blütenblätter mehrfach tief eingeschnitten/kalkhaltige Ton- oder Torfböden/Juni-Sep

Gypsophila fastigiata Büscheliges Gipskraut (Caryophyllaceae) Klebrig-behaarte Pflanze/15-50 cm/Blätter lineal-lanzettlich/Blüten 5-8 mm/Blütenstand trugdoldig/kalkreiche, humose Sand- und Gipsböden/Felsstandorte-Rasengesellschaften/Juni-Aug

Gypsophila muralis Acker-Gipskraut (Caryophyllaceae) Nur unten behaarte Pflanze/4-25 cm/Blätter lineal/Blüte 4 mm/feuchte Böden/Moore/Juni-Okt

Gypsophila repens Kriechendes Gipskraut (Caryophyllaceae) Kahle Pflanze/ 8-25 cm/Blätter länglich-lanzettlich/Blüte 6-10 mm/Blütenblätter gebuchtet/ Blütenstand vielblütig/kalkreiche Schuttböden/Felsstandorte/Mai-Aug

Saponaria officinalis Gewöhnliches Seifenkraut (Caryophyllaceae) Unbehaarte oder flaumig behaarte Pflanze/30-70 cm/Blätter spitz-eiförmig/Blüte 25-38 mm/humose oder rohe Sand- und Kiesböden/Ruderalstandorte/Juni-Sep

Silene conica Kegelfrüchtiges Leimkraut (Caryophyllaceae) Drüsig behaartes Kraut/5-50 cm/Blätter länglich/Blüten 4-5 mm/3 Griffel/humose Sandböden/ Rasengesellschaften/Juni-Juli

Silene noctiflora Acker-Leimkraut (Caryophyllaceae) Behaarte Pflanze/10-60 cm/Blätter eiförmig/Blüten 17-19 mm/3 Griffel/Lehm- und Tonböden/ Ruderalstandorte/Juni-Sep

Silene rupestris Felsen-Leimkraut (Caryophyllaceae) Nur unten behaarte Pflanze/bis 25 cm/Blätter unten lanzettlich und oben eiförmig/Blüte 7-9 mm/ 3 Griffel/Sand- und Steinböden/Rasengesellschaften/Juli-Aug

Spergularia maritima Flügel-Schuppenmiere (Caryophyllaceae) Pflanze mit fleischigen Blättern/Blätter schmal und mit Nebenblättern/Blüten 7-12 mm/ 10 Staubblätter/Salzstandorte/Juli-Sep

Spergularia salina Salz-Schuppenmiere (Caryophyllaceae) Fast unbehaarte Pflanze mit fleischigen Blättern/5-20 cm/Stängel kantig/Blätter linealisch und mit Nebenblättern/Blüten 5-8 mm/Staubblätter 1-9/feuchte Salztonböden/ Salzstandorte/Mai-Sep

Symphoricarpos albus Gemeine Schneebeere (Caprifoliaceae) Strauch mit glänzenden Zweigen/100-250 cm/Blätter oval/Blüten 5-6 mm/frische, nährstoffreiche Böden/Gebüsche/Juni-Aug

Valeriana dioica Kleiner Baldrian (Valerianaceae) Rhizomkraut/Blätter gefiedert/Blüten in 3teiligen Trugdolden/Einzelblüten 3 mm/kalkhaltige torfhaltige Böden/Moore/Mai-Juni

Spießblättriges Helmkraut
Scutellaria hastifolia
(Lamiaceae)

<u>**Mehr als 5 Blütenblätter**</u>

1A-Wälder und Gebüsche ***Allium oleraceum***
1B-Rasengesellschaften und Ruderalstandorte ***Allium oleraceum***
1C-Moore und Zwergstrauchheiden ***Peplis portula***

Allium oleraceum Kohl-Lauch (Liliaceae) Zwiebelpflanze mit rundlichem Stängel/30-90 cm/Blätter halbstielrund/Blüten in lockeren Dolden/Blütenstiele unterschiedlich lang/± trockene, nährstoff- und kalkreiche, nicht zu schwere Böden/Gebüsche-Rasengesellschaften-Ruderalstandorte/Juni-Aug

Peplis portula Sumpfquendel (Lythraceae) Unbehaartes Kraut mit fleischigen Blättern/1-5 cm/Blätter oval/6 Blütenblätter/Blüten 1-2 mm/kalkarme Schlamm-, Kies-, Sand- und Tonböden/Moore/Juni-Sep

<u>**Blüten symmetrisch**</u>

1A-Wälder und Gebüsche
  2A-Strauch/Stängel nicht 4kantig <u>***Lonicera nigra***</u>
  2B-Kraut/Stängel 4kantig
    3A-Blüten < 10 mm <u>***Origanum vulgare***</u>
    3B-Blüten > 10 mm <u>***Scutellaria hastifolia***</u>
1B-Rasengesellschaften und Ruderalstandorte <u>***Stachys germanica***</u>
1C-Moore und Zwergstrauchheiden ***Lindernia procumbens***

Lindernia procumbens Liegendes Büchsenkraut (Scrophulariaceae) Kraut/ unbehaart/3-18 cm/Blätter eiförmig/Blüten 5-6 mm/4 Staubblätter/kalkfreie Böden/Moore/Aug-Sep

<u>***Lonicera nigra***</u> Schwarze Heckenkirsche (Caprifoliaceae) Strauch/50-200 cm/ Blätter elliptisch/Blüten paarig und lang gestielt/Blüten 6-10 mm/frische und mäßig nährstoffreiche Böden/Buchenwälder/Apr-Mai

<u>***Origanum vulgare***</u> Gemeiner Dost (Lamiaceae) Stark aromatisch riechende Pflanze/behaart/Blätter eiförmig/Blüten in halbkugeligen Scheinähren/ Einzelblüten 6-8 mm/humose Lehm- und Lössböden/Buchenwälder-Gebüsche-Rasengesellschaften-Waldnahe Staudenfloren/Juli-Sep

<u>***Scutellaria hastifolia***</u> Spießblättriges Helmkraut (Lamiaceae) Am Grund verholzte Pflanze/10-50 cm/Blätter meist deutlich gestielt/pfeilförmig/Blüten in Scheinquirlen/Blüten 15-22 mm/kiesig-sandige Tonböden/Waldnahe Staudenfluren/Juni-Aug

<u>***Stachys germanica***</u> Deutscher Ziest (Lamiaceae) Wollig-filzig behaarte Pflanze/30-120 cm/Blätter eiförmig bis lanzettlich/Blüte 12-20 mm/ kalkreiche, humose Lehm- und Lössböden/Ruderalpflanzen/Juni-Aug

Rosa

Besenheide
Calluna vulgaris
(Ericaceae)

Blüten klein

1A-Ufervegetation ***Elatine hexandra***
1B-Moore und Zwergstrauchheiden ***Elatine triandra***

Elatine hexandra Sechsmänniges Tännel (Elatinaceae) Niederliegendes Kraut/an den Knoten wurzelnd/unbehaart/Stängel bis 20 cm lang/Blätter kurz gestielt/3 Blütenblätter/6 Staubblätter/Schlammböden/Ufervegetation/Juni-Sep

Elatine triandra Dreimänniges Tännel (Elatinaceae) Niederliegendes Kraut/an den Knoten wurzelnd/unbehaart/Stängel bis 20 cm lang/Blätter kurz gestielt/3 Blütenblätter/3 Staubblätter/nährstoffreiche Böden/Moore/Juni-Sep

2-4 Blütenblätter

1A-Blüten mit 3 Blütenblättern
  2A-Blätter grundständig und nierenförmig ***Asarum europaeum***
  2B-Blätter anders
    3A-Blüten mit 3 Staubblättern (Moore) ***Elatine triandra***
    3B-Blüten mit 6 Staubblättern (Ufervegetation) ***Elatine hexandra***
1B-Blüten mit 4 Blütenblättern
  2A-Wälder und Gebüsche
    3A-Blätter schuppenartig in 4 Reihen ***Calluna vulgaris***
    3B-Blätter gestielt und herzförmig ***Syringa vulgaris***
  2B-Rasengesellschaften und Ruderalstandorte ***Calluna vulgaris***
  2C-Moore und Zwergstrauchheiden ***Calluna vulgaris***

Asarum europaeum Europäische Haselwurz (Aristolochiacea) Rhizomstaude mit 2 Blättern/5-10 cm/Blätter nierenförmig/Blüten einzeln mit 12 Staubblättern/frische, nährstoffreiche und meist kalkhaltige Mullböden/Eichenmischwälder-Erlenstandorte/Apr-Mai

Calluna vulgaris Besenheide (Ericaceae) Zwergstrauch/20-100 cm/Blätter schuppenartig in 4 Reihen/Blüten 3-4 mm/nährstoffarme Lockerböden/Gebüsche-Kiefernwälder-Rasengesell-schaften-Zwergstrauchheiden/Juli-Nov

Elatine hexandra Sechsmänniges Tännel (Elatinaceae) Niederliegendes Kraut/an den Knoten wurzelnd/unbehaart/Stängel bis 20 cm lang/Blätter kurz gestielt/3 Blütenblätter/6 Staubblätter/Schlammböden/Ufervegetation/Juni-Sep

Elatine triandra Dreimänniges Tännel (Elatinaceae) Niederliegendes Kraut/an den Knoten wurzelnd/unbehaart/Stängel bis 20 cm lang/Blätter kurz gestielt/3 Blütenblätter/3 Staubblätter/nährstoffreiche Böden/Moore/Juni-Sep

Syringa vulgaris Gemeiner Flieder (Oleaceae) Strauch/Blätter gestielt und herzförmig/Blütenkronröhre 8-12 mm mit 4-5 mm langen Zipfeln/Gebüsche/Mai-Juni

Heide-Nelke
Dianthus deltoides
(Caryophyllaceae)

5 Blütenblätter

1A-Wälder und Gebüsche
2A-Strauch — ***Lycium barbarum***
2B-Krautige Pflanze
3A-Blüten 6-10 mm (Erlenstandorte) — ***Scutellaria minor***
3B-Blüten größer
4A-Blütenblätter eingeschnitten — ***Silene dioica***
4B-Blütenblätter gebuchtet — ***Lychnis viscaria***
1B-Rasengesellschaften und Ruderalstandorte
2A-Stängel vierkantig/unbehaart — ***Anagallis arvensis***
2B-Stängel nicht vierkantig
3A-Blütenblätter gezähnt
4A-Pflanze behaart — ***Dianthus deltoides***
4B-Pflanze unbehaart
5A-Blüten einzeln — ***Dianthus gratianopolitanus***
5B-Blüten in dichten Büscheln — ***Dianthus carthusianorum***
3B-Blütenblätter mehrfach eingeschnitten
4A-Pflanze unbehaart — ***Dianthus superbus***
4B-Pflanze behaart — ***Lychnis flos-cuculi***
3C-Blütenblätter gebuchtet
4A-Polsterpflanze/Blüten 6-10 mm — ***Silene acaulis***
4B-Pflanze aufrecht/Blüten 18-22 mm — ***Lychnis viscaria***
3D-Blütenblätter nicht eingeschnitten
4A-Pflanze unbehaart/nur in den Bergen — ***Gentiana purpurea***
4B-Pflanze behaart
5A-Kelchblätter verwachsen — ***Gypsophila perfoliata***
5B-Kelchblätter nicht verwachsen — ***Spergularia rubra***
1C-Moore und Zwergstrauchheiden
2A-Kelchblätter < Blütenblätter — ***Spergularia rubra***
2B-Kelch- und Blütenblätter gleich groß — ***Centaurium pulchellum***
1D-Felsstandorte
2A-Blüte gespornt — ***Centranthus ruber***
2B-Blüte ohne Sporn
3A-Kelch so groß wie die Blütenblätter — ***Spergularia rubra***
3B-Kelchblätter < Blütenblätter
4A-Blütenblätter gebuchtet — ***Silene acaulis***
4B-Blütenblätter nicht gebuchtet — ***Saxifraga oppositifolia***

Spornblume
Centranthus ruber
(Valerianaceae)

Anagallis arvensis Acker-Gauchheil (Primulaceae) Kahle Pflanze/5-30 cm/ Stängel 4kantig/Blätter eiförmig/Blüten 6-7 mm/frische und nährstoffreiche Böden/Ruderalstandorte/Juni-Okt

Centaurium pulchellum Zierliches Tausendgüldenkraut (Gentianaceae) Unbehaartes Kraut/2-15 cm/Blätter eiförmig/Blüten 5-9 mm/kalk- oder salzhaltige Böden/Moore/Juni-Sep

Centranthus ruber Spornblume (Valerianaceae) Kahle Pflanze/25-100 cm/ Blätter eiförmig/Blüten gespornt/Blüten 8-12 mm/Felsstandorte/Mai-Juni

Dianthus carthusianorum Kartäuser-Nelke (Caryophyllaceae) Unbehaarte Pflanze/15-60 cm/Stängel oberwärts vierkantig/Blätter lineal/Blüten 18-20 mm/Blütenblätter gezähnt/humose Sandböden oder sandige Lehmböden/ Rasengesellschaften/Juni-Sep

Dianthus deltoides Heide-Nelke (Caryophyllaceae) Behaarte Pflanze/10-40 cm Blätter länglich/Blüten 15-20 mm/Blütenblätter gezähnt/lehmige, sandige bis steinige Böden/Rasengesellschaften/Juni-Sep

Dianthus gratianopolitanus Pfingst-Nelke (Caryophyllaceae) Pflanze behaart/ 6-25 cm/Blätter länglich/Blüten einzeln/Blüten 20-30 mm/Blütenblätter gezähnt/humose Stein- und Felsböden/Rasengesellschaften/Mai-Juni

Dianthus superbus Pracht-Nelke (Caryophyllaceae) Unbehaarte Pflanze/20-60 cm/Stängel rund/Blätter lineal/Blüten 30-50 mm/Blütenblätter mehrfach tief eingeschnitten/kalkhaltige Ton- oder Torfböden/Rasengesellschaften/ Juni-Sep

Gentiana purpurea Purpurroter Enzian (Gentianaceae) Unbehaarte Pflanze/ 20-60 cm/Blätter breit-oval/Blüten 15-25 mm/humose Böden/Rasengesellschaften/Aug-Sep

Gypsophila perfoliata Durchwachsenblättriges Gipskraut (Caryophyllaceae) Unten dicht drüsig behaarte Pflanze/30-100 cm/Blätter stängelumfassend/ Blüten 5-9 mm/mäßig frische Böden/Ruderalstandorte/Juli-Sep

Lycium barbarum Gewöhnlicher Bocksdorn (Solanaceae) Strauch/1-3 m/ Zweige oft dornig/Blätterlanzettlich/Blüten 8-9 mm/Kelch 2lippig/ Sandböden/Gebüsche/Juni-Aug

Lychnis flos-cuculi Kuckucks-Lichtnelke (Caryophyllaceae) Behaarte Halbrosettenpflanze/30-80 cm/Rosettenblätter länglich spatelförmig/Blüte 3-4 cm/nährstoffreiche humose Lehm- und Tonböden/Rasengesellschaften/ Mai-Aug

Lychnis viscaria Gewöhnliche Pechnelke (Caryophyllaceae) Staude/15-90 cm/ unter den oberen Knoten stark klebrig/Blätter lanzettlich/Blüten 18-22 mm/ Blütenblätter gebuchtet/humose, sandige Lehmböden/Rasengesellschaften-Eichenmischwälder-Waldnahe Staudenfluren/Mai-Juli

Saxifraga oppositifolia Gegenblättriger Steinbrech (Saxifragaceae) Polsterpflanze/2-5 cm/Blätter verkehrt-eiförmig/Blüten 10-20 mm/ Felsstandorte/Apr-Juli

Rote Lichtnelke
Silene dioica
(Caryophyllaceae)

Scutellaria minor Kleines Helmkraut (Lamiaceae) Behaartes Kraut/5-40 cm/ Blätter oval/Blüten 6-10 mm/Sumpfhumusböden/Erlenstandorte/Juli-Aug

Silene acaulis Stängelloses Leimkraut (Caryophyllaceae) Unbehaarte Polsterpflanze/1-4 cm/Blätter schmal und am Rand stachelig bewimpert/ Blüten 6-10 mm/Blütenblätter gebuchtet/lehmige Steinböden/Felsstandorte-Rasengesellschaften/Juni-Sep

Silene dioica Rote Lichtnelke (Caryophyllaceae) Weich behaarte Pflanze/ 30-120 cm/Blätter breit eiförmig/Blüten 18-25 mm/5 Griffel/humose Lehmböden/Waldnahe Staudenfluren/Apr-Sep

Spergularia rubra Roter Spärkling (Caryophyllaceae) Klebrig behaartes Kraut/ 4-25 cm/Blätter mit Nebenblättern/Blüten 3-6 mm/10 Staubblätter/ Felsstandorte-Moore-Rasengesellschaften-Ruderalstandorte/Mai-Sep

Blut-Weiderich
Lythrum salicaria
(Lythraceae)

Mehr als 5 Blütenblätter

1A-Wälder und Gebüsche
  2A-Blüten in lockeren Dolden — ***Allium oleraceum***
  2B-Blüten in Scheinähren — ***Lythrum salicaria***
1B-Rasengesellschaften und Ruderalstandorte
  2A-Blüten in lockeren Dolden — ***Allium oleraceum***
  2B-Blüten in Scheinähren — ***Lythrum salicaria***
1C-Ufervegetation — ***Lythrum salicaria***

Allium oleraceum Kohl-Lauch (Liliaceae) Zwiebelpflanze mit rundlichem Stängel/30-90 cm/Blätter halbstielrund/Blüten in lockeren Dolden/ Blütenstiele unterschiedlich lang/± trockene, nährstoff- und kalkreiche, nicht zu schwere Böden/Gebüsche-Rasengesellschaften-Ruderalstandorte/ Juni-Aug

Lythrum salicaria Blut-Weiderich (Lythraceae) Grau behaarte Pflanze/ 30-200 cm/Blätter lanzettlich/Blüten 10-15 mm in Quirlen/12 Staubblätter/ humose Sand-, Lehm- und Tonböden/Rasengesellschaften-Ufervegetation-Waldnahe Staudenfluren/Juni-Sep

Gemeiner Dost
Origanum vulgare
(Lamiaceae)

Blüten symmetrisch

- **1A**-Wälder und Gebüsche
  - **2A**-Blätter sitzend
    - **3A**-Einzelblüten 3-6 cm ***Lonicera periclymenum***
    - **3B**-Einzelblüten < 1 cm ***Thymus serpyllum***
  - **2B**-Blätter gestielt
    - **3A**-Blätter eiförmig
      - **4A**-Einzelblüten < 1 cm/Stängel vierkantig ***Origanum vulgare***
      - **4B**-Einzelblüten 2-3 cm/Stängel vierkantig ***Prunella grandiflora***
      - **4C**-Einzelblüten 3-6 cm/Stängel rund ***Lonicera periclymenum***
    - **3B**-Blätter nicht eiförmig
      - **4A**-Einzelblüten 4-5 cm lang ***Lonicera periclymenum***
      - **4B**-Einzelblüten kleiner
        - **5A**-Zweige mit weißem Mark ***Lonicera nigra***
        - **5B**-Zweige nicht mit weißem Mark ***Lonicera alpigena***
- **1B**-Rasengesellschaften und Ruderalstandorte
  - **2A**-Blätter sitzend ***Thymus serpyllum***
  - **2B**-Blätter gestielt
    - **3A**-Einzelblüten 20-25 mm(behaart) ***Prunella grandiflora***
    - **3B**-Einzelblüten 12-20 mm(wollig behaart) ***Stachys germanica***
    - **3C**-Einzelblüten < 10 mm
      - **4A**-Pflanze kriechend ***Thymus praecox***
      - **4B**-Pflanze aufrecht ***Origanum vulgare***

Frühblühender Thymian
Thymus praecox
(Lamiaceae)

Lonicera alpigena Alpen-Heckenkirsche (Caprifoliaceae) Aufrechter Strauch/ 60-200 cm/Blätter elliptisch/nährstoff- und kalkreiche Mullböden/Buchenwälder/Mai-Juli

Lonicera nigra Schwarze Heckenkirsche (Caprifoliaceae) Strauch/50-200 cm/ Blätter gestielt und elliptisch/Blüten paarig und lang gestielt/Blüten 6-10 mm/ kalkarme Böden/Buchenwälder-Kiefernwälder/Apr-Mai

Lonicera periclymenum Deutsches Geißblatt (Caprifoliaceae) Windender Kletterstrauch/Zweige hohl/Blätter unterseits behaart/Blätter ei-lanzettlich/ Blüten 35-55 mm/nährstoffarme und kalkarme Böden/Eichenmischwälder-Gebüsche/Mai-Juli

Origanum vulgare Gemeiner Dost (Lamiaceae) Stark aromatisch riechende Pflanze/behaart/20-90 cm/Blätter eiförmig/Blüten 6-8 mm/humose Lehmböden und Rohböden/Buchenwälder-Gebüsche-Rasengesellschaften-Waldnahe Staudenfluren/Juli-Sep

Prunella grandiflora Große Brunelle (Lamiaceae) Behaarte Pflanze/10-30cm/ Blätter eiförmig/meist deutlich gestielt/Blüten in 3-5 cm langen Scheinähren/ Einzelblüten 2-3 cm/meist kalkhaltige Ton-, Lehm- und Lössböden/Kiefernwälder-Rasengesellschaften/Juni-Aug

Stachys germanica Deutscher Ziest (Lamiaceae) Wollig-filzig behaarte Pflanze 30-120 cm/Blätter eiförmig bis lanzettlich/Blüte 12-20 mm/kalkreiche, humose Lehm- und Lössböden/Gebüsche-Ruderalstandorte/Juni-Aug

Thymus praecox Frühblühender Thymian (Lamiaceae) Aromatisch duftende Pflanze/2-10 cm/Blätter oval/Blüten 6 mm/steinige oder sandige Böden/ Rasengesellschaften/Mai-Juli

Thymus serpyllum Sand-Thymian (Lamiaceae) Niederliegende Pflanze/2-10 cm Blätter sitzend/Blüten 6-7 mm/feinerdearme Sandböden/Kiefernwälder-Rasengesellschaften/Juni-Aug

Gemeiner Flieder
Syringa vulgaris
(Oleaceae)

4 Blütenblätter

1A-Wälder und Gebüsche ***Syringa vulgaris***
1B-Rasengesellschaften und Ruderalstandorte
  2A-Blüten 3-5 cm ***Gentianella ciliata***
  2B-Blüten < 15 mm
    3A-Grundblätter nicht roseetig ***Veronica alpina***
    3B-Grundblätter roseetig ***Veronica bellidioides***

Gentianella ciliata Gefranster Enzian (Gentianaceae) Unbehaarte Pflanze/6-30 cm/Stängel vierkantig/Blätter lanzettlich/Blüten 35-50 mm/Blütenblätter gefranst/kalkreiche Böden/Rasengesellschaften/Juli-Okt

Syringa vulgaris Gemeiner Flieder (Oleaceae) Strauch/Blätter gestielt und herzförmig/Blütenkronröhre 8-12 mm mit 4-5 mm langen Zipfeln/frische Böden/Gebüsche/Mai-Juni

Veronica alpina Alpen-Ehrenpreis (Scrophulariaceae) Kaum behaarte Pflanze/3-20 cm/Blätter eilanzettlich/Blüten 7-8 mm/2 Staubblätter/Juni-Aug

Veronica bellidioides Maßlieb-Ehrenpreis (Scrophulariaceae) Behaarte Pflanze/5-20 cm/Blätter eiförmig/Blüten 6-10 mm/2 Staubblätter/Juli-Aug

Lungenenzian
Gentiana pneumonanthe
(Gentianaceae)

<u>**5 Blütenblätter**</u>

1A-Wälder und Gebüsche	***Vinca minor***
1B-Rasengesellschaften und Ruderalstandorte	
2A-Stängel kantig/Blüten 3 mm	***Valerianella carinata***
2B-Stängel vierkantig/Blüten 6-12 mm	
3A-Kelchblätter nur teilweise sichtbar	***Anagallis arvensis***
3B-Kelchblätter fast ganz sichtbar	***Anagallis foemina***
2C-Stängel rund/Blüten > 2 cm	
3A-Schlund der Blüte bärtig	***Gentianella germanica***
3B-Schlund der Blüte nicht bärtig	
4A-Stängel einblütig/Blüte 5-6 cm lang	
5A-Blüten innen ohne grüne Flecken	<u>***Gentiana clusii***</u>
5B-Blüten innen mit grünen Flecken	***Gentiana kochiana***
4B-Stängel mehrblütig	
5A-Blüten 10-15 mm lang	***Gentiana nivalis***
5B-Blüten 25-45 mm lang	<u>***Gentiana pneumonanthe***</u>
1C-Felsstandorte	
2A-Blattrand bewimpert	***Saxifraga oppositifolia***
2B-Blattrand nicht bewimpert	
3A-Stängel einblütig/Blüte 5-6 cm lang	
4A-Blüten innen ohne grüne Flecken	<u>***Gentiana clusii***</u>
4B-Blüten innen mit grünen Flecken	***Gentiana kochiana***
3B-Stängel mehrblütig/Blüten < 4 cm	
4A-Blüten 8-12 mm breit	***Gentiana bavarica***
4B-Blüten 13-30 mm breit	***Gentiana nivalis***

Stängelloser Enzian
Gentiana clusii
(Gentianaceae)

Anagallis arvensis Acker-Gauchheil (Primulaceae) Unbehaarte Pflanze/5-30 cm Stängel vierkantig/Blätter eiförmig/Blüten 6-7 mm/frische und nährstoffreiche Böden/Ruderalstandorte/Juni-Okt

Anagallis foemina Blauer Gauchheil (Primulaceae) Unbehaartes Kraut/5-30 cm Blätter lanzettlich/Blüten 12 mm/kalkreiche Böden/Ruderalflächen/Juni-Sep

Gentiana bavarica Bayerischer Enzian (Gentianaceae) Unbehaarte Pflanze/5-20 cm/Blätter verkehrt-eiförmig/Blüten 16-20 mm/Griffel tief 2lappig/meist kalkhaltige, steinige Böden/Felsstandorte/Juli-Sep

Gentiana clusii Stängelloser Enzian (Gentianaceae) Unbehaarte Pflanze/ 5-15 cm/Blätter lanzettlich/Blüten 40-60 mm/humose, kalkhaltige Böden/ Felsstandorte-Rasengesellschaften/Apr-Aug

Gentiana kochiana Breitblättriger Enzian (Gentianaceae) Unbehaarte Pflanze/ Blätter lanzettlich/Blüten 40-60 mm/Blüten innen grün gefleckt/Felsstandorte Rasengesellschaften/Juni-Aug

Gentiana nivalis Schnee-Enzian (Gentianaceae) Unbehaarte Pflanze/1-15 cm/ Blätter eiförmig bis lanzettlich/Blüten 6-8 mm/kalkreiche Böden/ Felsstandorte-Rasengesellschaften/Juni-Aug

Gentiana pneumonanthe Lungenenzian (Gentianaceae) Unbehaarte Pflanze/ 10-40 cm/Blätter lineal bis lineal-lanzettlich/Blüten 25-45 mm/humose Böden/Rasengesellschaften/Juli-Okt

Gentianella germanica Deutscher Fransenenzian (Gentianaceae) Unbehaarte Pflanze/5-40 cm/Blätter eiförmig bis lanzettlich/Blüten 2-4 cm/5 Blütenblätter/Blüten rot- bis blauviolett/Juni-Okt

Saxifraga oppositifolia Gegenblättriger Steinbrech (Saxifragaceae) Polsterbildende Pflanze/2-5 cm/Blätter oval/Blüten 10-20 mm/Staubblätter bläulich/ Steinböden/Felsstandorte/Apr-Juli

Valerianella carinata Gekielter Feldsalat (Valeriananceae) Kraut/10-40 cm/ untere Blätter verkehrt-eiförmig/obere Blätter länglich/Blüten 3 mm/ kalkhaltige Lockerböden/Ruderalstandorte/Apr-Mai

Vinca minor Kleines Immergrün (Apocynaceae) Unbehaarter Zwergstrauch/ 10-20 cm/Blätter lanzettlich bis elliptisch/Blüten 2-3 cm/frische, nährstoffreiche Mullböden/Eichenmischwälder-Gebüsche/März-Juni

Große Brunelle
Prunella grandiflora
(Lamiaceae)

Blüte symmetrisch

1A-Wälder und Gebüsche
  2A-Blätter eiförmig — ***Prunella grandiflora***
  2B-Blätter pfeilförmig — ***Scutellaria hastifolia***
1B-Rasengesellschaften und Ruderalstandorte — ***Prunella grandiflora***
1C-Felsstandorte — ***Ajuga pyramidalis***

Ajuga pyramidalis Pyramiden-Günsel (Lamiaceae) Behaarte Pflanze/5-30 cm/ Blätter verkehrt-eiförmig/Blüten 10-18 mm/modrig-torfig-humose Lehmböden/Felsstandorte/Mai-Juli

Prunella grandiflora Große Brunelle (Lamiaceae) Behaarte Pflanze/10-30cm/ Blätter eiförmig/Blüten 2-3 cm/meist kalkhaltige Lehm-, Ton- und Lössböden Kiefernwälder-Rasengesellschaften/Juni-Aug

Scutellaria hastifolia Spießblättriges Helmkraut (Lamiaceae) Am Grund verholzte Pflanze/10-50 cm/Blätter pfeilförmig/Blüten 15-22 mm/kiesig-sandige Tonböden/Waldnahe Staudenfluren/Juni-Aug

Kornelkirsche
Cornus mas
(Cornaceae)

Blüten klein

1A-Rasengesellschaften und Ruderalstandorte ***Herniaria glabra***

Herniaria glabra Kahles Bruchkraut (Caryophyllaceae) Spärlich behaarte Pflanze/1-2 cm/Blätter oval/Blüten 1 mm/trockene, mäßig nährstoffreiche, kalkarme Kies- und Sandböden/Ruderalstandorte/Juli-Sep

2-4 Blütenblätter

1A-Wälder und Gebüsche ***Cornus mas***
1B-Moore und Zwergstrauchheiden ***Cicendia filiformis***

Cicendia filiformis Heide-Zindelkraut (Gentianaceae) Ein- bis dreistämmiges Kraut/1-12cm/Blätter schmal/Blüten einzeln/Blüten lang gestielt/Blüten 3-7 mm/nasse, nährstoffreiche, kalkarme, sandige oder torfige Böden/Moore/Juli-Okt

Cornus mas Kornelkirsche (Cornaceae) Strauch/2-10 m/Blätter eiförmig/Blüten 4-5 mm/Blüten in 10-25blütigen Trugdolden/sickerfrische bis mäßig trockene, nährstoffreiche, oft kalkreiche, humose Lehmböden/Gebüsche/März-Apr

<u>5 Blütenblätter</u>

1A-Wälder und Gebüsche	
2A-Baum/Blätter dreiteilig	***<u>Acer monspessulanum</u>***
2B-Strauch mit eiförmigen Blättern	***Lonicera caerulea***
2C-Krautige Pflanze	
3A-Blätter gestielt	
4A-Blüten gestielt	***<u>Lysimachia nemorum</u>***
4B-Blüten sitzend	***<u>Vincetoxicum hirundinaria</u>***
3B-Blätter sitzend	
4A-Pflanze behaart	
5A-Pflanze weich behaart	***Hypericum hirsutum***
5B-Pflanze klebrig behaart	***Silene otites***
4B-Pflanze unbehaart	
5A-Blüten mit 5 Staubblättern	
6A-Stängel rund/Blüten 6-10 mm	***<u>Vincetoxicum hirundinaria</u>***
6B-Stängel kantig/Blüten 10-15 mm	***<u>Lysimachia nemorum</u>***
5B-Blüten mit vielen Staubblättern	
6A-Stängel rund	***Hypericum pulchrum***
6B-Stängel 2-kantig und markig	***<u>Hypericum perforatum</u>***
6C-Stängel 4-kantig und hohl	***<u>Hypericum maculatum</u>***
1B-Rasengesellschaften und Ruderalstandorte	
2A-Blätter gestielt	
3A-Blüten 5-10 mm	***<u>Vincetoxicum hirundinaria</u>***
3B-Blüten 12-18 mm	***Lysimachia nummularia***
2B-Blätter sitzend	
3A-Kelchblätter der Blüte verwachsen	
4A-Blütenblätter tief geteilt	***Silene chlorantha***
4B-Blütenblätter nicht geteilt	***Silene otites***
3B-Kelch der Blüte nicht verwachsen	
4A-Kelchblätter unterschiedlich groß	
5A-Blätter mit Nebenblättern	***Helianthemum nummularium***
5B-Blätter ohne Nebenblätter	
6A-Blätter beidseits grün	***Helianthemum alpestre***
6B-Blätter unterseits graufilzig	***Helianthemum canum***
4B-Kelchblätter gleich groß	
5A-Stängel rund	
6A-Staubblätter der Blüte sichtbar	
7A-Blüten 18-24 mm	***Gentiana lutea***
7B-Blüten viel kleiner	***Herniaria glabra***
6B-Staubblätter in der Blüte verborgen	
7A-Blüten 5-10 mm	***<u>Vincetoxicum hirundinaria</u>***
7B-Blüten 20-40 mm	***Gentianella germanica***

5B-Stängel nicht rund	
6A-Stängel 2-kantig und markig	***Hypericum perforatum***
6B-Stängel 4-kantig und hohl	***Hypericum maculatum***
6C-Stängel 4-flügelig und hohl	***Hypericum tetrapterum***
1C-Ufervegetation	
2A-Blätter sitzend	***Hypericum elodes***
2B-Blätter gestielt	
3A-Blütenblätter gezähnt	***Nymphoides peltata***
3B-Blütenblätter nicht gezähnt	
4A-Blüten einzeln	***Lysimachia nemorum***
4B-Blüten vielblütig	***Lysimachia thyrsifolia***
1D-Moore und Zwergstrauchheiden	***Hypericum humifusum***
1E-Felsige Standorte	
2A-Blätter gestielt	***Vincetoxicum hirundinaria***
2B-Blätter sitzend	
3A-Blüten in Quirlen	***Gentiana lutea***
3B-Blüten nicht in Quirlen	
4A-Blätter schmal	***Silene otites***
4B-Blätter herz-eiförmig	***Vincetoxicum hirundinaria***

Tüpfel-Johanniskraut
Hypericum perforatum
(Hypericaceae)

Acer monspessulanum Französischer Ahorn (Aceraceae) Baum/3-10 m/Blätter dreilappig/Blüten 4-5 mm/Gebüsche/trockenere, nährstoffreiche, oft kalkreiche, meist steinige Lehmböden/Apr-Mai

Gentiana lutea Gelber Enzian (Gentianaceae) Unbehaarte Pflanze/50-140 cm/Blätter elliptisch/Blüten 18-24 mm/felsige Standorte/± frische, ± kalkhaltige Böden/Rasengesellschaften/Juni-Aug

Gentianella germanica Deutscher Fransenenzian (Gentianaceae) Pflanze mit unbehaarten Blättern/5-40 cm/Blätter oval/Blüten 20-40 mm/mäßig trockene, kalkreiche Böden/Rasengesellschaften/Juni-Okt

Helianthemum alpestre Alpen-Sonnenröschen (Cistaceae) Halbstrauch mit weißfilzigen Ästen/3-20 cm/Blätter lanzettlich/Blüten 9-12 mm/viele Staubblätter/frische, kalkreiche, steinige, kalkreiche Böden/Rasengesellschaften/Mai-Aug

Helianthemum canum Graues Sonnenröschen (Cistaceae) Behaarter Halbstrauch/Haare sternförmig/3-30 cm/Blätter eiförmig/Blüten 8-15 mm/viele Staubblätter/trockene, kalkreiche, ± flachgründige steinige Lehmöden/Rasengesellschaften/Mai-Juni

Helianthemum nummularium Gewöhnliches Sonnenröschen (Cistaceae) Behaarte Pflanze/5-50 cm/Blätter eiförmig/Blüten 12-20 mm/viele Staubblätter/basenreiche, ± humose Böden/Rasengesellschaften/Mai-Sep

Herniaria glabra Kahles Bruchkraut (Caryophyllaceae) Spärlich behaarte Pflanze/1-2 cm/Blätter oval/Blüten 1 mm/trockene, mäßig nährstoffreiche, kalkarme Kies- und Sandböden/Ruderalstandorte/Juli-Sep

Hypericum elodes Sumpf-Johanniskraut (Hypericaceae) Weiß behaarte Pflanze/10-30 cm/Blätter eiförmig/Blüten12-15 mm/viele Staubblätter/schlammige oder torfige Sandböden, selten Lehm- oder Tonböden/Ufervegetation/Juni-Aug

Hypericum hirsutum Behaartes Johanniskraut (Hypericaceae) Dicht behaarte Pflanze/35-110 cm/Blätter elliptisch/Blüten 14-15 mm/viele Staubblätter/3 Griffel/frische, nährstoffreiche, meist kalkhaltige Ton- und Lehmböden/Waldnahe Staudenfluren/Juni-Aug

Hypericum humifusum Niederliegendes Johanniskraut (Hypericaceae) Kahle Pflanze/5-20 cm/Blätter oval/Blüten 8-10 mm/viele Staubblätter/feuchte, kalkarme bis kalkfreie Sand- und Lehmböden/Moore/Juni-Sep

Hypericum maculatum Geflecktes Johanniskraut (Hypericaceae) Unbehaarte Pflanze/15-100 cm/Stängel 4kantig/Blätter eiförmig/Blüten 18-25 mm/viele Staubblätter/frische bis wechselfeuchte, basenreiche (kalkarme), humose Ton- und Lehmböden, Roh- und Moderhumus/Rasengesellschaften-Waldnahe Staudenfluren/Juni-Sep

Hypericum perforatum Tüpfel-Johanniskraut (Hypericaceae) Kahles Kraut/10-100 cm/Blätter eiförmig/Blüten 2-3 cm/viele Staubblätter/trockene bis frische, kalkreiche bis kalkarme, humose oder rohe Böden/Rasengesellschaften-Ruderalstandorte-Waldnahe Staudenfluren/Juni-Aug

Gelb

Hain-Gilbweiderich
Lysimachia nemorum
(Primulaceae)

Hypericum pulchrum Schönes Johanniskraut (Hypericaceae) Unbehaarte Pflanze/10-100 cm/Blätter dreieckig-herzförmig/Blüten 14-15 mm/viele Staubblätter/frische, nährstoff- und basenarme, meist sandige Lehmböden/ Eichenmischwälder/Juli-Sep

Hypericum tetrapterum Flügel-Johanniskraut (Hypericaceae) Unbehaarte Pflanze/10-100 cm/Stängel 4kantig/Blätter elliptisch/Blüten 9-10 mm/viele Staubblätter/3-4 Griffel/nasse, zeitweise überschwemmte, nährstoffreiche, meist kalkreiche Lehm- und Tonböden/Rasengesellschaften/Juli-Aug

Lonicera caerulea Blaue Heckenkirsche, Blaue (Caprifoliaceae) Strauch/60-150 cm/Blätter eiförmig/Blüten 12-16 mm/feuchte bis nasse, nährstoff- und kalkarme Rohhumusböden/Gebüsche-Fichtenwälder-Kiefernwälder/Juni-Juli

Lysimachia nemorum Hain-Gilbweiderich (Primulaceae) Unbehaarte Pflanze/10-30 cm/Blätter eiförmig/Blüten 10-15 mm/feuchte bis frische, nährstoffreiche, kalkarme Böden/Erlenstandorte-Ufervegetation-Waldnahe Staudenfluren/Mai-Juli

Lysimachia nummularia Pfennigkraut (Primulaceae) Niederliegende Pflanze/ 10-50 cm/Blätter rundlich/drüsig punktiert/Blüten bis 15 mm/frische bis feuchte, nährstoffreiche Böden/Rasengesellschaften/Mai-Juli

Lysimachia thyrsifolia Straußblütiger Gilbweiderich (Primulaceae) Kahle Pflanze/30-70 cm/Blätter schmal/Blüten 4-6 mm/nasse, zuweilen überschwemmte, mesotrophe, ± kalkarme Sumpfböden/Ufervegetation/Mai-Juli

Nymphoides peltata Seekanne (Menyanthaceae) Wasserpflanze mit Schwimmblättern/Blüten 2-4 cm/eutrophe, flache Gewässer/Ufervegetation/Juli-Sep

Silene chlorantha Heide-Leimkraut (Caryophyllaceae) Unbehaarte Pflanze/ 30-80 cm/Blätter schmal/Blütenblätter 12-16 mm/3 Griffel/basenreiche, mineralreiche Sandböden/Rasengesellschaften/Juli-Aug

Silene otites Ohrlöffel-Leimkraut (Caryophyllaceae) Pflanze am Grund klebrig behaart/10-70 cm/Blätter schmal/Blüten 3-4 mm/trockene, humose, steinige Lehm-böden oder auf Sand/Felsige Standorte-Kiefernwälder-Rasengesellschaften/Mai-Aug

Vincetoxicum hirundinaria Weiße Schwalbenwurz (Asclepiadaceae) Am Grund verholzt/30-120 cm/Blätter länglich-herzförmig/Blüten 5-10 mm/in Gruppen zu 6-8/mäßig trockene, meist kalkreiche, humusarme Böden/Buchenwälder-Felsige Standorte-Rasengesellschaften-Waldnahe Staudenfluren/Mai-Aug

Fenchel
Foeniculum vulgare
(Apiaceae)

Mehr als 5 Blütenblätter

1A-Wälder und Gebüsche	***Cornus mas***
1B-Rasengesellschaften und Ruderalstandorte	
2A-Blätter parallelnervig	***Gagea bohemica***
2B-Blätter nicht parallelnervig	***Valerianella dentata***
1C-Moore und Zwergstrauchheiden	
2A-Pflanze mit Grundrosette	***Blackstonia perfoliata***
2B-Pflanze ohne Grundrosette	***Blackstonia acuminata***

Blackstonia acuminata Später Bitterling (Gentiananceae) Aufrechtes Kraut/ 10-30 cm/Blätter sitzend/Blätter durchwachsen/Blüte 8-10 mm/Blütenstiel bis 4 cm lang/Kelchzipfel 1adrig/wechselfeuchte, nährstoffreiche, kalkhaltige, rohe, zuweilen salzhaltige, dichte Böden/Moore/Juli-Sep

Blackstonia perfoliata Verwachsenblättriger Bitterling (Gentiananceae) Aufrechtes Kraut/10-40 cm/Blätter sitzend/Blätter durchwachsen/Blüte 8-15 mm/ Blütenstiel bis 1 cm lang/Kelchzipfel 1adrig/wechselfeuchte, nährstoffreiche, kalkhaltige Böden/Moore/Juli-Aug

Cornus mas Kornelkirsche (Cornaceae) Strauch/Blätter eiförmig/Blüten 4-5 mm/Blüten in 10-25blütigen Trugdolden/sickerfrische bis mäßig trockene, nährstoffreiche, oft kalkreiche, humose Lehmböden/Gebüsche/März-Apr

Gagea bohemica Felsen-Gelbstern (Liliaceae) Pflanze mit parallelnervigen Blättern/3-8 cm/6 Blütenblätter/Blüten 10-20 mm/± trockene, meist kalkarme Steinböden/Rasengesellschaften/März-Mai

Valerianella dentata Gezähnter Feldsalat (Valerianaceae) Unbehaarte Pflanze/ 10-40 cm/Blätter am Grund gezähnt/Blüte in vielblütigen Blütenständen/ mäßig frische, nährstoffreiche Böden/Ruderalpflanzen/Juni-Aug

Blüten doldenartig

1A-Rasengesellschaften und Ruderalstandorte	***Foeniculum vulgare***

Foeniculum vulgare Fenchel (Apiaceae) Unbehaarte Pflanze/Stängel glatt/ Blätter 3-5x gefiedert mit fädlichen Abschnitten/Blüten in 4-25strahligen Dolden/ohne Hüll- und Hüllchenblätter/nährstoffreiche Lehm- und Lössböden/Rasengesellschaften-Ruderalstandorte/Juli-Okt

Haar-Ginster
Genista pilosa
(Fabaceae)

Blüten symmetrisch

1A-Wälder und Gebüsche
  2A-Blätter sitzend
    3A-Blüten 7-15 mm — ***Listera ovata***
    3B-Blüten 3-6 cm — ***Lonicera periclymenum***
  2B-Blätter gestielt
    3A-Blüten 3-6 cm — ***Lonicera periclymenum***
    3B-Blüten viel kleiner
      4A-Blätter nöchstens am Rand behaart — ***Lonicera alpigena***
      4B-Blätter unterseits graugrün behaart — ***Lonicera xylosteum***
1B-Rasengesellschaften und Ruderalstandorte
  2A-Blätter parallelnervig — ***Herminium monorchis***
  2B-Blätter nicht parallelnervig
    3A-Pflanze ohne Ranken — ***Teucrium montanum***
    3B-Pflanze mit Ranken
      4A-Blüten einzeln — ***Lathyrus aphaca***
      4B-Blüten in mehrblütigen Blütenständen — ***Lathyrus pratensis***
1C-Moore und Zwergstrauchheiden — ***Genista pilosa***

Genista pilosa Haar-Ginster (Fabaceae) Zwergstrauch/5-150 cm/Blätter eiförmig/Blüten 8-10 mm/Sand- & Steinböden/Zwergstrauchheiden/Apr-Juli

Herminium monorchis Einknolle (Orchidaceae) Krautige Pflanze mit parallelnervigen Blättern/10-30 cm/Blätter breit lanzettlich/Blüten bis 6 mm Blütenstand vielblütig/auf Kalk/Rasengesellschaften/Mai-Juli

Lathyrus aphaca Ranken-Platterbse (Fabaceae) Pflanze mit Ranke/10-60 cm Blätter am Grund spießförmig/Blüten 16-18 mm/nährstoffreiche, kalkhaltige oder kalkfreie Löss- und Lehmböden/Ruderalpflanzen/Mai-Juli

Lathyrus pratensis Wiesen-Platterbse (Fabaceae) Pflanze mit Ranke/30-120 cm Blätter lanzettlich/Lehm- und Tonböden/Rasengesellschaften/Juni-Juli

Listera ovata Großes Zweiblatt (Orchidaceae) Pflanze mit 2 parallelnervigen Blättern/20-65 cm/Blätter oval/Blüten 7-15 mm/frische bis feuchte, nährstoffreiche Böden/Buchenwälder/Mai-Juli

Lonicera alpigena Alpen-Heckenkirsche (Caprifoliaceae) Aufrechter Strauch/ 60-200 cm/Zweige mit festem Mark/Blätter elliptisch/Blüten 12-20 mm/ frische, nährstoff- und kalkreiche Mullböden/Buchenwälder/Mai-Juli

Lonicera periclymenum Wald-Heckenkirsche (Caprifoliaceae) Windende Pflanze/2-3 m/Zweige hohl/Blätter oval/Blüten 35-55 mm/frische bis feuchte, nährstoff- und kalkarme Böden/Eichenmischwälder-Gebüsche/Mai-Juli

Lonicera xylosteum Rote Heckenkirsche (Caprifoliaceae) Flaumig behaarter Strauch/1-2 m/Blätter oval/Blüten 8-12 mm/frische, nährstoffreiche, kalkhaltige Mullböden/Buchenwälder-Gebüsche/Mai-Juni

Teucrium montanum Berg-Gamander (Lamiaceae) Niederliegender Strauch/ 5-20 cm/Stängel weißfilzig/Blattrand umgererollt/Blüten 8-13 mm/humose, steinige oder kiesige Ton- und Lehmböden/Rasengesellschaften/Juni-Aug

Arnika
Arnica montana
(Compositae)

Blüte margeritenartig

1A-Wälder und Gebüsche — ***Arnica montana***
1B-Rasengesellschaften und Ruderalstandorte — ***Arnica montana***
1C-Moore und Zwergstrauchheiden — ***Arnica montana***

Arnica montana Arnika (Compositae) Pflanze mit drüsig-flaumig behaartem Stängel/20-60 cm/Rosettenblätter verkehrt eiförmig/Blüten in 6-8 cm großen Köpfchen/frische oder wechselfrische, nährstoffarme, kalkarme Ton- und Lehmböden, auf auf Torf/Rasengesellschaften-Waldnahe Staudenfluren-Zwergstrauchheiden/Mai-Aug

Gelb

Heusenkraut
Ludwigia palustris
(Onagraceae)

Blüten klein

1A-Wasserpflanze (Ufervegetation) ***Potamogeton pusillus***
1B-Kleiner Strauch (Salzstandorte) ***Halimione portulacoides***

Halimione portulacoides Strand-Salzmelde (Chenopodiaceae) Kleiner silbriger Strauch/20-150 cm/Blätter dick und fleischig/Blütenhülle bis 3 mm/ schlickige Sand- oder Kiesböden/Salzstandorte/Juli-Aug
Potamogeton pusillus Zwerg-Laichkraut (Potamogetonaceae) Wasserpflanze/ 20-100 cm/ohne Blätter auf der Wasseroberfläche/Blätter schmal/Blüten in 2-8blütigen Ähren/schlammige Sandböden oder Torfschlammböden/ Ufervegetation/Juni-Sep

4 Blütenblätter

1A-Moore und Zwergstrauchheiden ***Ludwigia palustris***
1B-Ufervegetation ***Potamogeton pusillus***

Ludwigia palustris Heusenkraut (Onagraceae) Sumpf- oder Wasserpflanze/10-70 cm lang/Stängel vierkantig/Blätter mit Nebenblättern/Blüten einzeln in den Blattachseln/Blüten 3 mm/sandige Torf- oder Schlammböden/Moore/ Juni-Aug
Potamogeton pusillus Zwerg-Laichkraut (Potamogetonaceae) Wasserpflanze/ 20-100 cm/ohne Blätter auf der Wasseroberfläche/Blätter schmal/Blüten in 2-8blütigen Ähren/schlammige Sandböden oder Torfschlammböden/ Ufervegetation/Juni-Sep

Französischer Ahorn
Acer monspessulanum
(Aceraceae)

<u>5 Blütenblätter</u>

1A-Wälder und Gebüsche
  2A-Baumoder Strauch — ***<u>Acer monspessulanum</u>***
  2B-Krautige Pflanze
    3A-Blüte 3-4 mm/Blätter schmal — ***Silene otites***
    3B-Blüte 16-18 mm/Blätter eiförmig — ***Cucubalus baccifer***
1B-Rasengesellschaften und Ruderalstandorte
  2A-Blütenblätter tief eingeschnitten — ***Silene chlorantha***
  2B-Blütenblätter nicht eingeschnitten
    3A-Kelchblätter weiß gerandet
      4A-Blüte mit 8 Staubblättern — ***Scleranthus annuus***
      4B-Blüte mit 10 Staubblättern
        5A-Kelchblätter der Blüten spitz — ***Scleranthus polycarpos***
        5B-Kelchblätter der Blüten stumpf — ***Scleranthus perennis***
    3B-Kelchblätter nicht weiß gerandet — ***Silene otites***
1C-Felsige Standorte — ***Silene otites***

<u>Acer monspessulanum</u> Französischer Ahorn (Aceraceae) Baum/3-10 m/Blätter 3lappig/Blüten 4-5 mm/steinige Lehmböden/Gebüsche/Apr-Mai

Cucubalus baccifer Taubenkropf (Caryophyllaceae) Behaarte Pflanze/60-200 cm/Blätter eiförmig/Blüten 16-18 mm/10 Staubblätter/3 Griffel/zeitweise überflutete humose Böden/Waldnahe Staudenfluren/Juli-Sep

Scleranthus annuus Einjähriger Knäuel, (Caryophyllaceae) Pflanze mit stielrundem Stängel/2-25 cm/Blätter schmal/Blüten 2-4 mm/Kelchblätter spitz/2-5 Staubblätter/sandige Böden/Ruderalstandorte/Apr-Okt

Scleranthus perennis Ausdauernder Knäuel (Caryophyllaceae) Pflanze mit rundem Stängel/5-25 cm/Blätter schmal/Blüten2-4 mm/Kelchblätter stumpf/ 10 Staubblätter/Sand oder Steingrusböden/Rasengesellschaften/Mai-Sep

Scleranthus polycarpos Wilder Knäuel (Caryophyllaceae) Pflanze mit stielrundem Stängel/2-17 cm/Blätter schmal/Blüten2-4 mm/Kelchblätter spitz/ 2-5 Staubblätter/steinige oder kiesige Böden/Rasengesellschaften/Apr-Okt

Silene chlorantha Heide-Leimkraut (Caryophyllaceae) Unbehaarte Pflanze/ 30-80 cm/Blätter schmal/Blütenkronblätter 12-16 mm3 Griffel/Sandböden/ Rasengesellschaften/Juli-Aug

Silene otites Ohrlöffel-Leimkraut (Caryophyllaceae) Staude/10-70 cm/Stängel behaart/Blätter schmal/Blüte 3-4 mm/steinige Lehmböden oder auf Sand/ Felsige Standorte-Kiefernwälder-Rasengesellschaften/Mai-Aug

Großes Zweiblatt
Listera ovata
(Orchidaceae)

Blütenblätter symmetrisch

1A-Wälder und Gebüsche — ***Listera ovata***
1B-Rasengesellschaften und Ruderalstandorte — ***Herminium monorchis***

Herminium monorchis Einknolle (Orchidaceae) Krautige Pflanze mit parallelnervigen Blättern/10-30 cm/Blätter breit lanzettlich/Blüten bis 6 mm/ Blütenstand vielblütig/auf Kalk/Rasengesellschaften/Mai-Juli

Listera ovata Großes Zweiblatt (Orchidaceae) Rhizompflanze mit nur 2 parallelnervigen Blättern/20-65 cm/Blätter eiförmig/Blüten 7-15 mm/ Blütenstand vielblütig/feuchte Böden/Buchenwälder/Mai-Juli

Pracht-Nelke
Dianthus superbus
(Caryophyllaceae)

4 Blütenblätter

1A-Felsige Standorte	***Veronica fruticans***

5 Blütenblätter

1A-Wälder und Gebüsche	
2A-Blütenblätter (violett +grün) eingeschnitten	
3A-Kiefernwälder	***Dianthus arenarius***
3B-Eichenmischwälder	***Dianthus superbus***
2B-Blütenblätter (gelb) nicht eingeschnitten	
3A-Stängel 2-kantig und markig	***Hypericum perforatum***
3B-Stängel 4-kantig und hohl	***Hypericum maculatum***
1B-Rasengesellschaften und Ruderalstandorte	
2A-Stängel rund	
3A-Blüten gelb mit rotem Punkt	***Tuberaria guttata***
3B-Blüten purpurn und innen blaßgelblich	***Gentiana purpurea***
3C-Blüten violett mit grünlichem Zentrum	***Dianthus superbus***
3D-Blüten blau und innen grün gepunktet	***Gentiana kochiana***
2B-Stängel nicht rund	
3A-Blütenblätter blau mit rotem Zentrum	***Anagallis foemina***
3B-Blütenblätter gelb	
4A-Stängel 2-kantig und markig	***Hypericum perforatum***
4B-Stängel 4-kantig und hohl	***Hypericum maculatum***
4C-Stängel 4-flügelig und hohl	***Hypericum tetrapterum***
1C-Felsige Standorte	
2A-Blüten weiß oder rosa mit gelben Punkten	***Sedum dasyphyllum***
2B-Blüten blau mit grünen Punkten	***Gentiana kochiana***

Geflecktes Johanniskraut
Hypericum maculatum
(Hypericaceae)

Anagallis foemina Blauer Gauchheil (Primulaceae) Unbehaarte Pflanze/5-30 cm/Stängel vierkantig/Blätter lanzettlich/Blütenblätter blau und am Grund rötlich/Blüten 4-7 mm/Kelchblätter fein gesägt/kalkreiche Böden/ Ruderalstandorte/Juni-Sep

Dianthus arenarius Sand-Nelke (Caryophyllaceae) Polsterpflanze/10-45 cm/ Blätter 3nervig/Blüten zu 1-2/Blütenblätter eingeschnitten/humose/Sand-böden/Kiefernwald/Juni-Aug

Dianthus superbus Pracht-Nelke (Caryophyllaceae) Unbehaarte Pflanze/20-60 cm/Stängel rund/Blätter lineal/Blütenblätter rosa und rot/Blüten 30-50 mm/ Blütenblätter mehrfach tief eingeschnitten/kalkreiche modrig-humose Torf- oder Tonböden/Eichenmischwälder-Rasengesellschaften/Juni-Sep

Gentiana kochiana Breitblättriger Enzian (Gentianaceae) Unbehaarte Pflanze/ 20-60 cm/Blätter eiförmig/Blüten blau und innen mit grünen Flecken/humose Böden/Felsige Standorte-Rasengesellschaften/Juni-Aug

Gentiana purpurea Purpurroter Enzian (Gentianaceae) Unbehaarte Pflanze/ Blätter breit-oval/Blüten 15-25 mm/Rasengesellschaften/Aug-Sep

Hypericum maculatum Geflecktes Johanniskraut (Hypericaceae) Unbehaarte Pflanze/15-100 cm/Stängel 4kantig/Blätter eiförmig/Blüten 18-25 mm/viele Staubblätter/frische bis wechselfeuchte, basenreiche (kalkarme), humose Ton- und Lehmböden, Roh- und Moderhumus/Rasengesellschaften-Waldnahe Staudenfluren/Juni-Sep

Hypericum perforatum Tüpfel-Johanniskraut (Hypericaceae) Kahles Kraut/ 10-100 cm/Blätter eiförmig/Blüten 2-3 cm/viele Staubblätter/trockene bis frische, kalkreiche bis kalkarme, humose oder rohe Böden/ Rasengesellschaften-Ruderalstandorte-Waldnahe Staudenfluren/Juni-Aug

Hypericum tetrapterum Flügel-Johanniskraut (Hypericaceae) Unbehaarte Pflanze/10-100 cm/Stängel vierkantig/Blätter elliptisch/Blüten 9-10 mm/viele Staubblätter/3-4 Griffel/nasse, zeitweise überschwemmte, nährstoffreiche, meist kalkreiche Lehm- und Tonböden/Rasengesellschaften/Juli-Aug

Sedum dasyphyllum Dickblatt-Fetthenne (Crassulaceae) Klebrig behaarte Pflanze/3-10 cm/Blätter dickfleischig/Blüten 5-6 mm/kalkreiche Steinböden/Felsige Standorte/Juni-Aug

Tuberaria guttata Sandröschen (Cistaceae) Behaarte Pflanze/5-40 cm/Blätter eiförmig/Blüten 10-20 mm/Blütenblätter gelb mit basalem braunrotem Fleck/sandige oder steinige Böden/Rasengesellschaften/Mai-Aug

Veronica fruticans Felsen-Ehrenpreis (Scrophulariaceae) Fein behaarte Pflanze/5-15cm/Blätter oval/Blüten azurbalau und am Grund weiß/Blätter oval/Blüten 11-15 mm/frische Steinböden/Felsige Standorte/Juni-Aug

Sommer-Knotenblume
Leucojum aestivum
(Amaryllidaceae)

Mehr als 5 Blütenblätter

1A-Wälder und Gebüsche
  2A-Blüten zu 1-2 — ***Leucojum vernum***
  2B-Blüten zu 3-7 — ***Leucojum aestivum***
1B-Rasengesellschaften und Ruderalstandorte
  2A-Blütenblätter weiß und am Rand gelbgrün
    3A-Blüten zu 1-2 — ***Leucojum vernum***
    3B-Blüten zu 3-7 — ***Leucojum aestivum***
  2B-Blütenblätter gelb und außen grün — ***Gagea bohemica***
  2C-Blüten bräunlich mit dunklen Punkten — ***Gentiana punctata***
1C-Felsige Standorte
  2A-Blüten blaßgelb mit dunklen Punkten — ***Gentiana pannonica***
  2B-Blüten bräunlich mit dunklen Punkten — ***Gentiana punctata***

Gagea bohemica Felsen-Gelbstern (Liliaceae) Zwiebelpflanze/3-8 cm/Blätter parallelnervig/Blüten 10-20 mm/1-3 Blüten/6 Blütenblätter/trockene Steinböden/Rasengesellschaften/März-Mai

Gentiana pannonica Ungarischer Enzian (Gentianaceae) Unbehaarte Pflanze/ 20-60 cm/Blätter elliptisch/Blüten 3-5 cm/6 Blütenblätter/humose Böden/ Felsige Standorte/Aug-Sep

Gentiana punctata Punktierter Enzian (Gentianaceae) Unbehaarte Pflanze/ 20-60 cm/Blätter breit-oval/6 Blütenblätter/Blüten 14-35 mm/humose Böden/ Felsige Standorte-Rasengesellschaften/Juli-Sep

Leucojum aestivum Sommer-Knotenblume (Amaryllidaceae) Zwiebelpflanze/ 35-60 cm/Blätter parallelnervig/Blüten zu 3-7/nasse, nährstoffreiche Böden/Auwälder-Erlenstandorte-Gebüsche-Rasengesellschaften/Apr-Mai

Leucojum vernum Frühlings-Knotenblume (Amaryllidaceae) Zwiebelpflanze/ 10-35 cm/Blätter parallelnervig/Blüten zu 1-2/feuchte, nährstoffreiche Mullböden/Eichenmischwälder-Erlenstandorte-Gebüsche-Rasengesellschaften/Feb-Apr

Blüte symmetrisch

1A-Wälder und Gebüsche — ***Listera ovata***
1B-Felsige Standorte — ***Linaria alpina***

Linaria alpina Alpen-Leinkraut (Scrophulariaceae) Graugrünes Kraut/5-15 cm/ Blätter in 3-4blättrigen Quirlen/Blüten 13-22/Blüten gespornt/grobkörnige Steinböden/Felsige Standorte/Juni-Juli

Listera ovata Großes Zweiblatt (Orchidaceae) Rhizompflanze mit nur 2 parallelnervigen Blättern/20-65 cm/Blätter eiförmig/Blüten 7-15 mm/ Blütenstand vielblütig/feuchte Böden/Buchenwälder/Mai-Juli

Besenheide
Calluna vulgaris
(Ericaceae)

Blüten klein

1A-Blüten braun
  2A-Rasengesellschaften und Ruderalstandorte ***Plantago arenaria***
  2B-Ufervegetation ***Salvinia natans***
1B-Blüten violett
  2A-Blüten mit 3 Staubblättern (Moore) ***Elatine triandra***
  2B-Blüten mit 6 Staubblättern (Ufervegetation) ***Elatine hexandra***

2-4 Blütenblätter

1A-Blüten braun
  2A-Blüten mit 3 Blütenblättern (Wälder) ***Asarum europaeum***
  2B-Blüten mit 4 Blütenblättern (Sandstandorte) ***Plantago arenaria***
1B-Blüten violett
  2A-Blüten mit 3 Blütenblättern
    3A-Blüten mit 3 Staubblättern (Moore) ***Elatine triandra***
    3B-Blüten mit 6 Staubblättern (Uferpflanze) ***Elatine hexandra***
  2B-Blüten mit 4 Blütenblättern
    3A-Wälder und Gebüsche
      4A-Blätter schuppenartig in 4 Reihen ***Calluna vulgaris***
      4B-Blätter gestielt und herzförmig ***Syringa vulgaris***
    3B-Rasengesellschaften und Ruderalstandorte
      4A-Blätter schuppenartig in 4 Reihen ***Calluna vulgaris***
      4B-Blätter nicht so
        5A-Grundblätter rosettenartig ***Veronica bellidioides***
        5B-Grundblätter nicht so ***Veronica alpina***
  2C-Moore und Zwergstrauchheiden ***Calluna vulgaris***

Flieder
Syringa vulgaris
(Oleaceae)

Asarum europaeum Europäische Haselwurz (Aristolochiacea) Rhizomstaude/ Blätter nierenförmig/5-10 cm/Blüten 10-15 mm/frische, nährstoffreiche und meist kalkhaltige Mullböden/Eichenmischwälder-Erlenstandorte/Apr-Mai

Calluna vulgaris Besenheide (Ericaceae) Zwergstrauch/20-100 cm/Blätter schuppenartig in 4 Reihen/Blüten 3-4 mm/nährstoffarme Lockerböden/ Gebüsche-Kiefernwälder-Rasengesell-schaften-Zwergstrauchheiden/Juli-Nov

Elatine hexandra Sechsmänniges Tännel (Elatinaceae) Niederliegendes, kahles Kraut/an den Knoten wurzelnd/Stängel bis 20 cm lang/Blätter kurz gestielt/ 3 Blütenblätter/6 Staubblätter/Schlammböden/Ufervegetation/Juni-Sep

Elatine triandra Dreimänniges Tännel (Elatinaceae) Niederliegendes, kahles Kraut/an den Knoten wurzelnd/Stängel bis 20 cm lang/Blätter kurz gestielt/ 3 Blütenblätter/3 Staubblätter/nährstoffreiche Böden/Moore/Juni-Sep

Plantago arenaria Sand-Wegerich (Plantaginaceae) Behaarte Pflanze mit grundständigen Blättern/Blätter länglich/Blüten in Ähren/Blüten 4teilig/ Blüten bräunlich/Staubblätter gelb/Mai-Aug

Salvinia natans Schwimmfarn (Salviniaceae) Wasserpflanze/Blätter in 3zähligen Quirlen/zwei davon behaarte Schwimmblätter/das dritte Blatt untergetaucht und zerschlitzt/Juni-Aug

Syringa vulgaris Gemeiner Flieder (Oleaceae) Strauch/Blätter gestielt und herzförmig/Blütenkronröhre 8-12 mm mit 4-5 mm langen Zipfeln/frische Böden/Gebüsche/Mai-Juni

Veronica alpina Alpen-Ehrenpreis (Scrophulariaceae) Kaum behaarte Pflanze/3-20 cm/Blätter eilanzettlich/Blüten 7-8 mm/2 Staubblätter/Juni-Aug

Veronica bellidioides Maßlieb-Ehrenpreis (Scrophulariaceae) Behaarte Pflanze/5-20 cm/Blätter eiförmig/Blüten 6-10 mm/2 Staubblätter/Juli-Aug

Büscheliges Gipskraut
Gypsophila fastigiata
(Caryophyllaceae)

5 Blütenblätter

1A-Blüten violett	
2A-Wälder und Gebüsche	***Symphoricarpos albus***
2B-Rasengesellschaften und Ruderalstandorte	
3A-Blütenblätter eingeschnitten	
4A-Blütenblätter mehrfach eingeschnitten	***Silene noctiflora***
4B-Blütenblätter einfach eingeschnitten	***Dianthus superbus***
3B-Blütenblätter gebuchtet	
4A-Pflanze unbehaart	***Silene rupestris***
4B-Pflanze behaart	
5A-Blüten in dichten Köpfchen/2 Griffel	***Gypsophila fastigiata***
5B-Blüten einzeln/3 Griffel	***Silene conica***
3C-Blütenblätter gezähnt	***Dianthus carthusianorum***
3D-Blütenblätter spitz zulaufend	***Saponaria officinalis***
4A-Blüte 2-4 cm/Kelch der Blüte geflügelt	***Gentianella germanica***
4B-Blüte 15-22 mm/Kelch nicht geflügelt	***Gentianella amarella***
3E-Blütenblätter abgerundet	
4A-Blüten 3 mm	***Valerianella carinata***
4B-Blüten 25-38 mm	***Saponaria officinalis***
2C-Moore und Zwergstrauchheiden	
3A-Stängelblätter tief eingeschnitten	***Valeriana dioica***
3B-Blätter nicht eingeschnitten	
4A-Blütenblätter gebuchtet	***Gypsophila muralis***
4B-Blütenblätter nicht gebuchtet	
5A-Blätter lineal	***Centaurium littorale***
5B-Blätter eiförmig bis lanzettlich	***Gentianella uliginosa***
2D-Salzstandorte	
3A-Stängel vierkantig/Blüten 10-20 mm	***Gentianella uliginosa***
3B-Stängel rund	
4A-10 Staubblätter	***Spergularia maritima***
4B-1-5 Staubblätter	
5A-Blütenblätter < Kelchblätter	***Spergularia salina***
5B-Blütenblätter > Kelchblätter	***Centaurium littorale***
2E-Felsstandorte	
3A-Blattrand bewimpert	***Saxifraga oppositifolia***
3B-Blattrand nicht bewimpert	***Gypsophila repens***

Kegelfrüchtiges Leimkraut
Silene conica
(Caryophyllaceae)

Centaurium littorale Strand-Tausendgüldenkraut (Gentianaceae) Unbehaartes Kraut/5-25 cm/Stängelblätter lineal/Blüten 11-14 mm in mehrblütigen Blütenständen/sandige Salztonböden/Moore-Salzstandorte/Juli-Sep

Dianthus carthusianorum Kartäuser-Nelke (Caryophyllaceae) Kahle Pflanze/ 15-60 cm/Stängel oberwärts vierkantig/Blätter lineal/Blüten 18-20 mm/ Blütenblätter gezähnt/humose Sandböden oder sandige Lehmböden/Juni-Sep

Dianthus superbus Pracht-Nelke (Caryophyllaceae) Unbehaarte Pflanze/20-60 cm/Stängel rund/Blätter lineal/Blüten 30-50 mm/Blütenblätter mehrfach tief eingeschnitten/kalkhaltige Ton- oder Torfböden/Juni-Sep

Gentianella amarella Bitterer Fransenenzian (Gentianaceae) Kahle Pflanze/ 3-60 cm/Blätter oval bis lineal-lanzettlich/Blüten 14-22 mm/5 Blütenblätter/ Blüten hell rot- bis blauviolett/Juni-Okt

Gentianella germanica Deutscher Fransenenzian- (Gentianaceae) Unbehaarte Pflanze/5-40 cm/Blätter eiförmig bis lanzettlich/Blüten 2-4 cm/5 Blütenblätter/Blüten rot- bis blauviolett/Juni-Okt

Gentianella uliginosa Sumpf-Fransenenzian (Gentianaceae) Kahle Pflanze/ Blätter oval/Blüten 10-20 mm/5 Blütenblätter/Blüten rotviolett/Aug-Okt

Gypsophila fastigiata Büscheliges Gipskraut (Caryophyllaceae) Klebrigbehaarte Pflanze/15-50 cm/Blätter lineal-lanzettlich/Blüten 5-8 mm/Blütenstand trugdoldig/kalkreiche, humose Sand- und Gipsböden/Felsstandorte-Rasengesellschaften/Juni-Aug

Gypsophila muralis Acker-Gipskraut (Caryophyllaceae) Nur unten behaarte Pflanze/4-25 cm/Blätter lineal/Blüte 4 mm/feuchte Böden/Moore/Juni-Okt

Gypsophila repens Kriechendes Gipskraut (Caryophyllaceae) Kahle Pflanze/ 8-25 cm/Blätter länglich-lanzettlich/Blüte 6-10 mm/Blütenblätter gebuchtet/ Blütenstand vielblütig/kalkreiche Schuttböden/Felsstandorte/Mai-Aug

Saponaria officinalis Gewöhnliches Seifenkraut (Caryophyllaceae) Unbehaarte oder flaumig behaarte Pflanze/30-70 cm/Blätter spitz eiförmig/Blüte 25-38 mm/humose oder rohe Sand- und Kiesböden/Ruderalstandorte/Juni-Sep

Saxifraga oppositifolia Gegenblättriger Steinbrech (Saxifragaceae) Polsterbildende Pflanze/2-5 cm/Blätter oval/Blüten 10-20 mm/Staubblätter bläulich/ Steinböden/Felsstandorte/Apr-Juli

Silene conica Kegelfrüchtiges Leimkraut (Caryophyllaceae) Drüsig behaartes Kraut/5-50 cm/Blätter länglich/Blüten 4-5 mm/3 Griffel/humose Sandböden/ Rasengesellschaften/Juni-Juli

Silene noctiflora Acker-Leimkraut (Caryophyllaceae) Behaarte Pflanze/10-60 cm/Blätter eiförmig/Blüten 17-19 mm/3 Griffel/Lehm- und Tonböden/ Ruderalstandorte/Juni-Sep

Silene rupestris Felsen-Leimkraut (Caryophyllaceae) Nur unten behaarte Pflanze/bis 25 cm/Blätter unten lanzettlich und oben eiförmig/Blüte 7-9 mm/ 3 Griffel/Sand- und Steinböden/Rasengesellschaften/Juli-Aug

Kleiner Baldrian
Valeriana dioica
(Valerianaceae)

Spergularia maritima Flügel-Schuppenmiere (Caryophyllaceae) Pflanze mit fleischigen Blättern/Blätter schmal und mit Nebenblättern/Blüten 7-12 mm/ 10 Staubblätter/Salzstandorte/Juli-Sep

Spergularia salina Salz-Schuppenmiere (Caryophyllaceae) Fast unbehaarte Pflanze mit fleischigen Blättern/5-20 cm/Stängel kantig/Blätter linealisch und mit Nebenblättern/Blüten 5-8 mm/Staubblätter 1-9/feuchte Salztonböden/ Salzstandorte/Mai-Sep

Symphoricarpos albus Gemeine Schneebeere (Caprifoliaceae) Strauch mit glänzenden Zweigen/100-250 cm/Blätter oval/Blüten 5-6 mm/frische, nährstoffreiche Böden/Gebüsche/Juni-Aug

Valeriana dioica Kleiner Baldrian (Valerianaceae) Rhizomkraut/Blätter gefiedert/Blüten in dreiteiligen Trugdolden/Einzelblüten 3 mm/kalkhaltige torfhaltige Böden/Moore/Mai-Juni

Valerianella carinata Gekielter Feldsalat (Valeriananceae) Kraut/10-40 cm/ untere Blätter verkehrt-eiförmig/obere Blätter länglich/Blüten 3 mm/ kalkhaltige Lockerböden/Ruderalstandorte/Apr-Mai

Mehr als 5 Blütenblätter

1A-Blüten braun	***Allium oleraceum***
1B-Blüten violett	
2A-Wälder und Gebüsche	***Allium oleraceum***
2B-Rasengesellschaften und Ruderalstandorte	***Allium oleraceum***
2C-Moore und Zwergstrauchheiden	***Peplis portula***

Allium oleraceum Kohl-Lauch (Liliaceae) Zwiebelpflanze mit rundlichem Stängel/30-90 cm/Blätter halbstielrund/Blüten in lockeren Dolden/Blütenstiele unterschiedlich lang/± trockene, nährstoff- und kalkreiche, nicht zu schwere Böden/Gebüsche-Rasengesellschaften-Ruderalstandorte/Juni-Aug

Peplis portula Sumpfquendel (Lythraceae) Unbehaartes Kraut mit fleischigen Blättern/1-5 cm/Blätter oval/6 Blütenblätter/Blüten 1-2 mm/kalkarme Schlamm-, Kies-, Sand- und Tonböden/Moore/Juni-Sep

Sand-Thymian
Thymus serpyllum
(Lamiaceae)

Blüte symmetrisch

1A-Blüten braun	***Asarum europaeum***
1B-Blüten violett	
2A-Wälder und Gebüsche	
3A-Blätter sitzend	
4A-Einzelblüten 3-6 cm	***Lonicera periclymenum***
4B-Einzelblüten < 1 cm	***Thymus serpyllum***
3B-Blätter gestielt	
4A-Blätter eiförmig	
5A-Einzelblüten < 1 cm/Stängel 4kantig	***Origanum vulgare***
5B-Einzelblüten 2-3 cm/Stängel 4kantig	***Prunella grandiflora***
5C-Einzelblüten 3-6 cm/Stängel rund	***Lonicera periclymenum***
4B-Blätter nicht eiförmig	
5A-Stängel vierkantig	
6A-Blüten zu mehreren	***Origanum vulgare***
6B-Blüten paarig (Erlenstandorte)	***Scutellaria minor***
5B-Stängel nicht vierkantig	
6A-Krautige Pflanze	***Lindernia procumbens***
6B-Strauch	
7A-Zweige mit weißem Mark	***Lonicera nigra***
7B-Zweige nicht mit weißem Mark	***Lonicera alpigena***
2B-Rasengesellschaften und Ruderalstandorte	
3A-Blätter sitzend	***Thymus serpyllum***
3B-Blätter gestielt	
4A-Blüten 25-30 mm	***Prunella grandiflora***
4B-Einzelblüten 12-20 mm(wollig behaart)	***Stachys germanica***
4C-Einzelblüten < 10 mm	
5A-Blätter pfeilförmig	***Scutellaria hastifolia***
5B-Blätter oval bis eiförmig	
6A-Pflanze kriechend	***Thymus praecox***
6B-Pflanze aufrecht	***Origanum vulgare***
2C-Ufervegetation	***Scutellaria hastifolia***
2D-Moore und Zwergstrauchheiden	
3A-Blüten 5-6 mm	***Lindernia procumbens***
3B-Blüten 15-22 mm	***Scutellaria hastifolia***
2E-Felsstandorte	***Ajuga pyramidalis***

Europäische Haselwurz
Asarum europaeum
(Aristolochiaceae)

Ajuga pyramidalis Pyramiden-Günsel (Lamiaceae) Behaarte Pflanze/5-30 cm/ Blätter verkehrt-eiförmig/Blüten 10-18 mm/modrig-torfig-humose Lehmböden/Felsstandorte/Mai-Juli

Asarum europaeum Europäische Haselwurz (Aristolochiaceae) Pflanze mit 2 nierenförmigen Blättern/5-10 cm/Blüten 10-15 mm/frische, nährstoffreiche, meist kalkhaltige Böden/Buchenwälder-Eichenmischwälder/März-Mai

Elatine hexandra Sechsmänniges Tännel (Elatinaceae) Kahles, niederliegendes Kraut/an den Knoten wurzelnd/Stängel bis 20 cm lang/Blätter kurz gestielt/ 3 Blütenblätter/6 Staubblätter/Schlammböden/Ufervegetation/Juni-Sep

Elatine triandra Dreimänniges Tännel (Elatinaceae) Niederliegendes Kraut/ an den Knoten wurzelnd/unbehaart/Stängel bis 20 cm lang/Blätter kurz gestielt/ 3 Blütenblätter/3 Staubblätter/nährstoffreiche Böden/Moore/Juni-Sep

Lindernia procumbens Liegendes Büchsenkraut (Scrophulariaceae) Kraut/kahl/ 3-18 cm/Blätter eiförmig/Blüten 5-6 mm/4 Staubblätter/kalkfreie Böden/ Moore/Aug-Sep

Lonicera alpigena Alpen-Heckenkirsche (Caprifoliaceae) Strauch/60-200 cm/ Blätter elliptisch/nährstoff- + kalkreiche Mullböden/Buchenwälder/Mai-Juli

Lonicera nigra Schwarze Heckenkirsche (Caprifoliaceae) Strauch/50-200 cm/ Blätter gestielt und elliptisch/Blüten paarig und lang gestielt/Blüten 6-10 mm/ kalkarme Böden/Buchenwälder-Kiefernwälder/Apr-Mai

Lonicera periclymenum Deutsches Geißblatt (Caprifoliaceae) Kletterstrauch/ Zweige hohl/Blätter eilanzettlich/Blattunterseite behaart/Blüten 35-55 mm/ nährstoffarme und kalkarme Böden/Eichenmischwälder-Gebüsche/Mai-Juli

Origanum vulgare Gemeiner Dost (Lamiaceae) Behaarte Pflanze/20-90 cm/ Blätter eiförmig/Blüten 6-8 mm/humose Lehmböden und Rohböden/Buchenwälder-Gebüsche-Rasengesellschaften-waldnahe Staudenfluren/Juli-Sep

Prunella grandiflora Großblütige Braunelle (Lamiaceae) Behaarte Pflanze/ 10-30 cm/Blätter eiförmig bis lanzettlich/Blüten 25-30 mm/Blüten dunkel violett/Juni-Aug

Scutellaria hastifolia Spießblättriges Helmkraut (Lamiaceae) Pflanze mit vierkantigem Stängel/Blätter pfeilförmig/Blattunterseite oft violett/Blüten 15-22 mm/Blüten blauviolettKelch drüsig behaart/Juni-Aug

Scutellaria minor Kleines Helmkraut (Lamiaceae) Stängel vierkantig/Blätter eiförmig/Blüten 5-6 mm/Blüten rosaviolett/Kelch flaumig behaart/Juli-Aug

Stachys germanica Deutscher Ziest (Lamiaceae) Wollig-filzig behaarte Pflanze 30-120 cm/Blätter eiförmig bis lanzettlich/Blüte 12-20 mm/kalkreiche, humose Lehm- und Lössböden/Gebüsche-Ruderalstandorte/Juni-Aug

Thymus praecox Frühblühender Thymian (Lamiaceae) Aromatisch duftende Pflanze/2-10 cm/Blätter oval/Blüten 6 mm/steinige oder sandige Böden/ Rasengesellschaften/Mai-Juli

Thymus serpyllum Sand-Thymian (Lamiaceae) Niederliegende Pflanze/2-10 cm Blätter sitzend/Blüten 6-7 mm/feinerdearme Sandböden/Kiefernwälder-Rasengesellschaften/Juni-Aug

Blätter ganzrandig
-
Blätter nicht gegenständig

Gemeiner Froschlöffel
Alisma plantago-aquatica
(Alismataceae)

3 Blütenblätter

1A-Waldnahe Staudenfluren	***Reynoutria japonica***
1B-Ufervegetation	
2A-Blätter quirlig	***Elodea canadensis***
2B-Blätter grundständig	
3A-Blätter pfeilförmig	***Sagittaria sagittifolia***
3B-Blätter nicht pfeilförmig	
4A-Blüten einzeln	
5A-Blätter nierenförmig	***Hydrocharis morsus-ranae***
5B-Blätter nicht nierenförmig	
6A-Blätter elliptisch bis breit-oval	***Luronium natans***
6B-Blätter lanzettlich	***Stratiotes aloides***
4B-Blüten zu mehreren	
5A-Blüten in Dolden	
6A-Blätter schmal	***Butomus umbellatus***
6B-Blätter lanzettlich	***Baldellia ranunculoides***
5B-Blüten nicht in Dolden	***Alisma plantago-aquatica***

Alisma plantago-aquatica Gemeiner Froschlöffel (Alismataceae) Ausdauernde Wasserpflanze/30-150 cm/Blütenstand vielblütig/in Quirlen/nährstoffreiche Schlammböden/Ufervegetation/Juni-Sep

Baldellia ranunculoides Igelschlauch (Alismataceae) Wasserpflanze/5-40 cm/ Blätter lanzettlich/Blüten 10-16 mmin 3-12 blütigen Scheindolden/nährstoffarme, sandige Schlammböden/Ufervegetation Juli-Okt

Butomus umbellatus Schwanenblume (Butomaceae) Wasserpflanze/50-150 cm Blätter parallelnervig/Blüten 16-26 mm in Dolden/humose, meist sandige Schlammböden/Ufervegetation/Juni-Aug

Elodea canadensis Kanadische Wasserpest (Hydrocharitaceae) Wasserpflanze/ 30-60 cm/Blätter in 3zähligen Quirlen/Blüten 4-5 mm in lang gestielten Blütenständen/humose oder sandige Schlammböden/Ufervegetation/Juni-Aug

Hydrocharis morsus-ranae Froschbiss (Hydrocharitaceae) Wasserpflanze in flachen Gewässern/15-30 cm/Schwimmblätter stumpf-herzförmig/Blüten 18-20 mm/Ufervegetation/Mai-Aug

Luronium natans Froschkraut (Alismataceae) Sumpf- oder Wasserpflanze/ Schwimmblätter länglich-elliptisch bis breit-oval/Blüten 12-16 mm/ humoseoder kiesig-sandige Schlammböden/Ufervegetation/Mai-Sep

Reynoutria japonica Japanischer Staudenknöterich (Polygonaceae) Stängel 2 cm dick/1-3 m/Blätter breit-eiförmig/Blüten zu 2-4 in 3-12 cm langen Rispen/ nährstoffreiche, kiesige bis tonige Böden/Waldnahe Staudenfluren/ Juli-Sep

Sagittaria sagittifolia Echtes Pfeilkraut (Alismataceae) Wasserpflanze/Luftblätter pfeilförmig/Blüten 20-25 mm/Schlammböden/Juni-Aug

Stratiotes aloides Krebsschere (Hydrocharitaceae) Wasserpflanze/Blätter breitlineal/Blüte 3-10 cm/humöse Schlammböden/Ufervegetation/Mai-Juli

<u>4 Blütenblätter</u>

1A-Salzstandorte	***Lepidium latifolium***
1B-Wälder und Gebüsche	
2A-Blätter quirlständig	
3A-Blattquirl mit 4 Blättern	
4A-Stängel vierkantig	***Galium palustre***
4B-Stängel nicht vierkantig	
5A-Blätter lanzettlich/nicht stachelspitzig	***Galium boreale***
5B-Blätter oval und kurz stachelspitzig	***Galium rotundifolium***
3B-Blattquirl mit mehr als 4 Blättern	
4A-Stängel rau	***Galium aparine***
4B-Stängel glatt	
5A-Blüten radförmig	
6A-Blattrand umgerollt/Blüte glockig	***Galium glaucum***
6B-Blätter flach/Blüte trichterförmig	***Galium odoratum***
5B-Blüten trichterförmig oder glockig	
6A-Stängel rund	***<u>Galium sylvaticum</u>***
6B-Stängel zumindest oben vierkantig	
7A-Quirle meist mit 6 Blättern	***Galium harcynicum***
7B-Quirle meist mit 7-8 Blättern	***<u>Galium mollugo</u>***
2B-Blätter nicht quirlständig	
3A-Blätter sitzend	***Myricaria germanica***
3B-Blätter gestielt	
4A-Blätter herzförmig	***Maianthemum bifolium***
4B-Blätter nicht herzförmig	
5A-Blätter am Rand umgerollt	***Vaccinium vitis-idaea***
5B-Blätter nicht am Rand umgerollt	
6A-Zweige grün/scharfkantig	***Vaccinium myrtillus***
6B-Zweige braun/stielrund	***<u>Vaccinium uliginosum</u>***
1C-Rasengesellschaften und Ruderalstandorte	
2A-Blätter quirlständig	
3A-Blattquirl mit 4 Blättern	***Galium boreale***
3B-Blattquirl mit mehr als 4 Blättern	
4A-Stängel rau	
5A-Blattoberseite kahl + glatt	***Galium tricornutum***
5B-Blattoberseite anders	***Galium aparine***
4B-Stängel glatt	
5A-Stängelborsten abwärts gerichtet	***Galium uliginosum***
5B-Stängelborsten nicht abwärts gerichtet	
6A-Blütenblätter mit Stachelspitze	***<u>Galium mollugo</u>***
6B-Blütenblätter ohne Stachelspitze	
7A-Stängelglieder so lang wie Blätter	***Galium anisophyllum***
7B-Stängelglieder länger als Blätter	

8A-Quirle meist mit 6 Blättern *Galium harcynicum*
8B-Quirle meist mit 7-8 Blättern *Galium pumilum*
2B-Blätter grundständig
3A-Blütenblätter eingeschnitten *Erophila verna*
3B-Blütenblätter nicht eingeschnitten *Arabidopsis thaliana*
2C-Blätter nicht quirl- und nicht grundständig
3A-Pflanze behaart
4A-Blütenblätter eingeschnitten *Berteroa incana*
4B-Blütenblätter nicht eingeschnitten *Draba dubia*
3B-Pflanze unbehaart
4A-Blätter lineal-lanzettlich *Lepidium graminifolium*
4B-Blätter stängelumfassend
5A-Blüten 3-4 mm *Thlaspi perfoliatum*
5B-Blüten 9-20 mm *Conringia orientalis*
1D-Ufervegetation
2A-Blätter quirlständig *Galium palustre*
2B-Blätter grundständig *Littorella uniflora*
2C-Blätter nicht quirl- und nicht grundständig
3A-Blätter verkehrt eiförmig *Arabis soyeri*
3B-Blätter lineal-lanzettlich *Lepidium graminifolium*
1E-Moore und nichtalpine Zwergstrauchheiden
2A-Blätter quirlständig
3A-Kraut *Galium harcynicum*
3B-Zwergstrauch mit verholztem Stängel *Erica tetralix*
2B-Blätter sitzend *Centunculus minimus*
2C-Blätter gestielt
3A-Blätter am Rand umgerollt *Vaccinium vitis-idaea*
3B-Blätter nicht am Rand umgerollt
4A-Zweige grün/scharfkantig *Vaccinium myrtillus*
4B-Zweige braun/stielrund *Vaccinium uliginosum*
1F-Felsige Standorte
2A-Blätter quirlständig/4 Staubblätter
3A-Fast alle Triebe blühend *Galium pumilum*
3B-Mit zahlreichen nicht blühenden Trieben *Galium megalospermum*
2B-Blätter grundständig/6 Staubblätter *Draba tomentosa*
2C-Blätter gestielt *Thlaspi caerulescens*
2D-Blätter sitzend
3A-Blüten mit 4 Staubblättern *Myricaria germanica*
3B-Blüten mit 6 Staubblättern
4A-Stängel behaart *Draba tomentosa*
4B-Stängel nicht behaart
5A-Blätter stängelumfassend *Thlaspi rotundifolium*
5B-Blätter nicht stängelumfassend *Thlaspi caerulescens*

Graukresse
Berteroa incana
(Cruciferae)

Arabidopsis thaliana Acker-Schmalwand (Cruciferae) Kleine Rosettenpflanze/ 5-30/Blätter 2-3 cm lang/Blüten 2-4 mm/kalkarme sandige Böden/ Ruderalpflanzen/Apr-Mai

Arabis soyeri Glänzende Gänsekresse (Cruciferae) Pflanze mit grundständiger Rosette und Stängelblättern/15-30cm/Blütenkronblätter 5-8 mm/kalkhaltige Sumpfböden/Ufervegetation/Mai-Juli

Berteroa incana Graukresse (Cruciferae) Graugrün behaarte Pflanze/25-65 cm/ Haare sternförmig/Blüten 5-8 mm/Blütenblätter tief 2spaltig/kalkarme Sandböden/Ruderalpflanzen/Juni-Okt

Centunculus minimus Kleinling (Primulaceae) Unbehaartes Kraut/2-8 cm/ Blätter eiförmig/blattachselständige Blüten 1-2 mm/nährstoffreiche Böden/ Moore/Mai-Sep

Conringia orientalis Acker-Kohl, (Cruciferae) Unbehaarte Pflanze/10-50 cm/ Blätter stängelumfassend/Blüten 9-20 mm/nährstoff- und meist kalkreiche Böden/Ruderalpflanzen/Mai-Juli

Draba dubia Eis-Felsenblümchen (Cruciferae) Behaarte Pflanze/3-14 cm/ Haare sternförmig/Blüten 3-5 mm/basenreiche Steinböden/Rasengesellschaften/Juni-Aug

Draba tomentosa Filziges Felsenblümchen (Cruciferae) Behaarte Pflanze/ 3-12 cm/Haare sternförmig/Blüten 3-5 mm/über Kalk/Felsige Standorte-Ufervegetation/Juni-Aug

Erica tetralix Glockenheide (Ericaceae) Zwergstrauch/15-50 cm/Blätter nadelartig in Scheinquirlen/Blüten in 5-15blütigen Dolden/Blüten 6-9 mm/ nährstoffarme Torf- oder Sandböden/Moore/Juli-Aug

Erophila verna Frühlings-Hungerblümchen (Cruciferae) Behaarte Rosettenpflanze/2-20 cm/Stängel ohne Blätter/Blüte 3-5 mm/mäßig nährstoffreiche Lockerböden/Rasengesellschaften/Feb-Mai

Galium anisophyllum Verschiedenblättriges Labkraut (Rubiaceae) Pflanze mit 5-8zähligen Quirlen/5-25 cm/Stängel vierkantig/Blüten mm/frische, kalkreiche Böden/Rasengesellschaften/Juli-Sep

Galium aparine Klebkraut (Rubiaceae) Pflanze mit 6-9zähligen Quirlen/50-200 cm/Stängel vierkantig/Blüten 1-2 mm/frische, nährstoffreiche Böden/ Buchenwälder-Gebüsche-Ruderalpflanzen-Waldnahe Staudenfluren/Mai-Okt

Galium boreale Nordisches Labkraut (Rubiaceae) Pflanze mit vierzähligen Quirlen/20-50 cm/Stängel 4kantig/Blüten in dichten Trugdolden/Blüten 3-4 mm/kalkhaltige Moderhumus- oder Torfböden/Eichenmischwälder-Rasengesellschaften-Waldnahe Staudenfluren/Juni-Aug

Galium glaucum Blaugrünes Labkraut (Rubiaceae) Pflanze mit 6-10blättrigen Quirlen/30-60 cm/Stängel 4kantig/Blüten 4-6 mm/trockene, kalkhaltige Böden/Waldnahe Staudenfluren/Mai-Juli

Harzer Labkraut
Galium sylvaticum
(Rubiaceae)

Galium harcynicum Harzer Labkraut (Rubiaceae) Pflanze mit 6blättrigen Quirlen/10-30 cm/Stängel 4kantig/Blüten 2-4 mm/kalkfreie Rohhumus- oder Moderhumusböden/Rasengesellschaften-Waldnahe Staudenfluren-Zwergstrauchheiden/Juni-Aug

Galium megalospermum Schweizer Labkraut (Rubiaceae) Pflanze mit 4-11blättrigen Quirlen/2-10 cm/Stängel vierkantig/Lockergesteinsböden/Felsige Standorte/Juni-Aug

Galium mollugo Wiesen-Labkraut (Rubiaceae) Pflanze mit 4-10blättrigen Quirlen/30-100 cm/Stängel vierkantig/Blüten 2-3 mm/Rasengesellschaften-Waldnahe Staudenfluren/Mai-Juli

Galium odoratum Waldmeister (Rubiaceae) Pflanze mit 6-8blättrigen Quirlen/15-30 cm/Stängel vierkantig/Blüten 4-7 mm/nährstoff- und basenreiche Mullböden/Buchenwälder-Waldnahe Staudenfluren/Apr-Mai

Galium palustre Sumpf-Labkraut (Rubiaceae) Pflanze mit 4blättrigen Quirlen/8-30 cm/Stängel vierkantig/Blüten 3-4 mm/nährstoffreiche, humose Böden/Gebüsche-Ufervegetation/Mai-Sep

Galium pumilum Niederes Labkraut (Rubiaceae) Pflanze mit 4-11blättrigen Quirlen/10-40 cm/Stängel vierkantig/Blüten 2-3 mm/nährstoffreiche, nicht zu schwere Böden/Felsige Standorte-Rasengesellschaften/Juni-Aug

Galium rotundifolium Rundblättriges Labkraut (Rubiaceae) Pflanze mit vierblättrigen Quirlen/Stängel vierkantig/Blüten 3-4 mm/kalkarme Moderhumusböden/Buchenwälder/Juni-Juli

Galium sylvaticum Wald-Labkraut (Rubiaceae) Pflanze mit 4-10blättrigen Quirlen/30-100 cm/Stängel vierkantig/Blüten 2-3 mm/nährstoffreiche Mullböden/Eichenmischwälder/Juli-Sep

Galium tricornutum Dreihörniges Labkraut (Rubiaceae) Pflanze mit 6-8blättrigen Quirlen/10-80 cm/Stängel vierkantig/Blüten 1-2 mm/nährstoffreiche, ± kalkhaltige Böden/Ruderalpflanzen/Juni-Okt

Galium uliginosum Moor-Labkraut (Rubiaceae) Pflanze mit 6-8blättrigen Quirlen/15-60 cm/Stängel vierkantig/Blüten 2-3 mm/nährstoffreiche, meist kalkarme Sumpfhumusböden/Rasengesellschaften/Mai-Sep

Lepidium graminifolium Grasblättrige Kresse (Cruciferae) Unbehaarte Pflanze/40-70 cm/Blätter lineal-lanzettlich/Blüte 2-3 mm/trockene, nährstoffreiche, kalkarme, nicht zu feinkörnige Böden/Ruderalstandorte-Ufervegetation/Juni-Aug

Lepidium latifolium Breitblättrige Kresse (Cruciferae) Unbehaarte Pflanze mit bereiftem Stängel/50-100 cm/Blätter eiförmig-lanzettlich/Blüte 2-3 mm/frische salzhaltige Böden/Salzstandorte/Mai-Juli

Littorella uniflora Strandling (Plantaginaceae) Rosettenpflanze/2-14 cm/Blätter lineal-pfriemlich/Blüten 4-6 mm/Ufervegetation/Mai-Juli

Maianthemum bifolium Schattenblume (Liliaceae) Pflanze mit 2 parallelnervigen Blättern/5-20 cm/Blätter herzförmig/Blüten 4-6 mm/nährstoff- und kalkarme Mull- oder Moderhumusböden/Buchenwälder/Apr-Juni

Rauschbeere
Vaccinium uliginosum
(Ericaceae)

Myricaria germanica Deutsche Tamariske (Tamaricaceae) Unbehaarter Strauch/60-250 cm/Blätter linealisch/Blüten in (Doppel)Trauben/Blüten 5-6 mm/kalk- und schlickhaltiger Feinsand/Felsige Standorte-Gebüsche/Juni-Aug

Thlaspi caerulescens Gebirgs-Hellerkraut (Cruciferae) Unbehaarte Pflanze/ 10-30 cm/Stängelblätter stängelumfassend/Blüten 1-3 mm/nährstoffreiche, kalkarme Böden/Felsige Standorte-Rasengesellschaften/Apr-Juni

Thlaspi perfoliatum Durchwachsenblättriges Hellerkraut (Cruciferae) Unbehaartes Kraut/6-20 cm/Stängelblätter herzförmig/Blüten 3-4 mm/ Staubblätter gelb/nährstoffreiche, kalkreiche Böden/Rasengesellschaften/ März-Juni

Thlaspi rotundifolium Rundblättriges Hellerkraut (Cruciferae) Unbehaartes Kraut/5-15 cm/Stängelblätter meist stängelumfassend/Blütenkronblätter 5-7 mm/Felsige Standorte/Mai-Sep

Vaccinium myrtillus Heidelbeere (Ericaceae) Immergrüner Zwergstrauch/15-50 cm/Stängel scharfkantig/Blätter oval/Blüte 4-6 mm/nährstoff- und kalkarme Rohhumusböden/Buchenwälder-Gebüsche-Kiefernwälder-Waldnahe Staudenfluren-Zwergstrauchheiden/Mai-Juni

Vaccinium uliginosum Rauschbeere (Ericaceae) Zwergstrauch/30-100 cm/ Blätter oval/Blüten 4-6 mm/nährstoff- und kalkarme Rohhumus- oder Torfböden/Fichtenwälder-Moore-Zwerstrauchheiden/Mai-Juni

Vaccinium vitis-idaea Preiselbeere (Ericaceae) Zwergstrauch/5-25 cm/Blätter oval/Blüten 6-10 mm/nährstoff- und kalkarme Rohhumusböden/ Eichenmischwälder-Fichtenwälder-Gebüsche-Kiefernwälder-Zwergstrauchheiden/Mai-Juli

Außerdem

Subularia aquatica Pfriemen-Kresse (Cruciferae) Unbehaarte Wasserpflanze mit 10-20 grundständigen Blättern/2-8 cm/Blüten 2-3 mm/schlammige Sandböden/Ufervegetation/Juni-Juli

<u>5 Blütenblätter</u>

1A-Wälder und Gebüsche	
2A-Blätter dreizählig	***<u>Oxalis acetosella</u>***
2B-Blätter grundständig	
3A-Krautige Pflanze/Blätter lang gestielt	***Pyrola chlorantha***
3B-Polsterpflanze mit sitzenden Blättern	***Saxifraga caesia***
2C-Blätter nicht dreizählig + nicht grundständig	
3A-Stängel geflügelt	***<u>Symphytum officinale</u>***
3B-Stängel nicht geflügelt	
4A-Blätter pfeilförmig/Blüte 3-5 cm	***Calystegia sepium***
4B-Blätter eiförmig und mit Nebenblättern	***Cotoneaster integerrimus***
4C-Blätter anders	
5A-Strauch	
6A-Blattrand umgerollt	***Ledum palustre***
6B-Blattrand nicht umgerollt	***Arctostaphylos uva-ursi***
5B-Krautige Pflanze	
6A-Pflanze behaart	***<u>Lithospermum officinale</u>***
6B-Pflanze nicht oder kaum behaart	***Saxifraga caesia***
1B-Rasengesellschaften und Ruderalstandorte	
2A-Blätter lineal und scheinbar quirlständig	
3A-Battunterseite mit Längsfurche	***Spergula arvensis***
3B-Battunterseite ohne Längsfurche	***Spergula morisonii***
2B-Blätter grundständig und nicht lineal	
3A-Blätter lang gestielt/Blütenstiel unbehaart	***Parnassia palustris***
3B-Blätter sitzend/Blütenstiel dicht behaart	
4A-Blattrand gleichlang behaart	***Androsace obtusifolia***
4B-Blattspitze länger behaart	***<u>Androsace chamaejasme</u>***
2C-Blätter dickfleischig	***<u>Sedum album</u>***
2D-Blätter anders	
3A-Stängel geflügelt	***<u>Symphytum officinale</u>***
3B-Stängel nicht geflügelt	
4A-Blätter gestielt	
5A-Stängel einfach	***Polygonum viviparum***
5B-Stängel verzweigt	
6A-Blütenährenstiel ohne Drüsen	***Polygonum persicaria***
6B-Blütenährenstiel mit Drüsen	***Polygonum lapathifolium***
4B-Blätter sitzend	
5A-Blütenblätter verwachsen	
6A-Blätter dicht behaart	***Campanula barbata***
6B-Blätter nicht dicht behaart	***Thesium linophyllon***
5B-Blütenblätter frei	
6A-Stängelblätter ohne Nebenblätter	***Saxifraga caesia***
6B-Stängelblätter mit Nebenblättern	***Corrigiola litoralis***

1C-Ufervegetation
- **2A**-Blätter dreizählig — ***Menyanthes trifoliata***
- **2B**-Blätter quirlständig — ***Hottonia palustris***
- **2C**-Blätter grundständig — ***Drosera intermedia***
- **2D**-Blätter anders — ***Samolus valerandi***

1D-Moore und Zwergstrauchheiden
- **2A**-Blätter dreizählig — ***Menyanthes trifoliata***
- **2B**-Blätter grundständig
  - **3A**-Blätter mit klebrigen Drüsenhaaren
    - **4A**-Blätter 2-4x so lang wie breit — ***Drosera intermedia***
    - **4B**-Blätter 4-8x so lang wie breit — ***Drosera longifolia***
  - **3B**-Blätter ohne klebrige Drüsenhaaren
    - **4A**-Blätter herz-eiförmig — ***Parnassia palustris***
    - **4B**-Blätter lineal-spatelig — ***Limosella aquatica***
    - **4C**-Blätter oval — ***Samolus valerandi***
- **2C**-Blätter nicht 3zählig und nicht grundständig
  - **3A**-Blattrand umgerollt — ***Ledum palustre***
  - **3B**-Blattrand nicht umgerollt
    - **4A**-Strauch — ***Arctostaphylos uva-ursi***
    - **4B**-Krautige Pflanze — ***Samolus valerandi***

1E-Felsige Standorte
- **2A**-Blätter quirlständig — ***Androsace lactea***
- **2B**-Blätter grundständig
  - **3A**-Blätter schmal
    - **4A**-Blüten(stände) lang gestielt — ***Androsace lactea***
    - **4B**-Blüten(stände) sitzend — ***Androsace helvetica***
  - **3B**-Blätter rundlich-nierenförmig
    - **4A**-Blattnerven deutlich sichtbar — ***Soldanella pusilla***
    - **4B**-Blattnerven nicht deutlich sichtbar — ***Soldanella alpina***
- **2C**-Blätter nicht quirl- und nicht grundständig
  - **3A**-Blätter gestielt — ***Polygonum viviparum***
  - **3B**-Blätter sitzend
    - **4A**-Blüten < 15 mm — ***Saxifraga caesia***
    - **4B**-Blüten 15-30 mm/glockig verwachsen — ***Campanula barbata***

1F-Salzstandorte
- **2A**-Blüten in den Blattachseln sitzend — ***Glaux maritima***
- **2B**-Blüten gestielt — ***Samolus valerandi***

Haariger Mannsschild
Androsace chamaejasme
(Primulaceae)

Androsace chamaejasme Haariger Mannsschild (Primulaceae) Behaarte Pflanze/1-4 cm/Blätter lanzettlich/Blüten in lsng gestielten Dolden/kalkreiche Steinböden/Rasengesellschaften/Juni-Juli

Androsace helvetica Schweizer Mannsschild (Primulaceae) Graufilzig behaarte Pflanze/1-5 cm/Blätter dicht dachig/Blüten 4-6 mm/Kalk- und Dolomitfelsen/ Felsige Standorte/Mai-Juli

Androsace lactea Milchweißer Mannsschild (Primulaceae) Lockerrasige Rosettenpflanze/2-20 cm/Blätter lineal-lanzettlich/Blüten 8-12 mm/ kalkhaltige Steinböden/Felsige Standorte/Mai-Juli

Androsace obtusifolia Stumpfblättriger Mannsschild (Primulaceae) Behaarte Pflanze/2-15 cm/Haare sternhaarig/Blätter lanzettlich/Blüten in lang gestielten Dolden/kalkarme Böden/Rasengesellschaften/Juni-Juli

Arctostaphylos uva-ursi Immergrüne Bärentraube (Ericaceae) Niederliegender Strauch/20-60 cm/Blätter derb und oval/Blüten zu 3-12/Blüten 5-6 mm/ basische, flachgründige Böden/Kiefernwälder-Zwergstrauchheiden/März-Juli

Calystegia sepium Gewöhnliche Zaunwinde (Convolvulaceae) Pflanze mit links windendem Stängel/1-3 m/Blätter pfeilförmig/Blüten 35-55 mm/Blütenstiel schwach geflügelt/nährstoffreiche Ton- und Lehmböden/Gebüsche-Ruderalpflanzen-Waldnahe Staudenfluren/Juni-Sep

Campanula barbata Bärtige Glockenblume (Campanulaceae) Behaarte Pflanze/10-40 cm/Grundblätter rosettig/Stängelblätter zungenförmig/Blüten blau/Blüten 20-35 mm/Griffel 3-spaltig/basenreiche, aber kalkarme Böden/ Felsige Standorte-Rasengesellschaften/Juni-Aug

Corrigiola litoralis Hirschsprung (Caryophyllaceae) Niederliegende Pflanze/ 1-50 cm/Blätter lineal-lanzettlich und mit Nebenblättern/Blüten 1-2 mm/ nährstoffreiche, kalkarme, lehmige oder reine Kies- und Sandböden/ Ruderalpflanzen/Mai-Juli

Cotoneaster integerrimus Gewöhnliche Zwergmispel (Rosaceae) Dornenlose Zwergsträucher/20-300 cm/Blätter unterseits hellgrünfilzig behaart/Blüten 6-7 mm inn Gruppen von 2-3/basenreiche, humus- und feinerdearme Stein- und Felsböden, auch auf Sand/Gebüsche/Mai-Juni

Drosera intermedia Mittlerer Sonnentau (Droseraceae) Pflanze mit grundständiger Rosette/3-10 cm/Blätter mit lang gestielten klebrigen Drüsen/ Blüten 5 mm/± nährstoffreiche Torfschlamm- bis Sandböden/Moore-Ufervegetation/ Juli-Aug

Drosera longifolia Langblättriger Sonnentau (Droseraceae) Pflanze mit grundständiger Rosette/5-20 cm/Blätter mit lang gestielten klebrigen Drüsen/ Blüten 5 mm/± nährstoffreiche Torfschlammböden/Moore/Juni-Aug

Glaux maritima Milchkraut (Primulaceae) Unbehaarte Pflanze/3-20 cm/ Blätter elliptisch und fleischig/blattachselständige Blüten 3-6 mm/ salzhaltige Tonböden/Salzstandorte/Mai-Aug

Fieberklee
Menyanthes trifoliata
(Menyanthaceae)

Hottonia palustris Wasserfeder (Primulaceae) Unbehaarte Wasserpflanze/15-60 cm/Blätter kammförmig/Blüten in 3-6blütigen Quirlen/mesotrophe Gewässer über Torfschlamm/Ufervegetation/Mai-Juli

Ledum palustre Sumpf-Porst (Ericaceae) Immergrüner Strauch/60-150cm/ Blätter lineal/Blüten 10-15 mm/10 Staubblätter/nährstoffarme Torfböden/ Fichtenwälder-Moore/Mai-Juli

Limosella aquatica Schlammkraut (Scrophulariaceae) Unbehaarte Pflanze mit grundständigen Blättern/2-8 cm/Blätter lineal-spatelig bis 15 cm lang/Blüten einzeln und lang gestielt/Blüten bis 3 mm/nährstoffreiche, auch schwach salzhaltige Schlammböden/Moore/Juni-Sep

Lithospermum officinale Echter Steinsame (Boraginaceae) Pflanze behaart/ 30-100 cm/Blätter länglich-lanzettlich/Blüte 4-5 mm/frische, nährstoff- und kalkreiche Lehm- und Tonböden/Eichenmischwälder-Erlenstandorte/Mai-Juli

Menyanthes trifoliata Fieberklee (Menyanthaceae) Wasserpflanze mit dreizählig gefingerten Blättern/15-30 cm/Blütenstand lang gestielt/Blüten 14-16 mm/mäßig nährstoffreiche, kalkarme Torfschlammböden/Moore-Ufervegetation/ Mai-Juni

Oxalis acetosella Wald-Sauerklee (Oxalidaceae) Pflanze mit kleeartigen Blättern/5-15 cm/Blütenblätter 8-15 mm/Blättchen herzförmig/mäßig nährstoffreiche, humose Lehmböden/Buchenwälder-Gebüsche-Waldnahe Staudenfluren/Apr-Mai

Parnassia palustris Sumpf-Herzblatt (Parnassiaceae) Pflanze mit kantigem Stängel/10-45 cm/Blätter herz-eiförmig/Blüten 15-30 mm/nährstoffreiche Böden/Moore-Rasengesellschaften/Juli-Sep

Polygonum lapathifolium Ampfer-Knöterich (Polygonaceae) Pflanze mit deutlich gestielten Blättern/20-200 cm/Blätter länglich-elliptisch bis lanzettlich/Blüten in Scheinähren/Blütenhüllblätter 2-3 mm/meist 6 Staubblätter/2 Griffel/nährstoffreiche, stickstoffbeeinflusste, Sand-, Lehm- oder Tonböden/Ruderalpflanzen/Juli-Okt

Polygonum persicaria Floh-Knöterich (Polygonaceae) Kraut/10-80 cm/Blätter lanzettlich/Blüten 3 mm/Blütenstiel ohne Drüsen/nährstoffreiche, humose Sand-, Lehm- und Tonböden/Ruderalpflanzen/Juli-Sep

Polygonum viviparum Knöllchen-Knöterich (Polygonaceae) Unbehaarte Pflanze/5-40 cm/Blätter am Rand umgerollt/Blüten in 2-6 cm langen Ähren/modrig-humose Stein- und Lehmböden/Felsige Standorte-Rasengesellschaften/Juni-Aug

Pyrola chlorantha Grünblütiges Wintergrün (Pyrolaceae) Unbehaartes Kraut/ 10-30 cm/Stängel am Grund scharfkantig/Blätter rundlich spatelförmig/ Blüten 8-12 mm/± kalkhaltige, nicht zu schwere Moderhumusböden/ Kiefernwälder/Juni-Juli

Weiße Fetthenne
Sedum album
(Crassulaceae)

Samolus valerandi Salz-Bunge (Primulaceae) Pflanze mit fleischigen Blättern/15-50 cm/Blätter oval/Blüten 2-3 mm/nährstoffreiche, ± salzhaltige Böden/Moore-Salzstandorte-Ufervegetation/Juni-Sep

Saxifraga caesia Blaugrüner Steinbrech (Saxifragaceae) Polsterbildende Pflanze/5-10 cm/Blätter mit kalkabsondernden Grübchen/Blüten zu 2-6 am Stängelende/Blütenblätter 4-6 mm/kalkreiche Steinböden/Felsige Standorte-Kiefernwälder-Rasengesellschaften/Juni-Sep

Sedum album Weiße Fetthenne (Crassulaceae) Pflanze mit dickfleischigen Blättern/5-20 cm/Blätter länglich-lanzettlich/Blüten 6-9 mm/10 Staubblätter/Staubbeutel rotbraun/nährstoffarme, basenhaltige Steinböden/Rasengesellschaften/Juni-Aug

Soldanella alpina Alpen-Troddelblume (Primulaceae) Leicht behaarte Staude/Blätter nierenförmig/Blüten zu 1-4/Blütenblätter tief eingeschnitten/Blüten 8-13 mm/nährstoffreiche, kalkhaltige Sumpfhumusböden/Felsige Standorte-Moore/Apr-Juli

Soldanella pusilla Zwerg-Troddelblume (Primulaceae) Pflanze mit nierenförmigen Blättern/3-10 cm/Blüten 10-15 mm/Blütenblätter eingeschnitten/nährstoffreiche, kalkarme Böden/Felsige Standorte/Mai-Aug

Spergula arvensis Feld-Spark (Caryophyllaceae) Pflanze mit fleischigen Blättern/5-100 cm/Stängel oberwärts drüsenhaarig/Blüten 4-8 mm/nährstoffreiche, kalkarme lockere Sandböden/Ruderalpflanzen/Juni-Okt

Spergula morisonii Frühlings-Spark (Caryophyllaceae) Pflanze mit pfriemlichen Blättern/5-30 cm/Blüten 6-8 mm/(5-)10 Staubblätter/5 Griffel/nährstoffarme, lockere Sandböden/Rasengesellschaften/Apr-Juni

Symphytum officinale Gewöhnlicher Beinwell (Boraginaceae) Steif behaarte Pflanze/Stängel geflügelt/Blätter eiförmig/Blüten rotviolett/Blüten 12-18 mm/nährstoffreiche, rohe oder humose Lehm- und Tonböden, auch auf modrig-torfigen Böden/Rasengesellschaften-Waldnahe Staudenfluren/Mai-Juli

Thesium linophyllon Mittleres Leinblatt (Santalaceae) Pflanze mit unterirdischen Ausläufern/15-30 cm/Blätter lineal-lanzetlich/Blüten mit 3 Hochblättern/kalkhaltige oder kalkarme Lockerböden/Rasengesellschaften/Mai-Juli

Mehr als 5 Blütenblätter

1A-Wälder und Gebüsche
2A-Blätter netznervig ***Trientalis europaea***
2B-Blätter parallelnervig
3A-Blätter quirlständig ***Polygonatum verticillatum***
3B-Blätter grundständig
4A-Blütenstand mit 1-2 Blüten ***Leucojum vernum***
4B-Blütenstand mit vielen Blüten ***Convallaria majalis***
3C-Blätter nicht quirl- und nicht grundständig
4A-Stängel kantig ***Allium ursinum***
4B-Stängel nicht kantig
5A-Blätter schmal und lang
6A-Griffel der Blüte gebogen ***Anthericum liliago***
6B-Griffel der Blüte gerade ***Anthericum ramosum***
5B-Blätter eiförmig
6A-Blüten hängend in den Blattachseln
7A-Blütenblätter frei ***Streptopus amplexifolius***
7B-Blütenblätter verwachsen
8A-Stängel rund ***Polygonatum multiflorum***
8B-Stängel kantig ***Polygonatum odoratum***
6B-Blüten nicht so
7A-Blattunterseite flaumig behaart ***Veratrum album***
7B-Blattunterseite nicht so ***Convallaria majalis***
1B-Rasengesellschaften und Ruderalstandorte
2A-Blätter wollig behaart ***Leontopodium alpinum***
2B-Blätter unbehaart
3A-Blätter eiförmig ***Leucojum vernum***
3B-Blätter nicht eiförmig
4A-Blüten < 15 mm
5A-Blätter flach und unterseits gekielt ***Allium angulosum***
5B-Blätter stielrund und röhrig ***Allium vineale***
4B-Blüten > 15 mm
5A-Blüten zu 1-2 ***Lloydia serotina***
5B-Blütenstand mehrblütig
6A-Blüten mit grünem Rückenstreifen ***Ornithogalum umbellatum***
6B-Blüten ohne grünen Rückenstreifen ***Anthericum liliago***
1C-Ufervegetation
2A-Blüte ~ Kelch/20-25 Blütenblätter ***Nymphaea alba***
2B-Blüte < Kelch/15-20 Blütenblätter ***Nymphaea candida***

1D-Moore und nichtalpine Zwergstrauchheiden
  2A-Blätter parallelnervig
    3A-Blütenstand > 3 cm/Pflanze 10-30 cm — ***Tofieldia calyculata***
    3B-Blütenstand < 3 cm/Pflanze 5-10 cm — ***Tofieldia pusilla***
  2B-Blätter nicht parallelnervig — ***Trientalis europaea***
1E-Felsige Standorte — ***Soldanella alpina***

Astlose Graslilie
Anthericum liliago
(Liliaceae)

Allium angulosum Kanten-Lauch (Lilaceae) Pflanze mit oberwärts kantigem Stängel/20-60 cm/Blätter röhrig flach oder holh/Blüten 4-6 mm/nährstoffreiche, ± kalkhaltige Böden/Rasengesellschaften/Juli-Sep

Allium ursinum Bärlauch (Liliaceae) Pflanze mit 3-kantigem Stängel/20-50 cm/Blätter parallelnervig/Blüte 12-20 mm/feuchte, nährstoffreiche, tiefgründige Mullböden/Eichenmischwälder-Erlenstandorte/Apr-Juni

Allium vineale Weinberg-Lauch (Liliaceae) Pflanze mit fast stielrunden Blättern/30-70 cm/Blüten in Dolden/Blüten 2-5 mm/nährstoff- und kalkhaltige Böden/Ruderalpflanzen/Juni-Aug

Anthericum liliago Astlose Graslilie (Liliaceae) Pflanze mit parallelnervigen Blättern/30-70 cm/Blätter linear/Blüten 20-35 mm/± kalkarme Lockerböden/ Eichenmischwälder-Rasengesellschaften-Waldnahe Staudenfluren/Mai-Juli

Anthericum ramosum Ästige Graslilie (Liliaceae) Pflanze mit parallelnervigen Blättern/30-80 cm/Blätter linear/Blüten 22-40 mm/kalkreiche Lockerböden/ Eichenmischwälder-Waldnahe Staudenfluren/Juni-Aug

Convallaria majalis Maiglöckchen (Lilaceae) Pflanze mit parallelnervigen Blättern/10-20cm/Blätter elliptisch/Blüten 5-9 mm/nährstoffreiche, kalkhaltige Lockerböden/Buchenwälder-Eichenmischwälder/Mai-Juni

Leontopodium alpinum Edelweiß (Compositae) Weiß-wollig behaarte Pflanze 2-45 cm/Blätter lineal-lanzettlich/Blüten 2-6 cm/Rasengesellschaften/Juli-Sep

Leucojum vernum Frühlings-Knotenblume (Amaryllidaceae) Zwiebelpflanze mit parallelnervigen Blättern/10-35 cm/Blüte 15-25 mm zu 1-2/feuchte, nährstoffreiche Mullböden/Eichenmischwälder-Erlenstandorte-Rasengesellschaften/Feb-Apr

Lloydia serotina Späte Faltenlilie (Liliaceae) Zwiebelpflanze mit parallelnervigen Blättern/5-20 cm/Blüten 20 mm/kalkarme Steinböden/Rasengesellschaften/Juli-Aug

Nymphaea alba Weiße Seerose (Nymphaeaceae) Wasserpflanze/50-550 cm/ Blätter oval bis rundlich/Blüten 8-12 cm/± nährstoffreichem Wasser über Schlammböden mit hohem Anteil organischer Bestandteile/Ufervegetation/ Juni-Okt

Nymphaea candida Glänzende Seerose (Nymphaeaceae) Wasserpflanze/50-280 cm/Blätter oval bis rundlich/Blüten 6-8 cm/in mäßig nährstoffreichem Wasser über schlammigem, seltener torfigem Untergrund/Ufervegetation/ Juni-Sep

Ornithogalum umbellatum Dolden-Milchstern (Liliaceae) Pflanze mit parallelnervigen Blättern/10-30 cm/Blätter mit weißem Mittelstreifen/Blüten 28-38 mm/nährstoffreiche, kalkarme Böden/Ruderalpflanzen/Mai-Juni

Polygonatum multiflorum Vielblütige Weißwurz (Liliaceae) Pflanze mit parallelnervigen Blättern/30-80cm/Stängel rund/Blüten 9-20 mm/nährstoffreiche, kalkhaltige Mullböden/Buchenwälder/Mai-Juni

Echtes Salomonsiegel
Polygonatum odoratum
(Liliaceae)

Polygonatum odoratum Echtes Salomonssiegel (Liliaceae) Pflanze mit kantigem Stängel/15-60 cm/parallelnervigen Blättern/Blüten hängend/Blüten 9-20 mm/kalkhaltige, nicht zu schwere Böden/Waldnahe Staudenfluren/ Mai-Juni

Polygonatum verticillatum Quirlblättrige Weißwurz (Liliaceae) Pflanze mit parallelnervigen Blättern/30-100 cm/Blätter schmal lanzettlich in Scheinquirlen/Blüten 10 mm/± frische, ± nährstoffreiche Mullböden/ Buchenwälder-Eichenmischwälder-Fichtenwälder-Kiefernwälder/Mai-Juli

Soldanella alpina Alpen-Troddelblume (Primulaceae)Leicht behaarte Staude/ Blätter nierenförmig/Blüten zu 1-4/Blütenblätter tief eingeschnitten/ nährstoffreiche, kalkhaltige Sumpfhumusböden/Moore/Apr-Juli

Streptopus amplexifolius Knotenfuß (Liliaceae) Pflanze mit parallelnervigen Blättern/20-100cm/Blätter stängelumfassend/Blüten 8-10 mm/nährstoffreiche, kalkarme Mull- und Moderhumusböden/Gebüsche-Waldnahe Staudenfluren/ Mai-Juli

Tofieldia calyculata Kelch-Simsenlilie (Liliaceae) Pflanze mit parallelnervigen Blättern/10-30 cm/Blätter bis 4-10adrig/Blüten 4-7 mm/Blütenstand bis 30blütig/mäßig nährstoffreiche, kalkhaltige Flach- und Quellmoore/Juni-Aug

Tofieldia pusilla Zwerg-Simsenlilie (Liliaceae) Pflanze mit parallelnervigen Blättern/10-30 cm/Blätter bis 3-4adrig/Blüten 3-5 mm/Blütenstand 5-10blütig sickernasse Quellmoore (nur in Südbayern)/Juni-Aug

Trientalis europaea Siebenstern (Primulaceae) Pflanze mit am Ende quirlartig gehäuften Blättern/5-20 cm/Blätter lanzettlich/Blüten bis 15 mm/nährstoff- und kalkarme Rohhumusböden/Eichenmischwälder-Fichtenwälder-Gebüsche-Kiefernwälder-Waldnahe Staudenfluren-Zwerstrauchheiden/Mai-Juli

Veratrum album Weißer Germer (Liliaceae) Pflanze 50-150 cm/Blätter unterwärts flaumig behaart/Blütenblätter bis 15 mm/nährstoffreiche, meist kalkhaltige Böden/Waldnahe Staudenfluren/Juni-Aug

Drachenwurz
Calla palustris
(Araceae)

Blüten symmetrisch

1A-Wälder und Gebüsche	
2A-Pflanze ohne grüne Blätter	***Corallorrhiza trifida***
2B-Pflanze mit grünen Blättern	
3A-Strauch oder Baum	***Robinia pseudoacacia***
3B-Krautige Pflanze	
4A-Blätter mit Ranke	***Vicia sylvatica***
4B-Blätter parallelnervig	
5A-Blätter lang gestielt	***Calla palustris***
5B-Blätter sitzend	
6A-Blüte mit langem Sporn	***Platanthera bifolia***
6B-Blüte ohne Sporn	
7A-Pflanze mit Blattrosette	***Goodyera repens***
7B-Pflanze ohne Blattrosette	
8A-Blätter 10x so lang wie breit	***Cephalanthera longifolia***
8B-Blätter nur 4x so lang wie breit	***Cephalanthera damasonium***
4C-Blätter anders	***Coronilla varia***
1B-Rasengesellschaften und Ruderalstandorte	
2A-Blätter parallelnervig	
3A-Blüte ohne Sporn	***Leucorchis albida***
3B-Blüte mit Sporn	
4A-Unterlippe der Blüte ungeteilt	***Platanthera bifolia***
4B-Unterlippe der Blüte dreilappig	***Orchis coriophora***
2B-Blätter nicht parallelnervig	
3A-Blätter mit Ranke	***Vicia hirsuta***
3B-Blätter ohneRanke	
4A-Blätter einfach	
5A-Untere Stängelblätter > obere Blätter	***Polygala amara***
5B-Untere Stängelblätter < obere Blätter	***Polygala vulgaris***
4B-Blätter gefiedert	
5A-Blätter dicht behaart	***Anthyllis vulneraria***
5B-Blätter nicht dicht behaart	
6A-Blüten 3-4 mm	***Ornithopus perpusillus***
6B-Blüten 10-15 mm	
7A-Blättchen stumpf	***Astragalus alpinus***
7B-Blättchen spitz	***Astragalus australis***
1C-Moore und nichtalpine Zwergstrauchheiden	
2A-Blätter parallelnervig	***Dactylorhiza incarnata***
2B-Blätter nicht parallelnervig	***Anthyllis vulneraria***
1D-Felsige Standorte	***Astragalus alpinus***

Blüten margeritenartig

1A-Rasengesellschaften	***Erigeron uniflorus***

Schwertblättriges Waldvögelein
Cephalanthera longifolia
(Orchidaceae)

Anthyllis vulneraria Gewöhnlicher Wundklee (Fabaceae) Silbern behaarte Pflanze/5-60 cm/Blätter 1-7paarig gefiedert/Blüten in vielblütigen Köpfchen/ Einzelblüten 1-2 cm/meist kalkhaltige Lehm- und Lössböden, wenig entkalkte Dünensande/Rasengesellschaften-Zwergstrauchheiden/Mai-Sep

Astragalus alpinus Alpen-Tragant (Fabaceae) Pflanze mit unpaarig gefiederten Blättern/4-30 cm/Blätter mit 15-25 Fiederblättern/Blüten in 5-15blütigen Trauben/Blüten 10-15 mm/steinige, kalkreiche, tonige Böden/Felsige Standorte-Rasengesellschaften/Juni-Aug

Astragalus australis Südlicher Tragant (Fabaceae) Krautige Pflanze/10-30 cm/Blätter mit 4-9 Fiederpaaren/Blüten in 6-15blütigen Trauben/Blüten 10-15 mm/lockere, kalkhaltige, tonigen Böden und flachgründige Steinböden/ Rasengesellschaften/Mai-Juni

Calla palustris Drachenwurz (Araceae) Wasserpflanze mit breit-herzförmigen Blättern/15-40 cm/Blüte 3-7 cm/Blüten lang gestielt/mäßig nährstoffreiche Torfschlammböden/Erlenstandorte/Mai-Juli

Cephalanthera damasonium Weißes Waldvögelein (Orchidaceae) Pflanze mit kantigem Stängel/20-60 cm/Blätter parallelnervig/Unterlippe der Blüte 14-17 mm/kalkreiche Mullböden/Buchenwälder/Mai-Juni

Cephalanthera longifolia Schwertblättriges Waldvögelein (Orchidaceae) Pflanze mit parallel-nervigen Blättern/15-60cm/Blätter schmal lanzettlich/ Blüte 15-22 mm/mäßig frische bis trockene, ± kalkhaltige lockere Böden/ Eichenmischwälder-Fichtenwälder-Gebüsche/Mai-Juni

Corallorrhiza trifida Korallenwurz (Orchidaceae) Pflanze ohne grüne Blätter/ 8-30 cm/Blüten in 4-9blütigen Trauben/nährstoffarme Moderhumusböden/ Buchenwälder/Mai-Juli

Coronilla varia Bunte Kronwicke (Fabaceae) Pflanze mit kantig gefurchtem Stängel/30-120 cm/Blätter mit 5-12 Seitenfiederpaaren/Blüten in 5-20blütigen Dolden/Blüten 8-15 mm/kalkhaltige Böden/Waldnahe Staudenfluren/Mai-Sep

Dactylorhiza ochroleuca Hellgelbes Knabenkraut (Orchidaceae) Pflanze mit kantigem Stängel/Stängel zusammendrückbar/Blütenstand bis 20 cm/Blüten < 1 cm/Blüten rotviolett und weiß/± nasse, nährstoffreiche, ± kalkhaltige Sumpfhumusböden/Moore-Röhricht/Mai-Juli

Erigeron uniflorus Einblütiges Berufskraut (Compositae) Behaarte Pflanze/ 2-20 cm/Stängel oberwärts meist rötlich/Blätter verkehrteiförmig bis spatelförmig/Blüten 10-25 mm/meist kalkarme oder entkalkte, modrig-humose, steinige Lehm- und Tonböden/Rasengesellschaften/Juli-Sep

Goodyera repens Netzblatt (Orchidaceae) Rosettige Pflanze mit parallel-nervigen Blättern/10-30 cm/Blätter eiförmig/Blüte 3-6 mm/mäßig trockene, saure Moderhumusböden/Eichenmischwälder-Fichtenwälder-Kiefernwälder/ Juli-Aug

Leucorchis albida Weißzüngel (Orchidaceae) Pflanze mit 2-7 parallelnervigen Blättern/10-35 cm/Blüte 2-3 mm/Blüte gespornt/kalkfreie Böden/Rasen-gesellschaften/Mai-Sep

Kleiner Vogelfuß
Ornithopus perpusillus
(Fabaceae)

Orchis coriophora Wanzen-Knabenkraut (Orchidaceae) Pflanze mit parallelnervigen Blättern/Blütenstand reichblütig/Blüten schmutzig grünlich-rötlich/ Lippe braunrot oder grünlich/± frische bis feuchte, magere, kalkarme Böden/Rasengesellschaften/Mai-Aug

Ornithopus perpusillus Kleiner Vogelfuß (Fabaceae) Weich behaarte Pflanze/ 15-30 cm/Blätter mit 7-17 Seitenfiederpaaren/Blüten in 3-7blütigen Dolden/ Blüten 3-5 mm/mäßig nährstoffreiche, kalkarme, feinerdearme Sand- oder Steingrusböden/Rasengesellschaften/Mai-Juli

Platanthera bifolia Zweiblättrige Waldhyazinthe (Orchidaceae) Pflanze mit parallelnervigen Blättern/15-85 cm/Blätter eilanzettlich bis breit elliptisch/ Blüte bis 18 mm/mäßig trockene bis ± frische, nährstoffarme Mull- und Moderhumusböden/Eichenmischwälder-Fichtenwälder-Gebüsche-Rasengesellschaften/Mai-Juli

Polygala amara Kreuzblume (Polygalaceae) Pflanze mit grundständiger Blattrosette/5-30 cm/Blätter elliptisch bis oval/Blüten in vielblütigen Blütenständen/Blüte 2-5 mm/kalkreiche Böden/Rasengesellschaften/Mai-Aug

Polygala vulgaris Gewöhnliche Kreuzblume (Polygalaceae) Ausdauernde Pflanze mit verholztem Wurzelstock/5-40 cm/Blätter oval bis elliptisch/ Blüten in vielblütigen Blütenständen/Blüte 5-8 mm/nährstoffarme, saure, ± sandige Lehmböden/Rasengesellschaften/Mai-Aug

Robinia pseudoacacia Gewöhnliche Robinie (Fabaceae) Baum mit aschgrauer Borke/12-35 m/Blätter mit 3-10 Fiederpaaren/Blüten in 15-30blütigen Trauben/Blüten 15-20 mm/nährstoffreiche oder -arme, lockere, sandige Kies- und Lehmböden/Gebüsche/Mai-Juni

Vicia hirsuta Rauhaarige Wicke (Fabaceae) Pflanze mit vierkantigem Stängel und (verzweigten) Ranken/20-70 cm/Blätter mit 4-10 Fiederpaaren/Blüten in 2-8blütigen Trauben/Blüten 2-4 mm/± nährstoffreiche Lehmböden/Ruderalpflanzen/Mai-Sep

Vicia sylvatica Wald-Wicke (Fabaceae) Pflanze mit 4kantigem Stängel/ Blütenstand 5-20blütig/Blätter mit 6-8 Fiederpaaren und verzweigten Ranken Blüten 12-20 mm/Blüten weiß und violett geadert und violetter Spitze/lockere, steinige oder sandige Lehm- und Tonböden/Ruderalpflanzen-Waldnahe Staudenfluren/Juni-Aug

Scheiden-Wollgras
Eriophorum vaginatum
(Cyperaceae)

Blüten anders

1A-Wälder und Gebüsche
  2A-Blütenstängel rot überlaufen — ***Petasites hybridus***
  2B-Blütenstängel nicht rot überlaufen — ***Petasites albus***
1B-Rasengesellschaften und Ruderalstandorte
  2A-Grasartige Pflanze
    3A-Pflanze ohne Ausläufer — ***Eriophorum vaginatum***
    3B-Pflanze mit Ausläufern — ***Eriophorum angustifolium***
  2B-Pflanze nicht grasartig
    3A-Blätter nierenförmig — ***Soldanella alpina***
    3B-Blätter lineal-lanzettlich + weißwollig — ***Leontopodium alpinum***
1C-Moore und Zwergstrauchheiden
  2A-Ganzer Stängel dreikantig — ***Eriophorum gracile***
  2B-Stängel rund, höchstens oben dreikantig
    3A-Pflanze ohne Ausläufer — ***Eriophorum vaginatum***
    3B-Pflanze mit Ausläufern — ***Eriophorum angustifolium***
1D-Felsige Standorte
  2A-Blätter nierenförmig — ***Soldanella alpina***
  2B-Blätter lineal-lanzettlich + weißwollig — ***Leontopodium alpinum***

Eriophorum angustifolium Schmalblättriges Wollgras (Cyperaceae) Gras mit rundem Stängel/20-70 cm/Blütenstand mit weißhaarigen Büscheln/Ährchen zu 3-5/nährstoffarme, saure Torfböden/Moore-Rasengesellschaften/Apr-Juni

Eriophorum gracile Schlankes Wollgras (Cyperaceae) Gras mit dreikantigem Stängel/20-40 cm/Blütenstand mit weißhaarigen Büscheln/Ährchen zu 2-5/nährstoffarme Torfböden/Moore/Mai-Juni

Eriophorum vaginatum Scheiden-Wollgras (Cyperaceae) Dichtrasiges Gras/30-70 cm/Blütenstand mit weißhaarigen Büscheln/Ährchen einzeln/nährstoff- und kalkarme Torfböden/Moore-Rasengesellschaften/März-Apr

Leontopodium alpinum Edelweiß (Compositae) Weißwollig behaarte Pflanze 2-45 cm/Blätter lineal-lanzettlich/Blüten 2-6 cm/Rasengesellschaften/Juli-Sep

Petasites albus Weiße Pestwurz (Compositae) Zur Blütezeit ohne grüne Blätter/20-80 cm/Blütenköpfe in dichten Trauben/nährstoffreiche, humose Ton- und Lehmböden/Waldnahe Staudenfluren/März-Mai

Petasites hybridus Gewöhnliche Pestwurz (Compositae) Zur Blütezeit ohne grüne Blätter/15-150cm/Blüten 3-12 mm/nährstoffreiche, meist sandig-kiesige Tonböden/Buchenwälder-Waldnahe Staudenfluren/März-Mai

Soldanella alpina Alpen-Troddelblume (Primulaceae) Leicht behaarte Staude/Blätter nierenförmig/Blüten zu 1-4/Blütenblätter tief eingeschnitten/Blüten 8-13 mm/nährstoffreiche, kalkhaltige Sumpfhumusböden/Felsige Standorte-Moore/Apr-Juli

Vogelknöterich
Polygonum aviculare
(Polygonaceae)

Blüten klein

1A-Rasengesellschaften und Ruderalstandorte
  2A-Blüten einzeln in den Blattachseln — ***Polygonum aviculare***
  2B-Blüten in endständigen Scheinähren
    3A-Stängel unverzweigt — ***Polygonum bistorta***
    3B-Stängel verzweigt
      4A-Ährenstiele mit gelben Drüsen — ***Polygonum lapathifolium***
      4B-Ährenstiele ohne gelbe Drüsen — ***Polygonum persicaria***
1B-Ufervegetation — ***Polygonum amphibium***

Polygonum amphibium Wasser-Knöterich (Polygonaceae) Kriechpflanze/50-300 cm/Blüten in 3-5 cm langen Scheinähren/überflutete oder nasse, ± nährstoffreiche Lehm- und Tonböden/Ufervegetation/Juni-Sep

Polygonum aviculare Vogelknöterich (Polygonaceae) Niederliegende Pflanze/5-60 cm/Blätter elliptisch-lanzettlich/Blüten 2-3 mm/Stein-, Sand- und Lehmböden/Felsige Standorte-Rasengesellschaften-Ruderalpflanzen/Mai-Okt

Polygonum bistorta Schlangen-Knöterich (Polygonaceae) Unverzweigte Pflanze/20-120 cm/Blätter eiförmig-zugespitzt-wellig/Blattstiel geflügelt/Blüten in dichten Ähren/nährstoffreiche, humose Ton- und Lehmböden/Rasengesellschaften-Ruderal-pflanzen-Waldnahe Staudenfluren/Mai-Aug

Polygonum lapathifolium Ampfer-Knöterich (Polygonaceae) Pflanze mit deutlich gestielten Blättern/20-200 cm/Blätter länglich-elliptisch bis lanzettlich/Blüten in Scheinähren/Blütenhüllblätter 2-3 mm/2 Griffel/nährstoffreiche Sand-, Lehm- oder Ton-böden/Ruderalpflanzen/Juli-Okt

Polygonum persicaria Floh-Knöterich (Polygonaceae) Kraut/10-80 cm/Blätter lanzettlich/Blüten 3 mm/Blütenstiel ohne Drüsen/frische, nährstoffreiche, humose Sand-, Lehm- und Tonböden/Ruderalpflanzen/Juli-Sep

Glockenheide
Erica tetralix
(Ericaceae)

2-4 Blütenblätter

1A-Wälder und Gebüsche
2A-Zur Blütezeit ohne grüne Blätter ***Daphne mezereum***
2B-Blätter quirlständig ***Erica carnea***
2C-Blätter gefiedert ***Cardamine pratensis***
2D-Blätter gestielt
3A-Blüten zu 1-3 ***Vaccinium uliginosum***
3B-Blüten zu mehreren(>3) ***Vaccinium vitis-idaea***
2D-Blätter sitzend
3A-Blätter linealisch, aber nicht eiförmig ***Myricaria germanica***
3B-Blätter schmal-eiförmig
4A-Blätter gleichmäßig am Zweig verteilt ***Daphne cneorum***
4B-Blätter büschelig an Zweigenden ***Daphne striata***
1B-Rasengesellschaften
2A-Blätter quirlständig
3A-Pflanze unbehaart ***Asperula cynanchica***
3B-Pflanze behaart ***Sherardia arvensis***
2B-Blätter gefiedert ***Cardamine pratensis***
2C-Blätter anders ***Daphne cneorum***
1C-Ufervegetation
2A-Blüten in Quirlen ***Alisma lanceolatum***
2B-Blüten in endständigen Dolden
3A-Blüten 6-10 mm ***Butomus umbellatus***
3B-Blüten 10-16 mm ***Baldellia ranunculoides***
1D-Moore und Zwergstrauchheiden
2A-Blätter quirlständig
3A-Junge Zweige unbehaart ***Erica carnea***
3B-Junge Zweige behaart ***Erica tetralix***
2B-Blätter sitzend
3A-Blätter schmal-eiförmig/Blüten > 2 mm ***Daphne cneorum***
3B-Blätter breit-eiförmig/Blüten 1-2 mm ***Centunculus minimus***
2C-Blätter gestielt
3A-Blattrand umgerollt ***Vaccinium vitis-idaea***
3B-Blattrand nicht umgerollt
4A-Blüten glockig ***Vaccinium uliginosum***
4B-Blüten tief 4-teilig ***Vaccinium oxycoccos***
1E-Felsige Standorte
2A-Blüten > 1 cm ***Epilobium dodonaei***
2B-Blüten < 1 cm
3A-Blätter linealisch, aber nicht eiförmig ***Myricaria germanica***
3B-Blätter schmal-eiförmig
4A-Blätter gleichmäßig am Zweig verteilt ***Daphne cneorum***
4B-Blätter büschelig an Zweigenden ***Daphne striata***

Gewöhnlicher Seidelbast
Daphne mezereum
(Thymelaeaceae)

Alisma lanceolatum Lanzettblättriger Froschlöffel (Alismataceae) Wasserpflanze/Blätter breit-lanzettlich/Blüten 6-10 mm/Ufervegetation/Juni-Sep

Asperula cynanchica Hügel-Meier (Rubiaceae) Kahl/10-40cm/Stängel vierkantig/Blätter in Quirlen/Blüte 2-4 mm/Rasengesellschaften/Juni-Sep

Baldellia ranunculoides Igelschlauch (Alismataceae) Wasserpflanze/Blätter lanzettlich/Blüten in 3-12blütigen Scheindolden/Blüten 10-16 mm/nährstoffarme, auch salzhaltige, sandige Schlammböden/Ufervegetation/Juli-Okt

Butomus umbellatus Schwanenblume (Butomaceae) Wasserpflanze/Blätter parallelnervig/Blüten 16-26 mm/Schlammböden/Ufervegetation/Juni-Aug

Cardamine pratensis Wiesen-Schaumkraut (Cruciferae) Kraut/Blätter gefiedert Blütenblätter 7-14 mm/Auwälder, Laubwälder, Rasengesellschaften/Apr-Juli

Centunculus minimus Kleinling (Primulaceae) Kahles Kraut/2-8 cm/Blätter eiförmig/Blüten 1-2 mm/nährstoffreiche, kalkarme Böden/Moore/Mai-Sep

Daphne cneorum Heideröschen (Thymelaeaceae) Behaarter Zwergstrauch/10-40 cm/Blätter spatelig/Blüten 4-10 mm/± trockene, magere, ± kalkhaltige Steinböden/Kiefernwälder-Zwergstrauchheiden/Apr-Juni

Daphne mezereum Gewöhnlicher Seidelbast (Thymelaeaceae) Zwergstrauch/30-120 cm/Blätter verkehrt-länglich-lanzettlich/Blüten 7-10 mm/frische, nährstoff- und ± kalkreiche Mullböden/Buchenwälder/Feb-Apr

Daphne striata Steinröschen (Thymelaeaceae) Unbehaarter Zwergstrauch/10-35 cm/Blätter spatelig/Blüten in endständigen Blütenständen/frische bis ± trockene, kalkreiche, humose Steinböden/Kiefernwälder/Mai-Juli

Epilobium dodonaei Rosmarin-Weidenröschen (Onagraceae) Behaarte Pflanze/20-110 cm/Blätter lineal(-lanzettlich)/Blüten 20-25 mm/meist kalkreiche, humus- und feinerdearme Kies- und Sandböden/Felsige Standorte/Juli-Sep

Erica carnea Schneeheide (Ericaceae) Zwergstrauch/15-30 cm/Blätter nadelartig in Scheinquirlen/Blüten 5-6 mm/± trockene, kalkhaltige oder entkalkte Lockerböden/Kiefernwälder-Zwergstrauchheiden/März-Juni

Erica tetralix Glockenheide (Ericaceae) Zwergstrauch/15-50 cm/Blätter nadelartig in Scheinquirlen/Blüten in 5-15blütigen Dolden/Blüten 6-9 mm/nasse, nährstoff- und kalkarme Torf- oder Sandböden/Moore/Juli-Aug

Myricaria germanica Deutsche Tamariske (Tamaricaceae) Kahler Strauch/60-250 cm/Blätter linealisch/Blüten 5-6 mm/periodisch überfluteter, kalk- und schlickhaltiger Feinsand/Felsige Standorte-Gebüsche/Juni-Aug

Sherardia arvensis Ackerröte (Rubiaceae) Kraut/behaart/Stängel 4kantig/Blätter 4-6quirlig/nährstoffreiche kalkige Böden/Ruderalpflanzen/Mai-Okt

Vaccinium oxycoccos Kleinfrüchtige Moosbeere (Ericaceae) Kriechender Zwergstrauch/15-85 cm/Blätter eiförmig zugespitzt/Blüten 6-10 mm/nasse, nährstoff- und kalkarme Torfböden, Torfbulten/Moore/Mai-Juli

Vaccinium uliginosum Rauschbeere (Ericaceae) Zwergstrauch/30-100 cm/Blätter oval/Blüten 4-6 mm/frische bis nasse, nährstoff- und kalkarme Rohhumus oder Torfböden/Fichtenwälder-Moore-Zwerstrauchheiden/Mai-Juni

Vaccinium vitis-idaea Preiselbeere (Ericaceae) Zwergstrauch/5-25 cm/Blätter oval/Blüten 6-10 mm/nährstoff- und kalkarme Rohhumusböden/Mai-Juli

Rosmarin-Heide
Andromeda polifolia
(Ericaceae)

5 Blütenblätter

1A-Wälder und Gebüsche
  2A-Blüten 3-5 cm/Blätter pfeilförmig — ***Calystegia sepium***
  2B-Blüten krugförmig verwachsen
    3A-Blätter kurz gestielt — ***Arctostaphylos uva-ursi***
    3B-Blätter sitzend — ***Andromeda polifolia***
  2C-Blüten klein in dichten Ähren — ***Polygonum bistorta***
  2D-Blüten anders
    3A-Blätter nierenförmig/Blüten 15-20 mm — ***Cyclamen purpurascens***
    3B-Blätter anders/Blüten kleiner
      4A-Blätter am Rand fein bewimpert — ***Rhodothamnus chamaecistus***
      4B-Blätter am Rand nicht so — ***Vaccinium oxycoccos***
1B-Rasengesellschaften und Ruderalstandorte
  2A-Blätter quirl- oder grundständig
    3A-Pflanze behaart — ***Androsace chamaejasme***
    3B-Pflanze unbehaart — ***Androsace obtusifolia***
  2B-Blätter sitzend — ***Echium vulgare***
  2C-Blätter gestielt
    3A-Blüten > 10 mm
      4A-Blüten 10-25 mm — ***Convolvulus arvensis***
      4B-Blüten 3-5 cm — ***Calystegia sepium***
    3B-Blüten < 10 mm
      4A-Blüten einzeln in den Blattachseln — ***Polygonum aviculare***
      4B-Blüten in endständigen Scheinähren
        5A-Stängel unverzweigt — ***Polygonum bistorta***
        5B-Stängel verzweigt
          6A-Ährenstiele mit gelben Drüsen — ***Polygonum lapathifolium***
          6B-Ährenstiele ohne gelbe Drüsen — ***Polygonum persicaria***
1C-Ufervegetation
  2A-Blätter 3-zählig — ***Menyanthes trifoliata***
  2B-Blätter quirlständig — ***Hottonia palustris***
  2C-Blätter sitzend — ***Sedum villosum***
  2D-Blätter gestielt — ***Polygonum amphibium***
1D-Moore und Zwergstrauchheiden
  2A-Blätter grundständig — ***Limosella aquatica***
  2B-Blätter 3-zählig — ***Menyanthes trifoliata***
  2C-Blätter eiförmig — ***Arctostaphylos uva-ursi***
  2D-Blätter lanzettlich — ***Andromeda polifolia***
1E-Felsige Standorte
  2A-Blätter grundständig — ***Armeria maritima***
  2B-Blätter gestielt — ***Polygonum aviculare***
  2C-Blätter sitzend — ***Rhodothamnus chamaecistus***
1F-Salzstandorte — ***Armeria maritima***

Gewöhnliche Grasnelke
Armeria maritima
(Plumbaginaceae)

Andromeda polifolia Rosmarin-Heide (Ericaceae) Zwergstrauch/10-20 cm/ Blätter lineal-lanzettlich/Blüten 5-8 mm/Blüten zu 2-8 mit 10 Staubblättern/ nasse nährstoff- und basenarme Torfbulten/Fichtenwälder-Moore-Zwergstrauchheiden/Mai-Juni

Androsace chamaejasme Haariger Mannsschild (Primulaceae) Behaarte Pflanze/1-4 cm/Blätter lanzettlich/Blüten in lang gestielten Dolden/frische, kalkreiche Steinböden/Rasengesellschaften/Juni-Juli

Androsace obtusifolia Stumpfblättriger Mannsschild (Primulaceae) Behaarte Pflanze/2-15 cm/Haare sternhaarig/Blätter lanzettlich/Blüten in lang gestielten Dolden/frische, kalkarme Böden/Rasengesellschaften/Juni-Juli

Arctostaphylos uva-ursi Immergrüne Bärentraube (Ericaceae) Niederliegender Strauch/20-60 cm/Blätter derb und oval/Blüten zu 3-12/Blüten 5-6 mm/ frische, kalkarme Böden/Kiefernwälder-Zwergstrauchheiden/März-Juli

Armeria maritima Gewöhnliche Grasnelke (Plumbaginaceae) Polsterpflanze mit grundständigen Blättern/5-30 cm/Blätter grasartig/Blüten in 10-30 mm breiten Köpfchen/sandig-tonige Salzböden/Felsige Standorte-Salzstandorte/ Mai-Okt

Calystegia sepium Gewöhnliche Zaunwinde (Convolvulaceae) Pflanze mit links windendem Stängel/1-3 m/Blätter pfeilförmig/Blüten 35-55 mm/Blütenstiel schwach geflügelt/frische bis feuchte, nährstoffreiche Ton- und Lehmböden/ Gebüsche-Ruderalpflanzen-Waldnahe Staudenfluren/Juni-Sep

Convolvulus arvensis Acker-Winde (Convolvulaceae) Niederliegende oder windende Pflanze/20-200 cm/Blätter spieß- oder pfeilförmig/Blüten 15-40 mm/frische bis mäßig trockene, nährstoffreiche Lehm- und Tonböden/ Rasengesellschaften-Ruderalpflanzen/Mai-Okt

Cyclamen purpurascens Wildes Alpenveilchen (Primulaceae) Pflanze mit silbrig gefleckten Blättern/5-15 cm/Blätter nieren- oder herzförmig/Blüten 15-20 mm/Blüten einzeln und lang gestielt/± frische, nährstoff- und kalkreiche Mullböden/Buchenwälder/Juni-Sep

Echium vulgare Natternkopf (Boraginaceae) Behaarte Pflanze/20-150 cm/ Blätter elliptisch bis lanzettlich/Blüten 10-22 mm/mäßig trockene, ± nährstoffreiche, steinig-sandige Böden/Felsige Standorte-Ruderalpflanzen/ Juni-Okt

Hottonia palustris Wasserfeder (Primulaceae) Unbehaarte Wasserpflanze/15-60 cm/Blätter kammförmig/Blüten in 3-6blütigen Quirlen/flache, stehende bis langsam fließende, mesotrophe Gewässer über Torfschlamm/Ufervegetation/ Mai-Juli

Limosella aquatica Schlammkraut (Scrophulariaceae) Unbehaarte Pflanze mit grundständigen Blättern/2-8 cm/Blätter lineal-spatelig bis 15 cm lang/Blüten einzeln und lang gestielt/Blüten bis 3 mm/nasse, zeitweise überflutete und auch trocken fallende, nährstoffreiche, auch schwach salzhaltige Schlammböden/Moore/Juni-Sep

Schlangen-Knöterich
Polygonum bistorta
(Polygonaceae)

Menyanthes trifoliata Fieberklee (Menyanthaceae) Wasserpflanze mit 3zählig gefingerten Blättern/15-30 cm/Blütenstand lang gestielt/Blüten 14-16 mm/ nasse bis überschwemmte, mäßig nährstoffreiche, kalkarme Torfschlammböden/Moore-Ufervegetation/Mai-Juni

Polygonum amphibium Wasser-Knöterich (Polygonaceae) Kriechende Land- oder Wasserpflanze/50-300 cm/Blüten in 3-5 cm langen Scheinähren/ überflutete oder nasse, ± nährstoffreiche, meist kalkfreie, Lehm- und Tonböden/Ufervegetation/Juni-Sep

Polygonum aviculare Vogelknöterich (Polygonaceae) Niederliegende Pflanze/ 5-60 cm/Blätter elliptisch-lanzettlich/Blüten 2-3 mm/trockene bis mäßig trockene, nährstoffreiche, Stein-, Sand- und Lehmböden/Felsige Standorte-Rasengesellschaften-Ruderalpflanzen/Mai-Okt

Polygonum bistorta Schlangen-Knöterich (Polygonaceae) Pflanze mit unverzweigtem Stängel/20-120 cm/Blätter eiförmig-zugespitzt und wellig/ Blattstiel geflügelt/Blüten in dichten Ähren/feuchte, nährstoffreiche, meist kalkarme, humose Ton- und Lehmböden/Rasengesellschaften-Ruderalpflanzen-Waldnahe Staudenfluren/Mai-Aug

Polygonum lapathifolium Ampfer-Knöterich (Polygonaceae) Pflanze mit deutlich gestielten Blättern/20-200 cm/Blätter länglich-elliptisch bis lanzettlich/Blüten in Scheinähren/Blütenhüllblätter 2-3 mm/meist 6 Staubblätter/ 2 Griffel/nährstoffreiche, stickstoffbeeinflusste, Sand-, Lehm- oder Tonböden/Ruderalpflanzen/Juli-Okt

Polygonum persicaria Floh-Knöterich (Polygonaceae) Kraut/10-80 cm/Blätter lanzettlich/Blüten 3 mm/Blütenstiel ohne Drüsen/frische, nährstoffreiche, humose Sand-, Lehm- und Tonböden/Ruderalpflanzen/Juli-Sep

Rhodothamnus chamaecistus Zwerg-Alpenrose (Ericaceae) Zwergstrauch/10-40 cm/Blätter eiförmig-lanzettlich/Blüten bis 25 mm/10 Staubblätter/frische, kalkhaltige oder entkalkte Steinböden/Felsige Standorte-Kiefernwälder/ Juni-Juli

Sedum villosum Behaarte Fetthenne (Crassulaceae) Pflanze mit fleischigen Blättern/10-20 cm/Blätter im Querschnitt rundlich/Blüten 6-8 mm/10 Staubblätter/nasse, ± nährstoffreiche, kalkarme Sumpf- oder humose Steinböden/ Ufervegetation/Juni-Aug

Vaccinium oxycoccos Kleinfrüchtige Moosbeere (Ericaceae) Kriechender Zwergstrauch/15-85 cm/Blätter zugespitzt-eiförmig/Blüten 6-10 mm/nasse, nährstoff- und kalkarme Torfböden, Torfbulten/Fichtenwälder-Moore/ Mai-Juli

Herbst-Zeitlose
Colchicum autumnale
(Liliaceae)

Mehr als 5 Blütenblätter

1A-Rasengesellschaften und Ruderalstandorte
2A-Blätter parallelnervig ***Colchicum autumnale***
2B-Blätter dickfleischig + nicht parallelnervig ***Sempervivum tectorum***

Colchicum autumnale Herbst-Zeitlose (Liliaceae) Zwiebelpflanze/ Blütenblätter 40-60 mm/Blütenblätter am Grund verwachsen/Staubblätter gelb/± feuchte, nährstoffreiche, kalkhaltige Böden/Rasengesellschaften/Sep-Okt
Sempervivum tectorum Echte Hauswurz (Crassulaceae) Behaarte Pflanze mit dickfleischigen Blättern/10-50 cm/Rosettenblätter verkehrt-eiförmig zugespitzt/Blüten 20-30 mm/trockene, nährstoffreiche, kalkarme Steinböden/Rasengesellschaften/Juli-Sep

Wanzen-Knabenkraut
Orchis coriophora
(Orchidaceae)

Blüten symmetrisch

1A-Wälder und Gebüsche	
2A-Blätter dreizählig	***Ononis repens***
2B-Blätter parallelnervig	***Cephalanthera rubra***
1B-Rasengesellschaften und Ruderalstandorte	
2A-Blätter mit Ranke	***Vicia tetrasperma***
2B-Blätter parallelnervig	
3A-Blätter gefleckt	
4A-Unterlippe der Blüte seicht 3-teilig	***Dactylorhiza maculata***
4B-Unterlippe der Blüte tief 3-teilig	***Dactylorhiza fuchsii***
3B-Blätter nicht gefleckt	
4A-Blütenstand fast kugelig	***Orchis tridentata***
4B-Blütenstand anders	***Orchis coriophora***
2C-Blätter dreizählig	***Ononis repens***
2D-Blätter elliptisch bis lanzettlich	***Echium vulgare***
2E-Blätter gefiedert	***Onobrychis viciifolia***
1C-Moore und nichtalpine Zwergstrauchheiden	***Dactylorhiza incarnata***
1D-Felsige Standorte	***Echium vulgare***

Geflecktes Knabenkraut
Dactylorhiza maculata
(Orchidaceae)

Cephalanthera rubra Rotes Waldvögelein (Orchidaceae) Pflanze mit parallelnervigen Blättern/20-60 cm/Blüten zu 4-12/Blütenblätter 10-22 mm/ mäßig frische, kalkreiche, humose Böden/Buchenwälder/Juni-Juli

Dactylorhiza fuchsii Fuchs' Knabenkraut (Orchidaceae) Pflanze mit markigem Stängel/Blätter gefleckt/Blüten rosa bis weißlich/kalkhaltige Böden/ Rasengesellschaften/Juni-Juli

Dactylorhiza incarnata Fleischfarbenes Knabenkraut (Orchidaceae) Pflanze mit parallelnervigen Blättern/20-100 cm/Blütenstand bis 20 cm lang/ ± nasse, nährstoffreiche, ± kalkhaltige Sumpfhumusböden/Moore/Mai-Juli

Dactylorhiza maculata Geflecktes Knabenkraut (Orchidaceae) Unbehaartes Kraut/10-60 cm/Blätter parallelnervig/Blätter gefleckt/Blüte mit Sporn (3-11 mm)/Lippe 7-11 mm/Unterlippe dreilappig/kalkarme Böden/Rasengesell-schaften/Mai-Aug

Echium vulgare Natternkopf (Boraginaceae) Behaarte Pflanze/20-150 cm/ Blätter elliptisch bis lanzettlich/Blüten 10-22 mm/mäßig trockene, nährstoff-reiche, steinig-sandige Böden/Felsige Standorte-Ruderalpflanzen/Juni-Okt

Onobrychis viciifolia Futter-Esparsette (Fabaceae) Pflanze mit gefiederten Blättern/30-100 cm/Blätter mit 6-13 Fiederpaaren/Blütenstand lang gestielt/ Blüten 10-14 mm/mäßig trockene, ± magere, lockere Lehm- und Lössböden/ Rasengesellschaften/Mai-Juli

Ononis repens Kriechende Hauhechel (Fabaceae) Pflanze drüsig behaart/30-100 cm/Blätter/Blätter dreizählig gefiedert/Blüten meist einzeln/Blüten 7-25 mm/mäßig trockene, basenreiche, meist lehmige Böden/Eichenmischwälder-Kiefernwälder-Rasengesellschaften/Mai-Sep

Orchis coriophora Wanzen-Knabenkraut (Orchidaceae) Pflanze mit parallel-nervigen Blättern/Blütenstand reichblütig/Blüten schmutzig-grünlich-rötlich/ Lippe braunrot oder grünlich/± frische bis feuchte, magere, kalkarme Böden/Rasengesellschaften/Mai-Aug

Orchis tridentata Dreizähniges Knabenkraut (Orchidaceae) Pflanze mit parallelnervigen Blättern/15-30 cm/Blütenstand fast kugelig/Blüten + 15 mm groß/Rasengesellschaften/Rasengesellschaften/Mai-Juni

Vicia tetrasperma Viersamige Wicke (Fabaceae) Pflanze mit Ranken/10-60 cm/Stängel schwach kantig/Blätter mit 2-8 Fiederpaaren/Blüten zu 1 bis 2/Blüten 4-8 mm/mäßig frische, ± nährstoffreiche, Lehmböden/Ruderal-pflanzen/Mai-Juli

Gewöhnliche Pestwurz
Petasites hybridus
(Compositae)

Blüten margeritenartig

1A-Rasengesellschaften und Ruderalstandorte ***Erigeron uniflorus***

Erigeron uniflorus Einblütiges Berufskraut (Compositae) Behaarte Pflanze/2-20 cm/Stängel oberwärts meist rötlich/Blätter verkehrteiförmig bis spatelförmig/Blüten Blüten in Köpfchen 10-25 mm breit/frische oder wechseltrockene, meist kalkarme oder entkalkte, modrig-humose, steinige Lehm- und Tonböden/Rasengesellschaften/Juli-Sep

Blüten anders

1A-Wälder und Gebüsche ***Petasites hybridus***
1B-Felsige Standorte ***Petasites hybridus***

Petasites hybridus Gewöhnliche Pestwurz (Compositae) Pflanze zur Blütezeit ohne grüne Blätter/15-150 cm/Blüten in vielblütigen Blütenständen/Blüten 3-12 mm/sickernasse, zeitweise überschwemmte, nährstoffreiche, meist sandig-kiesige Tonböden/Buchenwälder-Felsige Standorte-Waldnahe Staudenfluren/März-Mai

Schwarze Krähenbeere
Empetrum nigrum
(Empetraceae)

Blüten klein

1A-Rasengesellschaften und Ruderalstandorte	
2A-Stängel vierkantig	***Chenopodium polyspermum***
2B-Stängel rund	***Polygonum aviculare***
1B-Felsige Standorte	***Polygonum aviculare***

2-4 Blütenblätter

1A-Wälder und Gebüsche	
2A-Krautige Pflanze mit Milchsaft	***Euphorbia cyparissias***
2B-Pflanze ohne Milchsaft	
3A-Blätter quirlständig	***Erica carnea***
3B-Blätter nadelartig	***Empetrum nigrum***
3C-Blätter anders	
4A-Blätter gestielt	
5A-Äste stielrund/braun	***Vaccinium uliginosum***
5B-Äste scharfkantig/grün	***Vaccinium myrtillus***
4B-Blätter sitzend	***Epilobium angustifolium***
1B-Rasengesellschaften und Ruderalstandorte	***Euphorbia cyparissias***
1C-Ufervegetation	
2A-Blätter grundständig	***Butomus umbellatus***
2B-Blätter quirlständig	***Elodea canadensis***
1D-Moore und Zwergstrauchheiden	
2A-Krautige Pflanze mit Milchsaft	***Euphorbia cyparissias***
2B-Pflanze ohne Milchsaft	
3A-Blätter nadelartig	***Empetrum nigrum***
3B-Blätter anders	
4A-Blätter gestielt	***Vaccinium uliginosum***
4B-Blätter sitzend	***Centunculus minimus***

Vielsamiger Gänsefuß
Chenopodium polyspermum
(Chenopodiaceae)

Butomus umbellatus Schwanenblume (Butomaceae) Ausdauernde Wasserpflanze mit parallelnervigen Blättern/50-150 cm/Blüten in Dolden/Blüten 16-26 mm/humose, meist sandige Schlammböden/Ufervegetation/Juni-Aug

Centunculus minimus Kleinling (Primulaceae) Unbehaartes Kraut/2-8 cm/ Blätter eiförmig/blattachselständige Blüten 1-2 mm/offene, feuchte bis nasse, nährstoffreiche, kalkarme Böden/Moore/Mai-Sep

Chenopodium polyspermum Vielsamiger Gänsefuß (Chenopodiaceae) Unbehaarte Pflanze/15-10 cm/Stängel 4kantig/Blätter eiförmig-länglich/ Blüten in blattachselständigen Scheinähren/frische bis feuchte, nährstoffreiche, humose Lehm- + Ton- oder Schlammböden/Ruderalpflanzen/Juni-Sep

Elodea canadensis Kanadische Wasserpest (Hydrocharitaceae) Wasserpflanze/ 30-60 cm/Blätter in 3-zähligen Quirlen/Blütenstände blattachselständig und lang gestielt/Blüten 4-5 mm/auf humosen Sand- und Kiesböden und sandigen oder reinen Schlammböden/ Ufervegetation/Juni-Aug

Rot

Empetrum nigrum Schwarze Krähenbeere (Empetraceae) Zwergstrauch/15-40 cm/Blätter nadelartig/Blüten 1-2 mm/nährstoff- und kalkarme Rohhumusböden/Fichtenwälder-Kiefernwälder-Zwerstrauchheiden/Mai-Juni

Epilobium angustifolium Schmalblättriges Weidenröschen (Onagraceae) Pflanze mit oft rot überlaufenem Stängel/50-180 cm/Blätter bis 20 cm lang und bis 4 cm breit/Blüten in vielblütigen Trauben/Blüten 20-40 mm/frische, nährstoffreiche, bevorzugt kalkarme Lehmböden/Gebüsche-Waldnahe Staudenfluren/Juni-Aug

Erica carnea Schnee-Heide (Ericaceae) Zwergstrauch/15-30 cm/Blätter nadelartig in Scheinquirlen/Blüten in einseitswendigen trauben/Blüten 5-6 mm/Staubblätter violett und aus der Blüte herausragend/± trockene, kalkhaltige oder entkalkte Lockerböden/Kiefernwälder/März-Juni

Euphorbia cyparissias Zypressen-Wolfsmilch (Euphorbiaceae) Pflanze mit Milchsaft/15-40 cm/Blätter unbehaart/Blüten in vielstrahligen Dolden/Blüten duftend/mäßig trockene, ± kalkhaltige, sandige bis steinige Böden/ Buchenwälder-Gebüsche-Rasengesellschaften-Ruderalpflanzen-Zwergstrauchheiden/Apr-Juli

Polygonum aviculare Vogelknöterich (Polygonaceae) Niederliegende Pflanze/ 5-60 cm/Blätter elliptisch-lanzettlich/Blüten 2-3 mm/trockene bis mäßig trockene, nährstoffreiche, Stein-, Sand- und Lehmböden/Felsige Standorte-Rasengesellschaften-Ruderalpflanzen/Mai-Okt

Vaccinium myrtillus Heidelbeere (Ericaceae) Immergrüner Zwergstrauch/ 15-50 cm/Stängel scharfkantig/Blätter rundlich-eiförmig zugespitzt/Blüten einzeln und krugförmig verwachsen/frische, nährstoff- und kalkarme Rohhumusböden/Buchenwälder-Fichtenwälder-Gebüsche-Kiefernwälder-Waldnahe Staudenfluren-Zwerstrauchheiden/Mai-Juni

Vaccinium uliginosum Rauschbeere (Ericaceae) Zwergstrauch/30-100 cm/ Blätter oval/Blüten 4-6 mm/frische bis nasse, nährstoff- und kalkarme Rohhumus oder Torfböden/Fichtenwälder-Moore-Zwerstrauchheiden/ Mai-Juni

5 Blütenblätter

1A-Wälder und Gebüsche	
2A-Blätter gestielt	
3A-Krautartige Pflanze	
4A-Stängel geflügelt	***Symphytum officinale***
4B-Stängel nicht geflügelt	***Pulmonaria officinalis***
3B-Zwergstrauch oder Strauch	
4A-Pflanze mit Dornen	
5A-Kelch der Blüte 2lippig	***Lycium barbarum***
5B-Kelch der Blüte radiär	***Lycium chinense***
4B-Pflanze ohne Dornen	
5A-Blüten 6-7 mm	***Cotoneaster integerrimus***
5B-Blüten größer	
6A-Blätter unterseits rostbraun	***Rhododendron ferrugineum***
6B-Blätter beidseits grün	***Rhododendron hirsutum***
2B-Blätter sitzend	
3A-Zwergstrauch oder Strauch	
4A-Pflanze mit Dornen	***Lycium barbarum***
4B-Pflanze ohne Dornen	
5A-Blätter drüsig punktiert	***Rhododendron hirsutum***
5B-Blätter nicht drüsig punktiert	***Rhodothamnus chamaecistus***
3B-Krautartige Pflanze	
4A-Stängel geflügelt	***Symphytum officinale***
4B-Stängel nicht geflügelt	
5A-Blätter hell gefleckt	***Pulmonaria officinalis***
5B-Blätter unten gestielt/oben sitzend	***Cynoglossum officinale***
5C-Blätter anders	***Buglossoides purpurocaerulea***
1B-Rasengesellschaften und Ruderalstandorte	
2A-Blätter grund- oder quirlständig	
3A-Pflanze behaart	***Androsace chamaejasme***
3B-Pflanze unbehaart	***Androsace obtusifolia***
2B-Blätter dickfleischig	***Sedum atratum***
2C-Blätter unten gestielt/oben sitzend	***Cynoglossum officinale***
2D-Blätter anders	
3A-Stängel geflügelt	***Symphytum officinale***
3B-Stängel nicht geflügelt	
4A-Blüten 10-20 mm	***Buglossoides purpurocaerulea***
4B-Blüten kleiner	***Polygonum aviculare***

1D-Felsige Standorte
  2A-Krautartige Pflanze
    3A-Stängel 1-blütig/Blütenblätter gefranst ***Soldanella pusilla***
    3B-Stängel mehrblütig/Blüten geschlitzt ***Soldanella alpina***
  2B-Zwergstrauch oder Strauch
    3A-Blätter unterseits rostbraun ***Rhododendron ferrugineum***
    3B-Blätter beidseits grün ***Rhododendron hirsutum***
1C-Salzstandorte ***Glaux maritima***

Behaarte Alpenrose
Rhododendron hirsutum
(Ericaceae)

Androsace chamaejasme Haariger Mannsschild (Primulaceae) Drüsig-zottig behaarte Rosettenpflanze/1-4 cm/Blätter spitz/frische, kalkreiche Steinböden/Rasengesellschaften/Juni-Juli

Androsace obtusifolia Stumpfblättriger Mannsschild (Primulaceae) Behaarte Pflanze/Haare sternförmig/2-15 cm/Blätter grundständig und lanzettlich/ Blüte/frische, kalkarme Böden/Rasengesellschaften/Juni-Juli

Buglossoides purpurocaerulea Blauroter Steinsame (Boraginaceae) Behaarte Pflanze/20-60 cm/Blätter lanzettlich/Blüte 10-20 mm/mäßig trockene, nährstoffreiche, kalkarme bis kalkreiche Ton-, Lehm und Lössböden/ Eichenmischwälder-Ruderalpflanzen/Apr-Mai

Cotoneaster integerrimus Gewöhnliche Zwergmispel (Rosaceae) Strauch/20-300 cm/Blätter breit-elliptisch bis rundlich/Blattunterseite filzig behaart/ Blüte 6-7 mm/trockene, basenreiche, humus- und feinerdearme Stein- und Felsböden, auch auf Sand/Gebüsche/Apr-Juni

Rot

Cynoglossum officinale Echte Hundszunge (Boraginaceae) Weich behaarte Pflanze/20-90 cm/Grundblätter gestielt/Stängelblätter sitzend/Blüten 5-6 mm mäßig trockene, nährstoffreiche, ± humose, oft steinig-sandige Lehmböden/ Felsige Standorte-Ruderalpflanzen/Mai-Juni

Glaux maritima Milchkraut (Primulaceae) Unbehaarte Pflanze/3-20 cm/Blätter elliptisch und fleischig/Blüten 3-6 mm/feuchte, salzhaltige Tonböden/ Salzstandorte/Mai-Aug

Lycium barbarum Gewöhnlicher Bocksdorn (Solanaceae) Strauch mit wenigen Dornen/100-300 cm/Blätter lanzettlich/Blüten 8-9 mm/nährstoffreiche, ± kalkarme, ± sandige Böden/Gebüsche/Juni-Aug

Lycium chinense Chinesischer Bocksdorn (Solanaceae) Strauch mit wenigen Dornen/100-300 cm/Blätter eiförmig/Blüten 10-15 mm/Gebüsche/Juni-Aug

Polygonum aviculare Vogelknöterich (Polygonaceae) Niederliegende Pflanze/ 5-60 cm/Blätter elliptisch-lanzettlich/Blüten 2-3 mm/trockene bis mäßig trockene, nährstoffreiche, Stein-, Sand- und Lehmböden/Felsige Standorte-Rasengesellschaften-Ruderalpflanzen/Mai-Okt

Pulmonaria officinalis Echtes Lungenkraut (Boraginaceae) Behaarte Pflanze mit eiförmigen Blättern/10-40 cm/Blätter hell gefleckt/Blüte 6-14 mm/frische, nährstoffreiche, meist kalkhaltige Ton- und Lehmböden/Buchenwälder/ März-Mai

Rhododendron ferrugineum Rostblättrige Alpenrose (Ericaceae) Strauch mit lanzettlichen Blättern/30-150cm/Blüten 13-16 mm/10 Staubblätter/frische, nährstoff- und kalkarme Böden/Felsige Standorte-Fichtenwälder/Mai-Juli

Rhododendron hirsutum Behaarte Alpenrose (Ericaceae) Zwergstrauch mit immergrünen Blättern/20-100 cm/Blätter langhaarig bewimpert/Blüten 13-16 mm/± trockene bis frische, meist kalkhaltige Böden/Felsige Standorte-Fichtenwälder-Gebüsche-Kiefernwälder/Mai-Juli

Gewöhnlicher Beinwell
Symphytum officinale
(Boraginaceae)

Rhodothamnus chamaecistus Zwerg-Alpenrose (Ericaceae) Zwergstrauch/ 10-40 cm/Blätter eiförmig-lanzettlich/Blüten bis 25 mm/10 Staubblätter/ frische, kalkhaltige oder entkalkte Steinböden/Kiefernwälder/Juni-Juli

Sedum atratum Dunkle Fetthenne (Crassulaceae) Rötliche Pflanze/2-10 cm/ Blätter im Querschnitt fast rund/Blüten in wenigblütigen Wickeln mit 10-12 Staubblätter/frische, kalkhaltige Steinböden/Rasengesellschaften/Juni-Aug

Soldanella alpina Alpen-Troddelblume (Primulaceae) Leicht behaarte Staude/ Blätter nierenförmig/Blüten zu 1-4/Blütenblätter tief eingeschnitten/feuchte, kalkhaltige Sumpfböden/Moore-Bergweiden-quellige Orte/Apr-Juli

Soldanella pusilla Zwerg-Troddelblume (Primulaceae) Pflanze mit rundlich-nierenförmigen Blättern/3-10 cm/Blüten einzeln/Blüten 10-15 mm/feuchte, nährstoffreiche, kalkarme Böden/Felsige Standorte/Mai-Aug

Symphytum officinale Gewöhnlicher Beinwell (Boraginaceae) Steif behaarte Pflanze/30-120 cm/Stängel geflügelt/Blätter eiförmig/Blüten 12-18 mm/ grund- und sickernasse, nährstoffreiche, rohe oder humose Lehm- und Tonböden, auch auf modrig-torfigen Böden/Rasengesellschaften/Mai-Juli

Ysop-Blutweiderich
Lythrum hyssopifolia
(Lythraceae)

Mehr als 5 Blütenblätter

1A-Rasengesellschaften und Ruderalstandorte	
2A-Blätter grundständig	
3A-Stängel rund	***Allium suaveolens***
3B-Stängel 2-4kantig	
4A-Staubblätter so lang wie Blütenblätter	***Allium angulosum***
4B-Staubblätter länger als Blütenblätter	***Allium senescens***
2B-Blätter dickfleischig	***Sempervivum arachnoideum***
2C-Blätter parallelnervig	
3A-Blütenstand mit Brutzwiebeln	***Allium vineale***
3B-Blütenstand ohne Brutzwiebeln	***Allium sphaerocephalon***
1B-Ufervegetation	***Allium schoenoprasum***
1C-Moore und Zwergstrauchheiden	***Lythrum hyssopifolia***

Allium angulosum Kanten-Lauch (Liliaceae) Zwiebelpflanze mit parallel-nervigen Blättern/20-60 cm/Stängeloberwärts kantig/Blüten in Dolden/ nasse, nährstoffreiche, ± kalkhaltige Böden/Rasengesellschaften/Juli-Sep

Allium senescens Berg-Lauch (Liliaceae) Zwiebelpflanze mit parallel-nervigen Blättern/15-40 cm/Stängel kantig/Blüten in Dolden/Blütenstiel 8-20 mm/ ± nasse, nährstoffreiche, ± kalkhaltige Böden/Rasengesellschaften/Juli-Aug

Allium schoenoprasum Schnittlauch (Liliaceae) Zwiebelpflanze mit parallel-nervigen Blättern/15-50 cm/Blüten in Dolden/Blüte 7-15 mm/feuchte, sandig-steinige Böden/Ufervegetation/Juni-Aug

Allium sphaerocephalon Kugellauch (Liliaceae) Zwiebelpflanze/30-60 cm/ Stängel rund/Blätter gerollt/Blüten in Dolden/trockene, zuweilen kalkhaltige Locker- oder Steinböden/Rasengesellschaften/Juni-Aug

Allium suaveolens Wohlriechender Lauch (Liliaceae) Zwiebelpflanze mit parallelnervigen Blättern/20-40 cm/Blüte 4-5 mm/Blüten in Dolden/± feuchte bis nasse, kalkhaltige Böden/Rasengesellschaften/Juli-Sep

Allium vineale Weinberg-Lauch (Liliaceae) Zwiebelpflanze mit parallel-nervigen Blättern/20-70 cm/Blüte 2-5 mm/mäßig trockene bis frische, nährstoff- und kalkhaltige Böden/Ruderalpflanzen/Juni-Aug

Lythrum hyssopifolia Ysop-Blutweiderich (Lythraceae) Unbehaartes Kraut/5-50 cm/Blüten einzeln in den Blattachseln/Blütenblätter 5-7 mm lang/ Kelchblätter verwachsen/feuchte, z. T. zeitweilig überschwemmte, nährstoffreiche, ± humose Sand-, Lehm- und Tonböden/Moore/Juni-Sep

Sempervivum arachnoideum Spinnweben-Hauswurz (Crassulaceae) Rosettenpflanze/5-15 cm/Blüten mit 12-18 Blütenblättern/Blüten bis 20 mm/trockene, nährstoff- und kalkarme Steinböden/Rasengesellschaften/Juli-Sep

Blüten in Dolden

Wie oben, außer: ***Sempervivum arachnoideum*** und ***Lythrum hyssopifolia***

Blüten symmetrisch

1A-Wälder und Gebüsche
2A-Pflanze ohne grüne Blätter — ***Orobanche rapum-genistae***
2B-Pflanze mit grünen Blättern
3A-Blätter mit Ranken — ***Vicia dumetorum***
3B-Blätter dreizählig
4A-Blüten nicht in kugeligen Köpfchen — ***Ononis repens***
4B-Blüten in kugeligen Köpfchen
5A-Köpfchen einzeln — ***Trifolium medium***
5B-Köpfchen meist in Paaren — ***Trifolium rubens***
3C-Blätter mit parallelnervigen Blättern
4A-Blüte ohne Sporn
5A-Stängel oben meist behaart — ***Epipactis atrorubens***
5B-Stängel oben meist kahl — ***Cephalanthera rubra***
4B-Blüte mit Sporn
5A-Blütenstand ei- oder pyramidenförmig
6A-Unterlippe der Blüte dreilappig — ***Anacamptis pyramidalis***
6B-Unterlippe der Blüte vierlappig — ***Orchis tridentata***
5B-Blütenstand ährenförmig
6A-Blätter schmal (5-8 mm breit)
7A-Sporn 4-5 mm — ***Gymnadenia odoratissima***
7B-Sporn 11-18 mm — ***Gymnadenia conopsea***
6B-Blätter breiter
7A-Unterlippe der Blüte dreilappig — ***Orchis mascula***
7B-Unterlippe der Blüte vierlappig — ***Orchis morio***
3D-Blätter anders
4A-Stängel geflügelt — ***Lathyrus linifolius***
4B-Stängel zwei- oder vierkantig — ***Lathyrus niger***
4C-Stängel gefurcht — ***Lathyrus vernus***
4D-Stängel rund — ***Coronilla varia***
1B-Rasengesellschaften und Ruderalstandorte
2A-Blätter parallelnervig
3A-Blätter eiförmig
4A-Blätter dunkel gefleckt/Blüte gespornt
5A-Stängel hohl und 3-6blättrig — ***Dactylorhiza majalis***
5B-Stängel markig und 6-10blättrig
6A-Unterlippe der Blüte seicht 3-teilig — ***Dactylorhiza maculata***
6B-Unterlippe der Blüte tief 3-teilig — ***Dactylorhiza fuchsii***
4B-Blätter nicht gefleckt/Blüte ungespornt
5A-Blüte ungespornt — ***Epipactis atrorubens***
5B-Blüte gespornt
6A-Mittellappen der Lippe geteilt — ***Orchis militaris***
6B-Mittellappen der Lippe ungeteilt — ***Orchis coriophora***

3B-Blätter nicht eiförmig
4A-Lippe der Blüte pelzig behaart — ***Ophrys insectifera***
4B-Lippe der Blüte nicht pelzig behaart
5A-Lippe der Blüte ungelappt — ***Nigritella nigra***
5B-Lippe der Blüte dreilappig
6A-Lippe eingeschnitten + ganzrandig — ***Anacamptis pyramidalis***
6B-Lippe eingeschnitten + gefranst — ***Orchis mascula***
6C-Lippe gelappt/Sporn 11-18 mm — ***Gymnadenia conopsea***
6D-Lippe gelappt/Sporn 4-5 mm — ***Gymnadenia odoratissima***
5C-Lippe der Blüte vierlappig
6A-Lippe der Blüte tief eingeschnitten — ***Orchis morio***
6B-Lippe der Blüte nicht eingeschnitten — ***Orchis tridentata***
2B-Blätter nicht parallelnervig
3A-Blätter mit Ranken
4A-Blütenstand 2-5blütig — ***Lathyrus tuberosus***
4B-Blütenstand 20-40blütig — ***Vicia cracca***
3B-Blätter ohne Ranken
4A-Stängel geflügelt — ***Lathyrus linifolius***
4B-Stängel nicht geflügelt
5A-Blüten einzeln in den Blattachseln — ***Ononis repens***
5B-Blüten in kugeligen Köpfchen — ***Anthyllis vulneraria***
5C-Blüten in vielblütigen Trauben
6A-Unterste Blätter rosettig — ***Polygala amara***
6B-Unterste Blätter nicht rosettig — ***Polygala vulgaris***
1C-Moore und Zwergstrauchheiden
2A-Blätter parallelnervig — ***Orchis palustris***
2B-Blätter nicht parallelnervig — ***Anthyllis vulneraria***
1D-Felsige Standorte
2A-Blätter parallelnervig
3A-Unterlippe ungeteilt/Blüten dunkelrot — ***Nigritella nigra***
3B-Unterlippe dreiteilig/Blüten hellrot — ***Traunsteinera globosa***
2B-Blätter nicht parallelnervig — ***Hedysarum hedysaroides***

Rot

Breitblättriges Knabenkraut
Dactylorhiza majalis
(Orchidaceae)

Anacamptis pyramidalis Hundswurz (Orchidaceae) Pflanze mit parallelnervigen Blättern/20-50 cm/Blätter lineal-lanzettlich/Blütenstand reichblütig/mäßig trockene bis ± frische, kalkreiche Böden/Gebüsche-Rasengesellschaften/Juni-Juli

Anthyllis vulneraria Gewöhnlicher Wundklee (Fabaceae) Silbern behaarte Pflanze/5-60 cm/Blätter 1-7paarig gefiedert/Blüten in vielblütigen Köpfchen/Einzelblüten 1-2 cm/trockene bis frische, magere, meist kalkhaltige Lehm- und Lössböden, wenig entkalkte Dünensande/Rasengesellschaften-Zwerstrauchheiden/Mai-Sep

Cephalanthera rubra Rotes Waldvögelein (Orchidaceae) Pflanze mit parallelnervigen Blättern/20-60 cm/Blüten zu 4-12 in lockerer Ähre/mäßig frische, kalkreiche, humose Böden/Buchenwälder-Eichenmischwälder-Fichtenwälder-Kiefernwälder/Juni-Juli

Coronilla varia Bunte Kronwicke (Fabaceae) Unbehaarte Pflanze/30-125 cm/Blätter mit 7-12 paarigen Blattfiedern/Blüten in 10-20blütigen Köpfchen/Blüten 10-15 mm/mäßig trockene bis frische, kalkhaltige Böden/Waldnahe Staudenfluren/Juni-Aug

Dactylorhiza fuchsii Fuchs' Knabenkraut (Orchidaceae) Pflanze mit markigem Stängel/Blätter gefleckt/Blüten rosa bis weißlich/kalkhaltige Böden/Rasengesellschaften/Juni-Juli

Dactylorhiza maculata Geflecktes Knabenkraut (Orchidaceae) Pflanze mit meist dunkel gefleckten Blättern/10-60 cm/Stängel markig/Blütenstand vielblütig/Unterlippe der Blüte dreilappig/kalkarme Böden/Mai-Aug

Dactylorhiza majalis Breitblättriges Knabenkraut (Orchidaceae) Pflanze mit hohlem Stängel (zusammendrückbar)/10-70 cm/Blätter gefleckt/Blüten hell- und dunkelviolett/nasse, nährstoffreiche, kalkarme bis kalkhaltige Sumpfhumus- oder Gleyböden/Moore-Ufervegetation-Rasengesellschaften/Mai-Juli

Epipactis atrorubens Rotbraune Ständelwurz (Orchidaceae) Rhizompflanze/20-100 cm/Stängel behaart/Blätter parallelnervig/Blütenstand 8-18blütig/Blüten purpurn/trockene, nährstoffarme, kalkreiche Steinböden/Buchenwälder-Kiefernwälder-Rasengesellschaften/Juni-Aug

Gymnadenia conopsea Mücken-Händelwurz (Orchidaceae) Pflanze mit parallelnervigen Blättern/20-100 cm/Blüten in vielblütigen Blütenständen/Blüten gespornt/Sporn bis 20 mm lang/± frische, ± nährstoffarme, kalkreiche Böden/Kiefernwälder-Rasengesellschaften/Juni-Aug

Gymnadenia odoratissima Wohlriechende Händelwurz (Orchidaceae) Pflanze mit parallelnervigen Blättern/15-30 cm/Blüten in vielblütigen Blütenständen/Blüten gespornt/± trockene bis frische, kalkreiche Böden/Kiefernwälder-Rasengesellschaften/Juni-Aug

Hedysarum hedysaroides Alpen-Süßklee (Fabaceae) Pflanze mit kantigem Stängel/10-60 cm/Blätter 3-9paarig gefiedert/Blüten in 10-50blütigen Trauben/Blüten 13-25 mm/meist kalkhaltige, lockere, humose Lehmböden/Felsige Standorte/Juli-Aug

Knollen-Platterbse
Lathyrus tuberosus
(Fabaceae)

Lathyrus linifolius Berg-Platterbse (Fabaceae) Pflanze mit geflügeltem Stängel/ 15-50 cm/Blätter 1-4paarig gefiedert/Blüten in 2-6blütigen Trauben/Blüten 11-18 mm/mäßig trockene, nährstoffarme, kalkarme bis kalkfreie Lehmböden/Rasengesellschaften-Waldnahe Staudenfluren/Apr-Juni

Lathyrus niger Schwarzwerdende Platterbse (Fabaceae) Pflanze in der Mitte mit 4kantigem Stängel/30-90 cm/Blätter mit 3-6 paarig gefiederten Fiederblättern/Blüten zu 3-10/Blüten 10-15 mm/mäßig trockene, nährstoffarme, kalkarme bis kalkfreie Lehmböden/Waldnahe Staudenfluren/Juni-Juli

Lathyrus tuberosus Knollen-Platterbse (Fabaceae) Kahle Pflanze/20-120 cm/ Blätter mit Ranken und Nebenblättern/Blüten 12-20 mm/mäßig trockene, nährstoffreiche, oft kalkhaltige Lehm- Tonböden/Ruderalpflanzen/Juni-Juli

Lathyrus vernus Frühlings-Platterbse (Fabaceae) Pflanze mit gefurchtem Stängel/20-60 cm/Blätter mit Nebenblättern und 1-4 Fiederpaaren ohne Ranke/Blüten in 3-10blütigen Trauben/Kelchzähne ungleich lang/frische, nährstoffreiche, meist kalkhaltige, lockere Ton- und Lehmböden/ Buchenwälder/Apr-Mai

Nigritella nigra Österreichisches Schwarzes Kohlröschen (Orchidaceae) Pflanze mit parallelnervigen Blättern/8-27 cm/Blütenstand eiförmig/Unterlippe der Blüten 5-10 mm/mäßig frische, kalkhaltige Böden/Felsige Standorte Rasengesellschaften/Juni-Aug

Ononis repens Kriechende Hauhechel (Fabaceae) Pflanze mit drüsig behaarten Blättern/30-100 cm/Blätter einfach oder 3-zählig/Blüten 7-25 mm/mäßig trockene, basenreiche, meist lehmige Böden/Buchenwälder-Eichenmischwälder-Kiefernwälder-Rasengesellschaften/Mai-Sep

Ophrys insectifera Fliegen-Ragwurz (Orchidaceae) Ausdauernde Knollenpflanze/15-40 cm/Blätter parallelnervig/Blütenstand 2-20blütig/äußere Blütenblätter grün-Lippe dunkelpurpur/± trockene, kalkreiche Böden/ Rasengesellschaften/Mai-Juli

Orchis coriophora Wanzen-Knabenkraut (Orchidaceae) Pflanze mit parallelnervigen Blättern/15-30 cm/Blütenstand reichblütig/Blüten schmutzig grünlich-rötlich/Lippe braunrot oder grünlich/± frische bis feuchte, magere, kalkarme Böden/Rasengesellschaften/Mai-Aug

Orchis mascula Männliches Knabenkraut (Orchidaceae) Pflanze mit parallelnervigen Blättern/15-60 cm/Blätter zungenförmig bis breit länglich/± trockene bis ± frische, ± nährstoffreiche, kalkarme und kalkhaltige Böden/Eichenmischwälder-Rasengesellschaften/Mai-Juni

Orchis militaris Helm-Knabenkraut (Orchidaceae) Pflanze mit parallelnervigen Blättern/20-40 cm/Blütenstand reichblütig/Blüten blaßrosa bis violettund dunkelrot punktiert/± trockene, kalkreiche Böden/Rasengesellschaften/Mai-Juni

Zickzack-Klee
Trifolium medium
(Fabaceae)

Orchis morio Kleines Knabenkraut (Orchidaceae) Pflanze mit parallelnervigen Blättern/10-40 cm/Stängel kantig/Blätter schmal-eiförmig/Blütenstand locker bis 25-blütig/± frische, ± kalkarme Böden/Eichenmischwälder-Rasengesellschaften/Apr-Juli

Orchis palustris Sumpf-Knabenkraut (Orchidaceae) Pflanze mit parallelnervigen Blättern/30-60 cm/Blütenstand reichblütig/Blüten rosa bis violettrot/± nasse Sumpfhumusböden/Moore/Mai-Juni

Orchis tridentata Dreizähniges Knabenkraut (Orchidaceae) Pflanze mit parallelnervigen Blättern/15-30 cm/Blütenstand fast kugelig/kalkhaltige Böden/Eichenmischwälder-Rasengesellschaften/Mai-Juni

Orobanche rapum-genistae Ginster-Sommerwurz (Orobanchaceae) Parasitische Pflanze ohne Blattgrün/30-85 cm/Blüten 20-25 mm/gelblich-violett überlaufen/Sand- oder Lehmböden/Gebüsche/Mai-Juli

Polygala amara Kreuzblume (Polygalaceae) Pflanze mit grundständiger Blattrosette/5-30 cm/Blätter elliptisch bis oval/Blüten in vielblütigen Blütenständen/Blüte 2-5 mm/mäßig trockene bis feuchte, kalkreiche Böden/Rasengesellschaften/Mai-Aug

Polygala vulgaris Gewöhnliche Kreuzblume (Polygalaceae) Ausdauernde Pflanze mit verholztem Wurzelstock/5-40 cm/Blätter oval bis elliptisch/Blüten in vielblütigen Blütenständen/Blüte 5-8 mm/mäßig trockene bis frische, nährstoffarme, saure, ± sandige Lehmböden/Rasengesellschaften/Mai-Aug

Traunsteinera globosa Kugelknabenkraut (Orchidaceae) Pflanze mit parallelnervigen Blättern/30-50 cm/Blüten in kugeligem bis pyramidenförmigen Blütenstand/Blüten mit 3lappiger Unterlippe/frische, kalkhaltige Böden/Felsige Standorte/Mai-Aug

Trifolium medium Zickzack-Klee (Fabaceae) Pflanze mit zickzackförmigem Stängel/10-45 cm/Blätter dreizählig und mit hellerer oder rotbrauner Querbinde/ Blüten in vielblütigen runden Köpfchen/Köpfchen 2-4 cm/mäßig trockene bis frische, ± tiefgründige Lehmböden/Eichenmischwälder-Waldnahe Staudenfluren/Juni-Aug

Trifolium rubens Purpur-Klee (Fabaceae) Pflanze mit dreizähligen Blättern/Blüten in vielblütigen walzlichen Köpfchen/Köpfchen 3-7 cm/trockene, humose, lockere Lehm- und Lössböden/Waldnahe Staudenfluren/Juni-Juli

Vicia cracca Vogel-Wicke (Fabaceae) Pflanze mit verzweigten Ranken/5-150 cm/Blätter mit 6-12 paarigen Blattfiedern/Blütenstand 10-30blütig/Blüten blauviolett/Blüten 8-13 mm/frische bis mäßig trockene, humose Lehm- und Tonböden/Rasengesellschaften-Waldnahe Staudenfluren/Juni-Juli

Vicia dumetorum Hecken-Wicke (Fabaceae) Pflanze mit scharf 4kantigem oder geflügelten Stängel/Blüten in 2-14blütigen Trauben/Blüten 12-20 mm/sickerfrische, nährstoffreiche, meist kalkhaltige Lehm- und Tonböden/Waldnahe Staudenfluren/Juni-Aug

Hainklette
Arctium nemorosum
(Compositae)

Blüten margeritenartig

1A-Rasengesellschaften und Ruderalstandorte ***Erigeron alpinus***

Erigeron alpinus Alpen-Berufkraut (Compositae) Pflanze mit grundständiger Blattrosette und sitzenden Stängelblättern/5-40 cm/Blätter beidseits langhaarig bis zottig behaart/Blütenstand vielblütig/Blüten 20-35 mm/frische, oft kalkfreie, humose, steinige Lehm- und Tonböden/Rasengesellschaften/ Juli-Sep

Blüten anders

1A-Wälder und Gebüsche
  2A-Pflanze zur Blütezeit ohne grüne Blätter ***Petasites hybridus***
  2B-Pflanze zur Blütezeit mit grünen Blättern ***Arctium nemorosum***
1B-Rasengesellschaften und Ruderalstandorte
  2A-Alle Blütenhüllblätter grün ***Arctium lappa***
  2B-Innere Blütenhüllblätter rot ***Arctium tomentosum***

Arctium lappa Große Klette (Compositae) Behaarte Pflanze/80-150 cm/ Grundblätter bis 50 cm groß und herzförmig/Blüten 20-25 mm/± frische, nährstoffreiche Lehmböden/Ruderalpflanzen/Juli-Sep

Arctium nemorosum Hainklette (Compositae) Behaarte Pflanze/100-250 cm/ Blätter herzförmig-oval/Blüten 25-40 mm/feuchte, nährstoffreiche Böden/ Waldnahe Staudenfluren/Juli-Sep

Arctium tomentosum Filzige Klette (Compositae) Beharrte Pflanze/60-120 cm/ Grundblätter bis 50 cm groß und herzförmig/Blätter unterseits dicht graufilzig/Blüten 12-20 mm/frische, nährstoffreiche, kalkhaltige Böden/ Ruderalpflanzen/Juli-Sep

Petasites hybridus Gewöhnliche Pestwurz (Compositae) Pflanze zur Blütezeit ohne grüne Blätter/15-150cm/Blüten in vielblütigen Blütenständen/Blüten 3-12 mm/sickernasse, zeitweise überschwemmte, nährstoffreiche, meist sandig-kiesige Tonböden/Buchenwälder-Waldnahe Staudenfluren/März-Mai

Sibirische Schwertlilie
Iris sibirica
(Iridaceae)

2-4 Blütenblätter

1A-Rasengesellschaften und Ruderalstandorte ***Iris sibirica***
1B-Felsige Standorte ***Cheiranthus cheiri***

Cheiranthus cheiri Goldlack (Cruciferae) Kraut/Schote geschnäbelt/Blüten 20-25 mm/4 Blütenbltter/6 Staubblätter/Zierpflanze/Felsige Standorte/Feb-Apr
Iris sibirica Sibirische Schwertlilie (Iridaceae) Pflanze mit parallelnervigen Blätter/45-90 cm/Blätter bis 1 cm breit/Blüten 6 cm/Blüten violett mit gelb/ 3 Blütenblätter/± nasse, nährstoffreiche Böden/Rasengesellschaften/Mai-Juni

Gewöhnliche Ochsenzunge
Anchusa officinalis
(Boraginaceae)

5 Blütenblätter

1A-Wälder und Gebüsche
  2A-Blüten > 10 mm
    3A-Blätter eiförmig — ***Solanum dulcamara***
    3B-Blätter lanzettlich — ***Buglossoides purpurocaerulea***
  2B-Blüten kleiner und mit gelbem Schlund
    3A-Kelch mit Hakenhaaren — ***Myosotis sylvatica***
    3B-Kelch anders (nur in Südbayern) — ***Myosotis alpestris***
1B-Rasengesellschaften und Ruderalstandorte
  2A-Blätter grundständig — ***Gentiana kochiana***
  2B-Blätter nicht grundständig
    3A-Blüten glockig verwachsen
      4A-Kelch fast solang wie die Blüte — ***Campanula alpina***
      4B-Kelch viel kleiner als die Blüte — ***Campanula barbata***
    3B-Blüten nicht glockig verwachsen
      4A-Stängel kantig
        5A-Blüte 3 mm — ***Asperugo procumbens***
        5B-Blüte 4-8 mm (Schlund gelb)
          6A-Blütenkelch anliegend behaart — ***Myosotis palustris***
          6B-Blütenkelch abstehend behaart — ***Myosotis discolor***
      4B-Stängel rund
        5A-Blüten bis 5 mm
          6A-Graues Kraut — ***Lappula squarrosa***
          6B-Grünes Kraut/Blütenschlund gelb
            7A-Blüte 3-5 mm — ***Myosotis arvensis***
            7B-Blütenröhre aus Kelch ragend — ***Myosotis discolor***
            7C-Blütenröhre im Kelch — ***Myosotis stricta***
        5B-Blüten > 5 mm
          6A-Blütenblätter ungleich groß — ***Echium vulgare***
          6B-Blütenblätter gleich groß
            7A-Blätter lineal/Blüte bis 22 mm — ***Linum tenuifolium***
            7B-Blätter lanzettlich
              8A-Blütenblätter spitz zulaufend — ***Buglossoides purpurocaerulea***
              8B-Blütenblätter nicht spitz
                9A-Blüten mit gelbem Schlund — ***Myosotis sylvatica***
                9B-Blüten nicht so — ***Anchusa officinalis***
1C-Ufervegetation — ***Myosotis rehsteineri***
1D-Felsige Standorte
  2A-Blätter grundständig — ***Gentiana kochiana***
  2B-Blätter nicht grundständig
    3A-Blüten glockig verwachsen — ***Campanula barbata***
    3B-Blüten nicht glockig verwachsen — ***Myosotis alpestris***
1E-Salzstandorte — ***Limonium vulgare***

Schmalblättriger Lein
Linum tenuifolium
(Linaceae)

Anchusa officinalis Gewöhnliche Ochsenzunge (Boraginaceae) Graugrüne Pflanze/20-100 cm/abstehend behaart/Blätter länglich-lanzettlich/Blüten in vielblütigen Blütenständen/Blüte 7-15 mm/mäßig trockene, nährstoffreiche, meist kalkarme Sand- und Kiesböden/Ruderalpflanzen/Mai-Sep

Asperugo procumbens Scharfkraut (Boraginaceae) Filzig bis borstig behaartes Kraut/20-50 cm/Stängel kantig/Blüten 3 mm-violett/mäßig trockene, nährstoffreiche, meist kalkhaltige, steinige Ton- und Lehmböden/Ruderalpflanzen/Mai-Aug

Buglossoides purpurocaerulea Blauroter Steinsame (Boraginaceae) Anliegend behaarte Pflanze/15-60 cm/Blätter lanzettlich/Blüten zu mehreren/Blüte 14-19 mm/mäßig trockene, nährstoffreiche, kalkarme bis kalkreiche Ton-, Lehm und Lössböden/Eichenmischwälder-Ruderalpflanzen/Apr-Mai

Campanula alpina Alpen-Glockenblume (Campanulaceae) Wollig-zottig beharrte Pflanze/5-20 cm/Blätter verkehrt-lanzettlich/Blüten blau/Blüten 10-25 mm/Griffel 3-spaltig/frische, basenreiche, aber meist kalkarme Böden/ Rasengesellschaften/Juli-Aug

Campanula barbata Bärtige Glockenblume (Campanulaceae) Behaarte Pflanze/10-40 cm/Grundblätter rosettig/Stängelblätter zungenförmig/Blüten 20-35 mm/Griffel 3-spaltig/frische, basenreiche, aber kalkarme Böden/ Felsige Standorte-Rasengesellschaften/Juni-Aug

Echium vulgare Natternkopf (Boraginaceae) Behaarte Pflanze/20-150 cm/ Blätter elliptisch bis lanzettlich/Blüten 10-22 mm/mäßig trockene, ± nährstoffreiche, steinig-sandige Böden/Felsige Standorte-Ruderalpflanzen/ Juni-Okt

Gentiana kochiana Breitblättriger Enzian (Gentianaceae) Unbehaarte Pflanze/ Blätter lanzettlich/Blüten 40-60 mm/Blüten innen grün gefleckt/ Felsstandorte-Rasengesellschaften/Juni-Aug

Lappula squarrosa Kletten-Igelsame (Boraginaceae) Behaarte Pflanze/10-50 cm Blätter lineal-lanzettlich/Blüten 4 mm/mäßig trockene, nährstoffreiche, ± humose Sand- und Kiesböden/Ruderalpflanzen/Juni-Juli

Limonium vulgare Strandflieder (Plumbaginaceae) Rosettenpflanze/5-50 cm/ Blätter verkehrt-eiförmig/Blütenstand vielblütig/Blüten 6-8 mm/salzhaltige, sandig-tonige oder felsige Böden/Salzstandorte/Aug-Sep

Linum tenuifolium Schmalblättriger Lein (Linaceae) Unbehaarte Pflanze/10-45 cm/Blätter lineal/Blüten bis 22 mm/trockene, kalkreiche, lockere Lehm- und Lössböden oder Stein- und Kiesböden/Rasengesellschaften/Juni-Juli

Myosotis alpestris Alpen-Vergißmeinnicht (Boraginaceae) Rau behaarte Pflanze/5-35 cm/Stängelblätter sitzendBlüte 6-10 mm/Blüte blau mit gelbem Schlund/frische, nährstoff- und kalkreiche, humose Ton- und Lehmböden/ Felsige Standorte-Waldnahe Staudenfluren/Juni-Sep

Bodensee-Vergißmeinnicht
Myosotis rehsteineri
(Boraginaceae)

Myosotis arvensis Acker-Vergißmeinnicht (Boraginaceae) Verzweigte Pflanze/10-60 cm/Blätter abstehend behaart/Blütenstand dichtblütig/Blüte 2-5 mm/Blüte blau mit gelbem Schlund/± frische, nährstoffreiche Lehmböden/Ruderalpflanzen/Apr-Okt

Myosotis discolor Buntes Vergißmeinnicht (Boraginaceae) Behaarte Pflanze/5-30 cm/Blätter eiförmig-lanzettlich/Blüte 2-3 mm/Blüte blau mit gelbem Schlund/mäßig trockene, mäßig saure, lockere Sand- und Steingrusböden/Ruderalstandorte/Apr-Juni

Myosotis palustris Sumpf-Vergißmeinnicht (Boraginaceae) Behaarte Pflanze mit Ausläufern/10-100 cm/Stängel kantig/Blütenstand vielblütig/Blüte 4-8 mm/Blüte blau mit gelbem Schlund/nasse bis feuchte, nährstoffreiche Lehm- und Tonböden und Sumpfhumusböden/Rasengesellschaften/Mai-Sep

Myosotis rehsteineri Bodensee-Vergißmeinnicht (Boraginaceae) Pflanze mit kurzen Ausläufern/2-10 cm/Stängel kahl oder aufwärts gerichtet behaart/Blätter kahl oder vorwärts anliegend behaart/Blüte rosa oder blau mit gelbem Schlund/Blüte 6-12 mm/± nährstoffarme, kalkhaltige, tonige Sand- und Kiesböden/Ufervegetation/Apr-Mai

Myosotis stricta Sand-Vergißmeinnicht (Boraginaceae) Am Grund stark verzweigte Pflanze/3-30 cm/Stängel mit hakigen Haaren/Blüte blau mit gelbem Schlund/Blüte 1-2 mm/trockene, magere, meist entkalkte Sand- und Steingrusböden/Ruderalpflanzen/März-Mai

Myosotis sylvatica Wald-Vergißmeinnicht (Boraginaceae) Behaarte Pflanze/15-45 cm/Blätter breit-lanzettlich/Blüte 6-10 mm/Blüte blau mit gelbem Schlund/frische, nährstoffreiche, oft kalkarme Lehmböden, Mullböden/Rasengesellschaften-Waldnahe Staudenfluren/Juni-Sep

Solanum dulcamara Bittersüßer Nachtschatten (Solanaceae) Flaumig behaarte Pflanze/verholzt/Blattgrund herzförmig/Blüten 10-15 mm/Staubblätter verwachsen/nasse bis feuchte, nährstoffreiche Böden/Gebüsche/Juni-Aug

Herzblättrige Kugelblume
Globularia cordifolia
(Globulariaceae)

Mehr als 5 Blütenblätter

1A-Wälder und Gebüsche — ***Hepatica nobilis***
1B-Rasengesellschaften und Ruderalstandorte
  2A-Blätter parallelnervig — ***Iris sibirica***
  2B-Blätter nicht parallelnervig
    3A-Blütenstiel blattlos — ***Globularia cordifolia***
    3B-Blütenstiel mit Blättern — ***Globularia puncctata***
1C-Felsige Standorte — ***Globularia cordifolia***

Globularia cordifolia Herzblättrige Kugelblume (Globulariaceae) Niederliegender Spalierstrauch mit Rosettenblättern/3-10 cm/Stängel nur mit 2-3 Hochblättern/Blütenköpfe 10-20 mm/Blüten violett/kalkstet, steinige Böden, meidet feuchte Klimate/Rasengesellschaften/Mai-Juni

Globularia punctata Gemeine Kugelblume (Globulariaceae) Immergrüne Pflanze/5-50 cm/unbehaart/Grundblätter lang gestielt/Stängelblätter sitzend/ Blattadern oberseits sichtbar/Blüten violett/Blütenköpfe 10-20 mm/warm-trockene, kalkreiche, flachgründige Böden/Rasengesellschaften/Mai-Juni

Hepatica nobilis Leberblümchen (Ranunculaceae) Pflanze zur Blütezeit ohne Blätter/behaart/Blätter dreilappig/Blüten bis 3 cm/frische bis mäßig trockene, nährstoffreiche, kalkhaltige Mullböden/Eichenmischwälder/März-Apr

Iris sibirica Sibirische Schwertlilie (Iridaceae) Pflanze mit parallelnervigen Blätter/45-90 cm/Blätter bis 1 cm breit/Blüten 6 cm/Blüten violett mit gelb/± nasse, nährstoffreiche Böden/Rasengesellschaften/Mai-Juni

Vogelwicke
Vicia cracca
(Fabaceae)

Blüten symmetrisch

1A-Wälder und Gebüsche	
2A-Blätter mit Ranke	***Vicia cracca***
2B-Blätter ohne Ranke	
3A-Stängel geflügelt	***Lathyrus linifolia***
3B-Stängel gefurcht	***Lathyrus vernus***
1B-Rasengesellschaften und Ruderalstandorte	
2A-Stängel geflügelt	***Lathyrus linifolia***
2B-Stängel nicht geflügelt	
3A-Blätter mit Ranke	***Vicia cracca***
3B-Blätter grundständig	***Pinguicula vulgaris***
3C-Blätter anders	
4A-Blüten 2-5 mm	***Polygala amara***
4B-Blüten 5-8 mm	***Polygala vulgaris***
4C-Blüten 10-22 mm	***Echium vulgare***
1C-Ufervegetation und Moore	***Pinguicula vulgaris***

Echium vulgare Natternkopf (Boraginaceae) Behaarte Pflanze/20-150 cm/ Blätter elliptisch bis lanzettlich/Blüten 10-22 mm/mäßig trockene, steinig-sandige Böden/Felsige Standorte-Ruderalpflanzen/Juni-Okt

Lathyrus linifolius Berg-Platterbse (Fabaceae) Pflanze mit geflügeltem Stängel/15-50 cm/Blätter 1-4paarig gefiedert/Blüten in 2-6blütigen Trauben/ Blüten 11-18 mm/mäßig trockene, nährstoffarme, kalkarme bis kalkfreie Lehmböden/Rasengesellschaften-Waldnahe Staudenfluren/Apr-Juni

Lathyrus vernus Frühlings-Platterbse (Fabaceae) Pflanze mit gefurchtem Stängel/20-60 cm/Blätter mit Nebenblättern und 1-4 Fiederpaaren/Blüten in 3-10blütigen Trauben/Kelchzähne ungleich lang/frische, nährstoffreiche, meist kalkhaltige, lockere Ton- und Lehmböden/Buchenwälder/Apr-Mai

Pinguicula vulgaris Gewöhnliches Fettkraut (Lentibulariaceae) 5-15 cm/Blüte gespornt mit weißem Schlundfleck/nährstoffarme, basenreiche Sumpfhumus- oder Steinböden/Moore-Rasengesellschaften-Ufervegetation/Mai-Aug

Polygala amara Bitteres Kreuzblümchen (Polygalaceae) Pflanze mit grundständiger Blattrosette/5-30 cm/Blätter elliptisch bis oval/Blüten in vielblütigen Blütenständen/Blüte 2-5 mm/mäßig trockene bis feuchte, kalkreiche Böden/Rasengesellschaften/Mai-Aug

Polygala vulgaris Gewöhnliches Kreuzblümchen (Polygalaceae) Ausdauernde Pflanze mit verholztem Wurzelstock/5-40 cm/Blätter oval bis elliptisch/ Blüten in vielblütigen Blütenständen/Blüte 5-8 mm/mäßig trockene bis frische, nährstoffarme, saure, ± sandige Lehmböden/Rasengesellschaften/ Mai-Aug

Vicia cracca Vogel-Wicke (Fabaceae) Pflanze mit verzweigten Ranken/5-150 cm/Blätter mit 6-12 paarigen Blattfiedern/Blütenstand 10-30blütig/Blüten blauviolett/Blüten 8-13 mm/frische bis mäßig trockene, humose Lehm- und Tonböden/Rasengesellschaften-Waldnahe Staudenfluren/Juni-Juli

Berg-Flockenblume
Centaurea montana
(Compositae)

Blüten anders

1A-Wälder und Gebüsche
  2A-Blätter parallelnervig — ***Muscari neglectum***
  2B-Blätter nicht parallelnervig — ***Centaurea montana***

Centaurea montana Berg-Flockenblume (Compositae) Pflanze an der Blattbasis mit geflügeltem Stängel/30-80 cm/Blätter eiförmig zugespitzt/ unterseits filzig behaart/Blüten 6-8 cm/frische, nährstoffreiche, kalkhaltige, ± steinige Böden/Buchenwälder-Waldnahe Staudenfluren/Mai-Juli

Muscari neglectum Übersehene Träubelhyazinthe (Liliacea) Zwiebelpflanze/15-40 cm/Blätter parallelnervig/Blüten 3-8 mm und in 2-6 cm langen Trauben/ mäßig trockene, ± nährstoffreiche, kalkhaltige Böden/Gebüsche/März-Mai

Berg-Steinkraut
Alyssum montanum
(Cruciferae)

2-4 Blütenblätter

1A-Wälder und Gebüsche	
2A-Pflanze ohne grüne Blätter	***Monotropa hypopitys***
2B-Pflanze mit grünen Blättern	
3A-Pflanze mit Milchsaft	
4A-Blätter stark glänzend	***Euphorbia lucida***
4B-Blätter nicht stark glänzend	
5A-Stängelblätter lineal	***Euphorbia cyparissias***
5B-Stängelblätter eiförmig	***Euphorbia palustris***
3B-Pflanze ohne Milchsaft	
4A-Strauch mit verholzten Zweigen	***Hedera helix***
4B-Krautige Pflanze	
5A-Blätter parallelnervig	***Maianthemum bifolium***
5B-Blätter quirlständig	
6A-Quirl mit 4 Blättern/Blätter 3-nervig	***Cruciata laevipes***
6B-Quirl > mehr als 4 Blättern	***Galium mollugo***
1B-Rasengesellschaften und Ruderalstandorte	
2A-Pflanze mit Milchsaft	
3A-Blüten in 2-3strahliger Scheindolde	***Euphorbia peplus***
3B-Blüten in vielstrahliger Scheindolde	
4A-Blätter stachelspitzig	***Euphorbia seguieriana***
4B-Blätter vorne abgerundet	***Euphorbia cyparissias***
2B-Pflanze ohne Milchsaft	
3A-Blätter quirlständig	
4A-Stängel rund	
5A-Blätter 1 mm breit	***Galium verum***
5B-Blätter deutlich breiter	***Plantago major***
4B-Stängel vierkantig	
5A-Stängel am Grund fadenförmig	***Galium anisophyllum***
5B-Stängel am Grund > 1 mm dick	***Galium mollugo***
3B-Blätter nicht quirlständig	
4A-Kelch zur Fruchtreife noch da	***Alyssum alyssoides***
4B-Kelch zur Fruchtreife abgefallen	***Alyssum montanum***
1C-Ufervegetation	***Iris pseudacorus***
1D-Moore und Zwergstrauchheiden	
2A-Pflanze mit Milchsaft	***Euphorbia cyparissias***
2B-Pflanze ohne Milchsaft	***Cicendia filiformis***
1E-Felsige Standorte	
2A-Blätter quirlständig	
3A-Blüten zitronengelb	***Galium verum***
3B-Blüten gelblich weiß	***Galium megalospermum***
2B-Blätter grundständig	***Draba aizoides***

Sumpf-Wolfsmilch
Euphorbia palustris
(Euphorbiaceae)

Alyssum alyssoides Kelch-Steinkraut (Cruciferae) Behaartes Kraut/5-30 cm/ Haare sternförmig/Blätter länglich-eiförmig/Blütenblätter 2-4 mm/Frucht fast kugelig/trockene, nährstoffarme, kalkhaltige, nicht zu feinkörnige Böden/ Rasengesellschaften/Apr-Sep

Alyssum montanum Berg-Steinkraut (Cruciferae) Behaartes Kraut/10-20 cm/ Blätter schmal-lanzettlich/Blütenblätter 4-6 mm/Frucht fast kugelig/trockene, flachgründige Steinböden über basischem Gestein/Rasengesellschaften/ Apr-Juni

Cheiranthus cheiri Goldlack (Cruciferae) Kraut/Schote geschnäbelt/Blüten 20-25 mm/6 Staubblätter/Zierpflanze/Felsige Standorte/Feb-Apr

Cicendia filiformis Heide-Zindelkraut (Gentianaceae) 1-3stämmiges Kraut/ Blätter schmal/Blüten 3-7 mm, einzeln + lang gestielt/nasse, nährstoffreiche, kalkarme, zuweilen salzhaltige, sandige oder torfige Böden/Moore/Juli-Okt

Cruciata laevipes Gemeines Kreuzlabkraut (Rubiaceae) Abstehend behaarte Pflanze/15-50 cm/Blätter quirlständig/Blüte 2-3 mm/frische bis feuchte, nährstoffreiche, ± kalkarme Böden/Waldnahe Staudenfluren/Apr-Juni

Draba aizoides Immergrünes Felsenblümchen (Cruciferae) Steif behaarte Pflanze/3-20 cm/Blätter in kugeligen Rosetten/Blüten 5-7 mm/feinerdearme, ± kalkreiche Steinböden/Felsige Standorte/März-Aug

Euphorbia cyparissias Zypressen-Wolfsmilch (Euphorbiaceae) Pflanze mit Milchsaft/15-40 cm/Blätter unbehaart/Blüten in vielstrahligen Dolden/Blüten duftend/mäßig trockene, ± kalkhaltige, sandige bis steinige Böden/Buchenwälder-Gebüsche-Rasengesellschaften-Ruderalpflanzen-Zwergstrauchheiden/ Apr-Juli

Euphorbia lucida Glänzende Wolfsmilch (Euphorbiaceae) Pflanze mit Milchsaft/40-130 cm/Blätter unterhalb der Mitte am breitesten/Blüten in vielstrahligen Dolden/feuchte bis ± nasse, nährstoffreiche Böden/Waldnahe Staudenfluren/Mai-Juli

Euphorbia palustris Sumpf-Wolfsmilch (Euphorbiaceae) Pflanze mit Milchsaft/50-150 cm/Blätter sitzend/Stängel hohl/Blüten in vielstrahligen Dolden/ nasse, nährstoffreiche, ± kalkhaltige Schwemmböden/Waldnahe Staudenfluren/Mai-Juni

Euphorbia peplus Garten-Wolfsmilch (Euphorbiaceae) Pflanze mit Milchsaft/ 4-35 cm/Blätter gestieltund eiförmig-rundlich/Blüten in endständigen 3-5strahligen Dolden/frische bis ± trockene, nährstoffreiche, kalkfreie Böden/Ruderalpflanzen/Juni-Sep

Euphorbia seguieriana Steppen-Wolfsmilch (Euphorbiaceae) Pflanze mit Milchsaft/15-60 cm/Blätter lineal und unbehaart/Blüten in vielstrahligen Dolden/trockene, meist kalkhaltige Lockerböden/Rasengesellschaften/ Apr-Juni

Galium anisophyllum Verschiedenblättriges Labkraut (Rubiaceae) Pflanze mit 5-8zähligen Quirlen/5-25 cm/Stängel 4kantig/Blüten mm/frische, kalkreiche Böden/Rasengesellschaften/Juli-Sep

Echtes Labkraut
Galium verum
(Rubiaceae)

Galium megalospermum Schweizer Labkraut (Rubiaceae) Pflanze mit 4-11blättrigen Quirlen/2-10 cm/Stängel 4kantig/durchsickerte, feinerdehaltige, bewegte Lockergesteinsböden/Felsige Standorte/Juni-Aug

Galium mollugo Wiesen-Labkraut (Rubiaceae) Pflanze mit quirlständigen Blättern/30-100 cm/Stängel 4kantig/Blütenstiele 3-4 mm lang/Blüten < 5 mm Rasengesellschaften-Waldnahe Staudenfluren/Mai-Juli

Galium verum Echtes Labkraut (Rubiaceae) Pflanze mit 6-12blättrigen Quirlen/10-70 cm/Stängel mit 4 erhabenen Linien/Blüten 2-4 mm ± trockene, meist kalkhaltige Böden/Felsige Standorte-Rasengesellschaften/Juni-Sep

Hedera helix Efeu (Araliaceae) Kletterstrauch/immergrün/bis 20 m/Blätter der Blütentriebe eirautenförmig/Blüten in halbkugeligen Dolden/Blüten 5-10 mm frische, ± nährstoffreiche, lockere, humose Lehmböden/ Gebüsche/Sep-Okt

Iris pseudacorus Sumpf-Schwertlilie (Iridaceae) Pflanze mit parallelnervigen Blättern/Blätter 1-3 cm breit/Blüten bis 10 cm groß/Blüten gelb mit orangefarbener Zeichnung/nasse, oft überschwemmte, nährstoffreiche Sumpfhumusböden/Ufervegetation/Mai-Juni

Maianthemum bifolium Schattenblume (Liliaceae) Pflanze mit 2 Blättern/5-20 cm/Blätter herzförmig und parallelnervig/Blüten 4-6 mm/± frische, nährstoff- und kalkarme Mull- oder Moderhumusböden/Buchenwälder/Apr-Juni

Monotropa hypopitys Echter Fichtenspargel (Pyrolaceae) Parasitisch unter Eichen/Pflanze cremefarben bis gelb/10-25 cm/Blüten 6-13 mm/frische bis ± trockene, lockere Moderhumusböden/Gebüsche/Juni-Aug

Plantago major Breit-Wegerich (Plantaginaceae) Rosettenpflanze bis 15 cm mit breiten Blättern/Blüten in langen Ähren/Blüten 3 mm/nährstoffreiche Lehm- und Tonböden/Felder-Wegränder/Apr-Nov

5 Blütenblätter

1A-Wälder und Gebüsche
  2A-Pflanze ohne grüne Blätter — ***Monotropa hypopitys***
  2B-Pflanze mit grünen Blättern
    3A-Baum oder Strauch
      4A-Blätter dreizählig — ***Acer monspessulanum***
      4B-Blätter nicht dreizählig — ***Ailanthus altissima***
    3B-Krautige Pflanze
      4A-Blätter quirlständig — ***Lysimachia vulgaris***
      4B-Blätter gestielt — ***Symphytum officinale***
      4C-Blätter sitzend
        5A-Blätter länglich-lanzettlich — ***Lithospermum officinale***
        5B-Blätter anders
        5C-Blätter anders
          6A-Blätter unbehaart — ***Verbascum blattaria***
          6B-Blätter behaart
            7A-Blüten 12-35 mm — ***Verbascum thapsus***
            7B-Blüten 35-55 mm — ***Verbascum densiflorum***
1B-Rasengesellschaften und Ruderalstandorte
  2A-Blätter dreizählig
    3A-Blätter mit Nebenblättern — ***Oxalis corniculata***
    3B-Blätter ohne Nebenblätter — ***Oxalis fontana***
  2B-Blätter dickfleischig
    3A-Stängel alle blühend — ***Sedum annuum***
    3B-Stängel nicht alle blühend
      4A-Blätter schlank — ***Sedum sexangulare***
      4B-Blätter dick und eiförmig — ***Sedum acre***
  2C-Blätter gestielt — ***Symphytum officinale***
  2D-Blätter sitzend
    3A-Blätter unbehaart
      4A-Kelchblätter verschieden groß — ***Fumana procumbens***
      4B-Kelchblätter gleich groß — ***Sedum acre***
    3B-Blätter behaart
      4A-Stängel breit geflügelt — ***Symphytum officinale***
      4B-Stängel nicht breit geflügelt
        5A-Blätter lineal-lanzettlich — ***Onosma arenarium***
        5B-Blätter eiförmig oder 3-eckig
          6A-Staubfäden der Blüte weißwollig
            7A-Blüten 35-55 mm — ***Verbascum densiflorum***
            7B-Blüten 12-35 mm — ***Verbascum thapsus***
          6B-Staubfäden der Blüte violett
            7A-Blüten einzeln in Blattachseln — ***Verbascum blattaria***
            7B-Blüten in Gruppen von 2-5 — ***Verbascum nigrum***

1C-Ufervegetation
- **2A**-Blätter quirlständig — ***Lysimachia vulgaris***
- **2B**-Blätter nicht quirlständig
  - **3A**-Blüten 5-20 mm — ***Ranunculus flammula***
  - **3B**-Blüten 20-55 mm
    - **4A**-Staubfäden der Blüte violett-wollig — ***Verbascum blattaria***
    - **4B**-Staubfäden der Blüte weiß-wollig — ***Verbascum densiflorum***

1D-Felsige Standorte
- **2A**-Blüten glockig verwachsen — ***Campanula thyrsoides***
- **2B**-Blüten nicht glockig verwachsen — ***Verbascum thapsus***

Horn-Sauerklee
Oxalis corniculata
(Oxalidaceae)

Acer monspessulanum Französischer Ahorn (Aceraceae) Baum/3-10 m/Blätter dreilappig/Blütenkronblätter 3-5 mm/Blüten in oft flaumig behaarten Doldentrauben/trockenere, nährstoffreiche, oft kalkreiche, meist steinige Lehmböden/Gebüsche/Apr-Mai

Ailanthus altissima Götterbaum (Simaroubaceae) Baum mit glatter Borke/ 10-30 m/Blätter gefiedert/Blüten in 10-20 cm langen Rispen/Blüten 7-8 mm/ trockene bis frische, ± nährstoffreiche, lockere Böden/Gebüsche/Juli

Campanula thyrsoides Strauß-Glockenblume (Campanulaceae) Steif behaarte Pflanze/10-100 cm/Stängel kantig/Stängelblätter lanzettlich/Blüte 17-25 mm/ frische, nährstoffreiche, kalkhaltige Böden/Felsige Standorte/Juli-Aug

Fumana procumbens Gewöhnliches Nadelröschen (Cistaceae) Zwergstrauch/ niederliegend/Blätter gleichmäßig verteilt/Blüten 8-16 mm/viele Staubblätter/ trockene, magere, ± kalkreiche, steinige und sandige Böden/Rasengesellschaften/Juni-Aug

Lithospermum officinale Echter Steinsame (Boraginaceae) Dicht anliegend behaarte Pflanze/30-100 cm/Blätter länglich-lanzettlich/Blüte 4-5 mm/frische, nährstoff- und kalkreiche Lehm- und Tonböden/Eichenmischwälder-Erlenstandorte/Mai-Juli

Lysimachia vulgaris Gewöhnlicher Gilbweiderich (Primulaceae) Weich behaarte Pflanze mit 2-3blättrigen Wirteln/50-150 cm/Blüten 15-20 mm/ ± nasse, Böden/Erlenstandorte-Gebüsche-Rasengesellschaften-Waldnahe Staudenfluren/Juni-Aug

Monotropa hypopitys Echter Fichtenspargel (Pyrolaceae) Parasitisch unter Eichen/Pflanze cremefarben bis gelb/Blüten 6-13 mm/frische bis ± trockene, lockere Moderhumusböden/Gebüsche/Mai-Sep

Onosma arenarium Sand-Lotwurz (Boraginaceae) Behaarte Pflanze/15-70 cm/ Blätter lineal-lanzettlich/Blüten 12-24 mm/trockene, ± kalkreiche, humose, feinerdearme Sandböden/Rasengesellschaften/Mai-Juni

Oxalis corniculata Horn-Sauerklee (Oxalidaceae) Niederliegende Pflanze/10-50 cm/Stängel behaart/Blätter kleeartig/Blütenblätter 4-7 mm/trockene, ± kalkreiche, humose, feinerdearme Sandböden/Ruderalpflanzen/Juni-Nov

Oxalis fontana Europäischer Sauerklee (Oxalidaceae) Behaarte Pflanze/5-40 cm/Blätter kleeartig/Blütenblätter 4-13 mm/frische, nährstoffreiche, meist kalkarme, lehmige Böden/Ruderalpflanzen/Juni-Okt

Ranunculus flammula Brennender Hahnenfuß (Ranunculaceae) Land- oder Wasserpflanze/20-50 cm/Blätter lanzettlich/Blüten 5-20 mm/nasse, kalkarme Sumpfhumusböden/Ufervegetation/Mai-Okt

Sedum acre Scharfer Mauerpfeffer (Crassulaceae) Rasenbildende Pflanze/ unbehaart/3-15 cm/Blätter oval-zylindrisch/Blüten 10-12 mm und mit 10 Staubblättern/trockene, nährstoffreiche, grobkörnige Böden/Rasengesellschaften/Juni-Aug

Großblütige Königskerze
Verbascum densiflorum
(Scrophulariaceae)

Sedum annuum Einjährige Fetthenne (Crassulaceae) Unbehaarte Pflanze/5-15 cm/Blätter dickblättrig/Blüten 3-5 mm und mit 10 Staubblättern/mäßig trockene, kalkarme Steinböden/Rasengesellschaften/Juni-Aug

Sedum sexangulare Milder Mauerpfeffer (Crassulaceae) Rasenbildende Pflanze/5-15 cm/Blätter dickfleischig/Blüten 10-12 mm und mit 10 Staubblättern/mäßig nährstoffreiche, ± kalkhaltige, grobkörnige Böden/Rasengesellschaften/Juni-Aug

Symphytum officinale Gewöhnlicher Beinwell (Boraginaceae) Steif behaarte Pflanze/Stängel geflügelt/Blätter eiförmig/Blüten gelblich oder rotviolett/Blüten 12-18 mm/grund- und sickernasse, nährstoffreiche, rohe oder humose Lehm- und Tonböden, auch auf modrig-torfigen Böden/Rasengesellschaften-Ufervegetation-Waldnahe Staudenfluren/Mai-Juli

Verbascum blattaria Schaben-Königskerze (Scrophulariaceae) Pflanze mit unbehaarten Blättern/50-150 cm/Blüte 20-30 mm/mäßig trockene, nährstoffreiche, auch salzhaltige Böden/Gebüsche-Ruderalstandorte-Ufervegetation/Juni-Aug

Verbascum densiflorum Großblütige Königskerze (Scrophulariaceae) Filzig behaarte Pflanze/50-250 cm/Blätter eiförmig bis elliptisch/Blüte 35-55 mm/mäßig trockene, nährstoffreiche, ± kalkreiche Böden/Gebüsche-Ruderalstandorte-Ufervegetation-Waldnahe Staudenstandorte/Juli-Sep

Verbascum nigrum Schwarze Königskerze (Scrophulariaceae) Unterseits stark behaarte Pflanze/50-120 cm/Blätter eiförmig oder dreieckig/Blüte 15-25 mm/frische, nährstoffreiche Böden/Rasengesellschaften-Ruderalstandorte/Mai-Sep

Verbascum thapsus Kleinblütige Königskerze (Scrophulariaceae) Grau-oder weißfilzige Pflanze/30-200 cm/Blätter eilänglich/Blüte 12-35 mm/ 5 Staubblätter/frische bis mäßig trockene, nährstoffreiche Böden/Felsige Standorte-Gebüsche-Ruderalstandorte-Waldnahe Staudenstandorte/Juli-Sep

Wild-Tulpe
Tulipa sylvestris
(Liliaceae)

Mehr als 5 Blütenblätter

1A-Wälder und Gebüsche	
2A-Blüten 7-10 cm	***Iris pseudacorus***
2B-Blüten kleiner	
3A-Blätter nadelartig	***Asparagus officinalis***
3B-Blätter nicht nadelartig	***Allium victorialis***
1B-Rasengesellschaften und Ruderalstandorte	
2A-Blätter nadelartig	***Asparagus officinalis***
2B-Blätter dickfleischig	***Sempervivum soboliferum***
2C-Blätter wollig behaart	***Leontopodium alpinum***
2D-Blätter grundständig	***Narcissus pseudonarcissus***
2E-Blätter parallelnervig	
3A-Blüten zu 2-6/20-30 mm	***Gagea pratensis***
3B-Blüten einzeln/Blüten größer	***Tulipa sylvestris***
1C-Ufervegetation	
2A-Blüten 2-3 cm	***Nuphar pumila***
2B-Blüten 4-5 cm	***Nuphar lutea***
2C-Blüten 7-10 cm	***Iris pseudacorus***
1D-Moore und Zwergstrauchheiden	***Tofieldia calyculata***
1E-Felsige Standorte	***Leontopodium alpinum***

Gelbe Teichrose
Nuphar lutea
(Nymphaeaceae)

Allium victorialis Allermannsharnisch (Liliaceae) Zwiebelpflanze mit flachen oder röhrig-hohlen Blättern/40-60 cm/Blüten in kugeligen Scheindolden/ Blütenblätter 4-6 mm/Staubfäden aus der Blüte herausragend/± trockene bis frische, basenreiche, meist kalkarme Böden/Waldnahe Staudenfluren/ Juli-Aug

Asparagus officinalis Gemüse-Spargel (Liliaceae) Unbehaarte Pflanze/30-150 cm/reich verzweigt/blattähnliche nadelförmige grüne Sproßbüschel/Blüten glockig/am Grunde der Sproßbüschel/trockene, nährstoffreiche Lockerböden/ Gebüsche-Ruderalpflanzen/Mai-Juli

Gagea pratensis Wiesen-Gelbstern (Liliaceae) Zwiebelpflanze mit einem grundständigen Blatt/Blüten 2-3 cm/Blüten gelb-außen grün/Ruderalpflanzen/ mäßig trockene, nährstoff- und kalkreiche Lockerböden/Ruderalpflanzen/ März-Apr

Iris pseudacorus Sumpfschwertlilie (Iridaceae) Pflanze mit parallelnervigen Blättern/Blüten 7-10 cm/3 Staublätter/nasse, oft überschwemmte, nährstoffreiche Sumpfhumusböden/Erlenstandorte-Ufervegetation/Apr-Mai

Leontopodium alpinum Edelweiß (Compositae) Weiß-wollig behaarte Pflanze 2-45 cm/Blätter lineal-lanzettlich/Blüten 2-6 cm/Rasengesellschaften/Juli-Sep

Narcissus pseudonarcissus Osterglocke (Amaryllidaceae) Pflanze mit grundständigen Blättern/15-40 cm/Blätter parallelnervig/Blüte 5-10 cm/ mäßig nährstoffreiche, kalkarme Böden/Rasengesellschaften/März-Apr

Nuphar lutea Gelbe Teichrose (Nymphaeaceae) Wasserpflanze mit ledrigen Schwimmblättern/50-400 cm/Blattspreite bis 30 cm lang und breit/Blüten 4-6 cm/in stehenden oder langsam fließenden Gewässern über humosen Schlamm-, Sand- und Kiesböden/Ufervegetation/Juni-Sep

Nuphar pumila Kleine Teichrose (Nymphaeaceae) Wasserpflanze mit ledrigen Schwimmblättern/30-350 cm/Blattspreite bis 20 cm lang und breit/Blüten 2-3 cm/in mäßig nährstoffreichem, meso- bis oligotrophem, auch dystrophem Wasser; über Schlamm-, besonders Torfschlamm-Böden/Ufervegetation/Juni-Sep

Sempervivum soboliferum Sprossender Donarsbart (Crassulaceae) Rosettenpflanze/20-30 cm/Blätter dickfleischig und meist rotspitzig/Blüten 15-17 mm/trockene, kalkhaltige Steinböden, meist über Silikatgestein, zuweilen auch über Dolomit/Rasengesellschaften/Juli-Sep

Tofieldia calyculata Kelch-Simsenlilie (Liliaceae) Rhizompflanze mit parallelnervigen Blättern/10-30 cm/Blütenstand > 3 cm/Blüten 4-7 mm/± feuchte, mäßig nährstoffreiche, kalkhaltige Böden/Moore/Juni-Aug

Tulipa sylvestris Wild-Tulpe (Liliaceae) Zwiebelpflanze mit parallelnervigen Blättern/20-45 cm/Blüten > 4 cm/Staubfäden der Blüten am Grund behaart/ mäßig frische, nährstoffreiche Böden/Ruderalpflanzen/Apr-Mai

Sichelblättriges Hasenohr
Bupleurum falcatum
(Apiaceae)

Blüte doldenartig

1A-Wälder und Gebüsche ***Bupleurum longifolium***
1B-Rasengesellschaften und Ruderalstandorte
2A-Blätter sitzend/wechselständig ***Bupleurum falcatum***
2B-Blätter gefiedert mit fädlichen Abschnitten ***Foeniculum vulgare***
1C-Salzstandorte ***Bupleurum tenuissimum***

Bupleurum falcatum Sichelblättriges Hasenohr (Apiaceae) Pflanze mit zickzackförmig gebogenem Stängel/20-120 cm/Stängelblätter lanzettlich/ Blüten 1 mm/Blüten in 3-15strahligen Dolden/mäßig trockene, magere, meist kalkreiche, humose Lehm- und Lössböden/Rasengesellschaften/Juli-Sep

Bupleurum longifolium Langblättriges Hasenohr (Apiaceae) Aufrechte Pflanze mit hohlem Stängel/30-150 cm/Stängelblätter oval bis herzförmig/Blüten 2 mm/Blüten in 3-15strahligen Dolden/frische bis mäßig trockene, nährstoffreiche, meist kalkhaltige, humose Ton- und Lehmböden oder Mullböden/Waldnahe Staudenfluren/Juni-Aug

Bupleurum tenuissimum Salz-Hasenohr (Apiaceae) Unbehaarte Pflanze/ 10-70 cm/Blätter grasartig/Blüten in 2-3strahligen Dolden/kleine Hüllblätter/ wechselfeuchte, sandige Böden/Salzstandorte/Aug-Nov

Foeniculum vulgare Fenchel (Apiaceae) Unbehaarte Pflanze/Stängel glatt/ Blätter 3-5x gefiedert mit fädlichen Abschnitten/Blüten in 4-25strahligen Dolden/ohne Hüll- und Hüllchenblätter/nährstoffreiche Lehm- und Löss-böden/Rasengesellschaften-Ruderalstandorte/Juli-Okt

<u>Blüten symmetrisch</u>

1A-Wälder und Gebüsche	
2A-Pflanze ohne grüne Blätter	
3A-Strauch	***Sarothamnus scoparius***
3B-Krautige Pflanze	
4A-Pflanze ohne grüne Blätter	***Corallorrhiza trifida***
4B-Blüten 20-25 mm	***Orobanche rapum-genistae***
2B-Pflanze mit Dornen	
3A-Blüten 10-12 mm/mit Blättern	***Genista germanica***
3B-Blüten 15-20 mm/Blätter fehlend	***<u>Ulex europaeus</u>***
2C-Pflanze anders	
3A-Blätter mit Ranke	***Vicia dumetorum***
3B-Blätter parallelnervig	
4A-Pflanze mit Rosettenblättern	***Goodyera repens***
4B-Pflanze ohne Rosettenblätter	***Cephalanthera damasonium***
3C-Blätter dreizählig	
4A-Blüten 7-10 mm	***Lembotropis nigricans***
4B-Blüten 16-25 mm	***Sarothamnus scoparius***
3D-Blätter unpaarig gefiedert	
4A-Blüten meist zu 2/2-4 Fiederpaaren	***Coronilla emerus***
4B-Blütenstand 4-10blütig/3-6 Fiederpaare	***Coronilla vaginalis***
4C-Blütenstand mit > 10 Blüten	
5A-4-7 Fiederpaare (unbehaart)	***Astragalus glycyphyllos***
5B-8-12 Fiederpaare (behaart)	***Astragalus cicer***
3E-Blätter anders	
4A-Stängel kantig und gefurcht	***Genista tinctoria***
4B-Stängel weißfilzig	***Teucrium montanum***
4C-Stängel anders	***Polygala chamaebuxus***
1B-Rasengesellschaften und Ruderalstandorte	
2A-Stängel geflügelt	***Chamaespartium sagittale***
2B-Stängel kantig und gefurcht	***Genista tinctoria***
2C-Stängel anders	
3A-Blätter ohne Blattgrün	***Orobanche reticulata***
3B-Blätter mit Ranke	
4A-Blüten einzeln	***Lathyrus aphaca***
4B-Blüten in mehrblütigen Blütenständen	***Lathyrus pratensis***
3C-Blätter parallelnervig	
4A-Blätter lineal/Blüte ohne Sporn	***Chamorchis alpina***
4B-Blätter eiförmig/Blüte gespornt	***Leucorchis albida***
3D-Blätter am Rand oft wellig	***Reseda luteola***
3E-Blätter vorn mit Stachelspitze	***Polygala chamaebuxus***

3F-Blätter 3- oder 5-zählig
4A-Blüten zu 1-2 ***Tetragonolobus maritimus***
4B-Blüten in 8-12blütigen Dolden ***Lotus uliginosus***
3G-Blätter gefiedert
4A-Pflanze zottig behaart
5A-Blüten 10-12 mm/Blüten in Trauben ***Oxytropis pilosa***
5B-Blüten 20-25 mm/Blütenstand anders ***Astragalus exscapus***
4B-Pflanze nicht zottig behaart
5A-Blüten in Trauben ***Astragalus frigidus***
5B-Blüten nicht in Trauben
6A-Blüten in vielblütigen Köpfchen ***Anthyllis vulneraria***
6B-Blüten in 3-10blütigen Dolden
7A-5-15 Fiederblättchen ***Hippocrepis comosa***
7B-15-27 Fiederblättchen ***Ornithopus perpusillus***
1C-Moore und Zwergstrauchheiden
2A-Pflanze mit Dornen
3A-Pflanze behaart ***Genista germanica***
3B-Pflanze unbehaart ***Genista anglica***
2B-Pflanze ohne Dornen
3A-Blätter grundständig ***Liparis loeselii***
3B-Blätter quirlständig ***Genista pilosa***
3C-Blätter parallelnervig
4A-Blüte mit Sporn/Blütenstand vielblütig ***Dactylorhiza incarnata***
4B-Blüte ohne Sporn/mit 3-7 Blüten ***Liparis loeselii***
3D-Blätter anders
4A-Stängel geflügelt ***Chamaespartium sagittale***
4B-Stängel nicht geflügelt
5A-Krautige Pflanze ***Anthyllis vulneraria***
5B-Strauch oder Zwergstrauch
6A-Blüten zu 1-2 ***Genista pilosa***
6B-Blüten in vielblütigen Trauben ***Genista tinctoria***

Gewöhnlicher Wundklee
Anthyllis vulneraria
(Fabaceae)

Anthyllis vulneraria Gewöhnlicher Wundklee (Fabaceae) Silbern behaarte Pflanze/5-60 cm/Blätter 1-7paarig gefiedert/Blüten in vielblütigen Köpfchen/ Einzelblüten 1-2 cm/trockene bis frische, magere, meist kalkhaltige Lehm- und Lössböden, wenig entkalkte Dünensande/Rasengesellschaften-Zwergstrauchheiden/Mai-Sep

Astragalus cicer Kicher-Tragant (Fabaceae) Behaarte Pflanze mit kantigem Stängel/20-100 cm/Blätter mit 8-15 Fiederpaaren/Blüte 12-16 mm/trockene, oft kalkhaltige, tonige Böden/Waldnahe Staudenfluren/Juni-Aug

Astragalus exscapus Stängelloser Tragant (Fabaceae) Behaarte Pflanze/1-10 cm/Blätter mit 12-19 Fiederpaaren/Blüte 20-30 mm/trockene, kalkhaltige, sandige Böden/Rasengesellschaften/Mai-Juli

Astragalus frigidus Gratlinse (Fabaceae) Fast unbehaarte Pflanze10-35 cm/ Blätter mit 3-8 Fiederpaaren/Blüte 12-14 mm/frische, kalkhaltige, lehmige oder tonige Böden/Rasengesellschaften/Juli-Aug

Astragalus glycyphyllos Süßer Tragant (Fabaceae) Behaarte Pflanze mit kantigem Stängel/20-150 cm/Blätter mit 3-7 Fiederpaaren/Blüte 11-15 mm/ lockere, nährstoffreiche, meist kalkhaltige, lehmige oder tonige Böden/ Waldnahe Staudenfluren/Mai-Juni

Cephalanthera damasonium Weißes Waldvögelein (Orchidaceae) Pflanze mit kantigem Stängel/20-60 cm/Blätter parallelnervig/Unterlippe der Blüte 14-17 mm/mäßig frische, kalkreiche Mullböden/Buchenwälder/Mai-Juni

Chamaespartium sagittale Flügelginster (Fabaceae) Dornenloser Zwerg-strauch/10-30 cm/Stängel breit geflügelt/Blätter oval/Blüten 10-12 mm/ mäßig trockene, nährstoffarme, kalkarme oder kalkhaltige, humose, sandige oder steinige Lehmböden/Rasengesellschaften-Zwergstrauchheiden/Mai-Juli

Chamorchis alpina Zwergorchis (Orchidaceae) Unbehaarte Pflanze mit 4-8 parallelnervigen Blättern/5-15 cm/Blüten 2-5 mm/mäßig frische, kalkreiche Steinböden/Rasengesellschaften/Juli-Aug

Corallorrhiza trifida Korallenwurz (Orchidaceae) Pflanze ohne grüne Blätter/ 8-30 cm/Blüten in 4-9blütigen Trauben/nährstoffarme Moderhumusböden/ Buchenwälder/Mai-Juli

Coronilla emerus Strauchige Kronwicke (Fabaceae) Strauch mit kantigen Zweigen/50-200 cm/Blätter 2-4 Fiederpaaren/Blüten 14-22 mm/Eichen-mischwälder/Apr-Mai

Coronilla vaginalis Scheiden-Kronwicke (Fabaceae) Halbstrauch/2-20 cm/ Blätter 2-6 Fiederpaaren/Blüten in 4-10blütigen Dolden/Blüten 6-10 mm/ trockene, nährstoffarme, kalkhaltige, meist feinerdearme Stein- oder Kiesböden/Kiefernwälder/Juni-Juli

Dactylorhiza ochroleuca Hellgelbes Knabenkraut (Orchidaceae) Pflanze mit kantigem Stängel/Stängel zusammendrückbar/Blütenstand bis 20 cm/Blüten < 1 cm/Blüten rotviolett und weiß/± nasse, nährstoffreiche, ± kalkhaltige Sumpfhumusböden/Moore/Mai-Juli

Gelb

Gewöhnlicher Hufeisenklee
Hippocrepis comosa
(Fabaceae)

Genista anglica Englischer Ginster (Fabaceae) Dorniger Strauch/10-100 cm/ Blätter oval/Blüten 6-8 mm/frischen, meist nährstoffärmere, kalkarme, lehmige Sand- und Torfböden/Zwergstrauchheiden/Mai-Juni

Genista germanica Deutscher Ginster (Fabaceae) Strauch mit oft verzweigten blattachselständigen Dornen/10-60 cm/Blätter elliptisch oder eiförmig/Blüten 10-12 mm/auf warmen, nährstoff- und kalkarmen, lehmigen Böden/Eichenmischwälder-Zwergstrauchheiden/Mai-Juni

Genista pilosa Haar-Ginster (Fabaceae) Behaarter Zwergstrauch/5-150 cm/ Blätter eiförmig/Blüten 8-10 mm/nährstoffarme, saure, sandige und steinige Böden/Zwergstrauchheiden/Apr-Juli

Genista tinctoria Färber-Ginster (Fabaceae) Strauch mit kantigem und gefurchten Stängeln/30-150 cm/Blätter oval/Blüten 8-15 mm/auf wechseltrockenen bis -feuchten Lehm- und Tonböden in wärmeren Lagen/ Eichenmischwälder-Rasengesellschaften-Zwergstrauchheiden/Juni-Aug

Goodyera repens Netzblatt (Orchidaceae) Rosettige Pflanze mit parallelnervigen Blättern/10-30 cm/Blätter eiförmig/Blüte 3-6 mm/mäßig trockene, saure Moderhumusböden/Eichenmischwälder-Fichtenwälder-Kiefernwälder/ Juli-Aug

Hippocrepis comosa Gewöhnlicher Hufeisenklee (Fabaceae) Halbstrauch mit gerillten Ästen/2-20 cm/Blätter mit 3-8 Fiederpaaren Blüten 6-10 mm/ trockene bis mäßig trockene, basenreiche, ± kalkreichen, humosen oder rohen Lehm- und Lössböden/Rasengesellschaften/Mai

Lathyrus aphaca Ranken-Platterbse (Fabaceae) Pflanze mit Ranke/10-60 cm/ Blätter am Grund spießförmig/Blüten 16-18 mm/nährstoffreiche, kalkhaltige oder kalkfreie Löss- und Lehmböden/Ruderalpflanzen/Mai-Juli

Lathyrus pratensis Wiesen-Platterbse (Fabaceae) Pflanze mit vierkantigem Stängel/30-120 cm/Blätter lanzettlich und mit Ranke/frische, nährstoffreiche, Lehm- und Tonböden/Rasengesellschaften/Juni-Juli

Lembotropis nigricans Schwarzwerdender Geißklee (Fabaceae) Dornenloser Strauch/30-200 cm/Blätter 3zählig/Blüten 7-10 mm/basenreiche (auch kalkarme), steinige oder sandige Lehm- und Tonböden/Eichenmischwälder-Kiefernwälder/Juni-Aug

Leucorchis albida Weißzüngel (Orchidaceae) Pflanze mit 2-7 parallelnervigen Blättern/10-35 cm/Blüte 2-3 mm/Blüte gespornt/mäßig frische, kalkfreie Böden/Rasengesellschaften/Mai-Sep

Liparis loeselii Glanzkraut (Orchidaceae) Pflanze mit kantigem Stängel/5-20 cm/Blätter parallelnervig/Blütenblätter ca 5 mm/nasse, zuweilen überschwemmte, kalkhaltige Sumpfhumusböden, auch auf Kalktuff/Moore/Mai-Juni

Lotus uliginosus Sumpf-Hornklee (Fabaceae) Pflanze mit hohlem Stängel/ 30-100 cm/Blätter 3zählig mit 2 Nebenblättern/Blüten 10-18 mm in 5-12blütigen Köpfchen/frische bis nasse, nährstoffreiche, meist kalkfreie, lehmige oder tonige Böden/Rasengesellschaften/Juni-Juli

Stechginster
Ulex europaeus
(Fabaceae)

Ornithopus perpusillus Kleiner Vogelfuß (Fabaceae) Weich behaartes Kraut/ 5-30 cm/Blätter mit 7-13 Fiederpaaren/Blüten 3-5 mm in 3-8blütigen Köpfchen/trockene, mäßig nährstoffreiche, kalkarme, feinerdearme Sand- oder Steingrusböden/Rasengesellschaften/Mai-Juli

Orobanche rapum-genistae Ginster-Sommerwurz (Orobanchaceae) Parasitische Pflanze ohne Blattgrün/Blüten 20-25 mm/gelblich-violett überlaufen/Sand- oder Lehmböden/Gebüsche/Mai-Juli

Orobanche reticulata Netzige Sommerwurz (Orobanchaceae) Pflanze ohne grüne Blätter/10-20 cm/Blätterschuppenförmig/Blüten 14-25 mm/auf Kalk/ Rasengesellschaften/Juni-Sep

Oxytropis pilosa Zottiger Spitzkiel (Fabaceae) Weiß behaarte Pflanze/10-50 cm/Blätter mit 7-15 Fiederpaaren/Blüten 12-14 mm/trockene, lockere, sandige Lehmböden oder Steinböden/Rasengesellschaften/Juni-Aug

Polygala chamaebuxus Zwergbuchs-Kreuzblume (Polygalaceae) Niederliegender Halbstrauch/5-25 cm/Blätter eiförmig/Blüten 13-15 mm/trockenere, meist kalkhaltige Ton-, Lehm- und Steinböden/Kiefernwälder-Rasengesellschaften/März-Juni

Reseda luteola Färber-Wau (Resedaceae) 40-120 cm/Blätter am Rand oft wellig/trockene, nährstoffreicheBöden/Ruderalpflanzen/Juni-Sep

Sarothamnus scoparius Besen-Ginster (Fabaceae) Strauch mit gerillten Zweigen/50-250 cm/Blätter 3zählig/Blüten 16-25 mm/± nährstoffarme, kalkarme, mittel- bis tiefgründige Lehm-, Sand- oder Steinböden/Gebüsche/ Mai-Juni

Tetragonolobus maritimus Gelbe Spargelbohne (Fabaceae) Niederliegende Pflanze/10-25 cm/Blätter 3zählig mit 2 Nebenblättern/Blüten 2-3 cm/meist wechselfeuchte, dichte, Ton-, Mergel- oder Tuffböden/Rasengesellschaften/ Mai-Juni

Teucrium montanum Berg-Gamander (Lamiaceae) Spalierstrauch mit weißfilzigem Stängel/5-20 cm/Blätter unterseits dicht weißfilzig/Blüten 8-13 mm/ trockene, meist kalkreiche, humose, steinige oder kiesige Ton- und Lehmböden/Kiefernwälder/Juni-Aug

Ulex europaeus Stechginster (Fabaceae) Strauch mit verzweigten Dornen/60-200 cm/Zweige abstehend behaart/Blüten zu 1-3/Blüten 15-20 mm/kalkarme, sandige Lehmböden in mild-feuchter Lage/Gebüsche/Apr-Juli

Vicia dumetorum Hecken-Wicke (Fabaceae) Pflanze mit scharf 4kantigem Stängel/30-250 cm/Blätter mit 3-5 Fiederpaaren/Blüten 12-20 mm/ sickerfrische, nährstoffreiche, meist kalkhaltige Lehm- und Tonböden/ Waldnahe Staudenfluren/Juni-Aug

Behaarter Alant
Inula hirta
(Compositae)

Blüte margeritenartig

1A-Wälder und Gebüsche
  2A-Blätter grundständig — ***Arnica montana***
  2B-Blätter nicht grundständig — ***Inula hirta***
1B-Rasengesellschaften und Ruderalstandorte
  2A-Blätter grundständig — ***Arnica montana***
  2B-Blätter sitzend/wechselständig — ***Inula britannica***
1C-Moore und Zwergstrauchheiden — ***Arnica montana***

Arnica montana Arnika (Compositae) Pflanze mit drüsig-flaumig behaartem Stängel/20-60 cm/Rosettenblätter verkehrt eiförmig/Blüten in 6-8 cm großen Köpfchen/frische oder wechselfrische, nährstoffarme, kalkarme Ton- und Lehmböden, auf Torf/Rasengesellschaften-Waldnahe Staudenfluren-Zwergstrauchheiden/Mai-Aug

Inula britannica Wiesen-Alant (Compositae) Behaarte Pflanze/15-75 cm/ Blätter länglich und (fast) stängelumfassend/Blüten in 25-50 mm großen Köpfchen/feuchte, auch zeitweise überschwemmte, nährstoffreiche, ± humose Tonböden/Rasengesellschaften-Salzstandorte/Juni-Sep

Inula hirta Behaarter Alant (Compositae) Behaarte Pflanze/10-50 cm/Blätter eiförmig-länglich und oberseits mit sitzenden Drüsen/Blüten in 3-6 cm großen Köpfchen/± trockene, kalkhaltige, humose Lehm- und Tonböden/ Waldnahe Staudenfluren/Juni-Okt

Echte Goldrute
Solidago virgaurea
(Compositae)

Blüte löwenzahnartig

1A-Wälder und Gebüsche	
2A-Blätter grundständig	***Tolpis staticifolia***
2A-Blätter nicht grundständig	***Solidago virgaurea***
1B-Rasengesellschaften und Ruderalstandorte	
2A-Blätter grundständig	
3A-Pflanze mit Milchsaft	
4A-Blütenstiel verzweigt	***Hypochoeris radicata***
4B-Blütenstiel nicht verzweigt	
5A-Haare nicht sternförmig verzweigt	***Hypochoeris uniflora***
5B-Haare sternförmig verzweigt	***Leontodon incanus***
3B-Pflanze ohne Milchsaft	
4A-Blüten einzeln (schwefelgelb)	***Hieracium pilosella***
4B-Blütens zu mehreren (hellgelb)	***Hieracium villosum***
2B-Blätter nicht grundständig	
3A-Pflanze unbehaart	***Tragopogon pratensis***
3B-Pflanze behaart	
4A-Blätter länglich-keilig (Blüten einzeln)	***Hypochoeris uniflora***
4B-Blätter anders (Blüten zu mehren)	
5A-Stängel und Blätter abstehend behaart	***Hieracium echioides***
5B-Stängel und Blätter anstehend behaart	
6A-Äußere Hüllblätter herz-eiförmig	***Picris echioides***
6B-Äußere Blütenhüllblätter lanzettlich	***Picris hieracioides***
1C-Felsige Standorte	***Tolpis staticifolia***

Gewöhnliches Ferkelkraut
Hypochoeris radicata
(Compositae)

Hieracium echioides Natternkopfblättriges Habichtskraut (Compositae) Pflanze ohne Ausläufer/25-80 cm/Stängel und Blätter abstehend behaart/Haare sternförmig/Blüten in 10-30blütigen Trugdolden/Rasengesellschaften/ Juli-Aug

Hieracium pilosella Mausohr (Compositae) Behaarte Pflanze mit Ausläufern/ 5-30 cm/Stängel blattlos/Blattunterseite weißfilzig/Blüten 20-30 mm/Blüten einzeln/mäßig trockene, magere, meist kalkarme, nicht zu feinkörnige Böden/Rasengesellschaften/Mai-Okt

Hieracium villosum Zottiges Habichtskraut (Compositae) Zottig behaarte Pflanze mit 4-8 Stängelblättern/15-30 cm/Rosettenblätter länglich-lanzettlich/ Blüten 2-4 cm/Blüten zu 2-4/frische, kalkhaltige Böden/Rasengesellschaften/ Juli-Aug

Hypochoeris radicata Gewöhnliches Ferkelkraut (Compositae) Pflanze mit blaugrünem Stängel/25-80 cm/Blätter rau behaart/Blüten 2-4 cm/frische bis ± trockene, mäßig nährstoffreiche, kalkarme Böden/Rasengesellschaften/ Mai-Sep

Hypochoeris uniflora Einblütiges Ferkelkraut (Compositae) Pflanze mit steifhaarig-filzigem Stängel/15-50 cm/Blätter länglich-keilig/Blüten 4-6 cm/ Blüten einzeln/frische, kalkarme Böden/Rasengesellschaften/Juli-Sep

Leontodon incanus Grauer Löwenzahn (Compositae) Graufilzig behaarte Pflanze/15-50 cm/Blätter länglich-lanzettlich/Blüten einzel/Blüten 30-45 mm/ trockene, kalkhaltige, flachgründige Steinböden/Rasengesellschaften/ Mai-Juni

Picris echioides Wurmlattich (Compositae) Behaartes Kraut/30-120 cm/Blätter eiförmig/mehrblütig/Hüllblätter behaart+mehrreihig/Blüten bis 20-25 mm/frische, nährstoffreiche Böden/Ruderalstandorte/Juli-Aug

Picris hieracioides Gemeines Bitterkraut (Compositae) Pflanze mit borstig behaartem Stängel/30-100 cm/Blätter länglich-lanzettlich/Blüten 20-35 mm/ mäßig frische, nährstoffreiche, ± kalkhaltige Böden/Ruderalpflanzen/Juli-Okt

Solidago virgaurea Echte Goldrute (Compositae) Behaarte Pflanze/5-100 cm/ Stängel oberwärts kantig/untere Blätter eiförmig-obere schmal lanzettlich/ Blüten 7-15 mm/mäßig frische bis trockene, kalkarme und -reiche, sandige, steinige oder reine Lehmböden/Kiefernwälder/Juli-Okt

Tolpis staticifolia Grasnelken-Habichtskraut (Compositae) Unbehaarte Pflanze/ 15-40 cm/Blätter lineal-lanzettlich/Blüten 15-25 mm/± trockene, kalkhaltige, grobkörnige Böden/Felsige Standorte-Kiefernwälder/Juli-Sep

Tragopogon pratensis Wiesen-Bocksbart (Compositae) Pflanze mit aufrechtem Stängel/30-70 cm/Blätter schmal-lanzettlich/Blüten 3-5 cm/frische bis ± trockene, nährstoffreiche Böden/Rasengesellschaften/Mai-Juli

Sand-Strohblume

Helichrysum arenarium

(Compositae)

<u>Blüten anders</u>

1A-Wälder und Gebüsche	
2A-Blätter 2 bis 3-fach fiederteilig	***Artemisia campestris***
2B-Blätter nicht 2 bis 3-fach fiederteilig	
3A-Blätter halb stängelumfassend	***<u>Helichrysum arenarium</u>***
3B-Blätter linealisch bis lineal-lanzettlich	***Gnaphalium sylvaticum***
1B-Rasengesellschaften und Ruderalstandorte	
2A-Blätter stängelanliegend	
3A-Blütenköpfchen in Gruppen von 2-7	***Filago minima***
3B-Blütenköpfchen in Gruppen von > 10	***Filago vulgaris***
2B-Blätter nicht stängelanliegend	
3A-Blätter linealisch	***<u>Helichrysum arenarium</u>***
3B-Blätter 2 bis 3-fach fiederteilig	***Artemisia campestris***
1C-Moore und Zwergstrauchheiden	
2A-Blütenköpfchen mit Hochblatthülle	***Gnaphalium uliginosum***
2B-Blütenköpfchen ohne Hochblatthülle	***Gnaphalium luteoalbum***

Artemisia campestris Feld-Beifuß (Compositae) Pflanze mit meist verholztem Wurzelstock/10-150 cm/Blüten 3-4 mm/Blätter 2-3fach fiederteilig/trockene, sandige oder steinige Lehm- und Lössböden/Kiefernwälder-Ruderalpflanzen/ Aug-Okt

Filago minima Zwerg-Filzkraut (Compositae) Grau-seidig behaartes Kraut/3-30 cm/Blätter lineal lanzettlich/Blüten 1-4 mm/trockene, mäßig nährstoffreiche, meist kalkarme, ± humus- und feinerdearme Sand-, Kies- und Steingrusböden/Rasengesellschaften/Juni-Aug

Filago vulgaris Deutsches Filzkraut (Compositae) Pflanze mit graufilzigem Stängel/5-35 cm/Blätter lineal-lanzettlich/einzelne Blüten 10-12 mm/trockene, mäßig nährstoffreiche, meist kalkarme humus- und feinerdearme, bindige Sand- und Kiesböden/Ruderalstandorte/Juli-Sep

Gnaphalium luteoalbum Gelbes Ruhrkraut (Compositae) Weißwollig behaarte Pflanze/10-50 cm/Stängelblätter länglich-spatelig/Blüten 2-3 mm/Blüten zu 4-12 in dichten Knäueln/feuchte, zeitweise nasse, ± nährstoffreiche, kalkarme Lehm- und Tonböden/Moore/Juni-Okt

Gnaphalium sylvaticum Wald-Ruhrkraut (Compositae) Grauweiß-seidig-filzig behaarte Pflanze/5-80 cm/Blätter linealisch bis lineal-lanzettlich/Blüten 5-7 mm/mäßig frische, ± nährstoffreiche, bevorzugt kalkarme Lehmböden/ Waldnahe Staudenfluren/Juli-Sep

Gnaphalium uliginosum Sumpf-Ruhrkraut (Compositae) Grauweiß-filzig behaarte Pflanze/1-20 cm/Blätter länglich-spatelig/Blüten 3-5 mm/feuchte, ± nährstoffreiche, meist kalkarme Lehm- und Tonböden/Moore/Juni-Okt

<u>Helichrysum arenarium</u> Sand-Strohblume (Compositae) Aromatisch duftende Pflanze/10-40 cm/weißwollig behaart/Blätter halb stängelumfassend/Blüten 3-8 mm/zu 3-40/trockene, magere, kalkhaltige oder oberflächlich entkalkte, humose Sandböden/Kiefernwälder-Rasengesellschaften/Juli-Okt

Guter Heinrich
Chenopodium bonus-henricus
(Chenopodiaceae)

<u>Blüten klein</u>

1A-Wälder und Gebüsche — ***Phragmites australis***
1B-Rasengesellschaften und Ruderalstandorte
  2A-Blätter sitzend
    3A-Blätter stechend
      4A-Blätter am Grund verbreitert — ***Salsola kali***
      4B-Blätter am Grund verschmälert — ***Corispermum leptopterum***
    3B-Blätter nicht stechend/Pflanze behaart — ***Kochia scoparia***
  2B-Blätter gestielt
    3A-Blätter eiförmig
      4A-Stängel vierkantig — ***<u>Chenopodium polyspermum</u>***
      4B-Stängel nicht vierkantig
        5A-Stängel behaart — ***Amaranthus retroflexus***
        5B-Stängel unbehaart
          6A-Blätter vorn gebuchtet — ***<u>Amaranthus blitum</u>***
          6B-Blätter vorn nicht gebuchtet
            7A-Blätter graugrün — ***Amaranthus bouchonii***
            7B-Blätter hell- bis dunkelgrün — ***Amaranthus chlorostachys***
    3B-Blätter nicht eiförmig
      4A-Blätter dreieckig bis pfeilförmig — ***<u>Chenopodium bonus-henricus</u>***
      4B-Blätter rautenförmig — ***Chenopodium vulvaria***
      4C-Blätter mehrfach gelappt — ***Chenopodium hybridum***
1C-Ufervegetation — ***<u>Hippuris vulgaris</u>***
1D-Moore und Zwergstrauchheiden — ***<u>Euphorbia cyparissias</u>***
1E-Salzstandorte
  2A-Pflanze zur Blütezeit ohne Blätter — ***Salicornia europaea***
  2B-Pflanze zur Blütezeit mit Blättern
    3A-Blätter länglich eiförmig — ***Halimione pedunculata***
    3B-Blätter nicht länglich eiförmig
      4A-Blätter linealisch/unbehaart — ***Suaeda maritima***
      4B-Blätter linealisch/behaart — ***Bassia hirsuta***

Aufsteigender Amarant
Amaranthus blitum
(Amaranthaceae)

Amaranthus blitum Aufsteigender Amarant (Amaranthaceae) Unbehaartes Kraut/10-80 cm/Stängel rundlich/Blütenstand endständig/Blätter 15-65 mm/ Blüten in blattachselständigen Knäueln/mäßig frische, nährstoffreiche, sandige Böden/Ruderalpflanzen/Juni-Okt

Amaranthus bouchonii Bouchons Fuchsschwanz (Amaranthaceae) Graugrüne Pflanze/20-100 cm/Stängel behaart/Blätter rhombisch-eiförmig/Blüten in scheinrispigem Blütenstand/Maisäcker/Ruderalpflanzen/Juni-Okt

Amaranthus chlorostachys Fuchsschwanz (Amaranthaceae) Kaum behaarte Pflanze/30-100 cm/Blätter oval/Einzelblüten klein/Ruderalpflanzen/Juli-Okt

Amaranthus retroflexus Rauhaariger Fuchsschwanz (Amaranthaceae) Behaarte Pflanze/15-100 cm/Blätter rhombisch-eiförmig/Blütenstand scheinährig/ trockene bis frische, sehr nährstoffreiche, lockere Böden/Ruderalpflanzen/ Juni-Sep

Bassia hirsuta Dornmelde (Chenopodiaceae) Pflanze rauhaarig/5-30 cm/Blätter linear und fleischig/Blüten in den Blattachseln/stickstoffreiche Sand- und Salzböden/Salzstandorte/Aug-Sep

Chenopodium bonus-henricus Guter Heinrich (Chenopodiaceae) Mehlig bestäubte Pflanze/10-80 cm/kurz behaart/Blätter dreieckig-spießförmig/ Blüten in Ähren/frische, nährstoffreiche, humose, ± sandige Ton- und Lehmböden/Ruderalpflanzen/Apr-Okt

Chenopodium hybridum Bastard-Gänsefuß (Chenopodiaceae) Stinkende Pflanze/schwach bemehlt/10-100 cm/Blätter eiförmig bis 3-9eckig/Blüten in pyramidenförmiger Rispe/frische, nährstoffreiche, humose Böden/ Ruderalpflanzen/Mai-Aug

Chenopodium polyspermum Vielsamiger Gänsefuß (Chenopodiaceae) Geruchlose Pflanze/15-100 cm/Stängel 4-kantig/Blätter eiförmig-länglich/ Blüten blattachsel- und endständig/in Knäueln/frische bis feuchte, nährstoffreiche, humose Lehm- und Ton- oder Schlammböden/Ruderalpflanzen/ Juni-Sep

Chenopodium vulvaria Stinkender Gänsefuß (Chenopodiaceae) Ekelhaft riechende Pflanze5-40 cm/Blätter eirautenförmig/Blütenstände in den Blattachseln und endständig/(mäßig) trockene, nährstoffreiche (ammoniakhaltige), ± humose Sand- und Lehmböden/Ruderalpflanzen/Mai-Sep

Corispermum leptopterum Schmalflügeliger Wanzensame (Chenopodiaceae) Unbehaarte Pflanze/10-60 cm/Blätter lineal bis lanzettlich/Blüten in Ähren/sommertrockene, stickstoffbeeinflusste, Sand- und Kiesböden/ Ruderalpflanzen/Juni-Sep

Euphorbia cyparissias Zypressen-Wolfsmilch (Euphorbiaceae) Pflanze mit Milchsaft/Blätter unbehaart/Blüten in Dolden/Blüten duftend/mäßig trockene, ± kalkhaltige, sandige bis steinige Böden/Buchenwälder-Gebüsche-Rasengesellschaften-Ruderalpflanzen-Zwergstrauchheiden/Apr-Juli

Tannenwedel
Hippuris vulgaris
(Hippuridaceae)

Halimione pedunculata Gestielte Salz-Melde (Chenopodiaceae) Silbrig beschilferte Pflanze/10-50 cm/Blätter verkehrt eiförmig bis elliptisch/Blüten in ährig-rispigen Knäueln/Küsten, Salzstellen im Binnenland/Salzstandorte/ Juli-Okt

Hippuris vulgaris Tannenwedel (Hippuridaceae) Unbehaarte Wasserpflanze/5-200 cm/Blätter in 6-18zähligen Quirlen/Blüten klein blattachselständig/ humose Schlammböden/stehende und langsam fließende Gewässer/Mai-Aug

Kochia scoparia Besen-Radmelde (Chenopodiaceae) Kraus behaarte Pflanze/5-180 cm/Blätter lineal-lanzettlich/Blüten zu 1-2 in den Blattachseln/trockene, sandige und steinige Böden/Ruderalpflanzen/Juli-Sep

Phragmites australis Schilfrohr (Poaceae) Ausdauernde Gräser/30cm bis 12 m/Blätter parallelnervig/Blüten in 10-50 cm langen Rispen/nasse, nährstoff-reiche, meso- bis eutrophe, humose Schlamm- oder Muddeböden/Ufer-vegetation-Waldnahe Staudenfluren/Juli-Sep

Salicornia europaea Glasschmalz (Chenopodiaceae) Unbehaarte Pflanze mit dickfleischigem Stängel/5-40 cm/Endähre 10-50 mm/Küsten und Salzstellen des Binnenlandes/Salzstandorte/Aug-Okt

Salsola kali Kali-Salzkraut (Chenopodiaceae) Fleischige Pflanze/10-100 cm/Blätter pfriemlich und stechend-stachelspitzig/Blüten zu 1-3 in den Blattachseln/salz- und nährstoffreiche Sandböden/Ruderalpflanzen/Juli-Sep

Suaeda maritima Strand-Sode (Chenopodiaceae) Saftige Pflanze mit fleischigen Blättern/3-100 cm/Blüten zu 2-3 in den Blattachseln/Meerestrand und salzhaltige Stellen im Binnenland/Salzstandorte/Juli-Sep

Steppen-Wolfsmilch
Euphorbia seguieriana
(Euphorbiaceae)

2-4 Blütenblätter

1A-Wälder und Gebüsche	
2A-Blüten mit 3 Blütenblättern	
3A-Blüten mit 4 Blütentragblättern	***Euphorbia palustris***
3B-Blüten mit 2 Blütentragblättern	
4A-Blätter linealisch	***Euphorbia cyparissias***
4B-Blätter schmal-lanzettlich + glänzend	***Euphorbia lucida***
2B-Blüten mit 4 Blütenblättern	
3A-Blätter quirlständig	
4A-Stängel glatt	***Galium mollugo***
4B-Stängel von Stacheln rau	***Galium aparine***
3B-Blätter nicht quirlständig	
4A-Blüten in Dolden	***Hedera helix***
4B-Blüten nicht in Dolden	***Vaccinium myrtillus***
1B-Rasengesellschaften und Ruderalstandorte	
2A-Blüten mit 3 Blütenblättern	
3A-Blätter vorn stachelspitzig	***Euphorbia seguieriana***
3B-Blätter nicht stachelspitzig	
4A-Blätter oval	***Euphorbia peplus***
4B-Blätter lang und schmal	
5A-Blütendolde 3-5strahlig	***Euphorbia exigua***
5B-Blütendolde 9-15strahlig	***Euphorbia cyparissias***
2B-Blüten mit 4 Blütenblättern	
3A-Stängel glatt	***Galium mollugo***
3B-Stängel von Stacheln rau	
4A-Blattoberseite glatt	***Galium tricornutum***
4B-Blattoberseite von Stacheln rau	***Galium aparine***
1C-Ufervegetation	
2A-Blüten mit 3 Blütenblättern	***Elodea canadensis***
2B-Blüten mit 5 Blütenblättern	***Potamogeton spec***
1D-Moore und Zwergstrauchheiden	
2A-Blüten mit 3 Blütenblättern	***Euphorbia cyparissias***
2B-Blüten mit 4 Blütenblättern	
3A-Blätter quirlständig	***Elatine alsinastrum***
3B-Blätter nicht quirlständig	***Vaccinium myrtillus***

Garten-Wolfsmilch
Euphorbia peplus
(Euphorbiaceae)

Elatine alsinastrum Quirl-Tännel (Elatinaceae) Wasserpflanze mit quirlständigen Blättern/2-100 cm/Blätter sitzend/Blüten sitzend/Blüten < 5 mm/ 8 Staubblätter/nasse, zeitweise überschwemmte, nährstoffreiche, meist kalk- und humusarme Lehm- und Tonböden/Moore/Juni-Sep

Elodea canadensis Kanadische Wasserpest (Hydrocharitaceae) Wasserpflanze/ 30-60 cm/Blätter unten gegenständig/mittlere und obere Blätter quirlständig/ Blüten 10-20 cm lang gestielt/Blüten 1-2 cm/Klare Gewässer auf humosen Sand- und Kiesböden und sandigen oder reinen Schlammböden/Ufervegetation/Juni-Aug

Euphorbia cyparissias Zypressen-Wolfsmilch (Euphorbiaceae) Pflanze mit Milchsaft/15-40 cm/Blätter unbehaart/Blüten in vielstrahligen Dolden/Blüten duftend/mäßig trockene, ± kalkhaltige, sandige bis steinige Böden/Buchenwälder-Gebüsche-Rasengesellschaften-Ruderalpflanzen-Zwergstrauchheiden/ Apr-Juli

Euphorbia exigua Kleine Wolfsmilch (Euphorbiaceae) Pflanze mit Milchsaft/ 5-20 cm/Blätter lineal/Blüten in endständigen 3-5strahligen Dolden/mäßig trockene, nährstoffreiche, kalkhaltige Böden/Ruderalpflanzen/Mai-Juni

Euphorbia lucida Glänzende Wolfsmilch (Euphorbiaceae) Pflanze mit Milchsaft/40-130 cm/Blätter unterhalb der Mitte am breitesten/Blüten in vielstrahligen Dolden/feuchte bis ± nasse, nährstoffreiche Böden/Waldnahe Staudenfluren/Mai-Juli

Euphorbia palustris Sumpf-Wolfsmilch (Euphorbiaceae) Pflanze mit Milchsaft/ 50-150 cm/Blätter sitzend/Stängel hohl/Blüten in vielstrahligen Dolden/nasse, nährstoffreiche, ± kalkhaltige Schwemmböden/Waldnahe Staudenfluren/Mai-Juni

Euphorbia peplus Garten-Wolfsmilch (Euphorbiaceae) Pflanze mit Milchsaft/ 4-35 cm/Blätter gestielt und eiförmig-rundlich/Blüten in endständigen 3-5strahligen Dolden/frische bis ± trockene, nährstoffreiche, kalkfreie Böden/Ruderalpflanzen/Juni-Sep

Euphorbia seguieriana Steppen-Wolfsmilch (Euphorbiaceae) Pflanze mit Milchsaft/15-60 cm/Blätter lineal und unbehaart/Blüten in vielstrahligen Dolden/trockene, meist kalkhaltige Lockerböden/Rasengesellschaften/ Apr-Juni

Galium aparine Klebkraut (Rubiaceae) Pflanze mit quirlständigen Blättern/ 50-200 cm/Stängel 4kantig mit abwärts gerichteten Stacheln/Blüten in 2-5blütigen Blütenständen/Blüten < 5 mm/Buchenwälder-Gebüsche-Ruderalpflanzen-Waldnahe Staudenfluren/frische bis feuchte, nährstoffreiche Böden/Mai-Okt

Galium mollugo Wiesen-Labkraut (Rubiaceae) Pflanze mit quirlständigen Blättern/30-100 cm/Stängel 4kantig ohne abwärts gerichteten Stacheln/ Blütenstiele 3-4 mm lang/Blüten < 5 mm/Rasengesellschaften-Waldnahe Staudenfluren/Mai-Juli

Wiesen-Labkraut
Galium mollugo
(Rubiaceae)

Galium tricornutum Dreihörniges Labkraut (Rubiaceae) Pflanze mit quirlständigen Blättern/10-80 cm/Stängel 4kantig mit abwärts gerichteten Stachelborsten/Blüten in 3blütigen Blütenständen/mäßig trockene, nährstoffreiche, ± kalkhaltige Böden/Ruderalpflanzen/Juni-Okt

Hedera helix Efeu (Araliaceae) Kletternde Holzpflanze/immergrün/50 cm bis 20 m/Blätter der Blütentriebe ei-rautenförmig/Blüten in halbkugeligen Dolden/Blüten 5-10 mm/frische, ± nährstoffreiche, lockere, humose Lehmböden/Gebüsche/Sep-Okt

Potamogeton Laichkraut (Potamogetonaceae) Wasserpflanze mit rundem Stängel/30-200 cm/Stängel verzweigt/Blätter in Ähren/Gewässer über sandig-torfigen bis reinen Schlammböden/Ufervegetation/Juni-Aug

Vaccinium myrtillus Heidelbeere (Ericaceae) Immergrüner Zwergstrauch/15-50 cm/Stängel scharfkantig/Blätter rundlich-eiförmig zugespitzt/Blüten einzeln und krugförmig verwachsen/frische, nährstoff- und kalkarme Rohhumusböden/Buchenwälder-Fichtenwälder-Gebüsche-Kiefernwälder-Waldnahe Staudenfluren-Zwergstrauchheiden/Mai-Juni

Hecken-Windenknöterich
Fallopia dumetorum
(Polygonaceae)

5 Blütenblätter

1A-Wälder und Gebüsche	
2A-Baum	
3A-Blätter dreizählig	***Acer monspessulanum***
3B-Blätter nicht dreizählig	***Ailanthus altissima***
2B-Krautige Pflanze	
3A-Blätter länglich-lanzettlich	***Lithospermum officinale***
3B-Blätter herz- oder pfeilförmig	***Fallopia dumetorum***
1B-Rasengesellschaften und Ruderalstandorte	
2A-Blätter dickfleischig und rotbraun	***Sedum atratum***
2B-Blätter dreieckig bis pfeilförmig	***Fallopia convolvulus***
2C-Blätter linealisch (1-4 mm breit)	***Thesium linophyllon***
2D-Blätter anders	
3A-Blüten zu 1-5 in den Blattachseln	***Polygonum aviculare***
3B-Blüten in endständigen Scheinähren	
4A-Einzelblüten sichtbar	
5A-Blütenblätter drüsig punktiert	***Polygonum hydropiper***
5B-Blütenblätter nicht drüsig punktiert	
6A-Blätter > 10 mm breit	***Polygonum mite***
6B-Blätter < 8 mm breit	***Polygonum minus***
4B-Einzelblüten dicht zusammen	***Polygonum lapathifolium***
1C-Felsige Standorte	***Polygonum aviculare***

Echter Steinsame
Lithospermum officinale
(Boraginaceae)

Acer monspessulanum Französischer Ahorn (Aceraceae) Baum/3-10 m/Blätter dreilappig/Blüten in Doldentrauben/trockenere, nährstoffreiche, oft kalkreiche, meist steinige Lehmböden/Gebüsche/Apr-Mai

Ailanthus altissima Götterbaum (Simaroubaceae) Baum mit glatter Borke/10-30 m/Blätter gefiedert/Blüten in 10-20 cm langen Rispen/Blüten 7-8 mm/trockene bis frische, ± nährstoffreiche, lockere Böden/Gebüsche/Juli

Fallopia convolvulus Gewöhnlicher Windenknöterich (Polygonaceae) Kraut/20-100 cm/Stängel kantig gefurcht/Blätter herz- oder pfeilförmig/Blütenhüllblätter 2-3 mm/Blütenstand 2-6blütig/frische, nährstoffreiche, humose Lehmböden/Ruderalpflanzen/Juli-Okt

Fallopia dumetorum Hecken-Windenknöterich (Polygonaceae) Kraut/50-300 cm/Stängel kantig und kahl/Blätter herz- oder pfeilförmig/Blütenhüllblätter 7-9 mm/Blütenstand 2-5blütig/± frische, nährstoffreiche, oft sandige Lehmböden/Waldnahe Staudenfluren/Juli-Sep

Lithospermum officinale Echter Steinsame (Boraginaceae) Dicht anliegend behaarte Pflanze/30-100 cm/Blätter länglich-lanzettlich/Blüten einzeln in den Blattachseln/Blüten 4-5 mm trockene bis frische, ± nährstoffreiche, lockere Böden/Eichenmischwälder-Erlenwälder/Mai-Juli

Polygonum aviculare Vogel-Knöterich (Polygonaceae) Pflanze mit elliptisch-lanzettlichen Blättern/5-60 cm/Blüten blattachselständig mit 3 Griffeln/trockene bis mäßig trockene, nährstoffreiche, Stein-, Sand- und Lehmböden/Felsige Standorte-Ruderalpflanzen/Mai-Okt

Polygonum hydropiper Wasserpfeffer (Polygonaceae) Verzweigte Pflanze/20-100 cm/Blätter lanzettlich/Blütenhülle 3-5 mm/Blüten in 4-9 cm langen Scheinähren/nasse, auch zeitweise überflutete, ± nährstoffreiche, meist kalkarme, humose Ton- und Schlammböden/Ruderalpflanzen/Juli-Sep

Polygonum lapathifolium Ampfer-Knöterich (Polygonaceae) Pflanze mit länglich-elliptisch bis lanzettlich Blättern/20-200 cm/Blütenhüllblätter 2-3 mm/Blüten in Scheinähren/nährstoffreiche, stickstoffbeeinflusste, Sand-, Lehm- oder Tonböden/Ruderalpflanzen/Juli-Okt

Polygonum minus Kleiner Knöterich (Polygonaceae) Pflanze mit linealen Blättern/10-50 cm/Blüten in Scheinähren/Blütenhüllblätter 2-3 mm/nasse, nährstoffreiche, kalkarme, humose Lehm- und Tonböden oder Torfböden/Ruderalpflanzen/Juni-Okt

Polygonum mite Milder Knöterich (Polygonaceae) Pflanze kahl/Blätter lang lanzettlich/10-80 cm/Blüten in Scheinähren/Blütenhüllblätter 3-5 mm/nasse, nährstoffreiche, humose Ton- und Lehmböden/Ruderalpflanzen/Juli-Okt

Sedum atratum Dunkle Fetthenne (Crassulaceae) Rötliche Pflanze/2-10 cm/Blätter im Querschnitt fast rund/Blüten in wenigblütigen Wickeln mit 10-12 Staubblätter/frische, kalkhaltige Steinböden/Rasengesellschaften/Juni-Aug

Thesium linophyllon Mittleres Leinblatt (Santalaceae) Kraut mit Ausläufern/15-30 cm/Stängel an der Spitze verzweigt/Blätter 1-3venig/jede Blüte mit 3 Hochblättern/Blüten innen weiß/trockene, kalkhaltige oder kalkarme Lockerböden/Rasengesellschaften/Mai-Juli

Grün

Weißer Germer
Veratrum album
(Liliaceae)

Mehr als 5 Blütenblätter

1A-Wälder und Gebüsche	
2A-Blätter nadelartig	***Asparagus officinalis***
2B-Blätter parallelnervig	
3A-Blütenstand kugelig	***Allium victorialis***
3B-Blütenstand nicht kugelig	***Veratrum album***
2C-Blätter anders	***Parietaria officinalis***
1B-Rasengesellschaften und Ruderalstandorte	***Asparagus officinalis***
1C-Moore	***Triglochin palustre***
1D-Felsige Standorte	***Parietaria judaica***
1E-Salzstandorte	***Triglochin maritimum***

Allium victorialis Allermannsharnisch (Liliaceae) Zwiebelpflanze mit flachen oder röhrig-hohlen Blättern/40-60 cm/Blüten in kugeligen Scheindolden/ Blütenblätter 4-6 mm/Staubfäden aus der Blüte herausragend/± trockene bis frische, basenreiche, meist kalkarme Böden/Waldnahe Staudenfluren/ Juli-Aug

Asparagus officinalis Gemüse-Spargel (Liliaceae) Unbehaarte Pflanze/30-150 cm/reich verzweigt/blattähnliche nadelförmige grüne Sproßbüschel/Blüten glockig/am Grunde der Sproßbüschel/trockene, nährstoffreiche Lockerböden/ Gebüsche-Ruderalpflanzen/Mai-Juli

Parietaria judaica Mauer-Glaskraut (Urticaceae) Pflanze mit eiförmigen Blättern/10-40 cm/Blätter kurzhaarig/Blüten in dichten Blütenständen/ sickerfeuchte, wärmebegünstigte, stickstoffreichere Standorte/Felsige Standorte-Waldnahe Staudenfluren/Mai-Okt

Parietaria officinalis Aufrechtes Glaskraut (Urticaceae) Behaarte Pflanze/30-100 cm/Blätter länglich-eiförmig/Blüten büschelig in den Blattachseln/Blüten klein mit gelben Staubblättern/frische, nährstoffreiche, wärmebegünstigte Stein- oder Tonböden/Felsige Standorte-Waldnahe Staudenfluren/Juni-Sep

Triglochin maritimum Strand-Dreizack (Scheuchzeriaceae) Sumpfpflanzen mit 2zeilig angeordneten grasartigen Blättern/15-75 cm/Blüten in vielblütigen bis 20 cm langen dichten Trauben/feuchte Salztonböden/Salzstandorte/Mai-Aug

Triglochin palustre Sumpf-Dreizack (Scheuchzeriaceae) Sumpfpflanzen mit 2zeilig angeordneten grasartigen Blättern/10-70 cm/Blüten in vielblütigen lockeren Trauben/nasse, oft kalkhaltige Ton- und Torfböden/Moore/Juni-Sep

Veratrum album Weißer Germer (Liliaceae) Pflanze 50-150 cm/Blätter unterwärts flaumig behaart/Blütenblätter bis 15 mm/frische bis nasse, nährstoffreiche, meist kalkhaltige Böden/Waldnahe Staudenfluren/Juni-Aug

Gefleckter Aronstab
Arum maculatum
(Araceae)

Blüten symmetrisch

1A-Wälder und Gebüsche	
2A-Pflanze ohne grüne Blätter	***Corallorhiza trifida***
2B-Pflanze mit grünen Blättern	
3A-Blätter grundständig	***Arum maculatum***
3B-Stängel mit Blättern	
4A-Blätter parallelnervig	***Aceras anthropophorum***
4B-Blätter nicht parallelnervig	***Lathyrus vernus***
1B-Rasengesellschaften und Ruderalstandorte	
2A-Stängel kantig	***Chamorchis alpina***
2B-Stängel rund	***Aceras anthropophorum***
1C-Moore	***Liparis loeselii***

Aceras anthropophorum Ohnsporn (Orchidaceae) Pflanze mit parallelnervigen Blättern/20-35 cm/Blätter länglich-eiförmig/Blüte schmal-lang vierzipfelig/ ± trockene, kalkreiche Böden/Mai-Juni

Arum maculatum Gefleckter Aronstab (Araceae) Pflanze mit grundständigen Blättern/15-40 cm/Blätter spieß- bis pfeilförmig/Blüten 10-20 cm/Spatha gelbgrün/Kolben violett/frische, nährstoffreiche, humose Lehm- und Tonböden/Buchenwälder/Apr-Mai

Chamorchis alpina Zwergständel (Orchidaceae) Unbehaarte Pflanze mit kantigem Stängel/3-10 cm/Blätter parallelnervig/Blütenstand 2-12blütig/ mäßig frische, kalkreiche Steinböden/Rasengesellschaften/Juli-Aug

Corallorrhiza trifida Korallenwurz (Orchidaceae) Unbehaarte Pflanze ohne grüne Blätter/8-30 cm/Blüten in 4-9blütiger Traube/mäßig frische, nährstoffarme Moderhumusböden/Buchenwälder/Mai-Juli

Lathyrus vernus Frühlings-Platterbse (Fabaceae) Pflanze mit gefurchtem Stängel/20-60 cm/Blätter mit Nebenblättern und 1-4 Fiederpaaren ohne Ranke/Blüten in 3-10blütigen Trauben/Kelchzähne ungleich lang/frische, nährstoffreiche, meist kalkhaltige, lockere Ton- und Lehmböden/Buchenwälder/Apr-Mai

Liparis loeselii Glanzkraut (Orchidaceae) Pflanze mit kantigem Stängel/5-20 cm/2 Blätter/Blätter parallelnervig/Blütenstand 3-10blütig/nasse, zuweilen überschwemmte, kalkhaltige Sumpfhumusböden, auch auf Kalktuff/Moore/ Apr-Mai

Zypressen-Wolfsmilch
Euphorbia cyparissias
(Euphorbiaceae)

Blüten als Dolden

1A-Wälder und Gebüsche ***Euphorbia amagdyloides***
1B-Moore und nichtalpine Zwergstrauchheiden ***Euphorbia cyparissias***

Euphorbia amygdaloides Mandelblättrige Wolfsmilch (Euphorbiaceae) Pflanze mit Milchsaft/30-70 cm/Blätter eilanzettlich/Blüten in bis zu 9-strahligen Scheindolden/frische, nährstoffreiche, ± kalkhaltige Mullböden/Buchenwälder-Eichenmischwälder/Apr-Juni

Euphorbia cyparissias Zypressen-Wolfsmilch (Euphorbiaceae) Pflanze mit Milchsaft/15-40 cm/Blätter unbehaart/Blüten in Dolden/Blüten duftend/mäßig trockene, ± kalkhaltige, sandige bis steinige Böden/Buchenwälder-Gebüsche-Rasengesellschaften-Ruderalpflanzen-Zwergstrauchheiden/Apr-Juli

Blüten anders

1A-Wälder und Gebüsche ***Euphorbia amagdyloides***
1B-Rasengesellschaften und Ruderalstandorte ***Artemisia campestris***
1C-Ufervegetation ***Hippuris vulgaris***

Artemisia campestris Feld-Beifuß (Compositae) Verzweigte Pflanze/10-150 cm/Stängel rotbraun/junge Blätter seidig behaart/Blätter 2-3fach fiederteilig/Blüten in 3-4 mm großen Köpfchen/trockene, sandige oder steinige Lehm- und Lössböden/Ruderalpflanzen/Aug-Okt

Euphorbia amygdalaoides Mandelblättrige Wolfsmilch (Euphorbiaceae) Pflanze mit Milchsaft/30-70 cm/Blätter eilanzettlich/Blüten in bis zu 9-strahligen Scheindolden/frische, nährstoffreiche, ± kalkhaltige Mullböden/Buchenwälder-Eichenmischwälder/Apr-Juni

Hippuris vulgaris Tannenwedel (Hippuridaceae) Unbehaarte Wasserpflanze/5-200 cm/Blätter in 6-18zähligen Quirlen/Blüten klein blattachselständig/humose Schlammböden/stehende und langsam fließende Gewässer/Mai-Aug

Hügel-Meier
Asperula cynanchica
(Rubiaceae)

2-4 Blütenblätter

1A-Rasengesellschaften und Ruderalstandorte ***Asperula cynanchica***
1B-Ufervegetation
  2A-Blüten > 5 cm ***Iris pseudacorus***
  2B-Blüten < 5 cm
    3A-Blätter oval ***Luronium natans***
    3B-Blätter pfeilförmig ***Sagittaria sagittifolia***

Asperula cynanchica Hügel-Meier (Rubiaceae) Pflanzen mit vierkantigem Stängel/Blätter in vierblättrigen Quirlen/Blüten rosa und innen weiß/Blüten 3-4 mm/± trockene, kalkreiche Böden/Rasengesellschaften/Juni-Sep

Iris pseudacorus Sumpf-Schwertlilie (Iridaceae) Pflanze mit parallelnervigen Blättern/Blätter 1-3 cm breit/Blüten nis 10 cm groß/Blüten gelb mit orangefarbener Zeichnung/nasse, oft überschwemmte, nährstoffreiche Sumpfhumusböden/Ufervegetation/Mai-Juni

Luronium natans Froschkraut (Alismataceae) Wasserpflanze mit dünnem Stängel/Blüten weß mit gelbem Fleck/Blüten 12-15 mm/mäßig nährstoffreiche, kalkarme, humose, kiesig-sandige oder sandige Schlammböden/Ufervegetation/Mai-Sep

Sagittaria sagittifolia Echtes Pfeilkraut (Alismataceae) Unbehaarte Wasserpflanze/Luftblätter breit pfeilförmig/Blüten weiß mit purpurnem Fleck/Blüten 20-25 mm/humose, sandige oder reine Schlammböden/Ufervegetation/Juni-Aug

Alpen-Vergißmeinnicht
Myosotis alpestris
(Boraginaceae)

5 Blütenblätter

1A-Wälder und Gebüsche
  2A-Blätter dreizählig (Blüte weiß+rosa) ***Oxalis acetosella***
  2B-Blätter sitzend (Blüte blau+gelb) ***Myosotis alpestris***
  2C-Blätter gestielt
    3A-Blütenblätter verwachsen (braun+gelb) ***Atropa bella-donna***
    3B-Blütenblätter kaum verwachsen (violett) ***Solanum dulcamara***
1B-Rasengesellschaften und Ruderalstandorte
  2A-Blätter grund- oder quirlständig
    3A-Blattspitze nicht lang behaart (weiß+gelb) ***Androsace chamaejasme***
    3B-Blattspitze lang behaart (weiß+gelb) ***Androsace obtusifolia***
  2B-Blätter gestielt
    3A-Blätter pfeilförmig (weiß+rosa/rosa+rot) ***Convolvulus arvensis***
    3B-Blätter nierenförmig (weiß+rosa) ***Calystegia soldanella***
  2C-Blätter sitzend
    3A-Graues Kraut (Blüte blau+gelb) ***Lappula squarrosa***
    3B-Grünes Kraut
      4A-Stängel kantig
        5A-Blüte 3 mm (Blüte violett ***Asperugo procumbens***
        5B-Blüte 4-8 mm(Blüte blau+gelb) ***Myosotis palustris***
      4B-Stängel rund
        5A-Blüte 1-2 mm (Blüte blau+gelb) ***Myosotis stricta***
        5B-Blüte 3-5 mm (Blüte blau+gelb) ***Myosotis arvensis***
        5C-Blüte 7-15 mm (Blüte violett+weiß) ***Anchusa officinalis***
      4C-Stängel anders (Blüte weiß+grün) ***Thesium linophyllon***
1C-Ufervegetation
  2A-Blätter quirlständig ***Hottonia palustris***
  2B-Blätter nicht quirlständig (Blüte blau+gelb) ***Myosotis rehsteineri***
1D-Felsige Standorte
  2A-Blätter grundständig
    3A-Blüten blau+grün ***Gentiana kochiana***
    3B-Blüten weiß+gelb
      4A-Blütenstängel ohne Blätter ***Androsace lactea***
      4B-Blütenstängel dicht beblättert ***Androsace helvetica***
  2B-Blätter quirlständig (Blüte weiß) ***Androsace lactea***
  2C-Blätter anders (Blüte blau+gelb) ***Myosotis alpestris***

Tollkirsche
Atropa bella-donna
(Solanaceae)

Anchusa officinalis Gewöhnliche Ochsenzunge (Boraginaceae) Graugrüne Pflanze/20-100 cm/abstehend behaart/Blätter länglich-lanzettlich/Blüten in vielblütigen Blütenständen/Blüte 7-15 mm/mäßig trockene, nährstoffreiche, meist kalkarme Sand- und Kiesböden/Ruderalpflanzen/Mai-Sep

Androsace chamaejasme Haariger Mannsschild (Primulaceae) Behaarte Pflanze mit grundständigen Blättern/Blüten in Dolden/Blüten weiß oder rötlich mit gelbem Schlund/frische, kalkreiche Steinböden/Rasengesellschaften/ Juni-Juli

Androsace helvetica Schweizer Mannsschild (Primulaceae) Graufilzig behaarte Polsterpflanze/Blätter lanzettlich/Blüten in Dolden/Blüten weiß mit gelbem Schlund/Kalk- und Dolomitfelsen/Felsige Standorte/Mai-Juli

Androsace lactea Milchweißer Mannsschild (Primulaceae) Pflanze mit grundständigen Blättern/Blätter nur an den Spitzen behaart/Blüten in Dolden/ Blüten weiß mit gelbem Schlund/Blüten 8-12 mm/frische, kalkhaltige Steinböden/Felsige Standorte/Mai-Juli

Androsace obtusifolia Stumpfblättriger Mannsschild (Primulaceae) Behaarte Pflanze mit grundständigen Blättern/Blüten in Dolden/Blüten weiß bis rötlich mit gelbem Schlund/frische, kalkarme Böden/Rasengesellschaften/Juni-Juli

Asperugo procumbens Scharfkraut (Boraginaceae) Filzig bis borstig behaartes Kraut/Stängel kantig/Blüten 3 mm-violett/mäßig trockene, nährstoffreiche, meist kalkhaltige, steinige Ton- und Lehmböden/Ruderalpflanzen/Mai-Aug

Atropa bella-donna Tollkirsche (Solanaceae) Kräftige Pflanze mit ovalen Blättern/Blätter bis 20 cm lang/Blüten einzeln und glockig/Blüten außen violettbraun-innen schmutzggelb/Blüte 20-35 mm/frische, nährstoffreiche, kalkhaltige, Mullböden/Waldnahe Staudenfluren/Juni-Aug

Calystegia soldanella Strand-Zaunwinde (Convolvulaceae) Niederliegende Pflanze/unbehaart/Blüten rot mit weißen Streifen/Blüten 3-5 cm/Blätter nierenförmig und lang gestielt/Stranddünen/Rasengesellschaften/Juni-Aug

Convolvulus arvensis Acker-Winde(Convolvulaceae) Windende Pflanze mit verzweigtem Stängel/Blätter spieß- oder pfeilförmig und lang gestielt/Blüten blattachselständig/Blüten 2-4 cm/Blüten weiß und rosa/frische bis mäßig trockene, nährstoffreiche Lehm- und Tonböden/Ruderalpflanzen-Rasengesellschaften/Mai-Okt

Gentiana kochiana Breitblättriger Enzian (Gentianaceae) Unbehaarte Pflanze/ Blätter lanzettlich/Blüten 40-60 mm/Blüten innen grün gefleckt/ Felsstandorte-Rasengesellschaften/Juni-Aug

Hottonia palustris Wasserfeder (Primulaceae) Wasserpflanze mit rosettigen Blättern/Blüten in 3- bis 6-blütigen Quirlen/Blüten blaßviolett mit gelbem Schlund/Blüten 20-25 mm/flache, stehende bis langsam fließende, mesotrophe Gewässer über Torfschlamm/Ufervegetation/Mai-Juli

Wald-Sauerklee
Oxalis acetosella
(Oxalidaceae)

Lappula squarrosa Kletten-Igelsame (Boraginaceae) Behaarte Pflanze/Blätter 2-7 cm lang und 3-10 mm breit/Blüten 2-4 mm/Blüten hellblau mit gelbem Schlund/mäßig trockene, nährstoffreiche, ± humose Sand- und Kiesböden/Ruderalpflanzen/Juni-Juli

Myosotis alpestris Alpen-Vergißmeinnicht (Boraginaceae) Rau behaarte Pflanze/Stängelblätter sitzendBlüte 6-10 mm/Blüte blau mit gelbem Schlund/ frische, nährstoff- und kalkreiche, humose Ton- und Lehmböden/Felsige Standorte-Waldnahe Staudenfluren/Juni-Sep

Myosotis arvensis Acker-Vergißmeinnicht (Boraginaceae) Verzweigte Pflanze/Blätter abstehend behaart/Blütenstand dichtblütig/Blüte 2-5 mm/ Blüte blau mit gelbem Schlund/± frische, nährstoffreiche Lehmböden/ Ruderalpflanzen/Apr-Okt

Myosotis palustris Sumpf-Vergißmeinnicht (Boraginaceae) Behaarte Pflanze mit Ausläufern/Stängel kantig/Blütenstand vielblütig/Blüte 4-8 mm/Blüte blau mit gelbem Schlund/nasse bis feuchte, nährstoffreiche Lehm- und Tonböden und Sumpfhumusböden/Rasengesellschaften/Mai-Sep

Myosotis rehsteineri Bodensee-Vergißmeinnicht (Boraginaceae) Pflanze mit kurzen Ausläufern/Stängel kahl oder aufwärts gerichtet behaart/Blätter kahl oder vorwärts anliegend behaart/Blüte rosa oder blau mit gelbem Schlund/ Blüte 6-12 mm/± nährstoffarme, kalkhaltige, tonige Sand- und Kiesböden/ Ufervegetation/Apr-Mai

Myosotis stricta Sand-Vergißmeinnicht (Boraginaceae) Am Grund stark verzweigte Pflanze/Stängel mit hakigen Haaren/Blüte blau mit gelbem Schlund/Blüte 1-2 mm/trockene, magere, meist entkalkte Sand- und Steingrusböden/Ruderalpflanzen/März-Mai

Oxalis acetosella Wald-Sauerklee (Oxalidaceae) Pflanze mit kleeartigen Blättern/Blätter grundständig/Blüten blattachselständig/Blütenstand 1blütig/ Blüten 8-25 mm/Blüten weißlich-purpurn geadert/frische, mäßig nährstoffreiche, humose Lehmböden/Buchenwälder-Gebüsche-Waldnahe Staudenfluren/Apr-Mai

Solanum dulcamara Bittersüßer Nachtschatten (Solanaceae) Flaumig behaarte Pflanze/verholzt/Blattgrund herzförmig/Blüten 10-15 mm/violett/Staubblätter verwachsen/nasse bis feuchte, nährstoffreiche Böden/Gebüsche/Juni-Aug

Thesium linophyllon Mittleres Leinblatt (Santalaceae) Kraut mit Ausläufern/ Stängel an der Spitze verzweigt/Blätter 1-3venig/jede Blüte mit 3 Hochblättern/Blüten innen weiß/trockene, kalkhaltige oder kalkarme Lockerböden/ Rasengesellschaften/Mai-Juli

Sumpf-Schwertlilie
Iris pseudacorus
(Iridaceae)

Mehr als 5 Blütenblätter

1A-Wälder und Gebüsche
- **2A**-Blüten gelb mit dunkler Zeichnung — ***Iris pseudacorus***
- **2B**-Blüten weiß und am Rand gelbgrün
  - **3A**-Pflanze mit 1-2 Blüten — ***Leucojum vernum***
  - **3B**-Pflanze mit vielen Blüten — ***Veratrum album***
- **2C**-Blüten rot und gefleckt
  - **3A**-Mittlere Blätter quirlständig — ***Lilium martagon***
  - **3B**-Mittlere Blätter nicht quirlständig — ***Lilium bulbiferum***

1B-Rasengesellschaften und Ruderalstandorte
- **2A**-Blüten weiß und am Rand gelbgrün — ***Leucojum vernum***
- **2B**-Blüten weiß mit grünem Streifen — ***Ornithogalum umbellatum***
- **2C**-Blüten weiß mit roten Streifen — ***Lloydia serotina***
- **2D**-Blüten gelb und außen grün — ***Gagea pratensis***
- **2E**-Blüten blau mit Zeichnung
  - **3A**-Blüten 6-8 cm — ***Iris sibirica***
  - **3B**-Blüten kleiner/Blütenstand 2-6 cm — ***Muscari racemosum***
- **2F**-Blüten rot und gefleckt
  - **3A**-Mittlere Blätter quirlständig — ***Lilium martagon***
  - **3B**-Mittlere Blätter nicht quirlständig — ***Lilium bulbifera***

1C-Ufervegetation
- **2A**-Blüten gelb mit dunkler Zeichnung — ***Iris pseudacorus***
- **2B**-Blüten purpurn mit dunkleren Streifen — ***Allium schoenoprasum***

1D-Moore — ***Narthecium ossifragum***

Türkenbund-Lilie
Lilium martagon
(Liliaceae)

Allium schoenoprasum Schnittlauch (Liliaceae) Zwiebelpflanzen mit röhrig-hohlen Blättern/Blüten in reichblütigen Dolden/Blüten purpurn mit dunkleren Streifen/feuchte, sandig-steinige Böden/Ufervegetation/Juni-Aug

Gagea pratensis Wiesen-Gelbstern (Liliaceae) Zwiebelpflanze mit 1 grundständigen Blatt/Blüten 2-3 cm/Blüten gelb-außen grün/mäßig trockene, nährstoff- und kalkreiche Lockerböden/Ruderalpflanzen/März-Apr

Iris pseudacorus Sumpf-Schwertlilie, Sumpf- (Iridaceae) Pflanze mit parallelnervigen Blättern/Blätter 1-3 cm breit/Blüten bis 10 cm groß/Blüten gelb mit orangefarbener Zeichnung/nasse, oft überschwemmte, nährstoffreiche Sumpfhumusböden/Ufervegetation/Mai-Juni

Iris sibirica Sibirische Schwertlilie (Iridaceae) Pflanze mit parallelnervigen Blättern/Blätter 2-6 mm breit/Stängel stielrund und hohl/Blüten 6-8 cm/ Blüten blauviolett mit gelb/± nasse, nährstoffreiche Böden/Rasengesellschaften/Mai-Juni

Leucojum vernum Frühlings-Knotenblume (Amaryllidaceae) Zwiebelpflanze/ 10-35 cm/Blätter grasähnlich/Blüten zu 1-2/feuchte, nährstoffreiche Mullböden/Eichenmischwälder-Erlenstandorte-Gebüsche-Rasengesellschaften/ Feb-Apr

Lilium bulbiferum Feuer-Lilie (Liliaceae) Zwiebelpflanze mit parallelnervigen Blättern/40-150 cm/Blüten zu 1-5/Blüten rot mit braunen Flecken/frische, nährstoffreiche Böden/Gebüsche-Rasengesellschaften-Waldränder-Wegränder/Juni-Juli

Lilium martagon Türkenbund-Lilie (Liliaceae) Zwiebelpflanze mit parallelnervigen Blättern/mittlere Blätter quirlig/Blüten 4-5 cm/Blüten rot mit dunklen Flecken/frische, nährstoff- und kalkreiche Mullböden/Gebüsche-Rasengesellschaften-Wälder/Juli-Aug

Lloydia serotina Späte Falten-Lilie (Liliaceae) Zwiebelpflanze mit parallelnervigen Blättern/Blüten weiß mit rötlichen Streifen/Blüten 15-20 mm/mäßig frische, kalkarme Steinböden/Rasengesellschaften/Juli-Aug

Muscari racemosum Übersehene Träubelhyazinthe (Liliaceae) Unbehaarte Zwiebelpflanze/5-40 cm/Blätter grasartig/Blüten in 2-6 cm langen Blütenständen/Ruderalpflanzen/März-Mai

Narthecium ossifragum Beinbrech (Liliaceae) Rhizompflanze mit parallelnervigen Blättern/Blütenstand 6-10blütig/Blüten innen gelb-außen grün/ Staubblätter orangerot/nasse, nährstoffarme Torfböden/Moore/Juli-Aug

Ornithogalum umbellatum Dolden-Milchstern (Liliaceae) Zwiebelpflanze mit parallelnervigen Blättern/Blüten in Dolden/Blüten weiß mit grünem Rückenstreifen/Blüten 3-4 cm/frische, nährstoffreiche, kalkarme Böden/ Ruderalpflanzen/Mai-Juni

Veratrum album Weißer Germer (Liliaceae) Rhizompflanze mit parallelnervigen Blättern/Blätter unterseits flaumig behaart/Blüten innen weiß-außen grün/Blüten 15-25 mm/frische bis nasse, nährstoffreiche, meist kalkhaltige Böden/Waldnahe Staudenfluren/Juni-Aug

Blüten symmetrisch

1A-Wälder und Gebüsche	
2A-Pflanze ohne grüne Blätter	***Corallorrhiza trifida***
2B-Pflanze mit grünen Blättern	
3A-Blätter grundständig	***Arum maculatum***
3B-Blätter mit Ranken	
4A-Fiederblättchen eiförmig	***Vicia sylvatica***
4B-Fiederblättchen nicht eiförmig	***Vicia tenuifolia***
3C-Blätter dreizählig	
4A-Obere Stängelblätter dreizählig	***Chamaecytisus supinus***
4B-Obere Stängelblätter nicht dreizählig	***Ononis repens***
3D-Blätter fünfzählig	***Dorycnium germanicum***
3E-Blätter parallelnervig	
4A-Blüte ungesport	
5A-Stängel oben dicht drüsenhaarig	***Cephalanthera rubra***
5B-Stängel nicht drüsenhaarig	***Epipactis helleborine***
4B-Blüte mit Sporn	
5A-Blüte 3-6 cm groß	***Himantoglossum hircinum***
5B-Blüte kleiner	
6A-Unterlippe der Blüte ungeteilt	***Goodyera repens***
6B-Unterlippe der Blüte 3-teilig	***Orchis mascula***
6C-Unterlippe der Blüte 4-teilig	
7A-Unterlippe der Blüte nur gelappt	***Orchis morio***
7B-Unterlippe eingeschnitten	***Orchis purpurea***
3F-Blätter gestielt	
4A-Blätter spieß- bis pfeilförmig	***Kickxia elatine***
4B-Blätter am Grund abgerundet	***Kickxia spuria***
3G-Blätter sitzend	
4A-Blätter behaart	***Ononis repens***
4B-Pflanze unbehaart	
5A-Blüte gelb mit orangem Schlund	***Linaria vulgaris***
5B-Blüte weiß und gelb	***Polygala chamaebuxus***
1B-Rasengesellschaften und Ruderalstandorte	
2A-Blätter grundständig	***Orchis militaris***
2B-Blätter 3-zählig oder 5-zählig	
3A-Blüte in 8-12blütigen Dolden	***Lotus uliginosus***
3B-Blüten zu 1-2 in den Blattachseln	
4A-Stängel kantig	***Tetragonolobus maritimus***
4B-Stängel rund/Pflanze deutlich behaart	***Ononis repens***
2C-Blätter parallelnervig	
3A-Blätter gefleckt	
4A-Unterlippe der Blüte seicht 3-teilig	***Dactylorhiza maculata***
4B-Unterlippe der Blüte tief 3-teilig	***Dactylorhiza fuchsii***

3B-Blätter nicht gefleckt	
4A-Unterlippe der Blüte ungeteilt	
5A-Blüte ohne Sporn	***Epipactis palustris***
5B-Blüte mit Sporn	***Platanthera chlorantha***
4B-Unterlippe der Blüte dreiteilig	
5A-Blüte < 2 cm	***Orchis mascula***
5B-Blüte > 2 cm	***Himantoglossum hircinum***
4C-Unterlippe der Blüte vierteilig	
5A-Unterlippe nur gelappt	***Orchis morio***
5B-Unterlippe eingeschnitten	
6A-Blütenstand fast kugelig	***Orchis tridentata***
6B-Blütenstand ährenförmig	***Orchis ustulata***
2D-Blätter gefiedert	
3A-Blüten in vielblütigen Köpfchen	***Anthyllis vulneraria***
3B-Blüten in 3-7blütigen Dolden	***Ornithopus perpusillus***
2E-Blätter anders	
3A-Pflanze behaart	***Chaenorrhinum minus***
3B-Pflanze unbehaart	***Polygala chamaebuxus***
1C-Ufervegetation	
2A-Blätter dunkel gefleckt	***Dactylorhiza majalis***
2B-Blätter ohne dunkle Flecken	***Gratiola officinalis***
1D-Moore und Zwergstrauchheiden	
2A-Blätter dreizählig	***Chamaecytisus supinus***
2B-Blätter 1-7paarig gefiedert	***Anthyllis vulneraria***
2C-Blätter parallelnervig	
3A-Blüte ohne Sporn	***Epipactis palustris***
3B-Blüte mit Sporn	
4A-Stängel markig	***Orchis palustris***
4B-Stängel hohl	
5A-Blätter dunkel gefleckt	***Dactylorhiza majalis***
5B-Blätter ohne dunkle Flecken	***Dactylorhiza incarnata***
4A-Stängel deutlich kantig	
1E-Felsige Standorte	
2A-Blätter quirlständig	***Linaria alpina***
2B-Blätter gestielt	***Cymbalaria muralis***
2C-Blätter sitzend	
3A-Blüte 5-10 mm	***Chaenorhinum minus***
3B-Blüte 2-3 cm	***Antirrhinum majus***

Fuchs' Knabenkraut
Dactylorhiza fuchsii
(Orchidaceae)

Anthyllis vulneraria Gewöhnlicher Wundklee (Fabaceae) Silbern behaarte Pflanze/Blätter 1-7paarig gefiedert/Blüten in vielblütigen Köpfchen/Einzelblüten 1-2 cm/trockene bis frische, magere, meist kalkhaltige Lehm- & Lössböden, wenig entkalkte Dünensande/Rasengesellschaften-Zwergstrauchheiden/Mai-Sep

Antirrhinum majus Großes Löwenmaul (Scrophulariaceae) Pflanze 20-70 cm/ Blätter breit lanzettlich/Blüten gestielt/Blüten 2-3 cm/verschiedenfarbig/ frische, nährstoff- & stickstoffreiche Steinböden/Felsige Standorte/Juni-Sep

Arum maculatum Gefleckter Aronstab (Araceae) Pflanze mit grundständigen Blättern/Blätter spieß- bis pfeilförmig/Blüten 10-20 cm/Spatha gelbgrün/ Kolben violett/frische, nährstoffreiche, humose Lehm- und Tonböden/ Buchenwälder/Apr-Mai

Cephalanthera rubra Rotes Waldvögelein (Orchidaceae) Pflanze mit drüsig behaartem Stängel/5-8 Blätter/Blätter parallelnervig/Blüten rötlich violett/ mäßig frische, kalkreiche, humose Böden/Buchenwälder/Juni-Juli

Chaenorhinum minus Kleiner Orant (Scrophulariaceae) Drüsig behaarte Pflanze/5-25 cm/Blätter schmal-lanzettlich/gespornte Blüte 5-10 mm/Sporn 6-10 mm/mäßig frische, nährstoffreiche, ± steinige Böden/ Felsstandorte-Ruderalpflanzen/Juni-Okt

Chamaecytisus supinus Kopf-Zwergginster (Fabaceae) Zottig behaarter Zwergstrauch/Blätter dreizählig/Blüten 17-25 mm/Blüten gelb mit rotviolettem Fleck/trockene, basenreiche, kalkreiche bis kalkarme, sandige oder steinige Lehmböden in warmen Lagen/Kiefernwälder-Zwergstrauchheiden/ Apr-Aug

Corallorrhiza trifida Korallenwurz (Orchidaceae) Wurzellose Pflanze ohne grüne Blätter/8-30 cm/Blüten gelbgrün mit weißer Lippe/mäßig frische, nährstoffarme Moderhumusböden/Buchenwälder/Mai-Juli

Cymbalaria muralis Zymbelkraut (Scrophulariaceae) Unbehaarte Pflanze/ Stängel rund/Blüte blau+gelb+weiß/Blüten 9-15 mm/Felsige Standorte/

Dactylorhiza fuchsii Fuchs' Knabenkraut (Orchidaceae) Pflanze mit markigem Stängel/Blätter gefleckt/Blüten rosa bis weißlich/kalkhaltige Böden/ Rasengesellschaften/Juni-Juli

Dactylorhiza incarnata Fleischfarbenes Knabenkraut (Orchidaceae) Pflanze mit kantigem Stängel/Stängel zusammendrückbar/Blütenstand bis 20 cm/Blüten < 1 cm/Blüten rotviolett und weiß/± nasse, nährstoffreiche, ± kalkhaltige Sumpfhumusböden/Moore/Mai-Juli

Dactylorhiza maculata Geflecktes Knabenkraut (Orchidaceae) Pflanze mit markigem Stängel/Blätter gefleckt/Blüten rotviolett und weiß/kalkarme Böden/Rasengesellschaften/Mai-Aug

Dactylorhiza majalis Breitblättriges Knabenkraut (Orchidaceae) Pflanze mit hohlem Stängel (zusammendrückbar)/Blätter gefleckt/Blüten hell- und dunkelviolett/nasse, nährstoffreiche, kalkarme bis kalkhaltige Sumpfhumus- oder Gleyböden/Moore-Ufervegetation-Rasengesellschaften/Mai-Juli

Gewöhnliches Leinkraut
Linaria vulgaris
(Scrophulariaceae)

Dorycnium germanicum Seidenhaar-Backenklee (Fabaceae) Behaarte Pflanze/ Blätter mit meist 5 Fiederblättchen/Blütenstand 6-14blütig/Blüte weiß mit dunkelpurpurner Spitze/trockene, kalkhaltige Kies- und Steinböden/Kiefernwälder/Juli-Aug

Epipactis helleborine Breitblättrige Ständelwurz (Orchidaceae) Pflanze mit spiralförmig angeordneten Blättern/Blütenstand 15-50blütig/Blüte außen grünlich-innen rötlich überlaufen/frische, nährstoffreiche, humose Mullböden/Buchenwälder/Juli-Aug

Epipactis palustris Echte Sumpfwurz (Orchidaceae) Pflanze mit spiralförmig angeordneten Blättern/Blütenstand bis 14blütig/äußere Blütenblätter grünlich mit violetten Streifen-innere weißlich/± nasse, kalkhaltige Sumpfhumusböden/Moore-Rasengesellschaften/Juni-Aug

Goodyera repens Netzblatt (Orchidaceae) Rosettige Pflanze mit parallelnervigen Blättern/10-30 cm/Blätter eiförmig/Blüte 3-6 mm/mäßig trockene, saure Moderhumusböden/Eichenmischwälder-Fichtenwälder-Kiefernwälder/ Juli-Aug

Himantoglossum hircinum Riemenzunge (Orchidaceae) Pflanze mit parallelnervigen Blättern/30-90 cm/Stängel kantig/Blätter länglich-eiförmig/ gespornte Blüte bis 5 cm/Sporn bis 5 mm/mäßig trockene, kalkreiche Böden/Gebüsche-Rasengesellschaften/Mai-Juli

Kickxia elatine Echtes Tännelkraut (Scrophulariaceae) Pflanze behaart/ Blattgrund pfeil- oder spießförmig/Blüten gespornt/Blüten gelbweiß mit violetter Oberlippe/mäßig frische bis frische, nährstoffreiche, ± kalkarme Böden/Gebüsche/Juni-Okt

Kickxia spuria Unechtes Tännelkraut (Scrophulariaceae) Behaarte Pflanze mit breit eiförmiger Blattspreite/Blüten gespornt/Blüten hellgelb mit schwarzvioletter Oberlippe/mäßig frische, nährstoffreiche, kalkarme bis kalkreiche Böden/Gebüsche/Juli-Sep

Linaria alpina Alpen-Leinkraut (Scrophulariaceae) Unbehaarte Pflanze/Blätter in 3- bis 4-zähligen Quirlen/Blütenstand 3-15blütig/Blüten gespornt/Blüten violett mit orangegelbem Gaumen/mäßig frische, basenreiche, bewegte, grobkörnige Steinböden/Felsige Standorte/Juni-Juli

Linaria vulgaris Gewöhnliches Leinkraut (Scrophulariaceae) Unbehaarte Pflanze/Blätter lanzettlich/Blütenstand 10-50blütig/Blüten gespornt/Blüten schwefelgelb mit orangem Gaumen/mäßig frische, basenreiche, bewegte, grobkörnige Steinböden/Gebüsche/Juni-Sep

Lotus uliginosus Sumpf-Hornklee (Fabaceae) Pflanze mit verzweigtem Stängel/Stängel hohl/Blätter 3zählig mit 2 Nebenblättern/Blüten in 5-12 blütigen Dolden/Blüten gelb&rot überlaufen/frische bis nasse, nährstoffreiche, meist kalkfreie, lehmige oder tonige Böden/Rasengesellschaften/Juni-Juli

Helm-Knabenkraut
Orchis militaris
(Orchidaceae)

Ononis repens Kriechende Hauhechel (Fabaceae) Pflanze mit drüsig behaarten Blättern/30-100 cm/Blätter einfach oder 3-zählig/Blüten 7-25 mm/mäßig trockene, basenreiche, meist lehmige Böden/Buchenwälder-Eichenmischwälder-Kiefernwälder-Rasengesellschaften/Mai-Sep

Ophrys apifera Bienen-Ragwurz (Orchidaceae) Pflanze mit parallelnervigen Blättern/Blütenstand 2-8blütig/äußere Blütenhüllblätter weiß oder rötlich-Lippe braun/± trockene, kalkreiche, lockere Böden/Rasengesellschaften/Mai-Juli

Ophrys araneola Spinnen-Ragwurz (Orchidaceae) Pflanze mit parallelnervigen Blättern/Blütenstand 2-12blütig/äußere Blütenhüllblätter grün-Lippe braun mit hellerem Rand und violettem Muster/± trockene, kalkreiche Böden/Rasengesellschaften/Mai-Juni

Ophrys holoserica Hummel-Ragwurz (Orchidaceae) Pflanze mit parallelnervigen Blättern/Blütenstand 2-10blütig/äußere Blütenhüllblätter weiß oder rötlich-Lippe braun mit Zeichnung/± trockene, kalkreiche, lockere Böden/Rasengesellschaften/Mai-Aug

Ophrys insectifera Fliegen-Ragwurz (Orchidaceae) Ausdauernde Knollenpflanze/Blätter parallelnervig/Blütenstand 2-20blütig/äußere Blütenblätter grün-Lippe dunkelpurpur/± trockene, kalkreiche Böden/Rasengesellschaften/Mai-Juli

Ophrys sphegodes Gewöhnliche Spinnen-Ragwurz (Orchidaceae) Pflanze mit parallelnervigen Blättern/Blütenstand 2-15blütig/äußere Blütenhüllblätter grün-Lippe braun mit hellerem Rand und violettem Muster/± trockene, kalkreiche Böden/Rasengesellschaften/Apr-Juni

Orchis coriophora Wanzen-Knabenkraut (Orchidaceae) Pflanze mit parallelnervigen Blättern/Blütenstand reichblütig/Blüten schmutzig grünlich-rötlich/Lippe braunrot oder grünlich/± frische bis feuchte, magere, kalkarme Böden/Rasengesellschaften/Mai-Aug

Orchis mascula Männliches Knabenkraut (Orchidaceae) Pflanze mit parallelnervigen Blättern/15-60 cm/Blätter zungenförmig bis breit länglich/± trockene bis ± frische, ± nährstoffreiche, kalkarme und kalkhaltige Böden/Eichenmischwälder-Rasengesellschaften/Mai-Juni

Orchis militaris Helm-Knabenkraut (Orchidaceae) Pflanze mit parallelnervigen Blättern/Blütenstand reichblütig/Blüten blaßrosa bis violett und dunkelrot punktiert/± trockene, kalkreiche Böden/Rasengesellschaften/Mai-Juni

Orchis morio Kleines Knabenkraut (Orchidaceae) Pflanze mit parallelnervigen Blättern/10-40 cm/Stängel kantig/Blätter schmal-eiförmig/Blütenstand locker bis 25-blütig/± frische, ± kalkarme Böden/Eichenmischwälder-Rasengesellschaften/Apr-Juli

Orchis palustris Sumpf-Knabenkraut (Orchidaceae) Pflanze mit parallelnervigen Blättern/Blütenstand reichblütig/Blüten rosa bis violettrot/± nasse Sumpfhumusböden/Moore/Mai-Juni

Wald-Wicke
Vicia sylvatica
(Fabaceae)

Orchis purpurea Purpur-Knabenkraut (Orchidaceae) Pflanze mit parallelnervigen Blättern/Blütenstand reichblütig/Blüten weißlichrosa und dunkelrot gefleckt/± trockene bis ± frische, kalkhaltige Mullböden/Eichenwälder/ Mai-Juni

Orchis tridentata Dreizähniges Knabenkraut (Orchidaceae) Pflanze mit parallelnervigen Blättern/15-30 cm/Blütenstand fast kugelig/Blüten + 15 mm groß/Rasengesellschaften/Rasengesellschaften/Mai-Juni

Orchis ustulata Brand-Knabenkraut (Orchidaceae) Pflanze mit parallelnervigen Blättern/Blütenstand reichblütig/Blüten weiß und spärlich rot punktiert/mäßig trockene, ± kalkhaltige Böden/Rasengesellschaften/Mai-Aug

Ornithopus perpusillus Kleiner Vogelfuß (Fabaceae) Weich behaartes Kraut mit gefiederten Blättern/Blätter mit 7-12 Fiederpaaren/Blüten in 3-7blütigen Dolden/Blüten weiß und gelb/trockene, mäßig nährstoffreiche, kalkarme, feinerdearme Sand- oder Steingrusböden/Rasengesellschaften/Mai-Juli

Platanthera chlorantha Berg-Waldhyazinthe (Orchidaceae) Pflanze mit parallelnervigen Blättern/20-60 cm/Blätter eilanzettlich bis breit elliptisch/ gespornte Blüte bis 23 mm/Sporn bis 4 cm/± feuchte, mäßig nährstoffreiche, kalkhaltige Böden/Fichtenwälder-Kiefernwälder/Rasengesellschaften/ Mai-Juli

Polygala chamaebuxus Zwergbuchs-Kreuzblume (Polygalaceae) Stark verzweigter Halbstrauch/Blätter immergrün/vorn mit Stachelspitze/Blüten weiß und gelb oder rosa und gelb/Blüten blattachselständig zu 1-2/trockenere, meist kalkhaltige Ton-, Lehm- und Steinböden/Kiefernwälder-Rasengesellschaften/März-Juni

Tetragonolobus maritimus Gelbe Spargelbohne (Fabaceae) Pflanze mit kantigem Stängel/Blüten einzeln auf 5-15 cm langem Stiel/Blüten 25-30 mm lang/Blüten gelb und rötlich überlaufen/meist wechselfeuchte, dichte, Ton-, Mergel- oder Tuffböden/Rasengesellschaften/Mai-Juni

Vicia sylvatica Wald-Wicke (Fabaceae) Pflanze mit vierkantigem Stängel/ Blütenstand 5-20blütig/Blätter mit 6-8 Fiederpaaren und verzweigten Ranken/Blüten 12-20 mm/Blüten weiß und violett geadert und violetter Spitze/frische bis mäßig trockene, lockere, steinige oder sandige Lehm- und Tonböden/Waldnahe Staudenfluren/Juni-Aug

Vicia tenuifolia Feinblättrige Wicke (Fabaceae) Pflanze mit vierkantigem Stängel/Blätter mit 9-14 Fiederpaaren und verzweigten Ranken/Blütenstand 10-30blütig/Blüten 12-20 mm/Blüten rötlich oder bläulich violett (selten weiß) und hellblau/trockene, etws nährstoffreiche, meist kalkhaltige Löss- und Lehmböden/Waldnahe Staudenfluren/Juni-Aug

Strand-Aster
Aster tripolium
(Compositae)

Blüten margeritenartig

1A-Rasengesellschaften und Ruderalstandorte
  2A-Stängel meist einköpfig/weichhaarig — ***Aster alpinus***
  2B-Stängel mehrköpfig/steifhaarig
    3A-Pflanze steif behaart — ***Aster amellus***
    3B-Pflanze unbehaart — ***Aster tripolium***
1B-Felsige Standorte
  2A-Pflanze einblütigBlütenköpfe 3-5 cm — ***Aster alpinus***
  2B-Pflanze mehrblütig/Blütenköpfe 6-13 mm — ***Erigeron acris***

Aster alpinus Alpen-Aster (Compositae) Behaarte Pflanze/Köpfchen 3-5 cm/ Hüllblätter undeutlich 2reihig/ Zungenblüten violett/Röhrenblüten gelb/ frische, meist kalkhaltige, modrig-humose, steinige Ton- und Lehmböden/ Rasengesellschaften/Juni-Aug

Aster amellus Berg-Aster (Compositae) Behaarte Pflanze/Köpfchen 2-5 cm/ Hüllblätter undeutlich 2-3reihig/Zungenblüten weiß bis violett/Röhrenblüten gelb/mäßig trockene, meist kalkreiche, humose, lockere Böden/Rasengesellschaften/Juli-Okt

Aster tripolium Strand-Aster (Compositae) Köpfchen 10-35 mm/Hüllblätter 2-3reihig/Zungenblüten blau bis violett/Röhrenblüten gelb/mäßig trockene, meist kalkreiche, humose, lockere Böden/Salzstandorte-Ufervegetation/ Juni-Okt

Erigeron acris Scharfes Berufskraut (Compositae) Pflanze rauhaarig bis kahl/Blütenköpfchen 6-10 mm/violett/Hülle becherförmig/Zungenblüten rot bis violett/Röhrenblüten grünlich-gelb/mäßig trockene, meist kalkreiche, gern sandige, kiesige oder steinige Lehm- und Lössböden/Felsige Standorte/ Mai-Sep

Blüten löwenzahnartig

1A-Ufervegetation — ***Aster tripolium***
1B-Salzstandorte — ***Aster tripolium***

Aster tripolium Strand-Aster (Compositae) Köpfchen 10-35 mm/Hüllblätter 2-3reihig/Zungenblüten blau bis violett/Röhrenblüten gelb/offene, feuchte Salztonböden/Salzstandorte-Ufervegetation/Juni-Okt

Blüten anders

1A-Wälder und Gebüsche — ***Helichrysum arenarium***

Helichrysum arenarium Sand-Strohblume (Compositae) Weißwollig behaarte Pflanze/untere Blätter eiförmig-länglich/obere Blätter schmal/Blütenstand 2-5 cm/Blüten orangegelb/trockene, magere, kalkhaltige oder oberflächlich entkalkte, humose Sandböden/Kiefernwälder-Rasengesellschaften/Juli-Okt

Gemeiner Wacholder
Juniperus communis
(Cupressaceae)

<u>Blüten klein</u>

1A-Blüten braun	
2A-Wälder und Gebüsche	
3A-Baum mit 4-7 cm langen Nadeln	***<u>Pinus sylvestris</u>***
3B-Strauch	
4A-Blätter nadelartig	***<u>Juniperus communis</u>***
4B-Zur Blütezeit ohne Blätter	***Hippophae rhamnoides***
3C-Krautige Pflanze	
4A-Blätter grundständig	***Polypodium vulgare***
4B-Blätter nicht grundständig	
5A-Blätter lineal	***Huperzia selago***
5B-Blätter nicht lineal	***Asplenium ruta-muraria***
2B-Salzstandorte	***Plantago maritima***

Asplenium ruta-muraria Mauerraute (Aspleniaceae) Farnpflanze/Blattstiel am Grund braun/kalkliebend/Fichtenwälder-felsige Standorte/Juni-Juli

Hippophae rhamnoides Sanddorn (Elaeagnaceae) Dorniger Strauch/Blätter silbrig-weiß/Blüten bis 3 mm/2 Kelchblätter/Früchte 6-8 mm/orange/im tieferen Wurzelbereich feuchte, an der Oberläche wechseltrockene, meist kalkhaltige, humus- und feinerdearmen Kies- und Sandböden/Gebüsche/Apr

Huperzia selago Tannen-Bärlapp (Lycopodiaceae) Pflanze mit nadelartigen Blättern/kalkarme, moosige, frische Sand- oder Steinböden, auch auf Torf/Fichtenwälder/Juli-Okt

<u>Juniperus communis</u> Gemeiner Wacholder (Cupressaceae) Immergrüner Strauch/Blätter dornspitzig/Frucht beerenartig/flachgründige Böden/ Gebüsche/Apr-Mai

<u>Pinus sylvestris</u> Wald-Kiefer (Pinaceae) Baum/Blätter in paarigen Nadeln/auf verschiedenen Böden, häufig angepflanzt/Mai-Juni

Plantago maritima Strand-Wegerich (Plantaginaceae) Rosetten-Pflanze mit aufrechten Blättern/Blätter lineal/Blüten in 2-6 cm langen Ähren/Krone bräunlich/Salztonböden, Gipsböden/Salzstandorte/Juli-Okt

Polypodium vulgare Gewöhnlicher Tüpfelfarn (Polypodiaceae) Farnpflanze mit grundständigen Blättern/kalkmeidend (in Humus über Kalk aber vorkommend)/Eichenmischwälder/Juli-Sep

Ackerröte
Sherardia arvensis
(Rubiaceae)

2-4 Blütenblätter

1A-Blüten violett
  2A-Wälder und Gebüsche
    3A-Zur Blütezeit ohne grüne Blätter — ***Daphne mezereum***
    3B-Zur Blütezeit mit grünen Blättern
      4A-Blätter quirlständig — ***Erica carnea***
      4B-Blätter bis 20 cm lang — ***Epilobium angustifolium***
      4C-Blätter gefiedert — ***Cardamine pratensis***
      4D-Blätter anders
        5A-Blätter am ganzen Zweig verteilt — ***Daphne cneorum***
        5B-Blätter büschelig an Zweigenden — ***Daphne striata***
  2B-Rasengesellschaften und Ruderalstandorte
    3A-Blätter quirlständig — ***Sherardia arvensis***
    3B-Blätter gefiedert — ***Cardamine pratensis***
    3C-Blätter anders — ***Daphne cneorum***
  2C-Moore
    3A-Junge Zweige unbehaart — ***Erica carnea***
    3B-Junge Zweige behaart — ***Erica tetralix***
  2D-Felsige Standorte
    3A-Krautige Pflanze — ***Cheiranthus cheiri***
    3B-Zwergstrauch mit verholzten Zweigen
      4A-Blätter amganzen Zweig verteilt — ***Daphne cneorum***
      4B-Blätter büschelig an Zweigenden — ***Daphne striata***

Cardamine pratensis Wiesenschaumkraut (Cruciferae) Kraut/kahl/Blätter gefiedert/Blütenblätter 7-14 mm/Rasengesellschaften/feuchte Böden/Apr-Juli

Cheiranthus cheiri Goldlack (Cruciferae) Kraut/Schote geschnäbelt/Blüten 20-25 mm/6 Staubblätter/Zierpflanze/Felsstandorte/Feb-Apr

Daphne cneorum Heideröschen (Thymelaeaceae) Zwergstrauch/Blätter spatelig 10-40 cm/Blüten 4-10 mm/Kiefernwälder-Zwergstrauchheiden/Apr-Juni

Daphne mezereum Gewöhnlicher Seidelbast (Thymelaeaceae) Zwergstrauch/Blätter verkehrt-länglich-lanzettlich/Blüten 7-10 mm/Buchenwälder/Feb-Apr

Daphne striata Steinröschen (Thymelaeaceae) Zwergstrauch/10-35 cm/Blätter spatelig/Blütenstände endständig/Steinböden/Kiefernwälder/Mai-Juli

Epilobium angustifolium Schmalblättriges Weidenröschen (Onagraceae) Kraut 50-180 cm/Blüten 2-4 cm/Gebüsche-Waldnahe Staudenfluren/Juni-Aug

Erica carnea Schneeheide (Ericaceae) Zwergstrauch/15-30 cm/Blätter nadelartig in Scheinquirlen/Blüten 5-6 mm in Trauben/± trockene, kalkhaltige oder entkalkte Lockerböden/Kiefernwälder-Zwergstrauchheiden/März-Juni

Erica tetralix Glockenheide (Ericaceae) Zwergstrauch/15-50 cm/Blätter nadelartig in Scheinquirlen/Blüten 6-9 mm/Torf- oder Sandböden/Moore/Juli-Aug

Sherardia arvensis Ackerröte (Rubiaceae) Kraut/behaart/Stängel vierkantig/Blätter 4-6quirlig/nährstoffreiche Böden/Ruderalpflanzen/Mai-Okt

5 Blütenblätter

1A-Blüten violett
2A-Wälder und Gebüsche
3A-Blätter hell gefleckt (März-Mai) ***Pulmonaria officinalis***
3B-Blätter ohne helle Flecken (Juni-Aug)
4A-Blätter wellig/Blattstiel geflügelt ***Polygonum bistorta***
4B-Blätter nierenförmig ***Cyclamen purpurascens***
4C-Blätter lanzettlich
5A-Zweige mit Dornen ***Lycium barbarum***
5B-Zweige ohne Dornen
6A-Blätter anliegend behaart ***Buglossoides purpurocaerulea***
6B-Blätter kahl oder Rand bewimpert
7A-Blätter bis 1 cm lang ***Rhodothamnus chamaecistus***
7B-Blätter größer ***Rhododendron hirsutum***
4D-Blätter eiförmig
5A-Staubblätter der Blüte verwachsen ***Solanum dulcamara***
5B-Staubblätter nicht verwachsen
6A-Blätter bis 1 cm lang ***Rhodothamnus chamaecistus***
6B-Blätter deutlich größer ***Lycium chinense***
2B-Rasengesellschaften und Ruderalstandorte
3A-Stängel geflügelt ***Symphytum officinale***
3B-Stängel vierkantig/Blüten 3 mm ***Asperugo procumbens***
3C-Stängel stumpfkantig/Blüten 7-15 mm ***Anchusa officinalis***
3D-Stängel anders
4A-Blütenblätter gefranst ***Soldanella alpina***
4B-Blütenblätter am Rand behaart ***Campanula barbata***
4C-Blütenblätter verschieden groß ***Echium vulgare***
4D-Blüten klein und in Scheinähren ***Polygonum bistorta***
4E-Blütenblätter anders
5A-Blüten 5-6 mm ***Cynoglossum officinale***
5B-Blüten größer
6A-Blätter spieß- oder pfeilförmig ***Convolvulus arvensis***
6B-Blätter anders
7A-Blüten glockenartig verwachsen ***Campanula alpina***
7B-Blätter anders ***Buglossoides purpurocaerulea***
2C-Ufervegetation
3A-Blätter sitzend ***Sedum villosum***
3B-Blätter gestielt ***Polygonum amphibium***
2D-Moore und Zwergstrauchheiden
3A-Blätter nierenförmig ***Soldanella alpina***
3B-Blätter lineal ***Limosella aquatica***
3C-Blätter eiförmig ***Arctostaphylos uva-ursi***
3D-Blätter lanzettlich ***Andromeda polifolia***

2E-Felsige Standorte
  3A-Krautartige Pflanze
    4A-Blätter grundständig
      5A-Blütenblätter einfach — ***Armeria maritima***
      5B-Blütenblätter gefranst
        6A-Stängel meist 1-blütig — ***Soldanella pusilla***
        6B-Stängel mehrblütig — ***Soldanella alpina***
    4B-Blätter am ganzen Stängel verteilt — ***Campanula barbata***
  3B-Zwergstrauch oder Strauch
    4A-Blätter bis 1 cm lang — ***Rhodothamnus chamaecistus***
    4B-Blätter > 1 cm
      5A-Blätter unterseits rostbraun — ***Rhododendron ferrugineum***
      5B-Blätter beidseits grün — ***Rhododendron hirsutum***
2F-Salzstandorte
  3A-Blätter grundständig — ***Armeria maritima***
  3B-Blätter am Stängel verteilt — ***Limonium vulgare***

Natternkopf
Echium vulgare
(Boraginaceae)

Anchusa officinalis Gewöhnliche Ochsenzunge (Boraginaceae) Graugrüne Pflanze/20-100 cm/abstehend behaart/Blätter länglich-lanzettlich/Blüten in vielblütigen Blütenständen/Blüte 7-15 mm/mäßig trockene, nährstoffreiche, meist kalkarme Sand- und Kiesböden/Ruderalpflanzen/Mai-Sep

Andromeda polifolia Rosmarin-Heide (Ericaceae) Zwergstrauch/10-20 cm/ Blätter lineal-lanzettlich/Blüten 5-8 mm/10 Staubblätter/ nasse nährstoff- und basenarme Torfbulten/Fichtenwälder-Moore-Zwergstrauchheiden/Mai-Juni

Arctostaphylos uva-ursi Immergrüne Bärentraube (Ericaceae) Niederliegender Strauch/20-60 cm/Blätter derb und oval/Blüten zu 3-12/Blüten 5-6 mm/ frische, kalkarme Böden/Kiefernwälder-Zwergstrauchheiden/März-Juli

Armeria maritima Gewöhnliche Grasnelke (Plumbaginaceae) Polsterpflanze Blätter grundständig/5-30 cm/Blätter grasartig/Blüten in 10-30 mm breiten Köpfchen/sandig-tonige Salzböden/Felsige Standorte-Salzstandorte/Mai-Okt

Asperugo procumbens Scharfkraut (Boraginaceae) Filzig bis borstig behaartes Kraut/Stängel kantig/Blüten 3 mm/mäßig trockene, nährstoffreiche, meist kalkhaltige, steinige Ton- und Lehmböden/Ruderalpflanzen/Mai-Aug

Buglossoides purpurocaerulea Blauroter Steinsame (Boraginaceae) Pflanze anliegend behaart/15-60 cm/Blätter lanzettlich/Blüten 14-19 mm/Ton-, Lehm und Lössböden/Eichenmischwälder-Ruderalpflanzen/Apr-Mai

Campanula alpina Alpen-Glockenblume (Campanulaceae) Wollig-zottig behaarte Pflanze/Blätter verkehrt-lanzettlich/Blüten 10-25 mm/Griffel 3-spaltig/ frische, basenreiche, meist kalkarme Böden/Rasengesellschaften/Juli-Aug

Campanula barbata Bärtige Glockenblume (Campanulaceae) Behaarte Pflanze/ Grundblätter rosettig/Stängelblätter zungenförmig/Blüten 20-35 mm/frische, basenreiche, aber kalkarme Böden/Rasengesellschaften/Juni-Aug

Convolvulus arvensis Acker-Winde (Convolvulaceae) Pflanze mit spieß- oder pfeilförmigen Blättern/20-200 cm/Blüten 15-40 mm/nährstoffreiche Lehm- und Tonböden/Rasengesellschaften-Ruderalpflanzen/Mai-Okt

Cyclamen purpurascens Wildes Alpenveilchen (Primulaceae) Blätter silbrig gefleckt/5-15 cm/Blätter nieren- oder herzförmig/Blüten 15-20 mm/Blüten lang gestielt/nährstoff- und kalkreiche Mullböden/Buchenwälder/Juni-Sep

Cynoglossum officinale Echte Hundszunge (Boraginaceae) Weich behaarte Pflanze/Grundblätter gestielt/Stängelblätter sitzend/Blüten 5-6 mm/nährstoffreiche, ± humose, oft steinig-sandige Lehmböden/ Ruderalpflanzen/Mai-Juni

Echium vulgare Natternkopf (Boraginaceae) Behaarte Pflanze/20-150 cm/ Blätter elliptisch bis lanzettlich/Blüten 10-22 mm/± nährstoffreiche, steinig-sandige Böden/Felsige Standorte-Ruderalpflanzen/Juni-Okt

Limonium vulgare Strandflieder (Plumbaginaceae) Rosettenpflanze/5-50 cm/ Blätter verkehrt-eiförmig/Blütenstand vielblütig/Blüten 6-8 mm/salzhaltige, sandig-tonige oder felsige Böden/Salzstandorte/Aug-Sep

Limosella aquatica Schlammkraut (Scrophulariaceae) Kahle Pflanze/2-8 cm/Blätter grundständig + lineal-spatelig bis 15 cm lang/Blüten 3 mm/nasse, zeitweise überflutete, nährstoffreiche, Schlammböden/Moore/Juni-Sep

Bittersüßer Nachtschatten
Solanum dulcamara
(Solanaceae)

Lycium barbarum Gewöhnlicher Bocksdorn (Solanaceae) Strauch mit wenigen Dornen/100-300 cm/Blätter lanzettlich/Blüten 8-9 mm/nährstoffreiche, ± kalkarme, ± sandige Böden/Gebüsche/Juni-Aug

Lycium chinense Chinesischer Bocksdorn (Solanaceae) Pflanze fast dornenlos/ 100-300 cm/Blätter eiförmig/Blüte 10-15 mm/Gebüsche/Juni-Aug

Polygonum amphibium Wasser-Knöterich (Polygonaceae) Kriechende Land- oder Wasserpflanze/50-300 cm/Blüten in 3-5 cm langen Scheinähren/ überflutete oder nasse, ± nährstoffreiche, meist kalkfreie, Lehm- und Tonböden/Ufervegetation/Juni-Sep

Polygonum bistorta Schlangen-Knöterich (Polygonaceae) Pflanze mit unverzweigtem Stängel/20-120 cm/Blätter eiförmig zugespitzt und wellig/ Blattstiel geflügelt/Blüten in dichten Ähren/feuchte, nährstoffreiche, meist kalkarme, humose Ton- und Lehmböden/Rasengesellschaften-Ruderal-pflanzen-Waldnahe Staudenfluren/Mai-Aug

Pulmonaria officinalis Echtes Lungenkraut (Boraginaceae) Behaarte Pflanze/Blätter weiß gefleckt/Blüten 12-20 mm/violett/frische, nährstoff-reiche, meist kalkhaltige Ton- und Lehmböden/Buchenwälder/März-Mai

Rhodothamnus chamaecistus Zwerg-Alpenrose (Ericaceae) Zwergstrauch/10-40 cm/Blätter eiförmig-lanzettlich/Blüten bis 25 mm/10 Staubblätter/frische, Steinböden/felsige Standorte-Kiefernwälder/Juni-Juli

Rhododendron ferrugineum Rostblättrige Alpenrose (Ericaceae) Strauch mit lanzettlichen Blättern/30-150cm/Blüten 13-16 mm/10 Staubblätter/frische, nährstoff- und kalkarme Böden/Felsige Standorte-Fichtenwälder/Mai-Juli

Rhododendron hirsutum Behaarte Alpenrose (Ericaceae) Zwergstrauchmit immergrünen Blättern/20-100 cm/Blätter langhaarig bewimpert/Blüten 13-16 mm/± trockene bis frische, meist kalkhaltige Böden/Felsige Standorte-Fichtenwälder-Gebüsche-Kiefernwälder/Mai-Juli

Sedum villosum Behaarte Fetthenne (Crassulaceae) Pflanze mit fleischigen Blättern/10-20 cm/Blätter im Querschnitt rundlich/Blüten 6-8 mm/10 Staubblätter/nasse, ± nährstoffreiche, kalkarme Sumpf- oder humose Steinböden/Ufervegetation/Juni-Aug

Solanum dulcamara Bittersüßer Nachtschatten (Solanaceae) Flaumig behaarte Pflanze/verholzt/Blattgrund herzförmig/Blüten 10-15 mm/violett/Staubblätter verwachsen/nasse bis feuchte, nährstoffreiche Böden/Gebüsche/Juni-Aug

Soldanella alpina Alpen-Troddelblume (Primulaceae) Leicht behaarte Staude/ Blätter nierenförmig/Blüten zu 1-4/Blütenblätter tief eingeschnitten/feuchte, kalkhaltige Sumpfböden/Moore-Bergweiden-quellige Orte/Apr-Juli

Soldanella pusilla Zwerg-Troddelblume (Primulaceae) Pflanze mit nieren-förmigen Blättern/3-10 cm/Blüten 10-15 mm/Blütenblätter eingeschnitten/ nährstoffreiche, kalkarme Böden/Felsige Standorte/Mai-Aug

Symphytum officinale Gewöhnlicher Beinwell (Boraginaceae) Steif behaarte Pflanze/Stängel geflügelt/Blätter eiförmig/Blüten 12-18 mm/grund- und sickernasse, nährstoffreiche, rohe oder humose Lehm- und Tonböden, auch auf modrig-torfigen Böden/Rasengesellschaften/Mai-Juli

Berg-Lauch
Allium senescens
(Liliaceae)

Mehr als 5 Blütenblätter

1A-Blüten violett
  2A-Wälder und Gebüsche — ***Allium oleraceum***
  2B-Rasengesellschaften und Ruderalstandorte
    3A-Pflanze zur Blütezeit ohne Blätter — ***Colchicum autumnale***
    3B-Pflanze zur Blütezeit mit Blättern
      4A-Blätter dickfleischig — ***Sempervivum arachnoideum***
      4B-Blätter parallelnervig
        5A-Blüten 6 cm groß — ***Iris sibirica***
        5B-Blüten kleiner
          6A-Blätter grundständig
            7A-Staubblätter > Blütenblätter — ***Allium senescens***
            7B-Staubblätter nicht größer — ***Allium angulosum***
          6B-Blätter am ganzen Stängel verteilt
            7A-Blütenstand ohne Brutzwiebeln — ***Allium sphaerocephalon***
            7B-Blütenstand mit Brutzwiebeln
              8A-Blätter ohne Blatthäutchen — ***Allium oleraceum***
              8B-Blätter mit Blatthäutchen — ***Allium vineale***
      4C-Blätter anders
        5A-Blütenstiel blattlos — ***Globularia cordifolia***
        5B-Blütenstiel mit Blättern — ***Globularia punctata***
  2C-Ufervegetation — ***Allium schoenoprasum***
  2D-Moore — ***Lythrum hyssopifolia***
  2E-Felsige Standorte
    3A-Blätter parallelnervig — ***Allium oleraceum***
    3B-Blätter nicht parallelnervig — ***Globularia cordifolia***

Blüten in Dolden

1A-Blüten violett
  2A-Rasengesellschaften und Ruderalstandorte
    3A-Blätter grundständig
      4A-Staubblätter > Blütenblätter — ***Allium senescens***
      4B-Staubblätter nicht größer — ***Allium angulosum***
    3B-Blätter am ganzen Stängel verteilt
      4A-Blütenstand ohne Brutzwiebeln — ***Allium sphaerocephalon***
      4B-Blütenstand mit Brutzwiebeln
        5A-Blätter ohne Blatthäutchen — ***Allium oleraceum***
        5B-Blätter mit Blatthäutchen — ***Allium vineale***
  2B-Ufervegetation — ***Allium schoenoprasum***
  2C-Felsige Standorte — ***Allium oleraceum***

Gemeine Kugelblume
Globularia punctata
(Globulariaceae)

Allium angulosum Kanten-Lauch (Liliaceae) Zwiebelpflanze mit parallelnervigen Blättern/20-60 cm/Stängel oberwärts kantig/Blüten in Dolden/nasse, nährstoffreiche, ± kalkhaltige Böden/Rasengesellschaften/Juli-Sep

Allium oleraceum Kohl-Lauch (Liliaceae) Pflanze mit parallelnervigen Blättern/30-90 cm/Blätter halbstielrund/Blüten in Dolden mit rötlichen Zwiebeln/± trockene, nährstoff- und kalkreiche, nicht zu schwere Böden/ Felsige Standorte-Gebüsche-Rasengesellschaften-Ruderalpflanzen/Juni-Aug

Allium schoenoprasum Schnittlauch (Liliaceae) Zwiebelpflanze mit parallelnervigen Blättern/15-50 cm/Blüten in Dolden/Blüte 7-15 mm/feuchte, sandigsteinige Böden/Ufervegetation/Juni-Aug

Allium senescens Berg-Lauch (Liliaceae) Zwiebelpflanze/Stängel oberwärts kantig/Blätter parallelnervig/Blüten in Dolden/6 Staubblätter/± trockene, meist kalkreiche, flachgründige Steinböden/Rasengesellschaften/Juli-Aug

Allium sphaerocephalon Kugellauch (Liliaceae) Zwiebelpflanze/30-60 cm/ Stängel rund/Blätter gerollt/Blüten in Dolden/trockene, zuweilen kalkhaltige Locker- oder Steinböden/Rasengesellschaften/Juni-Aug

Allium vineale Weinberg-Lauch (Liliaceae) Zwiebelpflanze mit parallelnervigen Blättern/20-70 cm/Blüte 2-5 mm/mäßig trockene bis frische, nährstoff- und kalkhaltige Böden/Ruderalpflanzen/Juni-Aug

Colchicum autumnale Herbst-Zeitlose (Liliaceae) Unbehaarte Knollenpflanze zur Blüte ohne grüne Blätter/Blüte rosaviolett/Blüte bis 8 cm/6 Staubblätter/3 Griffel/± feuchte, nährstoffreiche, kalkhaltige Böden/Rasengesellschaften/ Aug-Nov

Globularia cordifolia Herzblättrige Kugelblume (Globulariaceae) Niederliegender Spalierstrauch mit Rosettenblättern/3-10 cm/Stängel nur mit 2-3 Hochblättern/Blütenköpfe 10-20 mm/Blüten violett/kalkstet, steinige Böden, meidet feuchte Klimate/Rasengesellschaften/Mai-Juni

Globularia punctata Gemeine Kugelblume (Globulariaceae) Immergrüne Pflanze/5-50 cm/unbehaart/Grundblätter lang gestielt/Stängelblätter sitzend/ Blattadern oberseits sichtbar/Blüten violett/Blütenköpfe 10-20 mm/warmtrockene, kalkreiche, flachgründige Böden/Rasengesellschaften/Mai-Juni

Iris sibirica Sibirische Schwertlilie (Iridaceae) Pflanze mit parallelnervigen Blätter/Blätter bis 1 cm breit/Blüten 6 cm/Blüten violett mit gelb/± nasse, nährstoffreiche Böden/Rasengesellschaften/Mai-Juni

Lythrum hyssopifolia Ysop-Blutweiderich (Lythraceae) Unbehaartes Kraut/ Blätter sitzend/Blüten einzeln in den Blattachseln/Blütenblätter 5-7 mm lang/feuchte, z. T. zeitweilig überschwemmte, nährstoffreiche, ± humose Sand-, Lehm- und Tonböden/Moore/Juni-Sep

Sempervivum arachnoideum Spinnweben-Hauswurz (Crassulaceae) Rosettenpflanze/5-15 cm/Blüten mit 12-18 Blütenblättern/Blüten bis 20 mm/trockene, nährstoff- und kalkarme Steinböden/Rasengesellschaften/Juli-Sep

<u>Blüten symmetrisch</u>

1A-Wälder und Gebüsche
  2A-Blüten braun
    3A-Pflanze ohne grüne Blätter
      4A-Blätter röhrig stängelumfassend — ***Neottia nidus-avis***
      4B-Blätter nicht röhrig stängelumfassend — ***Orobanche rapum-genistae***
    3B-Pflanze mit grünen Blättern
      4A-Unterlippe der Blüte vierteilig — ***Aceras anthropophorum***
      4B-Unterlippe der Blüte nicht so — ***Epipactis atrorubens***
  2B-Blüten violett
    3A-Blätter mit Ranken — ***Vicia sepium***
    3B-Blätter dreizählig — ***<u>Ononis repens</u>***
    3C-Blätter parallelnervig
      4A-Blüte ohne Sporn
        5A-Stängel oben meist behaart — ***Epipactis atrorubens***
        5B-Stängel oben meist kahl — ***Cephalanthera rubra***
      4B-Blüte mit Sporn
        5A-Blütenstand ei- oder pyramidenförmig
          6A-Unterlippe der Blüte 3-lappig — ***Anacamptis pyramidalis***
          6B-Unterlippe der Blüte 4-lappig — ***Orchis tridentata***
        5B-Blütenstand ährenförmig
          6A-Blätter schmal (5-8 mm breit)
            7A-Sporn 4-5 mm — ***Gymnadenia odoratissima***
            7B-Sporn 11-18 mm — ***Gymnadenia conopsea***
          6B-Blätter breiter
            7A-Unterlippe der Blüte 3-lappig — ***Orchis mascula***
            7B-Unterlippe der Blüte 4-lappig — ***Orchis morio***
    3D-Blätter anders
      4A-Blütenstand in 10-20blütigen Dolden — ***<u>Coronilla varia</u>***
      4B-Blütenstand nicht in Dolden
        5A-Stängel gefurcht — ***<u>Lathyrus vernus</u>***
        5B-Stängel in der Mitte vierkantig — ***Lathyrus niger***
        5C-Stängel geflügelt — ***Lathyrus linifolius***
1B-Rasengesellschaften und Ruderalstandorte
  2A-Blüten orange — ***<u>Anthyllis vulneraria</u>***
  2B-Blüten braun
    3A-Blüten pelzig — ***Ophrys insectifera***
    3B-Blüten nicht pelzig — ***Epipactis atrorubens***
  2C-Blüten violett
    3A-Pflanze ohne grüne Blätter — ***Orobanche reticulata***
    3B-Pflanze mit grünen Blättern
      4A-Blätter dreizählig — ***<u>Ononis repens</u>***

4B-Blätter mit Ranken
5A-Blütenstände kurz gestielt — ***Vicia sepium***
5B-Blütenstände lang gestielt
6A-Blütenstand vielblütig — ***Vicia cracca***
6B-Blütenstand nur 2-6blütig
7A-Blätter mit einem Fiederpaar — ***Lathyrus tuberosus***
7B-Blätter mit 3-5 Fiederpaaren — ***Vicia tetrasperma***
4C-Blätter parallelnervig
5A-Blätter eiförmig
6A-Blätter dunkel gefleckt
7A-Stängel hohl und 3-6blättrig — ***Dactylorhiza majalis***
7B-Stängel markig und 6-10blättrig
8A-Unterlippe der Blüte tief 3-teilig — ***Dactylorhiza fuchsii***
8B-Unterlippe nur seicht 3-teilig — ***Dactylorhiza maculata***
6B-Blätter nicht dunkel gefleckt
7A-Blüte ungespornt — ***Epipactis atrorubens***
7B-Blüte gespornt
8A-Mittellappen der Lippe geteilt — ***Orchis militaris***
8B-Mittellappen der Lippe ungeteilt — ***Orchis coriophora***
5B-Blätter nicht eiförmig
6A-Unterlippe der Blüte ungelappt — ***Nigritella nigra***
6B-Unterlippe 3-lappig
7A-Lippe eingeschnitten + ganzrandig — ***Anacamptis pyramidalis***
7B-Lippe eingeschnitten + gefranst — ***Orchis mascula***
7C-Lippe gelappt/Sporn 11-18 mm — ***Gymnadenia conopsea***
7D-Lippe gelappt/Sporn 4-5 mm — ***Gymnadenia odoratissima***
6C-Unterlippe 4-lappig
7A-Lappen lineal — ***Aceras anthropophorum***
7B-Lappen nicht lineal
8A-Unterlippe tief eingeschnitten — ***Orchis morio***
8B-Unterlippe nicht so — ***Orchis tridentata***
4D-Blätter grundständig — ***Pinguicula vulgaris***
4E-Blätter gefiedert
5A-Stängel aufrecht/Pflanze > 30 cm — ***Onobrychis viciifolia***
5B-Pflanze 5-20 cm
6A-Schiffchen der Blüte spitz — ***Oxytropis jacquinii***
6B-Schiffchen der Blüte abgerundet
7A-Flügel der Blüte tief 2lappig — ***Astragalus australis***
7B-Flügel der Blüte nicht so
8A-Flügel weiß/Schiffchen violett — ***Astragalus alpinus***
8B-Flügel und Schiffchen violett — ***Astragalus danicus***

Fortsetzung nächste Seite

Bitteres Kreuzblümchen
Polygala amara
(Polygalaceae)

4F-Blätter anders
5A-Stängel geflügelt ***Lathyrus linifolius***
5B-Stängel nicht geflügelt
6A-Blüte mit kurzem Sporn ***Chaenorhinum minus***
6B-Blüte ohne Sporn
7A-Blüten 2-5 mm ***Polygala amara***
7B-Blüten 5-8 mm ***Polygala vulgaris***
7C-Blüten 10-22 mm ***Echium vulgare***
1C-Moore und nichtalpine Zwergstrauchheiden
2A-Blüten violett
3A-Blätter silbern behaart ***Anthyllis vulneraria***
3B-Blätter unbehaart und parallelnervig
4A-Blätter linealisch/Unterlippe 3-teilig ***Orchis palustris***
4B-Blätter eiförmig/Unterlippe ungeteilt ***Dactylorhiza incarnata***
1D-Felsige Standorte
2A-Blüten violett
3A-Blätter parallelnervig
4A-Unterlippe der Blüte ungeteilt ***Nigritella nigra***
4B-Unterlippe der Blüte 3teilig ***Traunsteinera globosa***
3B-Blätter nicht parallelnervig
4A-Staubblätter aus der Blüte herausragend ***Echium vulgare***
4B-Staubblätter nicht so
5A-Blüten hängend ***Hedysarum hedysaroides***
5B-Blüten nicht hängend ***Astragalus alpinus***

Blüten margeritenartig

1A-Rasengesellschaften und Ruderalstandorte
2A-Blüten violett ***Erigeron uniflorus***

Bunte Kronwicke
Coronilla varia
(Fabaceae)

Aceras anthropophorum Ohnsporn (Orchidaceae) Pflanze mit parallelnervigen Blättern/20-35 cm/Blätter länglich-eiförmig-lanzettlich/Unterlippe der Blüten 12-15 mm/± trockene, kalkreiche Böden/Gebüsche-Rasengesellschaften/ Mai-Juni

Anacamptis pyramidalis Hundswurz (Orchidaceae) Pflanze mit parallelnervigen Blättern/20-50 cm/Blätter lineal-lanzettlich/Blütenstand reichblütig/mäßig trockene bis ± frische, kalkreiche Böden/Gebüsche-Rasengesellschaften/Juni-Juli

Anthyllis vulneraria Gewöhnlicher Wundklee (Fabaceae) Silbern behaarte Pflanze/Blätter 1-7paarig gefiedert/Blüten in vielblütigen Köpfchen/ Einzelblüten 1-2 cm/trockene bis frische, magere, meist kalkhaltige Lehm- und Lössböden, wenig entkalkte Dünensande/Rasengesellschaften/Mai-Sep

Astragalus alpinus Alpen-Tragant (Fabaceae) Behaarte Pflanze/Blätter unpaarig gefiedert/7-12 Fiederpaare/Blüten blauviolett/Blütenstand 5-15blütig/steinige, kalkreiche, tonige Böden/Rasengesellschaften/Juni-Aug

Astragalus australis Südlicher Tragant (Fabaceae) Behaarte Pflanze/Blätter unpaarig gefiedert/4-9 Fiederpaare/Blüten blauviolett/Blütenstand 6-15blütig/ weiß und violett/trockene, lockere, kalkhaltige, tonigen Böden und flachgründige Steinböden/Rasengesellschaften/Mai-Juni

Astragalus danicus Dänischer Tragant (Fabaceae) Behaarte Pflanze/Blätter unpaarig gefiedert/6-13 Fiederpaare/Blütenstand 5-15blütig/Blüten violett/ trockene, meist kalkhaltige, sandige bis lehmige Böden/Rasengesellschaften/ Mai-Juni

Cephalanthera rubra Rotes Waldvögelein (Orchidaceae) Pflanze mit parallelnervigen Blättern/20-60 cm/Blüten zu 4-12/Blütenblätter 10-22 mm/ mäßig frische, kalkreiche, humose Böden/Buchenwälder/Juni-Juli

Chaenorhinum minus Klaffmund (Scrophulariaceae) Drüsiges Kraut/5-25 cm/ Blätter länglich lanzettlich/Blüten 5-10 mm/mäßig frische, nährstoffreiche, ± steinige Böden/Ruderalpflanzen/Juni-Okt

Coronilla varia Bunte Kronwicke (Fabaceae) Pflanze mit kantig gefurchtem Stängel/30-120 cm/Blätter mit 5-12 Fiederpaaren/Blüten 8-15 mm/Waldnahe Staudenfluren/mäßig trockene bis frische, kalkhaltige Böden/Mai-Sep

Dactylorhiza fuchsii Fuchs' Knabenkraut (Orchidaceae) Pflanze mit markigem Stängel/Blätter gefleckt/Blüten rosa bis weißlich/kalkhaltige Böden/ Rasengesellschaften/Juni-Juli

Dactylorhiza incarnata Fleischfarbenes Knabenkraut (Orchidaceae) Pflanze mit parallelnervigen Blättern/20-100 cm/Blütenstand bis 20 cm lang/± nasse, nährstoffreiche, ± kalkhaltige Sumpfhumusböden/Moore/Mai-Juli

Dactylorhiza maculata Geflecktes Knabenkraut (Orchidaceae) Unbehaartes Kraut/10-60 cm/Blätter parallelnervig/Blätter gefleckt/Blüte mit Sporn (3-11 mm)/Lippe 7-11 mm/Unterlippe 3lappig/kalkarme Böden/Rasengesellschaften/Mai-Aug

Frühlings-Platterbse
Lathyrus vernus
(Fabaceae)

Dactylorhiza majalis Breitblättriges Knabenkraut (Orchidaceae) Pflanze mit hohlem Stängel (zusammendrückbar)/10-70 cm/Blätter gefleckt/Blüten hell- und dunkelviolett/nasse, nährstoffreiche, kalkarme bis kalkhaltige Sumpfhumus- oder Gleyböden/Moore-Ufervegetation-Rasengesellschaften/Mai-Juli

Echium vulgare Natternkopf (Boraginaceae) Behaarte Pflanze/20-150 cm/ Blätter elliptisch bis lanzettlich/Blüten 10-22 mm/mäßig trockene, steinig-sandige Böden/Felsige Standorte-Ruderalpflanzen/Juni-Okt

Epipactis atrorubens Rotbraune Ständelwurz (Orchidaceae) Rhizompflanze/ Stängel behaart/Blätter parallelnervig/Blütenstand 8-18blütig/trockene, nährstoffarme, kalkreiche Steinböden/Rasengesellschaften/Juni-Aug

Erigeron uniflorus Einblütiges Berufskraut (Compositae) Behaarte Pflanze/ Blütenköpfchen 10-25 mm/violett/frische oder wechseltrockene, meist kalkarme oder entkalkte, modrig-humose, steinige Lehm- und Tonböden/ Rasengesellschaften/Juli-Sep

Gymnadenia conopsea Mücken-Händelwurz (Orchidaceae) Pflanze mit parallelnervigen Blättern/20-100 cm/Blüten in vielblütigen Blütenständen/ Blüten gespornt/Sporn bis 20 mm lang/± frische, ± nährstoffarme, kalkreiche Böden/Kiefernwälder-Rasengesellschaften/Juni-Aug

Gymnadenia odoratissima Wohlriechende Händelwurz (Orchidaceae) Pflanze mit parallelnervigen Blättern/15-30 cm/Blüten in vielblütigen Blütenständen/ Blüten gespornt/± trockene bis frische, kalkreiche Böden/Kiefernwälder-Rasengesellschaften/Juni-Aug

Hedysarum hedysaroides Alpen-Süßklee (Fabaceae) Pflanze mit kantigem Stängel/10-60 cm/Blätter 3-9paarig gefiedert/Blüten in 10-50blütigen Trauben/Blüten 13-25 mm/meist kalkhaltige, lockere, humose Lehmböden/ Felsige Standorte/Juli-Aug

Lathyrus linifolius Berg-Platterbse (Fabaceae) Pflanze mit geflügeltem Stängel/15-50 cm/Blätter 1-4paarig gefiedert/Blüten in 2-6blütigen Trauben/ Blüten 11-18 mm/mäßig trockene, nährstoffarme, kalkarme bis kalkfreie Lehmböden/Rasengesellschaften-Waldnahe Staudenfluren/Apr-Juni

Lathyrus niger Schwarzwerdende Platterbse (Fabaceae)Pflanze mit paarig gefiederten Blättern/Stängel in der Mitte 4kantig/Blütenstand 3-10blütig/ Blüten purpurn bis violett/mäßig trockene, magere, meist etwas kalkhaltige, steinige Lehmböden oder Mullböden/Waldnahe Staudenfluren/Juni-Juli

Lathyrus tuberosus Knollen-Platterbse (Fabaceae) Kahle Pflanze/20-120 cm/ Blätter mit Ranken und Nebenblättern/Blüten 12-20 mm/mäßig trockene, nährstoffreiche, oft kalkhaltige Lehm- Tonböden/Ruderalpflanzen/Juni-Juli

Lathyrus vernus Frühlings-Platterbse (Fabaceae) Pflanze mit gefurchtem Stängel/20-60 cm/Blätter mit Nebenblättern und 1-4 Fiederpaaren/Blüten in 3-10blütigen Trauben/Kelchzähne ungleich lang/frische, nährstoffreiche, meist kalkhaltige, lockere Ton- und Lehmböden/Buchenwälder/Apr-Mai

Kriechende Hauhechel
Ononis repens
(Fabaceae)

Neottia nidus-avis Netzwurz (Orchidaceae) Pflanze ohne grüne Blätter/20-50 cm/Stängel mit braunen Schuppeblättern/4-6 mm/frische, nährstoffreiche, kalkhaltige Mullböden/Buchenwälder-Eichenmischwälder-Fichtenwälder-Kieferwälder/Mai-Juni

Nigritella nigra Österreichisches Schwarzes Kohlröschen (Orchidaceae) Pflanze mit parallelnervigen Blättern/8-27 cm/Blütenstand eiförmig/Unterlippe der Blüten 5-10 mm/mäßig frische, kalkhaltige Böden/Felsige Standorte Rasengesellschaften/Juni-Aug

Onobrychis viciifolia Futter-Esparsette (Fabaceae) Pflanze mit gefiederten Blättern/30-100 cm/Blätter mit 6-13 Fiederpaaren/Blütenstand lang gestielt/ Blüten 10-14 mm/mäßig trockene, ± magere, lockere Lehm- und Lössböden/ Rasengesellschaften/Mai-Juli

Ononis repens Kriechende Hauhechel (Fabaceae) Pflanze drüsig behaart/30-100 cm/Blätter/Blätter 3-zählig gefiedertBlüten meist einzeln/Blüten 7-25 mm/ mäßig trockene, basenreiche, meist lehmige Böden/Eichenmischwälder-Kiefernwälder-Rasengesellschaften/Mai-Sep

Ophrys insectifera Fliegen-Ragwurz (Orchidaceae) Knollenpflanze/Blätter parallelnervig/Blütenstand 2-20blütig/± trockene, kalkreiche Böden/ Rasengesellschaften/Mai-Juli

Orchis coriophora Wanzen-Knabenkraut (Orchidaceae) Pflanze mit parallelnervigen Blättern/Blütenstand reichblütig/Blüten schmutzig grünlich-rötlich/ Lippe braunrot oder grünlich/± frische bis feuchte, magere, kalkarme Böden/Rasengesellschaften/Mai-Aug

Orchis mascula Männliches Knabenkraut (Orchidaceae) Pflanze mit parallelnervigen Blättern/15-60 cm/Blätter zungenförmig bis breit länglich/± trockene bis ± frische, ± nährstoffreiche, kalkarme und kalkhaltige Böden/Eichenmischwälder-Rasengesellschaften/Mai-Juni

Orchis militaris Helm-Knabenkraut (Orchidaceae) Pflanze mit parallelnervigen Blättern/Blütenstand reichblütig/Blüten blaßrosa bis violettund dunkelrot punktiert/± trockene, kalkreiche Böden/Rasengesellschaften/Mai-Juni

Orchis morio Kleines Knabenkraut (Orchidaceae) Pflanze mit parallelnervigen Blättern/10-40 cm/Stängel kantig/Blätter schmal-eiförmig/Blütenstand locker bis 25-blütig/± frische, ± kalkarme Böden/Eichenmischwälder-Rasengesellschaften/Apr-Juli

Orchis palustris Sumpf-Knabenkraut (Orchidaceae) Pflanze mit parallelnervigen Blättern/30-60 cm/Blütenstand reichblütig/Blüten rosa bis violettrot/ ± nasse Sumpfhumusböden/Moore/Mai-Juni

Orchis tridentata Dreizähniges Knabenkraut (Orchidaceae) Pflanze mit parallelnervigen Blättern/15-30 cm/Blütenstand fast kugelig/Blüten + 15 mm groß/Rasengesellschaften/Rasengesellschaften/Mai-Juni

Orobanche rapum-genistae Ginster-Sommerwurz (Orobanchaceae) Parasitische Pflanze ohne Blattgrün/Blüten 20-25 mm/Blüten braun oder gelblich-violett überlaufen/Sand- oder Lehmböden/Gebüsche/Mai-Juli

Gewöhnliches Kreuzblümchen
Polygala vulgaris
(Polygalaceae)

Orobanche reticulata Distel-Sommerwurz (Orobanchaceae) Parasitische Pflanze ohne Blattgrün/Blüten 14-25 mm/gelblich-violett überlaufen/ Kalkböden/Rasengesellschaften-Ruderalpflanzen/Juni-Sep

Oxytropis jacquinii Berg-Spitzkiel (Fabaceae) Pflanze mit rötlich überlaufenen Blattstielen/Blätter mit 4-20 Fiederpaaren/Blätter mit Nebenblättern/Blütenstand 6-15blütig/Blüten violett/Fahne der Blüte 10-13 mm lang/trockene, kalkreiche, humose, steinige Lehmböden/Rasengesellschaften/Juli-Aug

Polygala amara Bitteres Kreuzblümchen (Polygalaceae) Pflanze mit grundständiger Blattrosette/5-30 cm/Blätter elliptisch bis oval/Blüten in vielblütigen Blütenständen/Blüte 2-5 mm/mäßig trockene bis feuchte, kalkreiche Böden/Rasengesellschaften/Mai-Aug

Polygala vulgaris Gewöhnliches Kreuzblümchen (Polygalaceae) Ausdauernde Pflanze mit verholztem Wurzelstock/5-40 cm/Blätter oval bis elliptisch/ Blüten in vielblütigen Blütenständen/Blüte 5-8 mm/mäßig trockene bis frische, nährstoffarme, saure, ± sandige Lehmböden/Rasengesellschaften/ Mai-Aug

Pinguicula vulgaris Gewöhnliches Fettkraut (Lentibulariaceae) 5-15 cm/Blüte gespornt und mit weißem Schlundfleck/nährstoffarme, basenreiche Sumpfhumus- oder Steinböden/Moore-Rasengesellschaften-Ufervegetation/Mai-Aug

Traunsteinera globosa Kugelknabenkraut (Orchidaceae) Pflanze mit parallelnervigen Blättern/30-50 cm/Blüten in kugeligem bis pyramidenförmigen Blütenstand/Blüten mit 3lappiger Unterlippe/frische, kalkhaltige Böden/ Felsige Standorte/Mai-Aug

Vicia cracca Vogel-Wicke (Fabaceae) Pflanze mit verzweigten Ranken/Blätter mit 6-12 paarigen Blattfiedern/Blütenstand 10-30blütig/Blüten blauviolett/ Blüten 8-13 mm/frische bis mäßig trockene, humose Lehm- und Tonböden/ Rasengesellschaften/Juni-Juli

Vicia sepium Zaun-Wicke (Fabaceae) Pflanze mit verzweigten Ranken/Blätter mit 3-9 paarigen Blattfiedern/Blütenstand 2-6blütig/Blüten schmutzigviolett/ Blüten 10-15 mm/Ton- und Lehmböden/Rasengesellschaften/Mai-Juni

Vicia tetrasperma Viersamige Wicke (Fabaceae) Pflanze mit Ranken/10-60 cm/ Stängel schwach kantig/Blätter mit 2-8 Fiederpaaren/Blüten zu 1 bis 2/Blüten 4-8 mm/mäßig frische, ± nährstoffreiche, Lehmböden/Ruderalpflanzen/ Mai-Juli

Blüten anders

1A-Wälder und Gebüsche	
2A-Blüten braun	
3A-Baum mit 4-7 cm langen Nadeln	***Pinus sylvestris***
3B-Strauch mit Blättern	
4A-Zur Blütezeit oohne Blätter	***Hippophae rhamnoides***
4B-Blätter nadelartig	***Juniperus communis***
3C-Krautartige Pflanze	
4A-Uferpflanze/Blätter parallelnervig	***Typha latifolia***
4B-Krautige Pflanze/Blätter anders	
5A-Blätter quirlständig	***Equisetum sylvaticum***
5B-Blätter grundständig	***Polypodium vulgare***
5C-Blätter anders	
6A-Blattumriss 3-eckig bis eiförmig	***Asplenium ruta-muraria***
6B-Blätter anders	
7A-Pflanze mit kriechnden Sprossen	***Lycopodium annotinum***
7B-Pflanze ohne kriechenden Spross	***Huperzia selago***
2B-Blüten violett	
3A-Blätter parallelnervig	***Muscari neglectum***
3B-Blätter nicht parallelnervig	***Arctium nemorosum***
1B-Rasengesellschaften und Ruderalstandorte	
2A-Blüten orange	***Helichrysum arenarium***
2B-Blüten braun	
3A-Blätter grundständig	***Plantago lanceolata***
3B-Blätter quirlständig	
4A-Ährentragende Sprosse grün	***Equisetum palustre***
4B-Ährentragende Sprosse nicht grün	***Equisetum arvense***
3C-Blätter sitzend	***Gnaphalium norvegicum***
3D-Blätter gestielt	
4A-Blattunterseite nicht graufilzig	***Arctium lappa***
4B-Blattunterseite dicht graufilzig	***Arctium tomentosum***
2C-Blüten violett	
3A-Blütenstängel ohne Blätter	***Globularia cordifolia***
3B-Blütenstängel bis oben beblättert	***Globularia punctata***
1C-Ufervegetation	
2A-Blüten braun	
3A-Blätter quirlständig	
4A-Ährentragende Sprosse grün	***Equisetum fluviatile***
4B-Ährentragende Sprosse nicht grün	***Equisetum telmateia***
3B-Blätter grundständig	
4A-Blätter dreizählig	***Marsilea quadrifolia***

4B-Blätter nicht dreizählig
5A-Blüten in Ähren — ***Acorus calamus***
5B-Blüten in kugeligen Blütenständen
6A-Blütenstand verzweigt — ***Sparganium erectum***
6B-Blütenstand nicht verzweigt
7A-Blätter gekielt — ***Sparganium emersum***
7B-Blätter nicht gekielt — ***Sparganium angustifolium***
5C-Blüten anders
6A-Blätter sehr steif — ***Isoetes lacustris***
6B-Blätter schlaff — ***Isoetes echinospora***
3C-Blätter sitzend
4A-Blätter 3-10 mm breit — ***Typha angustifolia***
4B-Blätter 10-20 mm breit — ***<u>Typha latifolia</u>***
1D-Moore
2A-Blüten braun
3A-Blätter 1-2 mm breit — ***Typha minima***
3B-Blätter > 2 mm breit — ***Typha shuttleworthii***
1E-Felsige Standorte
2A-Blüten grau — ***Leontopodium alpinum***
2B-Blüten violett
3A-Blüten trichterförmig — ***Soldanella alpina***
3B-Blüten in kugeligen Köpfchen
4A-Krautige Pflanze — ***<u>Globularia nudicaulis</u>***
4B-Niederliegender Spalierstrauch — ***<u>Globularia cordifolia</u>***

Nackstängelige Kugelblume
Globularia nudicaulis
(Globulariaceae)

Acorus calamus Kalmus (Araceae) Rhizomstaude mit 3kantigem Stängel/ Blätter parallelnervig/Blüten in 5-8 cm langen Kolben/Böden nährstoffreicher Gewässer/Ufervegetation/Juni-Juli

Arctium lappa Große Klette (Compositae) Flaumig behaarte Pflanze/Stängel und Blattstiel markig/Blütenstand kugelig/3-4 cm/± frische, nährstoffreiche Lehmböden/Ruderalpflanzen/Juli-Sep

Arctium nemorosum Hainklette (Compositae) Behaarte Pflanze/100-250 cm/ Blätter herzförmig-oval/Blüten 25-40 mm/feuchte, nährstoffreiche Böden/ Waldnahe Staudenfluren/Juli-Sep

Arctium tomentosum Filzige Klette (Compositae) Flaumig behaarte Pflanze/ Stängel + Blattstiel markig/Blütenstand kugelig/2-3 cm/frische, nährstoffreiche, kalkhaltige Böden/Ruderalpflanzen/Juli-Sep

Asplenium ruta-muraria Mauerraute (Aspleniaceae) Farnpflanze mit grünem Stil/Stil am Grund braun/Blätter wechselständig/kalkliebend/Felsige Standorte-Fichtenwälder/Juni-Juli

Equisetum arvense Acker-Schachtelhalm (Equisetaceae) Ausdauernde Pflanze/Stängel schwach gefurcht/Blätter quirlig/feuchte und nährstoffreiche Böden/Ruderalpflanzen/März-Apr

Equisetum fluviatile Teich-Schachtelhalm (Equisetaceae) Ausdauernde Pflanze/Stängel gefurcht/Blätter quirlig/meist meist flach überschwemmte Böden/Ufervegetation/Mai-Juni

Equisetum palustre Teich-Schachtelhalm (Equisetaceae) Ausdauernde Pflanze/ Stängel gerippt/Blätter quirlig/feuchte Böden/Rasengesellschaften-Ufervegetation/Mai-Juli

Equisetum sylvaticum Wald-Schachtelhalm (Equisetaceae) Ausdauernde Pflanze/Stängel gerippt/Blätter quirlig/kalkmeidend/Gebüsche-Ruderalpflanzen/Apr-Juni

Equisetum telmateia Riesenschachtelhalm (Equisetaceae) Ausdauernde Pflanze Stängel gerippt/Blätter quirlig/kalk- und basenreiche Tonböden/Ufervegetation/März-Mai

Globularia cordifolia Herzblättrige Kugelblume (Globulariaceae) Niederliegender Spalierstrauch mit Rosettenblättern/Stängel nur mit 2-3 Hochblättern/Blütenköpfe 10-20 mm/Blüten violett/kalkstet, steinige Böden, meidet feuchte Klimate/Rasengesellschaften/Mai-Juni

Globularia nudicaulis Nacktstängelige Kugelblume (Globulariaceae) Krautige Pflanze mit grundständigen Blättern/Blütenköpfchen 18-25 mm/Blüten violett/kalkhaltige, steinige Ton- und Lehmböden/Felsige Standorte/Juni-Aug

Globularia punctata Gemeine Kugelblume (Globulariaceae) Immergrüne Pflanze/unbehaart/Grundblätter lang gestielt/Stängelblätter sitzend/Blattadern oberseits sichtbar/Blüten violett/Blütenköpfe 10-20 mm/warm-trockene, kalkreiche, flachgründige Böden/Rasengesellschaften/Mai-Juni

Wald-Kiefer
Pinus sylvestris
(Pinaceae)

Gnaphalium norvegicum Norwegisches Ruhrkraut (Compositae) Weißlich behaarte Pflanze/Blätter lanzettlich/meist 3-nervig/Blütenköpfchen 6-7 mm/ frische, ± nährstoffreiche, kalkarme, modrig-torfig-humose Lehmböden/ Rasengesellschaften/Juli-Sep

Helichrysum arenarium Sand-Strohblume (Compositae) Weißwollig behaarte Pflanze/untere Blätter eiförmig-länglich/obere Blätter schmal/Blütenstand 2-5 cm/Blüten orangegelb/trockene, magere, kalkhaltige oder oberflächlich entkalkte, humose Sandböden/Rasengesellschaften/Juli-Okt

Hippophae rhamnoides Sanddorn (Elaeagnaceae) Dorniger Strauch/Blätter silbrig-weiß/Blüten bis 3 mm/2 Kelchblätter/Früchte 6-8 mm/orange/im tieferen Wurzelbereich feuchte, an der Oberläche wechseltrockene, meist kalkhaltige, humus- und feinerdearmen Kies- und Sandböden/Gebüsche/Apr

Huperzia selago Tannen-Bärlapp (Lycopodiaceae) Ausdauernde Pflanze mit nadelartigen Blättern/kalkarme moosige, frische Sand- oder Steinböden, auch auf Torf/Fichtenwälder/Juli-Okt

Isoetes echinospora Stachelsporiges Brachsenkraut (Isoetaceae) Untergetauchte Wasserpflanze mit grundständigen Blättern/3-15 cm/nährstoffarme Seen mit sandigem oder kiesigem Grund/Ufervegetation/Juli-Sep

Isoetes lacustris See-Brachsenkraut (Isoetaceae) Untergetauchte Wasserpflanze/ Blätter grundständig/3-15 cm/nährstoffarme Seen mit sandigem oder kiesigem Grund/Ufervegetation/Juli-Sep

Juniperus communis Gemeiner Wacholder (Cupressaceae) Immergrüner Strauch/Blätter dornspitzig/Frucht beerenartig/flachgründige Böden/ Gebüsche/Apr-Mai

Leontopodium alpinum Edelweiß (Compositae) Weißwollig behaarte Pflanze 2-45 cm/Blätter lineal-lanzettlich/Blüten 2-6 cm/Rasengesellschaften/Juli-Sep

Lycopodium annotinum Sprossender Bärlapp (Lycopodiaceae) Kriechende Pflanze mit nadelartigen Blättern/auf frischen, auch feuchten, nährstoff- und basenarmen, sauren, torfig-humosen Böden/Buchenwälder/Aug-Sep

Marsilea quadrifolia Vierblättriger Kleefarn (Marsileaceae) Rasenbildende Farnpflanze/Blätter kleeartig/offene, nasse, nährstoffreiche Stellen/Ufervegetation/Aug-Okt

Muscari neglectum Übersehene Träubelhyazinthe (Liliacea) Zwiebelpflanze/15-40 cm/Blätter parallelnervig/Blüten 3-8 mm und in 2-6 cm langen Trauben/ mäßig trockene, ± nährstoffreiche, kalkhaltige Böden/Gebüsche/März-Mai

Pinus sylvestris Wald-Kiefer (Pinaceae) Immergrüner Baum/Blätter nadelartig/ Nadeln paarig/auf verschiedenen Böden, häufig angepflanzt/Gebüsche/ Mai-Juni

Plantago lanceolata Spitz-Wegerich (Plantaginaceae) Pflanze mit grundständigen Blättern/10-50 cm/Blätter lanzettlich mit 3-7 deutlichen Adern/ Blüten in länglich-eiförmiger Ähre/frische bis trockene, magere bis nährstoffreiche, Sand- bis Lehmböden/Ruderalpflanzen/Mai-Sep

Breitblättriger Rohrkolben
Typha latifolia
(Typhaceae)

Polypodium vulgare Gewöhnlicher Tüpfelfarn (Polypodiaceae) Farnpflanze mit grundständigen Blättern/kalkmeidend (in Humus über Kalk aber vorkommend)/Eichenmischwälder/Juli-Sep

Soldanella alpina Alpen-Troddelblume (Primulaceae) Leicht behaarte Staude/ Blätter nierenförmig/Blüten zu 1-4/Blütenblätter tief eingeschnitten/Blüten 8-13 mm/nährstoffreiche, kalkhaltige Sumpfhumusböden/Felsige Standorte-Moore/Apr-Juli

Sparganium angustifolium Igelkolben (Sparganiaceaea) Wasserpflanze/Blätter grundständig/Blüten schwarz/nährstoffarme, saure Gewässer über humosem Sand- oder Torfschlammboden/Ufervegetation/Juni-Sep

Sparganium emersum Einfacher Igelkolben (Sparganiaceaea) Wasserpflanze/ Blätter grundständig/Blüten schwarz/basenreiche, oft kalkarme, humose Schlamm- oder Muddeböden oder schlammige Kies- und Sandböden/ Ufervegetation/Juni-Juli

Sparganium erectum Ästiger Igelkolben (Sparganiaceaea) Wasserpflanze/ Blätter grundständig/Blüten schwarz/stehende und langsam fließende Gewässer/Ufervegetation/Juni-Aug

Typha angustifolia Schmalblättriger Rohrkolben (Typhaceae) Uferpflanze/Blätter 3-6 mm breit/Kolben braun/Röhrichtzone langsam fließender und stehender, ± nährstoffreicher, oft kalkarmer Gewässer über humosen Schlammböden/Erlenwälder/Juni-Aug

Typha latifolia Breitblättriger Rohrkolben (Typhaceae) Uferpflanze/Blätter 10-20 mm breit/Kolben braun/humose Schlammböden/Erlenwälder/Juni-Juli

Typha minima Zwerg-Rohrkolben (Typhaceae) Uferpflanze/Blätter 1-2 mm breit/Kolben braun/meist kalkhaltige, humose Schwemmsandböden/Moore/ Mai-Juni

Typha shuttleworthii Grauer Rohrkolben (Typhaceae) Uferpflanze/Blätter 5-15 mm breit/Kolben braun/humose, kalkreiche bis kalkarme, tonig-kiesige Schlammböden/Moore/Juni-Aug

Blätter nicht ganzrandig

-

Blätter gegenständig

Gewöhnliches Hexenkraut
Circaea intermedia
(Onagraceae)

Blüten klein

1A-Rasengesellschaften und Ruderalstandorte
  2A-Blätter am Grund gezähnt ***Valerianella dentata***
  2B-Blätter am Grund gebuchtet ***Valerianella rimosa***

2-4 Blütenblätter

1A-Wälder und Gebüsche
  2A-Blüten mit 3 Blütenblättern
    3A-Blätter herzförmig/Blattstiel oben behaart ***Circaea intermedia***
    3B-Blätter nicht herzförmig/Blattstiel behaart ***Circaea lutetiana***
  2B-Blüten mit 4 Blütenblättern
    3A-Strauch oder Kletterpflanze
      4A-Pflanze mit Ranken ***Clematis vitalba***
      4B-Pflanze ohne Ranken
        5A-Blätter unterseits weißfilzig ***Buddleja davidii***
        5B-Blätter unterseits nur schwach behaart ***Sambucus nigra***
    3B-Krautige Pflanze
      4A-Blätter gestielt/Blüten einzeln ***Epilobium roseum***
      4B-Blätter sitzend/Blüten zu mehreren ***Veronica urticifolia***
1B-Ufervegetation ***Trapa natans***

Gezähnter Feldsalat
Valerianella dentata
(Valerianaceae)

Buddleja davidii Chinesischer Sommerflieder (Buddlejaceae) Strauch mit runden Zweigen/150-500cm/Blätter lanzettlich-eiförmig/unterseits weißfilzig/ Blütenstand bis 30 cm/Blüten 9-11 mm/verwildert an Schuttplätzen, Bahngeländen, Aufschüttungsgelände, Schotterinseln in Flüssen/Gebüsche/Juli-Aug

Circaea intermedia Mittleres Hexenkraut (Onagraceae) Zerstreut behaarte Pflanze/10-70/Blätter eiförmig mit herförmigen Grund/Blüten 1-4 mm/ sickerfrische bis nasse, nährstoffreiche, humose Ton- und Lehmböden/ Waldnahe Staudenfluren/Juni-Juli

Circaea lutetiana Gewöhnliches Hexenkraut (Onagraceae) Behaarte Pflanze/ 15-90 cm/Blätter oval/Blütenblätter tief zweispaltig/Blüten 4-7 mm/ sickerfeuchte, nährstoffreiche, humose Lehm- und Tonböden/Buchenwälder-Waldnahe Staudenfluren/Juni-Aug

Clematis vitalba Gewöhnliche Waldrebe (Ranunculaceae) Kletterpflanze mit linkswindendem Stängel/100-500 cm/Blätter gefiedert und unregelmäßig gezähnt/Blüte 2-3 cm/frische, nährstoffreiche, kalkhaltige Böden/Gebüsche/ Juni-Sep

Epilobium roseum Rosarotes Weidenröschen (Onagraceae) Pflanze mit kantigem Stängel/15-100 cm/Blätter eiförmig-lanzettlich/Blüten 8-10 mm/ sickernasse, oft kalkhaltige, ± humose Lehm- und Tonböden/Waldnahe Staudenfluren/Juli-Okt

Sambucus nigra Schwarzer Holunder (Caprifoliaceae) Strauch mit gefiederten Blättern/3-7 m/Mark der Äste reinweiß/Blüten in 10-24 cm großen Blütenständen/Einzelblüte bis 8 mm/frische, nährstoffreiche Böden/Gebüsche/ Juni-Juli

Trapa natans Wassernuß (Trapaceae) Unbehaarte Wasserpflanze mit großer Schwimmblattrosette/50-400 cm/Stängel fadenförmig/Blätter rautenförmig/ Blüten 10-20 mm/in stehenden Gewässern über humosen Schlammböden/ Ufervegetation/Juni-Sep

Valerianella dentata Gezähnter Feldsalat (Valerianaceae) Kahle Pflanze/10-40 cm/Blätter am Grund gezähnt/Blüte in vielblütigen Blütenständen/mäßig frische, nährstoffreiche Böden/Ruderalpflanzen/Juni-Aug

Valerianella rimosa Geöhrter Feldsalat (Valerianaceae) Kahles Kraut/10-40 cm/ Blätter oval bis lanzettlich/Blüten klein in vielblütigen, endständigen Blütenständen/mäßig frische, nährstoffreiche, ± kalkarme Böden/Rasengesellschaften-Ruderalstandorte/Mai-Juli

Veronica urticifolia Brennnesselblättriger Ehrenpreis (Scrophulariaceae) Behaarte Pflanze/20-70 cm/Blätter breit-eiförmig/Blüten 10 mm/frische, nährstoffreiche, ± kalkhaltige Mull- oder Moderhumusböden/Buchenwälder/ Juni-Aug

Schwarzer Holunder
Sambucus nigra
(Caprifoliaceae)

5 Blütenblätter

1A-Wälder und Gebüsche
2A-Krautige Pflanze mit gefiederten Blättern ***Sambucus ebulus***
2B-Strauch oder Zwergstrauch
3A-Blätter 3-5lappig ***Viburnum opulus***
3B-Blätter eiförmig
4A-Niederliegender Zwergstrauch ***Linnaea borealis***
4B-Aufrechter Strauch
5A-Blätter gefiedert ***Sambucus nigra***
5B-Blätter nicht gefiedert ***Viburnum lantana***
1B-Felsige Standorte
2A-Blüten mit 3 Staubblättern ***Valeriana montana***
2B-Blüten mit vielen Staubblättern ***Ranunculus alpestris***

Linnaea borealis Moosglöckchen (Caprifoliaceae) Niederliegende Zwergsträucher bis 4 m lang/5-15 cm/Blätter länglich eiförmig/Blüten 5-9 mm/ 4 Staubblätter/frische, nährstoff- und kalkarme Rohhumusböden/Kiefernwälder/Juli-Aug

Ranunculus alpestris Alpen-Hahnenfuß (Ranunculaceae) Unbehaarte Pflanze/ 5-20 cm/Grundblätter 3-5lappig/Blüten 20-25 mm/feuchte, ± nährstoffreiche, kalkhaltige Feinschuttböden/Felsige Standorte/Mai-Sep

Sambucus ebulus Zwergholunder (Caprifoliaceae) Pflanze mit gefurchtem Stängel/50-200 cm/Blätter mit 7-9 lanzettlichen Fiederblättern/Blütenstand 5-16 cm/Blüten mit purpurnen (später schwarzen) Staubblättern/± frische, nährstoffreiche, meist kalkhaltige Böden/Waldnahe Staudenfluren/Juni-Aug

Sambucus nigra Schwarzer Holunder (Caprifoliaceae) Strauch mit gefiederten Blättern/3-7 m/Mark der Äste reinweiß/Blüten in 10-24 cm großen Blütenständen/Einzelblüte bis 8 mm/frische, nährstoffreiche Böden/Gebüsche/ Juni-Juli

Valeriana montana Berg-Baldrian (Valerianaceae) Unverzweigte Pflanze/20-60 cm/Grundblätter lang gestielt und am Rand dicht behaart/Blätter eifömig/ Blüten in dichter Trugdolde/frische, feinerde- und kalkreiche Steinböden/ Buchenwälder-Felsige Standorte/Apr-Juli

Viburnum lantana Wolliger Schneeball (Caprifoliaceae) Strauch/100-500 cm/ Blätter eiförmig und unterseits dicht weißfilzig-sternhaarig/Blütenstand 6-10cm/Blüte 5-9 mm/mäßig frische bis mäßig trockene, nährstoff- und kalkhaltige Böden/Buchenwälder-Gebüsche/Apr-Mai

Viburnum opulus Gemeiner Schneeball (Caprifoliaceae) Strauch/150-300 cm/ Blätter 3-5lappig und unterseits behaart/Blütenstand 4-11 cm/innere Blüten 4-7 mm, äußere Blüten 15-20 mm/feuchte bis frische, nährstoffreiche Böden/Buchenwälder/Mai-Juli

Wolliger Schneeball
Viburnum lantana
(Caprifoliaceae)

Mehr als 5 Blütenblätter

1A-Wälder und Gebüsche
  2A-Krautige Pflanze
    3A-Stängel stachelig — ***Virga pilosa***
    3B-Stängel nicht stachelig — ***Knautia dipsacifolia***
  2B-Sträucher oder kleine Bäume
    3A-Blätter unterseits nur schwach behaart — ***Sambucus nigra***
    3B-Blätter unterseits dicht behaart
      4A-Blätter eiförmig/Blüten gleichartig — ***Viburnum lantana***
      4B-Blätter 3-5lappig/Blüten verschieden — ***Viburnum opulus***
1B-Rasengesellschaften und Ruderalstandorte
  2A-Blätter distelartig — ***Eryngium campestre***
  2B-Blätter nicht distelartig
    3A-Stängel vierkantig — ***Mentha suaveolens***
    3B-Stängel nicht vierkantig — ***Knautia dipsacifolia***

Eryngium campestre Feld-Mannstreu (Apiaceae) Distelartig Pflanze/20-100 cm Blätter oval/Blüten in 10-15 mm großen Köpfchen/sommertrockene, ± kalkreiche, Lehm- und Lössböden/Rasengesellschaften-Ruderalpflanzen/Juli-Sep

Knautia dipsacifolia Wald-Witwenblume (Dipsacaceae) Behaarte Pflanze/30-100 cm/Stängel meist rötlich/Blätter länglich-elliptisch/Blüten 25-40 mm/frische bis feuchte, mäßig nährstoffreiche Mull- oder Moderhumusböden/Buchenwälder-Rasengesellschaften-Waldnahe Staudenfluren/Juni-Sep

Mentha suaveolens Rundblättrige Minze (Lamiaceae) Behaarte Pflanze/30-100 cm/Blätter breit-eiförmig/Blattgrund herzförmig/Blüten 3-4 mm/meist sickernasse, wechselfeuchte, auch zeitweise überschwemmte, nährstoffreiche, meist kalkarme, humusarme Lehm- und Tonböden/Rasengesellschaften/Juli-Sep

Sambucus nigra Schwarzer Holunder (Caprifoliaceae) Strauch/3-7 m/Blätter gefiedert/Mark der Äste reinweiß/Blütenstände10-24 cm/Einzelblüte bis 8 mm/frische, nährstoffreiche Böden/Gebüsche/Juni-Juli

Viburnum lantana Wolliger Schneeball (Caprifoliaceae) Strauch/100-500 cm/Blätter eiförmig und unterseits dicht weißfilzig-sternhaarig/Blütenstand 6-10 cm/Blüte 5-9 mm/mäßig frische bis mäßig trockene, nährstoff- und kalkhaltige Böden/Buchenwälder-Gebüsche/Apr-Mai

Viburnum opulus Gemeiner Schneeball (Caprifoliaceae) Strauch/150-300 cm/Blätter 3-5lappig und unterseits behaart/Blütenstand 4-11 cm/innere Blüten 4-7 mm-äußere Blüten 15-20 mm/feuchte bis frische, nährstoffreiche Böden/Buchenwälder/Mai-Juli

Virga pilosa Behaarte Karde (Dipsacaceae) Stachelig behaarte Pflanze/50-120 cm/Blätter oval und kurz gestielt/Blütenstand kugelig 15-20 mm/Einzelblüten 6-9 mm/Waldnahe Staudenfluren/Juli-Aug

Feld-Mannstreu
Eryngium campestre
(Apiaceae)

Blüten in Dolden

1A-Rasengesellschaften und Ruderalstandorte ***Eryngium campestre***

Eryngium campestre Feld-Mannstreu (Apiaceae) Distelartige Pflanze mit stechenden Blättern/20-100 cm/Blätter oval/Blüten in 10-15 mm großen Köpfchen/sommertrockene, ± kalkreiche, mittel- bis tiefgründige Lehm- und Lössböden/Rasengesellschaften-Ruderalpflanzen/Juli-Sep

Hohler Lerchensporn
Corydalis cava
(Fumariaceae)

Blüten symmetrisch

1A-Wälder und Gebüsche
  2A-Blätter doppelt dreizählig — ***Corydalis cava***
  2B-Blätter oval und am Grund fiederspaltig — ***Lycopus europaeus***
  2C-Blätter eiförmig
    3A-Blüten 5-6 mm und mit 2 Staubblättern — ***Veronica urticifolia***
    3B-Blüte größer und mit 4 Staubblättern
      4A-Oberlippe der Blüte fehlend — ***Ajuga reptans***
      4B-Blüte mit Unter- und Oberlippe
        5A-Unterlippe der Blüte mit Seitenlappen — ***Galeopsis tetrahit***
        5B-Unterlippe ohne Seitenlappen — ***Lamium album***
1B-Rasengesellschaften und Ruderalstandorte
  2A-Blüten 5-6 mm und mit 2 Staubblättern — ***Veronica urticifolia***
  2B-Blüte größer und mit 4 Staubblättern
    3A-Oberlippe der Blüte fehlend — ***Ajuga reptans***
    3B-Blüte mit Unter- und Oberlippe
      4A-Unterlippe der Blüte ohne Seitenlappen — ***Lamium album***
      4B-Unterlippe der Blüte dreiteilig
        5A-Pflanze behaart — ***Galeopsis tetrahit***
        5B-Pflanze ohne deutliche Behaarung — ***Prunella vulgaris***
1C-Ufervegetation — ***Lycopus europaeus***

Ajuga reptans Kriechender Günsel (Lamiaceae) Pflanze mit Ausläufern/7-40 cm/Blätter eiförmig/Blüte 10-17 mm/frische, nährstoffreiche, humose Lehmböden/Eichenmischwälder-Gebüsche-Rasengesellschaften/Mai-Aug

Corydalis cava Hohler Lerchensporn (Fumariaceae) Knollenpflanze/10-35 cm/ Blätter doppelt 3zählig/Blüten 18-30 mm/frische, nährstoffreiche, tiefgründige Mullböden, kalkliebend/Buchenwälder/März-Mai

Galeopsis tetrahit Gewöhnlicher Hohlzahn (Lamiaceae) Rau behaarte Pflanze/ 10-60 cm/Blätter eiförmig bis lanzettlich/Blüten 15-25 mm/frische, nährstoffreiche, meist humose, Lehmböden/Gebüsche-Ruderalpflanzen/Juli-Okt

Lamium album Weiße Taubnessel (Lamiaceae) Spärlich bis dicht behaarte Pflanze/20-80 cm/Blätter länglich eiförmig/Blüten 18-25 mm/frische, nährstoffreiche Lehmböden/Ruderalpflanzen-Waldnahe Staudenfluren/Apr-Okt

Lycopus europaeus Gewöhnlicher Wolfstrapp (Lamiaceae) Sparrig verzweigte Pflanze/20-130cm/Blätter oval und am Grund fiederspaltig/Blüte 4 mm/nasse, nährstoffreiche Ton- oder Torfböden/Erlenstandorte-Ufervegetation/Juli-Sep

Prunella vulgaris Gemeine Braunelle (Lamiaceae) Kraut/Stängel 4kantig/5-30 cm/Blätter oval/Blüten 13-15 mm/frische, nährstoffreiche, humose Ton- und Lehmböden/Rasengesellschaften/Juni-Sep

Veronica urticifolia Brennnesselblättriger Ehrenpreis (Scrophulariaceae) Behaarte Pflanze/20-70 cm/Blätter breit-eiförmig/Blüten 10 mm/frische, nährstoffreiche, ± kalkhaltige Mull- oder Moderhumusböden/Buchenwälder/Juni-Aug

Zwergholunder
Sambucus ebulus
(Caprifoliaceae)

Blüten anders

1A-Wälder und Gebüsche
2A-Blätter stechend ***Knautia dispsacifolia***
2B-Blätter nicht stechend ***Sambucus ebulus***
1B-Rasengesellschaften und Ruderalstandorte
2A-Blätter stechend ***Eryngium campestre***
2B-Blätter nicht stechend ***Knautia dispsacifolia***

Eryngium campestre Feld-Mannstreu (Apiaceae) Distelartig Pflanze mit stechenden Blättern/20-100 cm/Blätter oval/Blüten in 10-15 mm großen Köpfchen/sommertrockene, ± kalkreiche, mittel- bis tiefgründige Lehm- und Lössböden/Rasengesellschaften-Ruderalpflanzen/Juli-Sep

Knautia dipsacifolia Wald-Witwenblume (Dipsacaceae) Behaarte Pflanze mit meist rötlichem Stängel/30-100 cm/Blätter länglich-elliptisch/Blüten 25-40 mm/frische bis feuchte, mäßig nährstoffreiche Mull- oder Moderhumusböden/Buchenwälder-Rasengesellschaften-Waldnahe Staudenfluren/Juni-Sep

Sambucus ebulus Zwergholunder (Caprifoliaceae) Pflanze mit gefurchtem Stängel/50-200 cm/Blätter mit 7-9 lanzettlichen Fiederblättern/Blütenstand 5-16 cm/Blüten mit purpurnen Staubblättern/± frische, nährstoffreiche, meist kalkhaltige Böden/Waldnahe Staudenfluren/Juni-Aug

Berg-Weidenröschen
Epilobium montanum
(Onagraceae)

4 Blütenblätter

1A-Wälder und Gebüsche
  2A-Blüten mit 2 Staubblättern — ***Veronica urticifolia***
  2B-Blüten mit 8 Staubblättern
    3A-Stängel abstehend behaart — ***Epilobium hirsutum***
    3B-Stängel kahl oder kurz anliegend behaart
      4A-Narbe der Blüte 4-teilig — ***Epilobium montanum***
      4B-Narbe der Blüte ungeteilt — ***Epilobium roseum***
1B-Rasengesellschaften und Ruderalstandorte
  2A-Stängel abstehend behaart — ***Epilobium hirsutum***
  2B-Stängel kahl oder kurz anliegend behaart — ***Epilobium montanum***
1C-Ufervegetation
  2A-Narbe der Blüte vierteilig — ***Epilobium hirsutum***
  2B-Narbe der Blüte ungeteilt — ***Epilobium alsinifolium***
1D-Felsige Standorte
  2A-Blüten mit 3 Staubblättern — ***Valeriana montana***
  2B-Blüten mit 8 Staubblättern — ***Epilobium collinum***

Berg-Baldrian
Valeriana montana
(Valerianaceae)

Epilobium alsinifolium Mierenblättriges Weidenröschen (Onagraceae) Pflanze mit kantigem Stängel/6-35 cm/Blätter eiförmig-lanzettlich/Blüten 8-9 mm/ sickernasse, nährstoffreiche, humose Tonböden/Ufervegetation/Juni-Sep

Epilobium collinum Hügel-Weidenröschen (Onagraceae) Vom Grund an ästige Pflanze/10-40 cm/Blätter oval/Blüten 4-6 mm/trockene bis mäßig frische, meist kalkfreie Silikat- oder Buntsandsteinunterlagen/Felsige Standorte/ Juni-Sep

Epilobium hirsutum Zottiges Weidenröschen (Onagraceae) Weich behaarte Pflanze/50-200 cm/Blätter länglich bis schmal-lanzettlich/Blüten 15-25 mm/ nasse, nährstoffreiche Tonböden/Rasengesellschaften-Ufervegetation-Waldnahe Staudenfluren/Juni-Sep

Epilobium montanum Berg-Weidenröschen (Onagraceae) Pflanze mit zwei Haarleisten am Stängel/10-80 cm/Blätter eiförmig bis lanzettlich mit schwach herzförmigem Grund/Blüten 6-9 mm/frische, nährstoffreiche, humose Lehmböden/Buchenwälder-Rasengesellschaften-Waldnahe Staudenfluren/ Juni-Sep

Epilobium roseum Rosarotes Weidenröschen (Onagraceae) Pflanze mit kantigem Stängel/15-100 cm/Blätter eiförmig-lanzettlich/Blüten 8-10 mm/ sickernasse, oft kalkhaltige, ± humose Lehm- und Tonböden/Waldnahe Staudenfluren/Juli-Okt

Valeriana montana Berg-Baldrian (Valerianaceae) Unverzweigte Pflanze/20-60 cm/Grundblätter lang gestielt und am Rand dicht behaart/Blätter eifömig/Blüten in dichter Trugdolde/frische, feinerde- und kalkreiche Steinböden/Felsige Standorte/Apr-Juli

Veronica urticifolia Brennnesselblättriger Ehrenpreis (Scrophulariaceae) Behaarte Pflanze/20-70 cm/Blätter breit-eiförmig/Blüten 10 mm/frische , nährstoffreiche, ± kalkhaltige Mull- oder Moderhumusböden/Buchenwälder-Ruderalpflanzen-Waldnahe Staudenfluren/Juni-Aug

Echter Baldrian
Valeriana officinalis
(Valerianaceae)

5 Blütenblätter

1A-Wälder und Gebüsche
  2A-Strauch oder Zwergstrauch
    3A-Niederliegender Zwergstrauch (5-15 cm) ***Linnaea borealis***
    3B-Aufrechter Strauch (100-250 cm) ***Symphoricarpos albus***
  2B-Krautige Pflanze
    3A-Blüte 2-5 mm/Blüte mit 3 Staubblättern ***Valeriana officinalis***
    3B-Blüte 5-9 mm/Blüte mit 4 Staubblättern ***Linnaea borealis***
1B-Rasengesellschaften und Ruderalstandorte
  2A-Blüte 2-5 mm/Blüte mit 3 Staubblättern ***Valeriana officinalis***
  2B-Blüte 10-12 mm/Blüte mit 10 Staubblättern ***Geranium rotundifolium***
1C-Felsige Standorte ***Valeriana montana***

Geranium rotundifolium Rundblättriger Storchschnabel (Geraniaceae) Behaartes Kraut/10-40 cm/Blätter 5-7lappig/Blüten 10-12 mm/Blütenstand 1-2blütig/10 Staubblätter/mäßig trockene, nährstoffreiche steinig-sandige Lehmböden/Ruderalpflanzen/Juni-Okt

Linnaea borealis Moosglöckchen (Caprifoliaceae) Niederliegende Zwergsträucher bis 4 m lang/5-15 cm/Blätter länglich eiförmig/Blüten 5-9 mm/ 4 Staubblätter/frische, nährstoff- und kalkarme Rohhumusböden/Kiefernwälder/Juli-Aug

Symphoricarpos albus Gemeine Schneebeere (Caprifoliaceae) Strauch mit glänzenden Zweigen/100-250 cm/Blätter oval/Blüten 5-6 mm/frische, nährstoffreiche Böden/Gebüsche/Juni-Aug

Valeriana montana Berg-Baldrian (Valerianaceae) Unverzweigte Pflanze/20-60 cm/Grundblätter lang gestielt und am Rand dicht behaart/Blätter eifömig/ Blüten in dichter Trugdolde/frische, feinerde- und kalkreiche Steinböden/ Felsige Standorte/Apr-Juli

Valeriana officinalis Echter Baldrian (Valerianaceae) Behaarte Pflanze mit meist kahlem Stängel/50-180 cm/mittlere Blätter mit 7-9 Fiederpaaren/ Blüte 2-5 mm/± feuchte bis nasse, ± nährstoffreiche, ± kalkhaltige Böden/ Buchenwälder-Rasengesellschaften/Juli-Aug

Acker-Ziest
Stachys arvensis
(Lamiaceae)

Blüten symmetrisch

1A-Wälder und Gebüsche
  2A-2 kurze und 2 lange Staubblätter — ***Leonurus marrubiastrum***
  2B-2 Staubblätter — ***Veronica urticifolia***
1B-Rasengesellschaften und Ruderalstandorte
  2A-Blüte mit 4 Blütenblättern — ***Veronica fruticulosa***
    3A-Alle Stängelblätter ungeteilt
      4A-Blütenstand vielblütig — **Veronica serpyllifolia**
      4B-Blütenstand armblütig — **Veronica fruticulosa**
    3B-Obere Stängelblätter geteilt
      4A-Obere Stängelblätter handförmig geteilt — ***Veronica triphyllos***
      4B-Obere Stängelblätter fiederspaltig — ***Veronica verna***
  2B-Blüte mit Ober- und Unterlippe
    3A-Stängel rund — ***Euphrasia rostkoviana***
    3B-Stängel vierkantig
      4A-Pflanze zottig oder wollig behaart
        5A-Blüte 6-8 mm — ***Stachys arvensis***
        5B-Blüte 10-25 mm — ***Stachys germanica***
      4B-Pflanze nicht zottig oder wollig behaart
        5A-Pflanze aromatisch riechend — ***Mentha arvensis***
        5B-Pflanze nicht aromatisch riechend
          6A-Unterlipe ohne Ausstülpungen — ***Lamium purpureum***
          6B-Unterlipe mit Ausstülpungen — ***Galeopsis bifida***
1C-Ufervegetation
  2A-Blüten in 1seitsendigen Paaren — ***Scutellaria galericulata***
  2B-Blüten anders
    3A-Blütenstand auch endständig — ***Mentha aquatica***
    3B-Blüten nur in den Blattachseln — ***Mentha arvensis***

Deutscher Ziest
Stachys germanica
(Lamiaceae)

Euphrasia rostkoviana Gemeiner Großer Augentrost (Scrophulariaceae) Kurz behaarte Pflanze/5-40 cm/Blätter eiförmig/Blüten 8-12 mm/frische, mäßig nährstoffreiche, meist kalkarme Böden/Rasengesellschaften/Apr-Okt

Galeopsis bifida Zweispaltiger Hohlzahn (Lamiaceae) Kraut/behaart/20-70 cm/ Blätter eiförmig bis lanzettlich/Blüten 10-15 mm/frische, nährstoffreiche, meist kalkarme, humose Lehmböden, Torf , Sand/Ruderalpflanzen/Juni-Okt

Lamium purpureum Rote Taubnessel (Lamiaceae) Behaartes Kraut/10-45 cm/ Blätter eiförmig-3eckig/Blüten 10-20 mm/frische, nährstoffreiche, sandige oder reine Lehmböden/Ruderalpflanzen/März-Okt

Leonurus marrubiastrum Filziges Herzgespann (Lamiaceae) Pflanze behaart/ 50-120 cm/Blätter unten breit eiförmig-oben lanzettlich/Blüten 5-8 mm/ meist kalkreiche Lehm- & Tonböden/Waldnahe Staudenfluren/Juli-Aug

Mentha aquatica Wasser-Minze (Lamiaceae) Behaarte Pflanze/20-80 cm/ Blätter eiförmig bis lanzettlich/Blüten 5-7 mm/modrig-humose Ton- oder Bruchtorfböden/Ufervegetation/Juli-Okt

Mentha arvensis Acker-Minze (Lamiaceae) Behaarte Pflanze/5-40 cm/Blätter eiförmig bis rautenförmig/Blüten 5-8 mm in Scheinquirlen/nasse nährstoff-reiche Ton- und Lehmböden/Ruderalpflanzen-Ufervegetation/Juli-Sep

Scutellaria galericulata Sumpf-Helmkraut (Lamiaceae) Behaarte Pflanze/10-70 cm/Blätter oval/Blüte 10-18 mm/nasse, zeitweise überschwemmte, ± nährstoffreiche, modrig-humose Ton- oder Torfböden/Ufervegetation/Juni-Sep

Stachys arvensis Acker-Ziest (Lamiaceae) Zottig behaarte Pflanze/10-30 cm/ Blätter rundlich-eiförmig/Blüten 6-8 mm/frische, nährstoffreiche, kalkarme, meist sandig-grusige Lehmböden/Ruderalpflanzen/Mai-Okt

Stachys germanica Deutscher Ziest (Lamiaceae) Grau oder weiß behaarte Pflanze/30-120 cm/Blätter länglich-eiförmig bis lanzettlich/Blüten 15-25 mm Kelchzähne verschieden/Unterlippe mit Seitenlappen/mäßig trockene, meist kalkreiche, ± humose Lehm- und Lössböden/Ruderalpflanzen/Juni-Aug

Veronica fruticulosa Halbstrauchiger Ehrenpreis (Scrophulariaceae) Pflanze mit am Grund verholztem Stängel/10-25/Blätter lineal-lanzettlich/Blüten 9-12 mm/mäßig frische, kalkhaltige Steinböden/Rasengesellschaften/Juni-Juli

Veronica serpyllifolia Quendelblättriger Ehrenpreis (Scrophulariaceae) Fast unbehaarte Pflanze/5-30 cm/Blätter oval/Blüten 6-8 mm/2 Staubblätter/ frische, nährstoffreiche, kalkarme Böden/Ruderalpflanzen/Mai-Sep

Veronica triphyllos Finger-Ehrenpreis (Scrophulariaceae) Behaartes Kraut/5-20 cm/Blätter 3-7lappig/Blüten 3-4 mm/2 Staubblätter/mäßig trockene, nährstoffreiche, kalkarme, sandige Böden/Ruderalpflanzen/März-Mai

Veronica urticifolia Brennnesselblättriger Ehrenpreis (Scrophulariaceae) Behaarte Pflanze/20-70 cm/Blätter breit-eiförmig/Blüten 10 mm/frische, nährstoffreiche, ± kalkhaltige Mull- oder Moderhumusböden/Buchenwälder-Ruderalpflanzen-Waldnahe Staudenfluren/Juni-Aug

Veronica verna Frühlings-Ehrenpreis (Scrophulariaceae) Behaartes Kraut/3-15 cm/Blätter oval/Blüten 3 mm/2 Staubblätter/trockene, kalkarme Stein- bis Sandböden/Rasengesellschaften/Apr-Juni

Kies-Weidenröschen
Epilobium fleischeri
(Onagraceae)

2-4 Blütenblätter

1A-Rasengesellschaften und Ruderalstandorte ***Euphorbia humifusa***
1B-Felsige Standorte ***Epilobium fleischeri***

Epilobium fleischeri Kies-Weidenröschen (Onagraceae) Pflanze mit niederliegendem Stängel/10-40 cm/Blätter lanzettlich bis lineal-lanzettlich/Blüten 20-25 mm/Narbe 4teilig/wechseltrockene, meist kalkarme, humus- und feinerdearme Sand- und Kiesböden/Felsige Standorte/Juli-Sep

Euphorbia humifusa Niederliegende Wolfsmilch (Euphorbiaceae) Unbehaarte Pflanze mit Milchsaft/5-10 cm/Blätter verkehrt eiförmig/Scheinblüten einzeln/trockene, nährstoffreiche Lockerböden/Ruderalpflanzen/Juni-Sep

Blutroter Storchschnabel
Geranium sanguineum
(Geraniaceae)

5 Blütenblätter

1A-Wälder und Gebüsche
  2A-Staubbeutel rotbraun — ***Geranium robertianum***
  2B-Staubbeutel nicht rotbraun
    3A-Blüten einzeln — ***Geranium sanguineum***
    3B-Blüten in 2blütigen Teilblütenständen
      4A-Pflanze ohne Drüsen — ***Geranium palustre***
      4B-Pflanze mit Drüsen — ***Geranium sylvaticum***
1B-Rasengesellschaften und Ruderalstandorte
  2A-Pflanze ohne Drüsen — ***Geranium palustre***
  2B-Pflanze mit Drüsen — ***Geranium sylvaticum***
1C-Felsige Standorte — ***Geranium robertianum***

Geranium palustre Sumpf-Storchschnabel (Geraniaceae) 20-100 cm/Blätter 5-7teilig/Blüten 3-4 cm/sickernasse, nährstoff- und meist kalkreiche Tonböden/Rasengesellschaften-Waldnahe Staudenfluren/Juni-Sep

Geranium robertianum Ruprechtskraut (Geraniaceae) Unangenehm riechende Pflanze/10-50 cm/drüsig behaart/Blätter 3-5zählig gefiedert/Blüten 14-18 mm sickernasse, nährstoff- und meist kalkreiche Tonböden/Buchenwälder-Felsige Standorte-Waldnahe Staudenfluren/Mai-Okt

Geranium sanguineum Blutroter Storchschnabel (Geraniaceae) Behaarte Pflanze/15-60 cm/Blätter rundlich und 5-7fach tief eingeschnitten/Blüten 25-30 mm/trockene, lockere, nährstoffarme, oft kalkreiche Böden/Eichenmischwälder-Waldnahe Staudenfluren/Mai-Sep

Geranium sylvaticum Wald-Storchschnabel (Geraniaceae) 20-60 cm/Blätter rundlich und 5-7fach tief eingeschnitten/Blüten 22-26 mm/frische bis feuchte, nährstoffreiche, kalkarme bis -reiche Ton- und Lehmböden/Rasengesellschaften-Waldnahe Staudenfluren/Juni-Juli

Roß-Minze
Mentha longifolia
(Lamiaceae)

Mehr als 5 Blütenblätter

1A-Buchenwälder	***Knautia dipsacifolia***
1B-Waldnahe Staudenfluren	
2A-Blüten in vielblütigen Köpfchen	***Knautia dipsacifolia***
2B-Blüten in vielblütigen Scheinähren	***Mentha longifolia***
1C-Rasengesellschaften und Ruderalstandorte	
2A-Blüten in vielblütigen Köpfchen	***Knautia dipsacifolia***
2B-Blüten in vielblütigen Scheinähren	***Mentha longifolia***

Knautia dipsacifolia Wald-Witwenblume (Dipsacaceae) Behaarte Pflanze mit meist rötlichem Stängel/30-100 cm/Blätter länglich elliptisch/Blüten 25-40 mm/frische bis feuchte, mäßig nährstoffreiche Mull- oder Moderhumusböden/Buchenwälder-Rasengesellschaften-Waldnahe Staudenfluren/Juni-Sep

Mentha longifolia Roß-Minze (Lamiaceae) Pflanze mit grau oder weißfilzigem Stängel/40-120cm/Blätter länglich-elliptisch bis länglich-lanzettlich/Blüten 3-5 mm/(wechsel)nasse, nährstoffreiche, meist kalkhaltige, ± humose Tonböden/Rasengesellschaften-Waldnahe Staudenfluren/Juli-Sep

Blüten symmetrisch

1A-Wälder und Gebüsche	
2A-Stängel und Blätter unbehaart	
3A-Blätter tief eingeschnitten	***Corydalis cava***
3B-Blätter gesägt/nicht tief eingeschnitten	***Scrophularia nodosa***
2B-Stängel und Blätter behaart	
2A-Blüte mit Sporn	***Impatiens glandulifera***
2B-Blüte nur mit Unterlippe	***Ajuga reptans***
2C-Blüte mit Ober- und Unterlippe	
3A-Blattgrund teilweise herzförmig	
4A-Pflanze nur mit 2-3 Paar Stängelblättern	***Betonica officinalis***
4B-Pflanze mit >3 Paar Stängelblättern	
5A-Oberlippe der Blüte unbehaart	***Stachys sylvatica***
5B-Oberlippe der Blüte anliegend behaart	***Lamium maculatum***
3B-Blattgrund nicht herzförmig	
4A-Blätter lineal isch	***Melampyrum cristatum***
4B-Blätter lanzettlich	***Stachys palustris***
4C-Blätter oval bis eiförmig	
5A-Blüten 6-8 mm	***Scrophularia nodosa***
5B-Blüten größer	
6A-Oberlippe der Blüten sichelförmig	***Salvia nemorosa***
6B-Oberlippe der Blüten nicht so	***Clinopodium vulgare***
1B-Rasengesellschaften und Ruderalstandorte	
2A-Blüte nur mit Unterlippe	
3A-Untelippe der Blüte 3-lappig	***Ajuga reptans***
3B-Untelippe der Blüte 5-lappig	
4A-Stängel und Blätter drüsig behaart	***Teucrium botrys***
4B-Stängel und Blätter nicht drüsig behaart	***Teucrium chamaedrys***
2B-Blüte mit Ober- und Unterlippe	
3A-Blätter tief eingeschnitten	***Leonurus cardiaca***
3B-Obere Blätter stängelumfassend	***Lamium amplexicaule***
3C-Blätter rautenförmig + entfernt gezähnt	***Galeopsis angustifolium***
3D-Blätter anders	
4A-Blattgrund teilweise herzförmig	
5A-Pflanze graugrün/wollig-filzig-behaart	***Stachys germanica***
5B-Pflanze behaart, aber nicht wollig-filzig	***Betonica officinalis***
4B-Blattgrund nicht herzförmig	
5A-Blüte mit 2 Staubblättern	
6A-Hochblätter violett/Blüte 10-15 mm	***Salvia nemorosa***
6B-Hochblätter grün/Blüte 18-25 mm	***Salvia pratensis***

5B-Blüten mit 4 Staubblättern (2 lang+2 kurz)
6A-Stängel borstig behaart
7A-Unterlippenmittellappen länglich ***Galeopsis bifida***
7B-Unterlippenmittellappen quadratisch ***Galeopsis tetrahit***
6B-Stängel kahl oder nur spärlich behaart
7A-Mittellappen der Unterlippe 2-lappig ***Lamium purpureum***
7B-Mittellappen der Unterlippe einfach
8A-Kelch der Blüte 2-lippig ***Prunella vulgaris***
8B-Kelch mit 5 gleichen Zähnen ***Ballota nigra***
1C-Ufervegetation ***Scrophularia umbrosa***
1D-Felsige Standorte
2A-Blätter entfernt gezähnt ***Galeopsis angustifolia***
2B-Blätter tief eingeschnitten ***Teucrium botrys***

Blüten anders

1A-Wälder und Gebüsche ***Knautia dipsacifolia***
1B-Rasengesellschaften und Ruderalstandorte ***Knautia dipsacifolia***

Gefleckte Taubnessel
Lamium maculatum
(Lamiaceae)

Ajuga reptans Kriechender Günsel (Lamiaceae) Stängel zweiseitig behaart/5-40 cm/behaart/Blätter eiförmig/Blüten 10-17 mm/frische, humose Lehmböden/ Buchenwälder-Eichenmischwälder-Gebüsche-Rasengesellschaften/Mai-Aug

Ballota nigra Schwarznessel (Lamiaceae) Widerlich riechende Pflanze Stängel vierkantig/30-130 cm/behaart/Blätter oval bis herzförmig/Blüten 12-14 mm/ frische, nährstoffreiche, humose Lehmböden/Ruderalpflanzen/Apr-Juli

Betonica officinalis Echter Ziest (Lamiaceae) Behaarte Pflanze/30-80 cm/ Blätter länglich eiförmig bis elliptisch/Blüten 12-18 mm/modrig-humose Lehm- und Tonböden oder torfige Böden/Eichenmischwälder-Rasengesellschaften-Waldnahe Staudenfluren/Juli-Aug

Clinopodium vulgare Wirbeldost (Lamiaceae) Zottig behaarte Pflanze/20-60 cm/Blätter eiförmig/Blüten 12-22 mm/mäßig frische bis trockene, humose Ton- und Lehmböden/Waldnahe Staudenfluren/Juli-Sep

Corydalis cava Hohler Lerchensporn (Fumariaceae) Knollenpflanze/10-35 cm/Blätter doppelt dreizählig/Blüten 18-30 mm/frische, nährstoffreiche, tiefgründige Mullböden, kalkliebend/Buchenwälder/März-Mai

Galeopsis angustifolium Schmalblättriger Hohlzahn (Lamiaceae) Behaartes Kraut/10-70 cm/Stängel 4kantig/Blätter schmal-lanzettlich/Blüten 14-24 mm/ Steinschutt- oder Kiesböden/Felsige Standorte-Ruderalpflanzen/Juni-Okt

Galeopsis bifida Zweispaltiger Hohlzahn (Lamiaceae) Behaartes Kraut/20-70 cm/Blätter eiförmig bis lanzettlich/Blüten 10-15 mm/nährstoffreiche, humose Lehmböden, auch auf Torf oder Sand/Ruderalpflanzen/Juni-Okt

Galeopsis tetrahit Gewöhnlicher Hohlzahn (Lamiaceae) Pflanze behaart/10-60 cm/Blüten 15-25 mm in reichblütigen Scheinquirlen/nährstoffreiche, meist humose, oft steinig-sandige Lehmböden/Gebüsche-Ruderalpflanzen/Juli-Okt

Impatiens glandulifera Drüsiges Springkraut (Balsaminaceae) Blätter oben quirlständig/50-300 cm/Blätter ei- bis schmal-lanzettlich/Blüten 25-40 mm/nährstoffreiche Lehm- und Tonböden/Waldnahe Staudenfluren/Juli-Sep

Knautia dipsacifolia Wald-Witwenblume (Dipsacaceae) Behaarte Pflanze/30-100 cm/Blätter länglich elliptisch/Blüten 25-40 mm/Mull- oder Moderhumusböden/Buchenwälder-Rasengesellschaften-Waldnahe Staudenfluren/Juni-Sep

Lamium amplexicaule Stängelumfassende Taubnessel (Lamiaceae) Behaarte Pflanze/10-30 cm/Stängelblätter rundlich-nierenförmig/Blüten 14-20 mm/ mäßig frische, nährstoffreiche, oft kalkarme, sandige Lehmböden oder bindige Sandböden/Ruderalpflanzen/März-Mai

Lamium maculatum Gefleckte Taubnessel (Lamiaceae) Behaarte Pflanze/15-80 cm/Blätter 3eckig-eiförmig/Blüten 20-35 mm/feuchte bis frische, nährstoffreiche Lehm- und Tonböden/Waldnahe Staudenfluren/Apr-Sep

Lamium purpureum Rote Taubnessel (Lamiaceae) Behaartes Kraut/10-45 cm/ Blätter eiförmig-3eckig/Blüten 10-20 mm/frische, nährstoffreiche, sandige oder reine Lehmböden/Ruderalpflanzen/März-Okt

Leonurus cardiaca Echtes Herzgespann (Lamiaceae) Behaarte Pflanze/30-150 cm/untere Blätter 5-7spaltig-obere 3lappig/Blüten 8-12 mm/frische, nährstoffreiche Lehm- und Tonböden/Ruderalpflanzen/Juni-Sep

Rot

Echtes Herzgespann
Leonurus cardiaca
(Lamiaceae)

Melampyrum cristatum Kamm-Wachtelweizen (Scrophulariaceae) Fein behaarte Pflanze/10-50 cm/Blätter lineal-lanzettlich/Blüten 12-16 mm in 4-kantigen Ähren/Waldnahe Staudenfluren/Mai-Sep

Prunella vulgaris Gemeine Braunelle (Lamiaceae) Kraut mit 4kantigem Stängel/5-30 cm/Blätter oval/Blüten 13-15 mm/Blütenstand dicht und nicht verzweigt mit Blattpaar direkt unter den Blütenköpfen/frische, nährstoffreiche, humose Ton- und Lehmböden/Rasengesellschaften/Juni-Sep

Salvia nemorosa Steppen-Salbei (Lamiaceae) Behaarte Pflanze/20-70 cm/ Blätter lanzettlich/Blüte 8-15 mm/mäßig trockene, meist kalkhaltige, sandig-steinige Lehmböden/Rasengesellschaften-Ruderalpflanzen/Juni-Juli

Salvia pratensis Wiesen-Salbei (Lamiaceae) Drüsig-klebrige Pflanze/20-100 cm/kurz borstig behaart/Blätter eiförmig bis länglich-lanzettlich/Blüten 15-30 mm/mäßig frische bis trockene, mäßig nährstoffreiche bis magere, gern kalkhaltige Lehmböden/Rasengesellschaften/Mai-Aug

Rot

Scrophularia nodosa Knotige Braunwurz (Scrophulariaceae) Pflanze mit scharf 4kantigem Stängel/40-150 cm/Blätter oval bis oval-lanzettlich/Blüten 6-8 mm frische bis feuchte, nährstoffreiche, kalkarme Mullböden/Buchenwälder-Waldnahe Staudenfluren/Juni-Sep

Scrophularia umbrosa Geflügelte Braunwurz (Scrophulariaceae) Pflanze mit breit geflügeltem Stängel/50-200 cm/Blütenstand drüsig behaart/Blätter oval bis lanzettlich und herzförmiger Basis/Blüten 7-9 mm/nasse, nährstoffreiche, kalkhaltige Schlammböden/Ufervegetation/Juni-Aug

Stachys germanica Deutscher Ziest (Lamiaceae) Grau oder weiß behaarte Pflanze/30-120 cm/Blätter länglich-eiförmig bis lanzettlich/Blüten 15-25 mm Kelchzähne verschieden/Unterlippe mit Seitenlappen/mäßig trockene, meist kalkreiche, ± humose Lehm- und Lössböden/Ruderalpflanzen/Juni-Aug

Stachys palustris Sumpf-Ziest (Lamiaceae) Behaarte Pflanze/30-120 cm/Blätter länglich-lanzettlich mit herzförmigem Grund/Blüten 11-15 mm/nasse oder wechselnasse, z. T. zeitweilig überschwemmte, nährstoffreiche, Ton- und Lehmböden, auch modrige Humusböden/Waldnahe Staudenfluren/Juni-Sep

Stachys sylvatica Wald-Ziest (Lamiaceae) Behaarte Pflanze/30-120 cm/Blätter breit herzförmig/Blüten 12-18 mm/feuchte bis nasse, nährstoffreiche, humose Ton- und Lehmböden/Buchenwälder-Eichenmischwälder-Waldnahe Staudenfluren/Juni-Aug

Teucrium botrys Trauben-Gamander (Lamiaceae) Meist unangenehm riechende Pflanze mit drüsig-zottig behaartem Stängel/5-40 cm/Blätter dreieckig bis eiförmig/Blüten 15-25 mm/humus- und feinerdearme Kalksteinböden/Felsige Standorte-Rasengesellschaften-Ruderalpflanzen/Juli-Sep

Teucrium chamaedrys Edel-Gamander (Lamiaceae) Behaarter Zwergstrauch/ 10-50 cm/Blätter mehrfach eingeschnitten/Blüten 9-16 mm/Oberlippe der Blüte fehlend/trockene bis mäßig trockene, meist kalkhaltige, humose, steinige Lehmböden/Rasengesellschaften/Mai-Sep

Glänzender Ehrenpreis
Veronica polita
(Scrophulariaceae)

4 Blütenblätter

1A-Wälder und Gebüsche	
2A-Strauch	***Buddleja davidii***
2B-Krautige Pflanze	
3A-Blätter lanzettlich	***Pseudolysimachium longifolium***
3B-Blätter elliptisch	***Veronica beccabunga***
3C-Blätter eiförmig	***Veronica montana***
1B-Rasengesellschaften und Ruderalstandorte	
2A-Blüten 9-10 mmBlätter ei-herzförmig	***Veronica chamaedrys***
2B-Blüten 4-7 mm	
3A-Blätter teilweise fiederspaltig	***Veronica dillenii***
3B-Blätter nicht fiederspaltig	
4A-Blätter unterseits braunrötlich	***Veronica praecox***
4B-Blätter dicklich + glänzend	***Veronica polita***
1C-Uferpflanze	***Veronica beccabunga***
1D-Felsige Standorte	
2A-Blüten 6-8 mm/2 Staubblätter	***Veronica aphylla***
2B-Blüten 25-40 mm/viele Staubblätter	***Clematis alpina***
1E-Salzstandorte	***Veronica praecox***

5 Blütenblätter

1A-Rasengesellschaften und Ruderalstandorte	
2A-Blüten 1-2 mm	***Valerianella rimosa***
2B-Blüten 25-30 mm	***Geranium pratense***

Bachbunge
Veronica beccabunga
(Scrophulariaceae)

Buddleja davidii Chinesischer Sommerflieder (Buddlejaceae) Behaarter Strauch/100-500 cm/Blätter lanzettlich-eiförmig/Blüten 9-11 mm/Blüten in vielblütigen Blütenständen/verwildert an Schuttplätzen, auf Bahngeländen, Aufschüttungsgeländen, Schotterinseln in Flüssen/Gebüsche/Juli-Aug

Clematis alpina Alpen-Waldrebe (Ranunculaceae) Kletternder Strauch/50-200 cm/Stängel beblättert/Blüten 25-40 mm/viele Staubblätter/frische, nährstoffarme, aber basenreiche Böden/Felsige Standorte/Mai-Juli

Geranium pratense Wiesen-Storchschnabel (Geraniaceae) Behaarte Pflanze mit tief eingeschnittenen Blättern/20-80 cm/Blätter sitzend/Blüten violett/5 Blütenblätter/Blüten 25-30 mm/frische, nährstoffreiche, meist kalkhaltige Ton- und Lehmböden/Rasengesellschaften/Juni-Aug

Pseudolysimachium longifolium Langblättriger Ehrenpreis (Scrophulariaceae) Pflanze mit 2-4 quirl- oder gegenständigen Blättern/40-00 cm/Blätter kurz gestielt/Blüten 6-8 mm/Blüten in vielständigen Blütenständen/nasse bis wechselnasse, nährstoffreiche Böden/Waldnahe Staudenfluren/Juni-Aug

Valerianella rimosa Gefurchter Feldsalat (Valerianaceae) Unbehaarte Pflanze mit wiederholt gegabeltem Stängel/10-40 cm/Blätter ganzrandig oder leicht gezähnt/Blüten 1-2 mm/mäßig frische, nährstoffreiche, ± kalkarme Böden/Rasengesellschaften-Ruderalpflanzen/Mai-Juli

Veronica aphylla Blattloser Ehrenpreis (Scrophulariaceae) Behaartes Kraut/2-6 cm/Blätter fast alle grundständig/Blüten 6-8 mm/2 Staubblätter/frische, kalkhaltige Böden/Felsige Standorte/Juni-Aug

Veronica beccabunga Bachbunge (Scrophulariaceae) Kahles Kraut/20-60 cm/ Blätter oval + kurz gestielt/Blüten 5-8 mm in vielblütigen Blütenständen/ 2 Staubblätter/nasse bis überschwemmte, meso- bis eutrophe Schlammböden, zuweilen auch submers/Uferpflanze-Waldnahe Stauden-fluren/Mai-Aug

Veronica chamaedrys Gamander-Ehrenpreis (Scrophulariaceae) Behaarte Pflanze/10-40 cm/Stängel in 2 Reihen behaart/Blätter oval/Blüten 9-10 mm/ frische bis mäßig trockene, ± nährstoffreiche Böden/Rasengesellschaften/ Apr-Sep

Veronica dillenii Dillenius' Ehrenpreis (Scrophulariaceae) Behaartes Kraut/ 5-30 cm/mittlere +obere Blätter fiederspaltig/Blätter sitzend/Blüten 4-5 mm/ trockene, kalkarme Stein- bis Sandböden/Rasengesellschaften/Apr-Mai

Veronica montana Berg-Ehrenpreis (Scrophulariaceae) Behaartes Kraut/15-70 cm/Blätter oval/Blüten 6-10 mm/2 Staubblätter/feuchte, nährstoffreiche, kalkarme Mullböden/Buchenwälder/Mai-Juli

Veronica polita Glänzender Ehrenpreis (Scrophulariaceae) Behaartes Kraut/10-25 cm/Blätter oval/Blüten 3-6 mm/2 Staubblätter/mäßig frische, nährstoffreiche, kalkhaltige Böden, besonders in warmen und trockenen Lagen/ Ruderalpflanzen/März-Okt

Veronica praecox Frühblühender Ehrenpreis (Scrophulariaceae) Drüsig behaarte Pflanze/5-20 cm/Blätter tief gekerbt bis gesägt/Blüten 4-6 mm/ 2 Staubblätter/trockene, ± kalkhaltige Lockerböden/Rasengesellschaften-Ruderalpflanzen-Salzstandorte/März-Juni

Gundermann
Glechoma hederacea
(Lamiaceae)

Blüte symmetrisch

1A-Wälder und Gebüsche	
2A-Blüten mit 4 Blütenblättern	
3A-Blätter eiförmig	***Veronica chamaedrys***
3B-Blätter länglich-lanzettlich	***Pseudolysimachium longifolium***
2B-Blüten mit Unterlippe	***Ajuga reptans***
2C-Blüten mit Ober- und Unterlippe	***Glechoma hederacea***
1B-Rasengesellschaften und Ruderalstandorte	
2A-Blüten mit 4 Blütenblättern	
3A-Blätter länglich-lanzettlich	***Pseudolysimachium spicatum***
3B-Blätter eiförmig	***Veronica serpyllifolia***
3C-Blätter teilweise fiederspaltig	
4A-Blüte hellblau	***Veronica verna***
4B-Blüte dunkelblau	***Veronica triphyllos***
2B-Blüten mit Unterlippe	***Ajuga reptans***
2C-Blüten mit Ober- und Unterlippe	
3A-Blätter gestielt	
4A-Blätter nierenförmig	***Glechoma hederacea***
4B-Blätter nicht nierenförmig	
5A-Blüte mit 4 Staubblättern	***Prunella vulgaris***
5B-Blüte mit 2 Staubblättern	
6A-Hochblätter violett	***Salvia nemorosa***
6B-Hochblätter grün	***Salvia pratensis***
3B-Blätter sitzend	
4A-Hochblätter violett	***Salvia nemorosa***
4B-Hochblätter grün	***Salvia pratensis***
1C-Felsige Standorte	***Ajuga pyramidalis***
1D-Ufervegetation	
2A-Blüten mit Ober- und Unterlippe	***Scutellaria galericulata***
2B-Blüte mit 4 Blütenblättern	***Veronica beccabunga***

Kriechender Günsel
Ajuga reptans
(Lamiaceae)

Ajuga reptans Kriechender Günsel (Lamiaceae) Behaartes Kraut/5-40 cm/ Blätter ganzrandig oder gekerbt/Blüten 10-17 mm/frische, nährstoffreiche, humose Lehmböden/Gebüsche-Rasengesellschaften/Mai-Aug

Ajuga pyramidalis Pyramiden-Günsel (Lamiaceae) Behaartes Kraut/5-30 cm/ Blätter oval/Blüten 10-18 mm/frische bis mäßig trockene, ± nährstoffarme, modrig-torfig-humose Lehmböden/Felsige Standorte/Mai-Juli

Glechoma hederacea Gundermann (Lamiaceae) Behaarte Pflanze/20-40 cm/ Blätter nierenförmig/Blüte 15-22 mm/frische bis nasse, nährstoffreiche, humose Lehmböden/Rasengesellschaften-Waldnahe Staudenfluren/Apr-Juni

Prunella vulgaris Gewöhnliche Braunelle (Lamiaceae) Behaarte Pflanze/5-30 cm Blätter oval bis rautenförmig/Blüte 13-15 mm/frische, nährstoffreiche, humose Ton- und Lehmböden/Rasengesellschaften/Juni-Sep

Pseudolysimachium longifolium Langblättriger Ehrenpreis (Scrophulariaceae) Pflanze mit gegenständigen Blättern oder Blätter in 3-4blättrigen Quirlen/40-100 cm/Blüte 6-8 mm/nasse bis wechselnasse, nährstoffreiche Böden/ Waldnahe Staudenfluren/Juni-Aug

Pseudolysimachium spicatum Ähriger Ehrenpreis (Scrophulariaceae) Behaarte Pflanze/10-70 cm/Blätter oval/Blüte 4-8 mm/trockene, magere, kalkarme Stein- bis Sandböden/Rasengesellschaften/Juli-Okt

Salvia nemorosa Steppen-Salbei (Lamiaceae) Behaarte Pflanze/20-70 cm/ Blätter lanzettlich/Blüte 8-15 mm/mäßig trockene, meist kalkhaltige, sandig-steinige Lehmböden/Rasengesellschaften-Ruderalpflanzen/Juni-Juli

Salvia pratensis Wiesen-Salbei (Lamiaceae) Behaarte Pflanze/20-100 cm/ Blätter oval/Blüte 20-30 mm/Lehmböden/Rasengesellschaften/Mai-Aug

Scutellaria galericulata Sumpf-Helmkraut (Lamiaceae) Behaarte Pflanze/10-70 cm/Blätter oval/Blüte 10-18 mm/nasse, zeitweise überschwemmte, ± nährstoffreiche, modrig-humose Ton- oder Torfböden/Ufervegetation/Juni-Sep

Veronica beccabunga Bachbunge (Scrophulariaceae) Unbehaarte Pflanze/20-60 cm/Stängel am Grund kriechend/Blätter nierenförmig/Blüten 5-8 mm/ 2 Staubblätter/nasse bis überschwemmte, meso- bis eutrophe Schlammböden, zuweilen auch submers/Ufervegetation/Mai-Aug

Veronica chamaedrys Gamander-Ehrenpreis (Scrophulariaceae) Behaarte Pflanze/10-40 cm/Stängel zweizeilig behaart/Blätter oval/Blüten 9-10 mm/ 2 Staubblätter/frische bis mäßig trockene, ± nährstoffreiche Böden/Waldnahe Staudenfluren/Apr-Sep

Veronica serpyllifolia Quendelblättriger Ehrenpreis (Scrophulariaceae) Fast unbehaarte Pflanze/5-30 cm/Blätter oval/Blüten 6-8 mm/2 Staubblätter/ frische, nährstoffreiche, kalkarme Böden/Ruderalpflanzen/Mai-Sep

Veronica triphyllos Finger-Ehrenpreis (Scrophulariaceae) Behaartes Kraut/5-20 cm/Blätter 3-7lappig/Blüten 3-4 mm/2 Staubblätter/mäßig trockene, nährstoffreiche, kalkarme, sandige Böden/Ruderalpflanzen/März-Mai

Veronica verna Frühlings-Ehrenpreis (Scrophulariaceae) Behaartes Kraut/3-15 cm/Blätter oval/Blüten 3 mm/2 Staubblätter/trockene, kalkarme Stein- bis Sandböden/Rasengesellschaften/Apr-Juni

Tauben-Skabiose
Scabiosa columbaria
(Dipsacaceae)

Blüten anders

1A-Rasengesellschaften und Ruderalstandorte
2A-Blätter nicht tief eingeschnitten — ***Succisa pratensis***
2B-Blätter tief eingeschnitten
3A-Grundblätter ganzrandig — ***Scabiosa canescens***
3B-Grundblätter nicht ganzrandig — ***Scabiosa columbaria***

Succisa pratensis Gemeiner Teufelsabbiss (Dipsacaceae) Behaarte Pflanze/15-100 cm/am Grund verholzt/Blätter sitzend/untere Blätter elliptisch/Blüten violett/Blüten in vielblütigen Köpfchen/Blüten 15-25 mm/± feuchte, ± humose Böden/Rasengesellschaften/Juli-Sep

Scabiosa canescens Graue Skabiose (Dipsacaceae) Behaarte Pflanze/20-50 cm/ Blätter am Grund ganzrandig/Stängelblätter tief eingeschnitten/Blüten 15-25 mm/Blüten in vielblütigen Köpfchen/trockene, kalkhaltige Lockerböden/ Felsige Standorte-Kiefernwälder-Rasengesellschaften/Juli-Sep

Scabiosa columbaria Tauben-Skabiose (Dipsacaceae) Behaarte Pflanze/20-60 cm/Blätter am Grund nicht ganzrandig/Stängelblätter tief eingeschnitten/ Blüten 20-40 mm/Blüten in vielblütigen Köpfchen/mäßig trockene, mäßig nährstoffreiche, kalkhaltige Böden/Gebüsche-Rasengesellschaften/Juli-Okt

Gewöhnliche Nachtkerze
Oenothera biennis
(Onagraceae)

<u>Blüten klein</u>

1A-Wälder und Gebüsche ***Mercurialis perennis***
1B-Rasengesellschaften und Ruderalstandorte
  2A-Stängel verzweigt/weibliche Blüten gestielt ***Mercurialis annua***
  2B-Stängel nicht verzweigt/Blüten sitzend ***Mercurialis perennis***

Mercurialis annua Einjähriges Bingelkraut (Euphorbiaceae) (Un)behaartes Kraut/20-50cm/Stängel verzweigt/Blätter oval/Blüten 3-4 mm/frische bis ± trockene, nährstoffreiche Böden/Ruderalpflanzen/Mai-Okt
Mercurialis perennis Waldbingelkraut (Euphorbiaceae) Behaarte Pflanze/15-30 cm/Stängel unverzweigt/Blätter mit kleinen 3-eckigen Nebenblättern/Blüten 4-5 mm/frische, nährstoffreiche Mullböden/Buchenwälder-Ruderalpflanzen/Apr-Mai

<u>2-4 Blütenblätter</u>

1A-Wälder und Gebüsche ***Rhamnus cathartica***
1B-Rasengesellschaften und Ruderalstandorte ***<u>Oenothera biennis</u>***
1C-Ufervegetation ***Chrysosplenium oppositifolium***

Chrysosplenium oppositifolium Gegenblättriges Milzkraut (Saxifragaceae) Etwas behaarte Pflanze mit vierkantigem Stängel/5-15 cm/Blätter rundlich/ Blüten 3-4 mm/nasse, mäßig nährstoffreiche, kalkarme Gleyböden/ Ufervegetation/Mai-Juli
<u>Oenothera biennis</u> Gewöhnliche Nachtkerze (Onagraceae) Behaarte Pflanze/ 10-200 cm/Blätter mit meist rotem Mittelnerv/Blüten 40-50 mm/trockene bis mäßig trockene, ± nährstoffreiche, steinige, kiesige oder sandige Lehmböden/ Ruderalpflanzen/Mai-Sep
Rhamnus cathartica Echter Kreuzdorn (Rhamnaceae) Strauch/1-3 m/Blätter oval/Blüten 3-4 mm/mäßig trockene, ± kalkhaltige lockere Böden/Gebüsche/ Mai-Juni

Gemeiner Schneeball
Viburnum opulus
(Caprifoliaceae)

5 Blütenblätter

1A-Wälder und Gebüsche
  2A-Krautige Pflanze
    3A-Blüten 2-3 cm/Blätter herzförmig — ***Ranunculus ficaria***
    3B-Blüten 6-10 mm/Blätter eiförmig — ***Tozzia alpina***
  2B-Strauch oder Baum
    3A-Zweigspitze meist dornig — ***Rhamnus cathartica***
    3B-Zweigspitze nicht dornig
      4A-Blätter 3-7lappig
        5A-Blütenstand tellerförmig — ***Viburnum opulus***
        5B-Blütenstände aufrecht — ***Acer platanoides***
        5C-Blütenstände hängend — ***Acer pseudoplatanus***
      4B-Blätter gefiedert — ***Sambucus racemosa***

Acer platanoides Spitz-Ahorn (Aceraceae) Baum mit 10-15 cm großen Blättern/10-30 m/Blätter 5-7lappig/Blüten 7-8 mm/frische bis feuchte, nährstoffreiche, häufig kalkhaltige, lockere Böden/Buchenwälder/Apr-Mai

Acer pseudoplatanus Berg-Ahorn (Aceraceae) Baum mit 10-25 cm großen Bättern/8-40 m/Blätter 5-lappig/Blüten 6-7 mm/Buchenwälder/Apr-Mai

Ranunculus ficaria Scharbockskraut (Ranunculaceae) Unbehaarte Pflanze/ 5-20 cm/Blätter herzförmig/Blüten 20-30 mm/mäßig frische bis feuchte, nährstoffreiche, oft kalkhaltige, steinige bis felsige, feinerdereiche Lehmböden in luftfeuchten Lagen/Buchenwälder/März-Mai

Rhamnus cathartica Echter Kreuzdorn (Rhamnaceae) Strauch/1-3 m/Blätter oval/Blüten 3-4 mm/mäßig trockene, ± kalkhaltige lockere Böden/Gebüsche/ Mai-Juni

Sambucus racemosa Trauben-Holunder (Caprifoliaceae) Strauch/150-300 cm/ Mark der Äste gelb bis braun/Blätter oval/Blüten in vielblütigen Blütenständen/Blütenstand 3-6 cm/frische, nährstoffreiche, ± kalkarme, steinige Böden/Buchenwälder-Gebüsche/März-Mai

Tozzia alpina Alpenrachen (Scrophulariaceae) Unbehaarter Halbparasit/10-50 cm/Blätter oval/Blüten 6-10 mm/frische bis feuchte, nährstoffreiche, kalkhaltige Böden/Waldnahe Staudenfluren/Mai-Aug

Viburnum opulus Gemeiner Schneeball (Caprifoliaceae) Strauch mit kahlen Zweigen/150-300 cm/Blätter unterseits behaart/3-5lappig/Blüten in vielblütigen Blütenständen/Blütenstände 4-11 cm/Blüten meist weiß/feuchte bis frische, nährstoffreiche Böden/Buchenwälder/Mai-Juli

Scharbockskraut
Ranunculus ficaria
(Ranunculaceae)

Mehr als 5 Blütenblätter

1A-Wälder und Gebüsche
2A-Kraut — ***Ranunculus ficaria***
2B-Strauch oder Baum — ***Sambucus racemosa***

Ranunculus ficaria Scharbockskraut (Ranunculaceae) Unbehaarte Pflanze/5-20 cm/Blätter herzförmig/Blüten 20-30 mm/mäßig frische bis feuchte, nährstoffreiche, oft kalkhaltige, steinige bis felsige, feinerdereiche Lehmböden in luftfeuchten Lagen/Buchenwälder/März-Mai

Sambucus racemosa Trauben-Holunder (Caprifoliaceae) Strauch/Mark der Äste gelb bis braun/Blätter oval/150-300 cm/Blüten in vielblütigen Blütenständen/Blütenstand 3-6 cm/frische, nährstoffreiche, ± kalkarme, steinige Böden/Buchenwälder-Gebüsche/März-Mai

Blüten doldenartig

1A-Rasengesellschaften und Ruderalstandorte — ***Foeniculum vulgare***

Foeniculum vulgare Fenchel (Apiaceae) Unbehaarte Pflanze/Stängel glatt/ Blätter 3-5fach gefiedert mit fädlichen Abschnitten/Blüten in 4-25strahligen Dolden/ohne Hüll- und Hüllchenblätter/nährstoffreiche Lehm- und Lössböden/Rasengesellschaften-Ruderalstandorte/Juli-Okt

Gelber Lerchensporn
Corydalis lutea
(Fumariaceae)

Blüte symmetrisch

1A-Wälder und Gebüsche
2A-Stängel rund
3A-Blüten fünflappig — ***Tozzia alpina***
3B-Blüten mit Ober- und Unterlippe
4A-Blüten dicht in 4-kantigen Ähren — ***Melampyrum cristatum***
4B-Blüten anders
5A-Kelch der Blüte wollig-zottig behaart — ***Melampyrum nemorosum***
5B-Kelch der Blüte kahl
6A-Blüte 6-10 mm — ***Melampyrum sylvaticum***
6B-Blüte 12-20 mm — ***Melampyrum pratense***
2B-Stängel vierkantig
3A-Blüte nur mit Unterlippe/Blüte 8-9 mm — ***Teucrium scorodonia***
3B-Blüte mit Ober- und Unterlippe
4A-Blätter silbrig gefleckt — <u>***Galeobdolon luteum***</u>
4B-Blätter nicht silbrig gefleckt
5A-Blätter sitzend — ***Stachys recta***
5B-Blätter gestielt
6A-Obere Blätter fiederlappig — ***Prunella laciniata***
6B-Obere Blätter nicht fiederlappig
7A-Blüte 20-25 mm — ***Lamium album***
7B-Blüte 30-45 mm — ***Salvia glutinosa***
1B-Rasengesellschaften und Ruderalstandorte
2A-Blüte nur mit Unterlippe — ***Ajuga chamaepitys***
2B-Blüte mit Ober- und Unterlippe
3A-Blätter gestielt
4A-Obere Blätter fiederlappig — ***Prunella laciniata***
4B-Obere Blätter nicht fiederlappig — ***Lamium album***
3B-Blätter sitzend
4A-Kelch der Blüte röhrenförmig — ***Stachys recta***
4B-Kelch der Blüte bauchig — ***Rhinanthus alectorolophus***
1C-Ufervegetation — ***Mimulus guttatus***
1D-Felsige Standorte
2A-Stängel rund — <u>***Corydalis lutea***</u>
2B-Stängel vierkantig
3A-Blüten 15-20 mm — ***Stachys recta***
3B-Blüten 25-30 mm — ***Galeopsis segetum***

Echte Goldnessel
Galeobdolon luteum
(Lamiaceae)

Ajuga chamaepitys Gelber Günsel (Lamiaceae) Zottig behaarte Pflanze/5-30 cm Blätter 3-spaltig/Blüte 5-15 mm/mäßig trockene, ± nährstoffreiche, meist kalkhaltige Lehm-, Löss-, Sand- und Tonböden/ Ruderalstandorte/Mai-Sep

Corydalis lutea Gelber Lerchensporn (Fumariaceae) Unbehaartes Kraut/10-30 cm/Blätter zusammengesetzt/Blüte 12-20 mm/oft kalkarm, frisch, vor allem in warmen Lagen/Felsige Standorte/Mai-Sep

Galeobdolon luteum Echte Goldnessel (Lamiaceae) Behaartes Kraut/Stängel 4kantig/15-45 cm/Blätter silbrig gefleckt/Blüte 17-21 mm/frische, nährstoffreiche, humose, lockere Lehmböden/Buchenwälder/Mai-Juli

Galeopsis segetum Gelber Hohlzahn (Lamiaceae) Kraut/10-45 cm/behaart/ Stängel 4kantig/Blätter länglich bis oval/Blüte 25-30 mm/mäßig frische, ± kalkarme Steinschuttböden/felsige Standorte/Juli-Aug

Lamium album Weiße Taubnessel (Lamiaceae) Behaarte Pflanze/20-80 cm/ Stängel vierkantig/Blätter herzförmig bis oval/Blüte 20-25 mm/frische, nährstoffreiche Lehmböden/Ruderalpflanzen-Waldnahe Staudenfluren/Apr-Okt

Melampyrum cristatum Kamm-Wachtelweizen (Scrophulariaceae) Behaartes Kraut/10-50 cm/Blätter sitzend/Blüte 12-16 mm/± trockene, ± nährstoff- und kalkreiche Tonböden/Waldnahe Staudenfluren/Mai-Sep

Melampyrum nemorosum Hain-Wachtelweizen (Scrophulariaceae) Halbparasit 20-50 cm/Blätter länglich/Blüte 15-20 mm/Waldnahe Staudenfluren/Mai-Sep

Melampyrum pratense Wiesen-Wachtelweizen (Scrophulariaceae) Halbparasit 10-60 cm/Blätter länglich-oval/Blüte 10-18 mm/kalk- + nährstoffarme Böden Eichenmisch-wälder-Fichtenwälder-Waldnahe Staudenfluren/Mai-Sep

Melampyrum sylvaticum Wald-Wachtelweizen (Scrophulariaceae) Behaarter Halbparasit/10-40 cm/Blätter länglich/Blüte 8-10 mm/± frische, kalkarme, humose Böden/Buchenwälder/Mai-Aug

Mimulus guttatus Gelbe Gauklerblume (Scrophulariaceae) Fast unbehaarte Pflanze/Stängel hohl/25-60 cm/Blätter breit oval/Blüte 25-45 mm/nasse, ± überschwemmte, nährstoffreiche, kalkarme Böden/Ufervegetation/Juni-Okt

Prunella laciniata Weiße Braunelle (Lamiaceae) Spärlich behaarte Pflanze/5-40 cm/Blätter länglich-eiförmig/Blüte 8-15 mm/Lehm- und Tonböden/ Eichenmischwälder-Kiefernwälder-Rasengesellschaften/Juni-Aug

Rhinanthus alectorolophus Zottiger Klappertopf (Scrophulariaceae) Behaarte Pflanze/10-80 cm/Blätter eilanzettlich/Blüte bis 2 cm lang/mäßig frische, nährstoffreiche, ± kalkhaltige Böden/Rasengesellschaften/Mai-Sep

Salvia glutinosa Klebriger Salbei (Lamiaceae) Behaarte Pflanze/40-100 cm/ Blätter am Grund herz oder spießförmig/Blüte 3-4 cm/sickerfeuchte, nährstoffreiche, humose, oft steinige Ton- & Lehmböden/Buchenwälder/Juli-Sep

Stachys recta Aufrechter Ziest (Lamiaceae) Behaarte Pflanze/20-75 cm/Blätter länglich-elliptisch oder verkehrt lanzettlich/Blüten 15-20 mm/Lehm-, Löss- + Kalksandböden/felsige Standorte-Gebüsche-Rasengesellschaften/Juni-Okt

Teucrium scorodonia Salbei-Gamander (Lamiaceae) Behaart/10-100 cm/Blätter oval bis herzförmig/Blüte 8-9 mm/nährstoffarme, meist sandig-steinige Lehmböden/Eichenmischwälder-Gebüsche-Waldnahe Staudenfluren/Juli-Sep

Gelbe Skabiose
Scabiosa ochroleuca
(Dipsacaceae)

Blüte margeritenartig

1A-Wälder und Gebüsche — ***Helianthus tuberosus***
1B-Rasengesellschaften und Ruderalstandorte
  2A-Blätter anders — ***Bidens cernua***
  2B-Blätter 3- bis 5-zählig — ***Bidens tripartita***

Bidens cernua Nickender Zweizahn (Compositae) (Un)Behaartes Kraut/5-150 cm/Blätter länglich/Blüte 15-25 mm/nasse, zeitweise überschwemmte, nährstoffreiche, humose Sand- oder Tonböden/Ruderalpflanzen/Juli-Sep

Bidens tripartita Dreiteiliger Zweizahn (Compositae) Pflanze mit schwach 4-kantigem Stängel/3-200 cm/Blätter 3-bis 5-spaltig/Blüten 10-20 mm/nasse, zeitweise überschwemmte, nährstoffreiche, sandige oder reine Schlammböden/Ruderalpflanzen/Juli-Okt

Helianthus tuberosus Topinambur (Compositae) Rau behaarte Pflanze/obere Blätter wechselständig/Blüten 4-8 cm/Hüllblätter mehrreihig/Blüten orangegelb/frische, nährstoffreiche Sand- und Lehmböden/Waldnahe Staudengesellschaften/Aug-Okt

Blüte löwenzahnartig

1A-Wälder und Gebüsche
  2A-Blätter herzförmig — ***Ranunculus ficaria***
  2B-Blätter dreizählig gefiedert — ***Bidens frondosa***

Bidens frondosa Schwarzfrüchtiger Zweizahn (Compositae) (Un)Behaartes Kraut/10-120 cm/Blätter 3zählig gefiedert/Blüte 10-20 mm/frische bis nasse, zeitweise überschwemmte, nährstoffreiche sandig-kiesige Ton- und schlammige Sandböden/Gebüsche/Juli-Okt

Ranunculus ficaria Scharbockskraut (Ranunculaceae) Unbehaarte Pflanze/5-20 cm/Blätter herzförmig/Blüten 20-30 mm/mäßig frische bis feuchte, nährstoffreiche, oft kalkhaltige, steinige bis felsige, feinerdereiche Lehmböden in luftfeuchten Lagen/Buchenwälder/März-Mai

Blüten anders

1A-Wälder und Gebüsche — ***Viburnum opulus***
1B-Felsige Standorte — ***Scabiosa ochroleuca***

Scabiosa ochroleuca Gelbe Skabiose (Dipsacaceae) UnbehaartePflanze/25-60 cm/Blätter ungeteilt oder gefiedert/Blüten in vielblütigen Köpfchen/20-25 mm/mäßig trockene, meist kalkhaltige Böden/Felsige Standorte/Juli-Sep

Viburnum opulus Gemeiner Schneeball (Caprifoliaceae) Strauch mit kahlen Zweigen/150-300 cm/Blätter unterseits behaart/3-5lappig/Blüten in vielblütigen Blütenständen/Blütenstände 4-11 cm/feuchte bis frische, nährstoffreiche Böden/Buchenwälder/Mai-Juli

Spreizende Melde
Atriplex patula
(Chenopodiaceae)

Blüten klein

1A-Wälder und Gebüsche	
2A-Strauch	***Sambucus racemosa***
2B-Krautige Pflanze	
3A-Blätter mit Brennhaaren	***Urtica dioica***
3B-Blätter ohne Brennhaare	
4A-Stängel rund	***Mercurialis perennis***
4B-Stängel stumpf vierkantig	***Mercurialis ovata***
1B-Rasengesellschaften und Ruderalstandorte	
2A-Blätter distelartig	***Eryngium campestre***
2B-Blätter mit Brennhaaren	
3A-Blattgrund herzförmig/Blätter > 5 cm	***Urtica dioica***
3B-Blattgrund nicht herzförmig und < 5 cm	***Urtica urens***
2C-Blätter nicht distelartig + ohne Brennhaare	
3A-Blätter ohne Nebenblätter	
4A-Blattrand gezähnt	***Atriplex patula***
4B-Blattrand gelappt	***Iva xanthiifolia***
3B-Blätter mit kleinen Nebenblättern	
4A-Stängel unverzweigt und rund	***Mercurialis perennis***
4B-Stängel verzweigt und stumpf 4kantig	***Mercurialis annua***

Große Brennnessel
Urtica dioica
(Urticaceae)

Atriplex patula Spreizende Melde (Chenopodiaceae) Verzweigtes Kraut/10-80 cm/Stängel gefurcht/Blätter rautenförmig/Blüten in kleinblütigen Ähren/ frische, nährstoffreiche, lockere Ton- + Lehmböden/Ruderalpflanzen/Juli-Okt

Eryngium campestre Feld-Mannstreu (Apiaceae) Pflanze distelartig/20-100 cm/ Blüten in 10-15 mm großen Köpfchen/Rasengesellschaften/sommertrockene, ± kalkreiche Lehm- und Lössböden/Ruderalpflanzen/ Juli-Sep

Iva xanthiifolia Spitzkletten-Rispenkraut (Compositae) Behaarte Planze/50-200 cm/Blätter lang gestielt/Blüten in vielblütigen Blütenständen/nährstoffreiche, humose, sandige oder steinige Böden/Ruderalpflanzen/Aug-Okt

Mercurialis annua Einjähriges Bingelkraut (Euphorbiaceae) (Un)behaartes Kraut/20-50 cm/Stängel verzweigt/Blätter oval/Blüten 3-4 mm/frische bis ± trockene, nährstoffreiche Böden/Ruderalpflanzen/Mai-Okt

Mercurialis ovata Eiblättriges Bingelkraut (Euphorbiaceae) Behaarte Pflanze/ 15-35 cm/Blätter rund-eiförmig/Blüten gestielt/Eichenmischwälder/Apr-Mai

Mercurialis perennis Waldbingelkraut (Euphorbiaceae) Behaarte Pflanze/15-30 cm/Blätter mit kleinen 3-eckigen Nebenblättern/Blüten 4-5 mm/frische, nährstoffreiche Mullböden/Buchenwälder-Ruderalpflanzen/Apr-Mai

Sambucus racemosa Trauben-Holunder (Caprifoliaceae) Strauch/150-300 cm/ Blätter oval/Blüten in vielblütigen Blütenständen (3-6 cm)/nährstoffreiche, ± kalkarme, steinige Böden/Buchenwälder-Gebüsche/März-Mai

Urtica dioica Große Brennnessel (Urticaceae) Aufrechte Pflanze/30-150 cm/ Stängel kantig/Blätter mit Brennhaaren und Nebenblättern/Blüten in vielblütigen Blütenständen/stickstoffreiche Böden/Erlenstandorte-Gebüsche-Rasengesell-schaften-Waldnahe Staudenfluren/Juli-Okt

Urtica urens Kleine Brennnessel (Urticaceae) Aufrechte Pflanze/10-60 cm/ Blätter mit Brennhaaren und Nebenblättern/Blüten in vielblütigen Blütenständen/stickstoffreiche frische Lehm- und Tonböden/Ruderalpflanzen/ Mai-Sep

Gewöhnliches Pfaffenhütchen
Euonymus europaea
(Celastraceae)

2-4 Blütenblätter

1A-Wälder und Gebüsche
  2A-Krautige Pflanze — ***Adoxa moschatellina***
  2B-Strauch
    3A-Zweigspitze nicht dornig — ***Euonymus europaea***
    3B-Zweigspitze meist dornig — ***Rhamnus cathartica***
1B-Ufervegetation — ***Najas marina***

Adoxa moschatellina Moschuskraut (Adoxaceae) Rhizompflanze/5-15 cm/ Blätter dreizählig/Blüten in würfelförmigen Köpfchen/feuchte, nährstoffreiche, kalkhaltige Mullböden/Buchenwälder-Gebüsche/März-Mai

Euonymus europaea Gewöhnliches Pfaffenhütchen (Celastraceae) Strauch mit 4kantigen Zweigen/1-6 m/unbehaart/Blätter ovalbis elliptisch/Blüte 8-10 mm/ frische, lehmige Mullböden/Buchenwälder-Gebüsche/Mai-Juli

Najas marina Meer-Nixenkraut (Najadaceae) Untergetauchte Wasserpflanze/5-300 cm/Blätter 1-6 mm breit/kalkhaltiges Wasser über Sand-, Schlamm- und Kiesböden/Ufervegetation/Juni-Sep

Rhamnus cathartica Echter Kreuzdorn (Rhamnaceae) Strauch/1-3 m/Blätter oval/Blüten 3-4 mm/mäßig trockene, ± kalkhaltige lockere Böden/Gebüsche/ Mai-Juni

Grün

Berg-Ahorn
Acer pseudoplatanus
(Aceraceae)

5 Blütenblätter

1A-Wälder und Gebüsche	
2A-Krautige Pflanze	***Adoxa moschatellina***
2B-Kletterpflanze	***Humulus lupulus***
2C-Strauch	
3A-Zweigspitze nicht dornig	***Sambucus racemosa***
3B-Zweigspitze meist dornig	***Rhamnus cathartica***
2D-Baum	
3A-Blütenstände aufrecht	***Acer platanoides***
3B-Blütenstände hängend	***Acer pseudoplatanus***

Acer platanoides Spitz-Ahorn (Aceraceae) Baum mit 10-15 cm großen Blättern/10-30 m/Blätter 5-7lappig/Blüten 7-8 mm/frische bis feuchte, nährstoffreiche, häufig kalkhaltige, lockere Böden/Buchenwälder/Apr-Mai

Acer pseudoplatanus Berg-Ahorn (Aceraceae) Baum mit 10-25 cm großen Bättern/8-40 m/Blätter5lappig/Blüten 6-7 mm/mäßig frische bis feuchte, nährstoffreiche, oft kalkhaltige, steinige bis felsige, feinerdereiche Lehmböden in luftfeuchten Lagen/Buchenwälder/Apr-Mai

Adoxa moschatellina Moschuskraut (Adoxaceae) Rhizompflanze/5-15 cm/ Blätter dreizählig/Blüten in würfelförmigen Köpfchen/feuchte, nährstoffreiche, kalkhaltige Mullböden/Buchenwälder-Gebüsche-Waldnahe Staudenfluren/März-Mai

Humulus lupulus Hopfen (Cannabaceae) Behaarte Kletterpflanze/2-8 m/ Stängel 4kantig/Blätter 3-5lappig mit Nebenblättern/Blüten 4-5 mm/stickstoff- und etwas wärmeliebend/Buchenwälder-Gebüsche/Juli-Aug

Rhamnus cathartica Echter Kreuzdorn (Rhamnaceae) Strauch/1-3 m/Blätter oval/Blüten 3-4 mm/mäßig trockene, ± kalkhaltige lockere Böden/Gebüsche/ Mai-Juni

Sambucus racemosa Trauben-Holunder (Caprifoliaceae) Strauch/150-300 cm/ Mark der Äste gelb bis braun/Blätter oval/Blüten in vielblütigen Blütenständen/Blütenstand 3-6 cm/kalkarme Böden; frische, nährstoffreiche, ± kalkarme, steinige Böden/Buchenwälder-Gebüsche/März-Mai

Feld-Mannstreu
Eryngium campestre
(Apiaceae)

Blüten in Dolden

1A-Wälder und Gebüsche ***Sambucus racemosa***
1B-Rasengesellschaften und Ruderalstandorte ***Eryngium campestre***

Eryngium campestre Feld-Mannstreu (Apiaceae) Distelartige Pflanze/20-100 cm/Blüten in dichten runden Köpfchen/Köpfchen 10-15 mm/sommertrockene, ± kalkreiche, mittel- bis tiefgründige Lehm- und Lössböden/ Rasengesellschaften-Ruderalpflanzen/Juli-Sep

Sambucus racemosa Trauben-Holunder (Caprifoliaceae) Strauch/150-300 cm/ Mark der Äste gelb bis braun/Blätter oval/Blüten in vielblütigen Blütenständen/Blütenstand 3-6 cm/frische, nährstoffreiche, ± kalkarme, steinige Böden/Buchenwälder-Gebüsche/März-Mai

Blüten anders

1A-Wälder und Gebüsche ***Sambucus racemosa***
1B-Rasengesellschaften und Ruderalstandorte ***Eryngium campestre***

Eryngium campestre Feld-Mannstreu (Apiaceae) Distelartige Pflanze/20-100 cm/Blüten in dichten runden Köpfchen/Köpfchen 10-15 mm/sommertrockene, ± kalkreiche, mittel- bis tiefgründige Lehm- und Lössböden/ Rasengesellschaften-Ruderalpflanzen/Juli-Sep

Sambucus racemosa Trauben-Holunder (Caprifoliaceae) Strauch/150-300 cm/ Mark der Äste gelb bis braun/Blätter oval/Blüten in vielblütigen Blütenständen/Blütenstand 3-6 cm/frische, nährstoffreiche, ± kalkarme, steinige Böden/Buchenwälder-Gebüsche/März-Mai

Quendelblättriger Ehrenpreis
Veronica serpyllifolia
(Scrophulariaceae)

2-4 Blütenblätter

1A-Wälder und Gebüsche — ***Valeriana montana***
1B-Rasengesellschaften und Ruderalstandorte
  2A-Blüten blau mit dunklen Streifen — ***Veronica filiformis***
  2B-Blüten weiß mit dunklen Streifen — ***Veronica serpyllifolia***
1C-Ufervegetation — ***Veronica scutellata***

Valeriana montana Berg-Baldrian (Valerianaceae) Unverzweigte Pflanze/20-60 cm/Grundblätter lang gestielt und am Rand dicht behaart/Blätter eifömig/ Blüten in dichter Trugdolde/frische, feinerde- und kalkreiche Steinböden/ Buchenwälder-Felsige Standorte/Apr-Juli

Veronica filiformis Faden-Ehrenpreis (Scrophulariaceae) Pflanze mit fadenförmigem Stängel/5-50 cm/drüsig behaart/Blätter rundlich/Blüten 9-14 mm/ frische, nährstoffreiche, ± kalkarme Böden/Rasengesellschaften/März-Mai

Veronica scutellata Schild-Ehrenpreis (Scrophulariaceae) Unbehaarte Pflanze mit dünnem Stängel/10-60 cm/Blätter lineal-lanzettlich/Blüten in seitlichen Trauben, je eine pro Blattpaar/Blüte 5-6 mm/nasse, kalkarme Böden/ Ufervegetation/Juni-Sep

Veronica serpyllifolia Quendelblättriger Ehrenpreis (Scrophulariaceae) Fast unbehaarte Pflanze/5-30 cm/Blätter oval/Blüten 6-8 mm/2 Staubblätter/ frische, nährstoffreiche, kalkarme Böden/Ruderalpflanzen/Mai-Sep

5 Blütenblätter

1A-Wälder und Gebüsche
  2A-Blüten blaßrosa oder weiß und rot gestreift — ***Linnaea borealis***
  2B-Blüten gelb mit roten Punkten — ***Tozzia alpina***

Linnaea borealis Moosglöckchen (Caprifoliaceae) Niederliegende Zwergsträucher bis 4 m lang/5-15 cm/Blätter länglich eiförmig/Blüten 5-9 mm/4 Staubblätter/frische, nährstoff- und kalkarme Rohhumusböden/Kiefernwälder/Juli-Aug

Tozzia alpina Alpenrachen (Scrophulariaceae) Unbehaarter Halbparasit/10-50 cm/Blätter oval/Blüten 6-10 mm/frische bis feuchte, nährstoffreiche, kalkhaltige Böden/Waldnahe Staudenfluren/Mai-Aug

Knotige Braunwurz
Scrophularia nodosa
(Scrophulariaceae)

Blüte symmetrisch

1A-Wälder und Gebüsche	
2A-Blüten weiß mit rötlicher Unterlippe	***Melittis melissophyllum***
2B-Blüten rotbraun und grüner Unterseite	***Scrophularia nodosa***
2C-Blüten gelb	
3A-Unterlippe purpurn punktiert	***Tozzia alpina***
3B-Mitte der Unterlippe violett	***Galeopsis speciosa***
1B-Rasengesellschaften und Ruderalstandorte	
2A-Blüten mit 4 Blütenblätter	
3A-Blüten blau mit dunklen Streifen	***Veronica filiformis***
3B-Blüten weiß mit dunklen Streifen	***Veronica serpyllifolia***
2B-Blüten nicht so	
3A-Blüten purpurrot mit dunklerer Spitze	***Fumaria officinalis***
3B-Blüten anders	
4A-Blätter gestielt/Blüten gelb+violett	***Galeopsis speciosa***
4B-Blätter sitzend/Blüten gelb+blau	
5A-Kelchblätter der Blüten zottig behaart	***Rhinanthus alectorolophus***
5B-Kelch der Blüten nicht zottig behaart	***Rhinanthus pulcher***
1C-Ufervegetation	
2A-Blüten weißlich und rötlich geadert	***Gratiola officinalis***
2B-Blüten gelb mit rot geflecktem Schlund	***Mimulus guttatus***
2C-Blüten rotbraun und grüner Unterseite	***Scrophularia umbrosa***

Immenblatt
Melittis melissophyllum
(Lamiaceae)

Fumaria officinalis Gewöhnlicher Erdrauch (Fumariaceae) Unbehaarte Pflanze 10-30 cm/Blätter 2fach gefiedert/Blüten 7-9 mm/nährstoffreiche Lehmböden/ Ruderalpflanzen/Apr-Okt

Galeopsis speciosa Bunter Hohlzahn (Lamiaceae) Behaarte Pflanze/20-80 cm/ Blätter eiförmig bis lanzettlich/Blüten 15-40 mm/frische, nährstoffreiche, humose Lehm- und Tonböden/Ruderalpflanzen-Waldnahe Staudenfluren/ Juli-Sep

Gratiola officinalis Gnadenkraut (Scrophulariaceae) Pflanze mit drüsig punktierten Blättern/15-40 cm/Blätter lanzettlich/Blüte 10-18 mm/nasse, mäßig nährstoffreiche, meist kalkarme, auch etwas salzhaltige Böden/ Ufervegetation/Juni-Aug

Melittis melissophyllum Immenblatt (Lamiaceae) Behaarte Pflanze mit stumpf vierkantigem Stängel/20-50 cm/Blätter eiförmig/Blüten 30-45 mm/mäßig frische, gern kalkhaltige, meist lockere und humose Ton- und Lehmböden/ Eichenmischwälder/Mai-Juni

Mimulus guttatus Gelbe Gauklerblume (Scrophulariaceae) Fast unbehaarte Pflanze mit hohlem Stängel/25-60 cm/Blätter breit oval/Blüte 25-45 mm/ nasse, ± überschwemmte, nährstoffreiche, kalkarme Böden/Ufervegetation/ Juni-Okt

Rhinanthus alectorolophus Zottiger Klappertopf (Scrophulariaceae) Behaarte Pflanze/10-80 cm/Blätter eilanzettlich/Blüte bis 2 cm lang/mäßig frische, nährstoffreiche, ± kalkhaltige Böden/Rasengesllschaften/Mai-Sep

Rhinanthus pulcher Alpen-Klappertopf (Scrophulariaceae) Pflanze mit zweizeilig behaaartem Stängel/15-50 cm/Blätter länglich-eiförmig/Blüten ca. 15 mm/Rasengesellschaften über 1000m/Juli-Sep

Scrophularia nodosa Knotige Braunwurz (Scrophulariaceae) Pflanze mit scharf 4kantigem Stängel/40-150 cm/Blätter oval bis oval-lanzettlich/Blüten 6-8 mm/frische bis feuchte, nährstoffreiche, kalkarme Mullböden/Buchenwälder-Waldnahe Staudenfluren/Juni-Sep

Scrophularia umbrosa Geflügelte Braunwurz (Scrophulariaceae) Pflanze mit breit geflügeltem Stängel/50-200 cm/Blütenstand drüsig behaart/Blätter oval bis lanzettlich und herzförmiger Basis/Blüten 7-9 mm/nasse bis überschwemmte, nährstoffreiche, kalkhaltige Schlammböden/Ufervegetation/ Juni-Aug

Tozzia alpina Alpenrachen (Scrophulariaceae) Unbehaarter Halbparasit/10-50 cm/Blätter oval/Blüten 6-10 mm/frische bis feuchte, nährstoffreiche, kalkhaltige Böden/Waldnahe Staudenfluren/Mai-Aug

Veronica filiformis Faden-Ehrenpreis (Scrophulariaceae) Pflanze mit fadenförmigem Stängel/5-50 cm/drüsig behaart/Blätter rundlich/Blüten 9-14 mm/ frische, nährstoffreiche, ± kalkarme Böden/Rasengesellschaften/März-Mai

Veronica serpyllifolia Quendelblättriger Ehrenpreis (Scrophulariaceae) Fast unbehaarte Pflanze/5-30 cm/Blätter oval/Blüten 6-8 mm/2 Staubblätter/ frische, nährstoffreiche, kalkarme Böden/Ruderalpflanzen/Mai-Sep

<u>Blüten kleinblütig</u>

1A-Wälder und Gebüsche
  2A-Krautige Pflanze/Blüte violett — ***Leonurus marrubiastrum***
  2B-Baum/Blüten braun oder violett — ***Fraxinus excelsior***

<u>4 Blütenblätter</u>

1A-Wälder und Gebüsche
  2A-Strauch — ***Buddleja davidii***
  2B-Krautige Pflanze
    3A-Blüten mit 2 Staubblättern
      4A-Blätter lang gestielt — ***Veronica montana***
      4B-Blätter kurz gestielt oder sitzend
        5A-Blätter lanzettlich — ***<u>Pseudolysimachium longifolium</u>***
        5B-Blätter spitz-eiförmig — ***Veronica urticifolia***
        5C-Blätter elliptisch oder eiförmig
          6A-Blätter dicht behaart — ***Veronica officinalis***
          6B-Blätter unbehaart — ***Veronica beccabunga***
    3B-Blüten mit 8 Staubblättern
      4A-Stängel abstehend behaart — ***Epilobium hirsutum***
      4B-Stängel kahl oder anliegend behaart
        5A-Narbe der Blüte 4-teilig — ***<u>Epilobium montanum</u>***
        5B-Narbe der Blüte ungeteilt — ***<u>Epilobium roseum</u>***
1B-Rasengesellschaften und Ruderalstandorte
  2A-Pflanze mit Milchsaft — ***Euphorbia humifusa***
  2B-Pflanze ohne Milchsaft
    3A-Blüten mit 2 Staubblättern
      4A-Stängel zweireihig behaart — ***<u>Veronica chamaedrys</u>***
      4B-Stängel nicht so/Blüten 4-7 mm
        5A-Blätter teilweise fiederspaltig — ***Veronica dillenii***
        5B-Blätter nicht fiederspaltig
          6A-Blätter dicht behaart — ***Veronica officinalis***
          6B-Blätter nicht dicht behaart
            7A-Blätter unterseits braunrötlich — ***Veronica praecox***
            7B-Blätter dicklich + glänzend — ***<u>Veronica polita</u>***
    3B-Blüten mit 8 Staubblättern
      4A-Stängel abstehend behaart — ***Epilobium hirsutum***
      4B-Stängel kahl oder anliegend behaart — ***<u>Epilobium montanum</u>***
1C-Ufervegetation
  2A-Blüten mit 2 Staubblättern
    3A-Blätter sitzend und lanzettlich — ***Veronica anagallis-aquatica***
    3B-Blätter gestielt und oval bis eiförmig — ***Veronica beccabunga***

2B-Blüten mit 8 Staubblättern
3A-Narbe der Blüte 4-teilig — ***Epilobium hirsutum***
3B-Narbe der Blüte ungeteilt — ***Epilobium alsinifolium***
1D-Felsige Standorte
2A-Blüten mit 2 Staubblättern — ***Veronica aphylla***
2B-Blüten mit 3 Staubblättern — ***Valeriana montana***
2C-Blüten mit 8 Staubblättern
3A-Blütenblätter eingeschnitten — ***Epilobium collinum***
3B-Blütenblätter nicht eingeschnitten — ***Epilobium fleischeri***
2D-Blüten mit vielen Staubblättern — ***Clematis alpina***
1E-Salzstandorte — ***Veronica praecox***

5 Blütenblätter

1A-Wälder und Gebüsche
2A-Strauch oder Zwergstrauch
3A-Niederliegender Zwergstrauch — ***Linnaea borealis***
3B-Aufrechter Strauch (100-250 cm) — ***Symphoricarpos albus***
2B-Krautige Pflanze
3A-Blüte (2-5 mm) mit 3 Staubblättern — ***Valeriana officinalis***
3B-Blüte (5-9 mm) mit 4 Staubblättern — ***Linnaea borealis***
3C-Blüten größer und mit 10 Staubblättern
4A-Staubbeutel rotbraun — ***Geranium robertianum***
4B-Staubbeutel nicht rotbraun
5A-Blüten einzeln — ***Geranium sanguineum***
5B-Blüten nicht einzeln
6A-Pflanze ohne Drüsen — ***Geranium palustre***
6B-Pflanze mit Drüsen — ***Geranium sylvaticum***
1B-Rasengesellschaften und Ruderalstandorte
2A-Blüte 2-5 mm und mit 2-4 Staubblättern
3A-Pflanze unbehaart/Blüte 1-2 mm — ***Valerianella rimosa***
3A-Pflanze behaart/Blüte 2-5 mm
4A-Blüte mit 3 Staubblättern — ***Valeriana officinalis***
4B-Blüte mit 4 Staubblättern — ***Verbena officinalis***
2B-Blüte größer und mit 10 Staubblättern
3A-Blüten 10-12 mm — ***Geranium rotundifolium***
3B-Blüten 15-40 mm
4A-Stängel behaart, aber ohne Drüsen — ***Geranium palustre***
4B-Stängel und Blütenstiel drüsig behaart
5A-Blüten rotviolett — ***Geranium pratense***
5B-Blüten blauviolett — ***Geranium sylvaticum***
1C-Felsige Standorte
2A-Blüten 14-18 mm — ***Geranium robertianum***
2B-Blüten kleiner — ***Valeriana montana***

Sumpf-Storchschnabel
Geranium palustre
(Geraniaceae)

Buddleja davidii Chinesischer Sommerflieder (Buddlejaceae) Strauch mit runden Zweigen/150-500cm/Blätter lanzettlich-eiförmig/unterseits weißfilzig/ Blütenstand bis 30 cm/Blüten 9-11 mm/verwildert an Schuttplätzen, Bahngeländen, Aufschüttungsgeländen, Schotterinseln in Flüssen/Gebüsche/Juli-Aug

Clematis alpina Alpen-Waldrebe (Ranunculaceae) Kletternder Strauch/50-200 cm/Stängel beblättert/Blüten 25-40 mm/viele Staubblätter/frische, nährstoffarme, aber basenreiche Böden/Felsige Standorte/Mai-Juli

Epilobium alsinifolium Mierenblättriges Weidenröschen (Onagraceae) Pflanze mit kantigem Stängel/6-35 cm/Blätter eiförmig-lanzettlich/Blüten 8-9 mm/ sickernasse, nährstoffreiche, humose Tonböden/Ufervegetation/Juni-Sep

Epilobium collinum Hügel-Weidenröschen (Onagraceae) Vom Grund an ästige Pflanze/10-40 cm/Blätter oval/Blüten 4-6 mm/trockene bis mäßig frische, meist kalkfreie Silikat- oder Buntsandsteinunterlagen/Felsige Standorte/ Juni-Sep

Epilobium fleischeri Kies-Weidenröschen (Onagraceae) Pflanze mit niederliegendem Stängel/10-40 cm/Blätter lanzettlich bis lineal-lanzettlich/Blüten 20-25 mm/Narbe 4teilig/wechseltrockene, meist kalkarme, humus- und feinerdearme Sand- und Kiesböden/Felsige Standorte/Juli-Sep

Epilobium hirsutum Zottiges Weidenröschen (Onagraceae) Weich behaarte Pflanze/50-200 cm/Blätter länglich bis schmal-lanzettlich/Blüten 15-25 mm/ nasse, nährstoffreiche Tonböden/Rasengesellschaften-Ufervegetation-Waldnahe Staudenfluren/Juni-Sep

Epilobium montanum Berg-Weidenröschen (Onagraceae) Pflanze mit 2 Haarleisten am Stängel/10-80 cm/Blätter eiförmig bis lanzettlich mit schwach herzförmigem Grund/Blüten 6-9 mm/frische, nährstoffreiche, humose Lehmböden/Buchenwälder-Rasengesellschaften-Waldnahe Staudenfluren/ Juni-Sep

Epilobium roseum Rosarotes Weidenröschen (Onagraceae) Pflanze mit kantigem Stängel/15-100 cm/Blätter eiförmig-lanzettlich/Blüten 8-10 mm/ sickernasse, oft kalkhaltige, ± humose Lehm- und Tonböden/Waldnahe Staudenfluren/Juli-Okt

Euphorbia humifusa Niederliegende Wolfsmilch (Euphorbiaceae) Unbehaarte Pflanze mit Milchsaft/5-10 cm/Blätter verkehrt eiförmig/Scheinblüten einzeln/trockene, nährstoffreiche Lockerböden/Ruderalpflanzen/Juni-Sep

Fraxinus excelsior Gewöhnliche Esche (Oleaceae) Baum/10-40 m/Blätter gefiedert/ Blüten mit vielen braun-violetten Staubblättern/sickerfeuchte, nährstoffreiche, humose Ton- und Lehmböden/Buchenwälder/Apr-Mai

Geranium palustre Sumpf-Storchschnabel (Geraniaceae) 20-100 cm/Blätter 5-7teilig/Blüten 3-4 cm/sickernasse, nährstoff- und meist kalkreiche Tonböden/Rasengesellschaften-Waldnahe Staudenfluren/Juni-Sep

Geranium pratense Wiesen-Storchschnabel (Geraniaceae) Behaarte Pflanze mit tief eingeschnittenen Blättern/20-80 cm/Blätter 5-7lappig/sitzend/Blüten violett/5 Blütenblätter/Blüten 25-30 mm/frische, nährstoffreiche, meist kalkhaltige Ton- und Lehmböden/Rasengesellschaften/Juni-Aug

Langblättriger Ehrenpreis
Pseudolysimachium longifolia
(Scrophulariaceae)

Geranium robertianum Ruprechtskraut (Geraniaceae) Unangenehm riechende Pflanze/10-50 cm/drüsig behaart/Blätter 3-5zählig gefiedert/Blüten 14-18 mm sickernasse, nährstoff- und meist kalkreiche Tonböden/Buchenwälder-Felsige Standorte-Waldnahe Staudenfluren/Mai-Okt

Geranium rotundifolium Rundblättriger Storchschnabel (Geraniaceae) Behaartes Kraut/10-40 cm/Blätter 5-7lappig/Blüten 10-12 mm/Blütenstand 1-2blütig/10 Staubblätter/mäßig trockene, nährstoffreiche steinig-sandige Lehmböden/Ruderalpflanzen/Juni-Okt

Geranium sanguineum Blutroter Storchschnabel (Geraniaceae) Behaarte Pflanze/15-60 cm/Blätter rundlich und 5-7fach tief eingeschnitten/Blüten 25-30 mm/trockene, lockere, nährstoffarme, oft kalkreiche Böden/Eichenmischwälder-Waldnahe Staudenfluren/Mai-Sep

Geranium sylvaticum Wald-Storchschnabel (Geraniaceae) 20-60 cm/Blätter rundlich und 5-7fach tief eingeschnitten/Blüten 22-26 mm/frische bis feuchte, nährstoffreiche, kalkarme bis -reiche Ton- und Lehmböden/Rasengesellschaften-Waldnahe Staudenfluren/Juni-Juli

Leonurus marrubiastrum Filziges Herzgespann (Lamiaceae) Grüngrau behaarte Pflanze/50-120 cm/Blätter unten breit eiförmig-oben lanzettlich/ Blüten 5-8 mm/frische, meist kalkreiche Lehm- und Tonböden/Waldnahe Staudenfluren/Juli-Aug

Linnaea borealis Moosglöckchen (Caprifoliaceae) Niederliegende Zwergsträucher bis 4 m lang/5-15 cm/Blätter länglich eiförmig/Blüten 5-9 mm/ 4 Staubblätter/frische, nährstoff- und kalkarme Rohhumusböden/Kiefernwälder/Juli-Aug

Pseudolysimachium longifolium Langblättriger Ehrenpreis (Scrophulariaceae) Pflanze mit 2-4 quirl- oder gegenständigen Blättern/40-100 cm/Blätter kurz gestielt/Blüten 6-8 mm/Blüten in vielständigen Blütenständen/nasse bis wechselnasse, nährstoffreiche Böden/Waldnahe Staudenfluren/Juni-Aug

Symphoricarpos albus Gemeine Schneebeere (Caprifoliaceae) Strauch mit glänzenden Zweigen/100-250 cm/Blätter oval/Blüten 5-6 mm/frische, nährstoffreiche Böden/Gebüsche/Juni-Aug

Valeriana montana Berg-Baldrian (Valerianaceae) Unverzweigte Pflanze/ 20-60 cm/Grundblätter lang gestielt und am Rand dicht behaart/Blätter eifömig/Blüten in dichter Trugdolde/frische, feinerde- und kalkreiche Steinböden/Felsige Standorte/Apr-Juli

Valeriana officinalis Echter Baldrian (Valerianaceae) Behaarte Pflanze mit meist kahlem Stängel/50-180 cm/mittlere Blätter mit 7-9 Fiederpaaren/Blüte 2-5 mm/± feuchte bis nasse, ± nährstoffreiche, ± kalkhaltige Böden/ Buchenwälder-Rasengesellschaften/Juli-Aug

Valerianella rimosa Gefurchter Feldsalat (Valerianaceae) Unbehaarte Pflanze mit wiederholt gegabeltem Stängel/10-40 cm/Blätter ganzrandig oder leicht gezähnt/Blüten 1-2 mm/mäßig frische, nährstoffreiche, ± kalkarme Böden/Rasengesellschaften-Ruderalpflanzen/Mai-Juli

Gamander-Ehrenpreis
Veronica chamaedrys
(Scrophulariaceae)

Verbena officinalis Eisenkraut (Verbenaceae) Pflanze mit 4kantigem Stängel/30-100 cm/Blätter lanzettlich/Blüten blasslila/2-5 mm klein in vielblütigen Ähren/frische, nährstoffreiche, sandige oder reine Ton- und Lehmböden/Ruderalpflanzen-Ufervegetation/Juli-Sep

Veronica anagallis-aquatica Wasser-Ehrenpreis (Scrophulariaceae) Kahles Kraut/15-100 cm/Stängel hohl/untere Blätter gestielt/Blüten blau mit violetten Linien/Blüten mit 4 Blütenblättern/Blüten 5-10 mm/2 Staubblätter/nasse, zuweilen überschwemmte, nährstoffreiche Schlammböden/ Ufervegetation/Mai-Sep

Veronica aphylla Blattloser Ehrenpreis (Scrophulariaceae) Behaartes Kraut/2-6 cm/Blätter fast alle grundständig/Blüten 6-8 mm/2 Staubblätter/frische, kalkhaltige Böden/Felsige Standorte/Juni-Aug

Veronica beccabunga Bachbunge (Scrophulariaceae) Kahles Kraut/20-60 cm/ Blätter oval + kurz gestielt/Blüten 5-8 mm in vielblütigen Blütenständen/2 Staubblätter/nasse bis überschwemmte, meso- bis eutrophe Schlammböden, zuweilen auch submers/Uferpflanze-Waldnahe Staudenfluren/Mai-Aug

Veronica chamaedrys Gamander-Ehrenpreis (Scrophulariaceae) Behaarte Pflanze/10-40 cm/Stängel in 2 Reihen behaart/Blätter oval/Blüten 9-10 mm/ frische bis mäßig trockene, ± nährstoffreiche Böden/Rasengesellschaften/ Apr-Sep

Veronica dillenii Dillenius' Ehrenpreis (Scrophulariaceae) Behaartes Kraut/ 5-30 cm/mittlere +obere Blätter fiederspaltig/Blätter sitzend/Blüten 4-5 mm/ trockene, kalkarme Stein- bis Sandböden/Rasengesellschaften/Apr-Mai

Veronica montana Berg-Ehrenpreis (Scrophulariaceae) Behaartes Kraut/15-70 cm/Blätter oval/Blüten 6-10 mm/2 Staubblätter/feuchte, nährstoffreiche, kalkarme Mullböden/Buchenwälder/Mai-Juli

Veronica officinalis Wald-Ehrenpreis (Scrophulariaceae) Behaartes Kraut/10-20 cm/Blätter lanzettlich bis eiförmig/Blüten 6-7 mm/2 Staubblätter/ nährstoffarme, kalkarme Böden/Eichenwälder-Rasengesellschaften/Juni-Aug

Veronica polita Glänzender Ehrenpreis (Scrophulariaceae) Behaartes Kraut/10-25 cm/Blätter oval/Blüten 3-6 mm/2 Staubblätter/mäßig frische, nährstoffreiche, kalkhaltige Böden, besonders in warmen und trockenen Lagen/ Ruderalpflanzen/März-Okt

Veronica praecox Frühblühender Ehrenpreis (Scrophulariaceae) Drüsig behaarte Pflanze/5-20 cm/Blätter tief gekerbt bis gesägt/Blüten 4-6 mm/2 Staubblätter/trockene, ± kalkhaltige Lockerböden/Rasengesellschaften-Ruderalpflanzen-Salzstandorte/März-Juni

Veronica urticifolia Brennnesselblättriger Ehrenpreis (Scrophulariaceae) Behaarte Pflanze/20-70 cm/Blätter breit-eiförmig/Blüten 10 mm/frische, nährstoffreiche, ± kalkhaltige Mull- oder Moderhumusböden/Buchenwälder-Ruderalpflanzen-Waldnahe Staudenfluren/Juni-Aug

<u>Blüten symmetrisch</u>

1A-Wälder und Gebüsche
  2A-Stängel und Blätter unbehaart
    3A-Blätter tief eingeschnitten *__Corydalis cava__*
    3B-Blätter nicht tief eingeschnitten *__Scrophularia nodosa__*
  2B-Stängel und Blätter behaart
    3A-Blüten mit 4 Blütenblättern
      4A-Blätter länglich-lanzettlich *__Pseudolysimachium longifolium__*
      4B-Blätter teilweise eiförmig
        5A-Stängel zweireihig behaart *__Veronica chamaedrys__*
        5B-Stängel behaart ***Veronica urticifolia***
    3B-Blüte mit Sporn *__Impatiens glandulifera__*
    3C-Blüte nur mit Unterlippe *__Ajuga reptans__*
    3D-Blüte mit Ober- und Unterlippe
      4A-Blattgrund teilweise herzförmig
        5A-Stängel mit 2-3 Blattpaaren ***Betonica officinalis***
        5B-Stängel mit >3 Blattpaaren
          6A-Oberlippe der Blüte behaart *__Lamium maculatum__*
          6B-Oberlippe der Blüte unbehaart
            7A-Blätter nierenförmig *__Glechoma hederacea__*
            7B-Blätter eiförmig-dreieckig *__Stachys sylvatica__*
      4B-Blattgrund nicht herzförmig
        5A-Blätter linealisch ***Melampyrum cristatum***
        5B-Blätter lanzettlich
          6A-Blüten 3-5 mm *__Mentha longifolia__*
          6B-Blüten größer ***Stachys palustris***
        5C-Blätter oval bis eiförmig
          6A-Blüten 6-8 mm *__Scrophularia nodosa__*
          6B-Blüten größer
            7A-Oberlippe sichelförmig ***Salvia nemorosa***
            7B-Oberlippe der Blüten nicht so ***Clinopodium vulgare***
1B-Rasengesellschaften und Ruderalstandorte
  2A-Blüten mit 4 Blütenblättern –> **<u>s. S. 333</u>**
  2B-Blüte nur mit Unterlippe
    3A-Unterlippe der Blüte 3-lappig *__Ajuga reptans__*
    3B-Unterlippe der Blüte 5-lappig
      4A-Stängel und Blätter drüsig behaart ***Teucrium botrys***
      4B-Stängel und Blätter nicht so ***Teucrium chamaedrys***
  2C-Blüte mit Ober- und Unterlippe
    3A-Blätter tief eingeschnitten *__Leonurus cardiaca__*
    3B-Obere Blätter stängelumfassend ***Lamium amplexicaule***
    3C-Blätter nierenförmig *__Glechoma hederacea__*
    3D-Blätter rautenförmig+entfernt gezähnt ***Galeopsis angustifolium***

3E-Blätter anders
  4A-Blattgrund teilweise herzförmig
    5A-Pflanze graugrün/wollig-filzig-behaart
      6A-Blüte 6-8 mm — ***Stachys arvensis***
      6B-Blüte 10-25 mm — ***Stachys germanica***
    5B-Pflanze behaart, aber nicht wollig-filzig — ***Betonica officinalis***
  4B-Blattgrund nicht herzförmig
    5A-Blüte mit 2 Staubblättern
      6A-Hochblätter violett/Blüte 10-15 mm — ***Salvia nemorosa***
      6B-Hochblätter grün/Blüte 18-25 mm — ***Salvia pratensis***
    5B-Blüten mit 4 Staubblättern (2 lang, 2 kurz)
      6A-Stängel borstig behaart
        7A-Unterlippenmittellappen länglich — ***Galeopsis bifida***
        7B-Unterlippenmittellappen quadratisch — ***Galeopsis tetrahit***
      6B-Stängel kahl oder nur spärlich behaart
        7A-Mittellapen der Unterlippe 2-lappig — ***Lamium purpureum***
        7B-Mittellapen der Unterlippe einfach
          8A-Blüten < 1 cm
            9A-Blätter kurz gestielt
              10A-Blüte fast radiär — ***Mentha arvensis***
              10B-Blüte deutlich 2-lippig — ***Acinos arvensis***
            9B-Blätter sitzend
              10A-Blätter oval — ***Mentha longifolia***
              10B-Blätter länglich — ***Mentha suaveolens***
          8B-Blüten > 1 cm
            9A-Kelch der Blüte 2-lippig — ***Prunella vulgaris***
            9B-Kelch mit 5 gleichen Zähnen — ***Ballota nigra***
1C-Ufervegetation
  2A-Blüte mit 4 Blütenblättern — ***Veronica beccabunga***
  2B-Blüten mit Ober- und Unterlippe
    3A-Blüten braun — ***Scrophularia umbrosa***
    3B-Blüten violett
      4A-Blüten in 1seitsendigen Paaren — ***Scutellaria galericulata***
      4B-Blüten anders
        5A-Blütenstand auch endständig — ***Mentha aquatica***
        5B-Blüten nur in den Blattachseln — ***Mentha arvensis***
1D-Moore und Zwergstrauchheiden — ***Bartsia alpina***
1E-Felsige Standorte
  2A-Blüten mit Ober- und Unterlippe — ***Galeopsis angustifolia***
  2B-Blüte nur mit Unterlippe
    3A-Blätter 3-7spaltig mit linearen Lappen — ***Teucrium botrys***
    3B-Blätter nicht so — ***Ajuga pyramidalis***

Gewöhnlicher Steinquendel
Acinos arvensis
(Lamiaceae)

Acinos arvensis Gewöhnlicher Steinquendel (Lamiaceae) Behaartes Kraut/10-30 cm/Blätter gestielt und oval/Blüten violett mit weißen Flecken/Blüten symmetrisch/Blüten 7-10 mm/trockene, humus- und feinerdearme Sand- und Steingrusböden, seltener auf Löss und Lehm/Rasengesellschaften/Juni-Sep

Ajuga pyramidalis Pyramiden-Günsel (Lamiaceae) Behaartes Kraut/5-30 cm/Blätter oval/Blüten 10-18 mm/frische bis mäßig trockene, ± nährstoffarme, modrig-torfig-humose Lehmböden/Felsige Standorte/Mai-Juli

Ajuga reptans Kriechender Günsel (Lamiaceae) Pflanze mit 2seitig behaartem Stängel/5-40 cm/behaart/Blätter eiförmig/Blüten in 6-blütigen Scheinquirlen/Blüten 10-17 mm/frische, nährstoffreiche, humose Lehmböden/Buchenwälder-Eichenmischwälder-Gebüsche-Rasengesellschaften/Mai-Aug

Ballota nigra Schwarznessel (Lamiaceae) Widerlich riechende Pflanze/Stängel vierkantig/30-130 cm/behaart/Blätter oval bis herzförmig/Blüten 12-14 mm/frische, nährstoffreiche, humose Lehmböden/Ruderalpflanzen/Apr-Juli

Bartsia alpina Alpenhelm (Scrophulariaceae) Pflanze drüsig behaart/5-40 cm/Blätter oval/Blätter ungestielt/Blüten dunkelviolett/Blüten symmetrisch/Blüten 15-20 mm/feuchte bis nasse, basenreiche, humose, kalkhaltige Böden/Moore/Juni-Aug

Betonica officinalis Echter Ziest (Lamiaceae) Behaarte Pflanze/30-80 cm/Blätter länglich eiförmig bis elliptisch/Blüten 12-18 mm/modrig-humose Lehm- und Tonböden oder torfige Böden/Eichenmischwälder-Rasengesellschaften-Waldnahe Staudenfluren/Juli-Aug

Clinopodium vulgare Wirbeldost (Lamiaceae) Zottig behaarte Pflanze/20-60 cm/Blätter eiförmig/Blüten 12-22 mm/mäßig frische bis trockene, humose Ton- und Lehmböden/Waldnahe Staudenfluren/Juli-Sep

Corydalis cava Hohler Lerchensporn (Fumariaceae) Knollenpflanze/10-35 cm/Blätter doppelt dreizählig/Blüten 18-30 mm/frische, nährstoffreiche, tiefgründige Mullböden, kalkliebend/Buchenwälder/März-Mai

Galeopsis angustifolium Schmalblättriger Hohlzahn (Lamiaceae) Behaartes Kraut/10-70 cm/Stängel stumpf 4kantig/Blätter schmal-lanzettlich/Blüten 14-24 mm/trockene, meist humus- und feinerdearme Steinschuttböden oder Kiesböden/Felsige Standorte-Ruderalpflanzen/Juni-Okt

Galeopsis bifida Zweispaltiger Hohlzahn (Lamiaceae) Behaartes Kraut/20-70 cm/Blätter eiförmig bis lanzettlich/Blüten 10-15 mm/frische, nährstoffreiche, meist kalkarme, humose Lehmböden, auch auf Torf oder Sand/Ruderalpflanzen/Juni-Okt

Galeopsis tetrahit Gewöhnlicher Hohlzahn (Lamiaceae) Pflanze behaart/10-60 cm/Blüten 15-25 mm in reichblütigen Scheinquirlen/nährstoffreiche, meist humose, oft steinig-sandige Lehmböden/Gebüsche-Ruderalpflanzen/Juli-Okt

Glechoma hederacea Gundermann (Lamiaceae) Behaarte Pflanze/20-40 cm/Blätter nierenförmig/Blüte 15-22 mm/frische bis nasse, nährstoffreiche, humose Lehmböden/Rasengesellschaften-Waldnahe Staudenfluren/Apr-Juni

Wasser-Minze
Mentha aquatica
(Lamiaceae)

Impatiens glandulifera Drüsiges Springkraut (Balsaminaceae) Pflanze oben mit 3 quirlständigen Blättern/50-300 cm/Blätter ei- bis schmal-lanzettlich/Blüten 25-40 mm/feuchte bis nasse, nährstoffreiche Lehm- und Tonböden/Waldnahe Staudenfluren/Juli-Sep

Lamium amplexicaule Stängelumfassende Taubnessel (Lamiaceae) Behaarte Pflanze/10-30 cm/Stängelblätter rundlich-nierenförmig/Blüten 14-20 mm/ mäßig frische, nährstoffreiche, oft kalkarme, sandige Lehmböden oder bindige Sandböden/Ruderalpflanzen/März-Mai

Lamium maculatum Gefleckte Taubnessel (Lamiaceae) Behaarte Pflanze/15-80 cm/Blätter 3eckig-eiförmig/Blüten 20-35 mm/feuchte bis frische, nährstoffreiche Lehm- und Tonböden/Waldnahe Staudenfluren/Apr-Sep

Lamium purpureum Rote Taubnessel (Lamiaceae) Behaartes Kraut/10-45 cm/ Blätter eiförmig-3eckig/Blüten 10-20 mm/frische, nährstoffreiche, sandige oder reine Lehmböden/Ruderalpflanzen/März-Okt

Leonurus cardiaca Echtes Herzgespann (Lamiaceae) Behaarte Pflanze/30-150 cm/untere Blätter 5-7spaltig-obere 3lappig/Blüten 8-12 mm/frische, nährstoffreiche Lehm- und Tonböden/Ruderalpflanzen/Juni-Sep

Melampyrum cristatum Kamm-Wachtelweizen (Scrophulariaceae) Fein behaarte Pflanze/10-50 cm/Blätter lineal-lanzettlich/Blüten 12-16 mm in 4-kantigen Ähren/Waldnahe Staudenfluren/Mai-Sep

Mentha aquatica Wasser-Minze (Lamiaceae) Behaarte Pflanze/20-80 cm/Blätter eiförmig bis lanzettlich/Blüten violett/5-7 mm/nasse, nährstoffreiche modrig-humose Ton- oder Bruchtorfböden/Ufervegetation/Juli-Okt

Mentha arvensis Acker-Minze (Lamiaceae) Behaarte Pflanze/5-40 cm/Blätter eiförmig bis rautenförmig/Blüten 5-8 mm in Scheinquirlen/nasse bis feuchte, nährstoffreiche, meist schwach saure Ton- und Lehmböden/Ruderalpflanzen-Ufervegetation/Juli-Sep

Mentha longifolia Roß-Minze (Lamiaceae) Pflanze mit grau oder weißfilzigem Stängel/40-120cm/Blätter länglich-elliptisch bis länglich-lanzettlich/Blüten 3-5 mm/(wechsel)nasse, nährstoffreiche, meist kalkhaltige, ± humose Tonböden/Rasengesellschaften-Waldnahe Staudenfluren/Juli-Sep

Mentha suaveolens Rundblättrige Minze (Lamiaceae) Behaarte Pflanze mit breit eiförmigen Blättern/30-100 cm/Blätter sitzend/Blüten violett/Blüten symmetrisch/Blüten 2-3 mm/meist sickernasse, wechselfeuchte, auch zeitweise überschwemmte, nährstoffreiche, meist kalkarme, humusarme Lehm- und Tonböden/Rasengesellschaften/Juli-Sep

Prunella vulgaris Gemeine Braunelle (Lamiaceae) Kraut mit 4kantigem Stängel/5-30 cm/Blätter oval/Blüten 13-15 mm/Blütenstand dicht und nicht verzweigt mit Blattpaar direkt unter den Blütenköpfen/frische, nährstoffreiche, humose Ton- und Lehmböden/Rasengesellschaften/Juni-Sep

Pseudolysimachium longifolium Langblättriger Ehrenpreis (Scrophulariaceae) Pflanze mit 2-4 quirl- oder gegenständigen Blättern/40-00 cm/Blätter kurz gestielt/Blüten 6-8 mm/Blüten in vielständigen Blütenständen/nasse bis wechselnasse, nährstoffreiche Böden/Waldnahe Staudenfluren/Juni-Aug

Wald-Ziest
Stachys sylvatica
(Lamiaceae)

Salvia nemorosa Steppen-Salbei (Lamiaceae) Behaarte Pflanze/20-70 cm/ Blätter lanzettlich/Blüte 8-15 mm/mäßig trockene, meist kalkhaltige, sandig-steinige Lehmböden/Rasengesellschaften-Ruderalpflanzen/Juni-Juli

Salvia pratensis Wiesen-Salbei (Lamiaceae) Drüsig-klebrige Pflanze/20-100cm/ kurz borstig behaart/Blätter eiförmig bis länglich-lanzettlich/Blüten 15-30 mm/mäßig frische bis trockene, mäßig nährstoffreiche bis magere, gern kalkhaltige Lehmböden/Rasengesellschaften/Mai-Aug

Scrophularia nodosa Knotige Braunwurz (Scrophulariaceae) Pflanze mit scharf 4kantigem Stängel/40-150 cm/Blätter oval bis oval-lanzettlich/Blüten 6-8 mm frische bis feuchte, nährstoffreiche, kalkarme Mullböden/Buchenwälder-Waldnahe Staudenfluren/Juni-Sep

Scrophularia umbrosa Geflügelte Braunwurz (Scrophulariaceae) Pflanze mit breit geflügeltem Stängel/50-200 cm/Blütenstand drüsig behaart/Blätter oval bis lanzettlich und herzförmiger Basis/Blüten 7-9 mm/nasse, nährstoffreiche, kalkhaltige Schlammböden/Ufervegetation/Juni-Aug

Scutellaria galericulata Sumpf-Helmkraut (Lamiaceae) Behaarte Pflanze/10-70 cm/Blätter oval/Blüte 10-18 mm/nasse, zeitweise überschwemmte, ± nährstoffreiche, modrig-humose Ton- oder Torfböden/Ufervegetation/Juni-Sep

Stachys arvensis Acker-Ziest (Lamiaceae) Zottig behaarte Pflanze/10-30 cm/Blätter rundlich-eiförmig/Blüten 6-8 mm/frische, nährstoffreiche, kalkarme, meist sandig-grusige Lehmböden/Ruderalpflanzen/Mai-Okt

Stachys germanica Deutscher Ziest (Lamiaceae) Grau oder weiß behaarte Pflanze/30-120 cm/Blätter länglich-eiförmig bis lanzettlich/Blüten 15-25 mm Kelchzähne verschieden/Unterlippe mit Seitenlappen/mäßig trockene, meist kalkreiche, ± humose Lehm- und Lössböden/Ruderalpflanzen/Juni-Aug

Stachys palustris Sumpf-Ziest (Lamiaceae) Behaarte Pflanze/30-120 cm/Blätter länglich-lanzettlich mit herzförmigem Grund/Blüten 11-15 mm/nasse oder wechselnasse, z. T. zeitweilig überschwemmte, nährstoffreiche, Ton- und Lehmböden, auch modrige Humusböden/Waldnahe Staudenfluren/Juni-Sep

Stachys sylvatica Wald-Ziest (Lamiaceae) Behaarte Pflanze/30-120 cm/Blätter breit herzförmig/Blüten 12-18 mm/feuchte bis nasse, nährstoffreiche, humose Ton- und Lehmböden/Buchenwälder-Eichenmischwälder-Waldnahe Staudenfluren/Juni-Aug

Teucrium botrys Trauben-Gamander (Lamiaceae) Meist unangenehm riechende Pflanze mit drüsig-zottig behaartem Stängel/5-40 cm/Blätter 3eckig bis eiförmig/Blüten 15-25 mm/humus- und feinerdearme Kalksteinböden/Felsige Standorte-Rasengesellschaften-Ruderalpflanzen/Juli-Sep

Teucrium chamaedrys Edel-Gamander (Lamiaceae) Behaarter Zwergstrauch/10-50 cm/Blätter mehrfach eingeschnitten/Blüten 9-16 mm/Oberlippe fehlend/ trockene bis mäßig trockene, meist kalkhaltige, humose, steinige Lehmböden/Rasengesellschaften/Mai-Sep

Halbstrauchiger Ehrenpreis
Veronica fruticulosa
(Scrophulariaceae)

Veronica beccabunga Bachbunge (Scrophulariaceae) Kahles Kraut/20-60 cm/ Blätter oval + kurz gestielt/Blüten 5-8 mm in vielblütigen Blütenständen/2 Staubblätter/nasse bis überschwemmte, meso- bis eutrophe Schlammböden, zuweilen auch submers/Uferpflanze-Waldnahe Staudenfluren/Mai-Aug

Veronica chamaedrys Gamander-Ehrenpreis (Scrophulariaceae) Behaarte Pflanze/10-40 cm/Stängel in 2 Reihen behaart/Blätter oval/Blüten 9-10 mm/ frische bis mäßig trockene, ± nährstoffreiche Böden/Rasengesellschaften/ Apr-Sep

Veronica fruticulosa Halbstrauchiger Ehrenpreis (Scrophulariaceae) Pflanze mit am Grund verholztem Stängel/10-25/Blätter lineal-lanzettlich/Blüten 9-12 mm/mäßig frische, kalkhaltige Steinböden/Rasengesellschaften/Juni-Juli

Veronica serpyllifolia Quendelblättriger Ehrenpreis (Scrophulariaceae) Fast unbehaarte Pflanze/5-30 cm/Blätter oval/Blüten 6-8 mm/2 Staubblätter/ frische, nährstoffreiche, kalkarme Böden/Ruderalpflanzen/Mai-Sep

Veronica triphyllos Finger-Ehrenpreis (Scrophulariaceae) Behaartes Kraut/5-20 cm/Blätter 3-7lappig/Blüten 3-4 mm/2 Staubblätter/mäßig trockene, nährstoffreiche, kalkarme, sandige Böden/Ruderalpflanzen/März-Mai

Veronica urticifolia Brennnesselblättriger Ehrenpreis (Scrophulariaceae) Behaarte Pflanze/20-70 cm/Blätter breit-eiförmig/Blüten 10 mm/frische, nährstoffreiche, ± kalkhaltige Mull- oder Moderhumusböden/Buchenwälder-Ruderalpflanzen-Waldnahe Staudenfluren/Juni-Aug

Veronica verna Frühlings-Ehrenpreis (Scrophulariaceae) Behaartes Kraut/3-15 cm/Blätter oval/Blüten 3 mm/2 Staubblätter/trockene, kalkarme Stein- bis Sandböden/Rasengesellschaften/Apr-Juni

Gemeiner Teufelsabbiss
Succisa pratensis
(Dipsacaceae)

Blüten anders

1A-Wälder und Gebüsche — ***Knautia dipsacifolia***
1B-Rasengesellschaften und Ruderalstandorte
  2A-Blätter nicht tief eingeschnitten
    3A-Blüten rotviolett — ***Knautia dipsacifolia***
    3B-Blüten blauviolett — ***Succisa pratensis***
  2B-Blätter tief eingeschnitten
    3A-Grundblätter ganzrandig — ***Scabiosa canescens***
    3B-Grundblätter nicht ganzrandig — ***Scabiosa columbaria***

Knautia dipsacifolia Wald-Witwenblume (Dipsacaceae) Behaarte Pflanze mit meist rötlichem Stängel/30-100 cm/Blätter länglich elliptisch/Blüten 25-40 mm/frische bis feuchte, mäßig nährstoffreiche Mull- oder Moderhumusböden/Buchenwälder-Rasengesellschaften-Waldnahe Staudenfluren/Juni-Sep

Scabiosa canescens Graue Skabiose (Dipsacaceae) Behaarte Pflanze/20-50 cm/ Blätter am Grund ganzrandig/Stängelblätter tief eingeschnitten/Blüten 15-25 mm/Blüten in vielblütigen Köpfchen/trockene, kalkhaltige Lockerböden/Felsige Standorte-Kiefernwälder-Rasengesellschaften/Juli-Sep

Scabiosa columbaria Tauben-Skabiose (Dipsacaceae) Behaarte Pflanze/20-60 cm/Blätter am Grund nicht ganzrandig/Stängelblätter tief eingeschnitten/ Blüten 20-40 mm/Blüten in vielblütigen Köpfchen/mäßig trockene, mäßig nährstoffreiche, kalkhaltige Böden/Gebüsche-Rasengesellschaften/Juli-Okt

Succisa pratensis Gemeiner Teufelsabbiss (Dipsacaceae) Behaarte Pflanze/15-100 cm/am Grund verholzt/Blätter sitzend/untere Blätter elliptisch/Blüten violett/Blüten in vielblütigen Köpfchen/Blüten 15-25 mm/± feuchte, ± humose Böden/Rasengesellschaften/Juli-Sep

Blätter nicht ganzrandig

-

Blätter nicht gegenständig

<u>2-4 Blütenblätter</u>

1A-Wälder und Gebüsche	
2A-Blüten mit 2 Staubblättern	***Veronica hederifolia***
2B-Blüten mit 6 (4+2) Staubblättern	
3A-Blätter mit grundständiger Blattrosette	***Draba muralis***
3B-Blätter dreizählig	
4A-Blättchen runddlich	***Cardamine trifolia***
4B-Blättchen länglich	***Dentaria bulbifera***
3C-Blätter fünfzählig	
4A-Blüten gelblich-weiß	***Dentaria enneaphyllos***
4B-Blüten nicht gelblich-weiß	
5A-Blattachseln mit kleinen Zwiebeln	***Dentaria bulbifera***
5B-Blattachseln ohne Zwiebeln	***<u>Dentaria pentaphyllos</u>***
3D-Blätter mit herzförmigem Blattgrund	
4A-Blütenblätter 4-8 mm	***<u>Alliaria petiolata</u>***
4B-Blütenblätter 12-20 mm	***<u>Lunaria rediviva</u>***
3E-Blätter anders/Stängel gefurcht	***Cardamine amara***
2C-Blüten mit 8 Staubblättern	***<u>Epilobium roseum</u>***
1B-Rasengesellschaften und Ruderalstandorte	
2A-Blätter grundständig	
3A-Pflanze unbehaart	
4A-Blütenblätter gleich/Frucht herzförmig	***Capsella bursa-pastoris***
4B-Blütenblätter unterschiedlich lang	***Teesdalia nudicaulis***
3B-Pflanze behaart	
4A-Blütenblätter eingeschnitten	***Erophila verna***
4B-Blütenblätter nicht eingeschnitten	***Arabidopsis thaliana***
2B-Blätter gestielt	
3A-Blüten 2-3 mm	***Coronopus squamatus***
3B-Blüten > 5 mm	
4A-Stängel kantig gefurcht	***Armoracia rusticana***
4B-Stängel nicht kantig gefurcht	***<u>Crambe maritima</u>***
2C-Blätter sitzend	
3A-Blüten mit 8 Staubblättern	***<u>Epilobium palustre</u>***
3B-Blüten mit 6 (4+2) Staubblättern	
4A-Blütenblätter unterschiedlich gross	***<u>Iberis amara</u>***
4B-Blütenblätter gleich gross	
5A-Stängel kantig	
6A-Blätter stängelumfassend	***<u>Thlaspi arvense</u>***
6B-Blätter nicht stängelumfassend	***Armoracia rusticana***
5B-Stängel nicht kantig oder gefurcht	
6A-Grundblätter nicht in Rosette	***Cardaria draba***
6B-Grundblätter in einer Rosette	

7A-Grundblätter doppelt fiederteilig	***Lepidium ruderale***
7B-Grundblätter nur eingeschnitten	
8A-Stängel dicht beblättert	***Lepidium campestre***
8B-Stängel entfernt beblättert	***Capsella bursa-pastoris***
1C-Ufervegetation	
2A-Blüten mit 3 Blütenblättern	***Stratiotes aloides***
2B-Blüten mit 4 Blütenblättern	
3A-Pflanze mit grundständiger Rosette	***Cardamine flexuosa***
3B-Pflanze ohne grundständige Rosette	
4A-Staubblätter der Blüten violett	***Cardamine amara***
4B-Staubblätter der Blüten gelb	***Nasturtium officinale***
1D-Felsige Standorte	
2A-Blüten mit vielen Staubblättern	***Papaver alpinum***
2B-Blüten mit 6 Staubblättern	
3A-Beharrt/Haare sternförmig	***Draba tomentosa***
3B-(Un)behaart/Haare unverzweigt	***Hutchinsia alpina***
1E-Salzstandorte	
2A-Obere Blätter sitzend/stängelumfassend	***Cochlearia anglica***
2B-Obere Blätter gestielt	***Cochlearia danica***

Knoblauchsrauke
Alliaria petiolata
(Cruciferae)

Alliaria petiolata Knoblauchsrauke (Cruciferae) Behaarte Pflanze mit schwach kantigem Stängel/20-100 cm/Grundblätter nierenförmig, Stängelblätter dreieckig-eiförmig/Blüten 5-8 mm/frische, nährstoff- und stickstoffreiche Lehmböden/Buchenwälder-Eichenmischwälder-Gebüsche-Waldnahe Staudenfluren/Apr-Juni

Arabidopsis thaliana Acker-Schmalwand (Cruciferae) Kleine Rosettenpflanze/ 5-30/Blätter 2-3 cm lang/Blüten 2-4 mm/mäßig frische bis trockene, nährstoffärmere, kalkarme sandige Böden/Ruderalpflanzen/Apr-Mai

Arabis alpina Alpen-Gänsekresse (Cruciferae) Rau behaarte Pflanze/5-40 cm/Stängelblätter mit herz oder pfeilförmigem Grund und stängelumfassend/ Blüten 6-10 mm/kühle, frische, kalkhaltige Steinböden/Felsige Standorte/ März-Okt

Armoracia rusticana Meerrettich (Cruciferae) Pflanze mit kantig gefurchtem Stängel/60-125 cm/Grundblätter bis 100 cm lang/Blüten 8-9 mm/frische, stickstoffreiche Böden/Ruderalpflanzen/Mai-Juli

Capsella bursa-pastoris Gewöhnliches Hirtentäschelkraut (Cruciferae) Behaartes Kraut/2-70 cm/Stängelblätter stängelumfassend/Blüten 3-5 mm im Durchmesser/Schötchen herzförmig/frische, nährstoffreiche Lehmböden/ Ruderalpflanzen/Jan-Dez

Cardamine amara Bitteres Schaumkraut (Cruciferae) Unbehaarte Pflanze mit kantigem Stängel/10-60 cm/Blätter gefiedert/Blüten 11-12 mm/Staubblätter schwarz-violett/nasse, kühle, nährstoffreiche Gleyböden/Erlenstandorte-Ufervegetation-Waldnahe Staudenfluren/Apr-Juli

Cardamine flexuosa Wald-Schaumkraut (Cruciferae) Pflanze mit hin- und hergebogenem Stängel/10-50 cm/Blätter gefiedert/Blüten 3-4 mm/feuchte, nährstoffreiche, kalkarme Böden/Ufervegetation/Apr-Okt

Cardamine resedifolia Resedablättriges Schaumkraut (Cruciferae) Aufrechte Pflanze mit unterirdischem beblätterten Rhizom/1-15 cm/Blätter 3-5zählig gefingert/Blüten 9-12 mm/frische, kalkarme Feinschuttböden/Felsige Standorte/Mai-Juli

Cardamine trifolia Kleeblatt-Schaumkraut (Cruciferae) Aufrechte Pflanze mit unterirdischem beblätterten Rhizom/20-30 cm/Blätter 3zählig mit breit rhombischen Fiederblättchen/Blüten 10-14 mm/frische, nährstoffreiche, kalkhaltige Mullböden/Buchenwälder/Apr-Juni

Cardaminopsis halleri Wiesen-Schaumkresse (Cruciferae) Pflanze mit Ausläufern/15-50 cm/Untere Blätter leierförmig-fiederspaltig/Blüten 5-8 mm/ frische, kalkarme nicht zu feinkörnige Böden/Felsige Standorte/Apr-Juni

Cardaminopsis petraea Felsen-Schaumkresse (Cruciferae) Pflanze ohne Ausläufer/10-25 cm/Grundblätter grob gesägt oder ganzrandig/Blüten 5-8 mm/ trocken-warme, kalkhaltige, basische Steinböden/Felsige Standorte/Mai-Juli

Cardaria draba Pfeilkresse (Cruciferae) Audauernde Pflanze/20-50 cm/obere Stängelblätter stängelumfassend/Blüten 5-6 mm/trockene, nährstoffreiche Böden/Ruderalpflanzen/Mai-Juli

Meerkohl
Crambe maritima
(Cruciferae)

Cochlearia anglica Englisches Löffelkraut (Cruciferae) Unbehaarte Pflanze/ 20-30 cm/obere Blätter stängelumfassend/Blüten 9-14 mm/salzbeeinflussten Stellen/Salzstandorte/Mai-Juli

Cochlearia danica Dänisches Löffelkraut (Cruciferae) Kahle Pflanze/10-20 cm/Grundblätter 3eckig-herzförmig/Blüten 4-5 mm/Salzstandorte/Mai-Juni

Coronopus squamatus Niederliegender Krähenfuß (Cruciferae) Unbehaartes Kraut/5-30 cm/Blätter 3-6paarig gefiedert/Blüten 2-3 mm/feuchte, nährstoffreiche, oft salz- und ammoniakhaltige, lehmige Böden/Ruderalpflanzen/ Mai-Aug

Crambe maritima Meerkohl (Cruciferae) Unbehaarte Pflanze/30-75 cm/Blätter fleischig und fiederspaltig/Blüten 10-15 mm/Salzschlickböden/Ruderalpflanzen/Mai-Juli

Dentaria bulbifera Zwiebel-Zahnwurz (Cruciferae) Unbehaarte Pflanze/30-70 cm/untere Blätter gefiedert/Blüten 12-18 mm/frische, nährstoffreiche, kalkhaltige Mullböden/Buchenwälder/Apr-Juni

Dentaria enneaphyllos Neunblättrige Zahnwurz (Cruciferae) Unbehaarte Pflanze/20-30 cm/Blätter unterhalb des Blütenstandes quirlständig/Blüten 12-18 mm/frische, nährstoff- und kalkreiche Mullböden/Buchenwälder/ Apr-Juli

Dentaria pentaphyllos Finger-Zahnwurz (Cruciferae) Pflanze mit fleischigem Rhizom/20-50 cm/Blätter 3-5zählig gefingert/Blüten 19-21 mm/frische, nährstoff- und kalkreiche Mullböden/Buchenwälder/Apr-Juni

Draba muralis Mauer-Felsenblümchen (Cruciferae) Pflanze mit Sternhaaren an Stängel und Blättern/10-40 cm/Blätter breit oval/Blüte 2-3 mm/mäßig trockene bis frische, mäßig nährstoffreiche, meist kalkhaltige, ± rohe Böden/ Gebüsche-Rasengesellschaften/Apr-Juli

Draba tomentosa Filziges Felsenblümchen (Cruciferae) Behaarte Pflanze/ 3-12 cm/Haare sternförmig/Blätter 1-2zähnig/Blüten 3-5 mm/über Kalk/ Felsige Standorte-Ufervegetation/Juni-Aug

Epilobium palustre Sumpf-Weidenröschen (Onagraceae) Pflanze mit rundem Stängel/10-60 cm/Blätter schmal lanzettlich/Blüten 8-12 mm/sickernasse, nährstoffreiche, humose Lehmböden und Sumpfhumusböden/Rasengesellschaften/Juli-Sep

Epilobium roseum Rosarotes Weidenröschen (Onagraceae) Pflanze mit kantigem Stängel/15-100 cm/Blätter eiförmig-lanzettlich/Blüten 8-10 mm/ sickernasse, oft kalkhaltige, ± humose Lehm- und Tonböden/Waldnahe Staudenfluren/Juli-Okt

Erophila verna Frühlings-Hungerblümchen (Cruciferae) Behaarte Rosettenpflanze/2-20 cm/Stängel ohne Blätter/Blüte 3-5 mm/trockene bis mäßig frische, mäßig nährstoffreiche Lockerböden/Rasengesellschaften/Feb-Mai

Hutchinsia alpina Alpen-Gemskresse (Cruciferae) Pflanze mit grundständiger Blattrosette/5-12 cm/Stängel ohne Blätter/Blütenblätter 3-5 mm/Felsige Standorte/Juni-Aug

Acker-Hellerkraut
Thlaspi arvense
(Cruciferae)

Iberis amara Bittere Schleifenblume (Cruciferae) Pflanze mit ungleich großen Blütenblättern/10-30 cm/Blätter entfernt fiederspaltig/Blüten 6-8 mm/ trockene, nährstoffreiche, kalkhaltige Böden/Ruderalpflanzen/Mai-Aug

Ilex aquifolium Stechpalme (Aquifoliaceae) Immergrüner Strauch mit stechenden Blättern/1-10 m/Blüten ca 8 mm/4 Staubblätter/frische bis ± trockene, mäßig nährstoffreiche Mull- bis Moderhumusböden/Felsspalten/ Mai-Juni

Kernera saxatilis Felsen-Kugelschötchen (Cruciferae) Pflanze mit zickzack-förmigem Stängel/10-30 cm/Grundblätter lanzettlich bis löffelförmig/Blüten 3-5 mm/über kalkigem Gestein/Felsige Standorte/Mai-Aug

Lepidium campestre Feldkresse (Cruciferae) Flaumig-filzig behaarte Pflanze/20-60cm/obere Stängelblätter mit herz-pfeilförmigem Grund stängelumfassend oder am Grund pfeilförmig geöhrt/Blüte 2 mm/mäßig trockene bis frische, nährstoff- und meist kalkhaltige Böden/Ruderal-standorte/Mai-Juni

Lepidium ruderale Stink-Kresse (Cruciferae) Stinkende Pflanze/10-30 cm/ Grundblätter dopppelt fiederteilig/Blüte 1 mm/trockene, stickstoffreiche, schwere Böden/Ruderalstandorte/Mai-Juli

Lunaria rediviva Wildes Silberblatt (Cruciferae) Pflanze mit behaartem Stängel/30-140 cm/Blätter oval/Blüten 20-25 mm/frische, nährstoffreiche, oft kalkhaltige Gesteinsschuttböden/Buchenwälder/Mai-Juli

Nasturtium officinale Echte Brunnenkresse (Cruciferae) Unbehaarte Pflanze mit hohlem Stängel/20-90 cm/Blätter gefiedert/Blüten 4-6 mm/kühles, nährstoffreiches, klares Wasser über Schlammböden/Ufervegetation/Mai-Sep

Papaver alpinum Alpen-Mohn (Papaveraceae) Pflanze mit Milchsaft/5-20 cm/ Blätter mit grundständiger Rosette/Blüten mm/besonnte, aber frische, offene Kalk-Grobschuttfluren/Felsige Standorte/Juli-Aug

Stratiotes aloides Krebsschere (Hydrocharitaceae) Wasserpflanze/15-40 cm/ Blätter breit lineal/Blüte 3-10 cm/in stehenden, seltener langsam fließenden, basen- und nährstoffreichen, meso- bis eutrophen Gewässer über humosen Schlammböden/Ufervegetation/Mai-Juli

Teesdalia nudicaulis Bauern-Senf (Cruciferae) Pflanze mit grundständiger Rosette/8-15 cm/Blätter meist leierförmig gefiedert/Blüten 2 mm/Blüten-blätter ungleich groß/trockene, nährstoff- und kalkarme Lockerböden/ Rasengesellschaften-Ruderalpflanzen/Apr-Mai

Thlaspi arvense Acker-Hellerkraut (Cruciferae) Unbehaarte Pflanze mit kantigem Stängel/15-50 cm/obere Blätter stängelumfassend/Blüten 4-6 mm/ frische, nährstoffreiche Böden/Rasengesellschaften-Ruderalpflanzen/Apr-Sep

Veronica hederifolia Efeublättriger Ehrenpreis (Scrophulariaceae) Behaartes Kraut/8-30 cm/Blätter nierenförmig/Blüten 4-9 mm/frische, nährstoffreiche Lehmböden/Gebüsche/März-Mai

5 Blütenblätter

1A-Wälder und Gebüsche	
2A-Blätter mit Ranke	
3A-Pflanze ohne grüne Blätter	
4A-1 Griffel /Blütenstand 4-6blütig	***Cuscuta lupuliformis***
4B-2 Griffel/Blüten in dichten Knäueln	***Cuscuta europaea***
3B-Pflanze mit grünen Blättern	
4A-Blätter scharf gezähnt	***Bryonia alba***
4B-Blätter mit stumpfen Zähnen	***Bryonia dioica***
2B-Blätter in Quirlen	***Polygonatum verticillatum***
2C-Blätter grundständig	
3A-Blüten einzeln (13-20 mm)	***Moneses uniflora***
3B-Blüten in Trauben	
4A-Blüte offen/Griffel der Blüte gebogen	***Pyrola rotundifolia***
4B-Blüte fast geschlossen/Griffel gerade	
5A-Blätter fast kreisrund	***Pyrola media***
5B-Blätter elliptisch bis eiförmig	***Pyrola minor***
2D-Blätter 3- oder 5-zählig	
3A-Kraut ohne Dornen oder Stacheln	
4A-Kelch zwischen Blütenblättern sichtbar	***Potentilla sterilis***
4B-Blütenblätter verdecken Kelchblätter	***Fragaria vesca***
3B-Pflanze mit Dornen oder Stacheln	
4A-Blätter unterseits behaart	
5A-Blätter unterseits dicht weißfilzig	***Rubus idaeus***
5B-Blätter unterseits drüsig behaart	***Rosa rubiginosa***
4B-Blätter unterseits nicht behaart	
5A-Blüten < 2cm	
6A-Nebenblätter frei	***Rubus saxatilis***
6B-Nebenblätter breit angewachsen	***Rubus caesius***
5B-Blüten 3-5 cm	
6A-Stängel ringsum stachelig	***Rosa pimpinellifolia***
6B-Stängel mit entfernten Dornen	
7A-Kelchblätter dreieckig	***Rosa arvensis***
7B-Kelchblätter mit Anhängseln	***Rosa canina***
2E-Blätter gefiedert	
3A-Pflanze mit Dornen oder Stacheln	
4A-Blätter unterseits behaart	
5A-Blätter drüsig behaart	***Rosa rubiginosa***
5B-Blätter filzig behaart	***Rosa rugosa***
4B-Blätter unterseits nicht behaart	
5A-Stängel ringsum stachelig	***Rosa pimpinellifolia***
5B-Stängel mit entfernten Dornen	
6A-Kelchblätter dreieckig	***Rosa arvensis***

6B-Kelchblätter mit Anhängseln	***Rosa canina***
3B-Pflanze ohne Dornen oder Stacheln	
4A-Baum oder Strauch	***Sorbus aucuparia***
4B-Krautige Pflanze	
5A-Blätter doppelt bis 3fach 3-5zählig	***Aruncus dioicus***
5B-Blätter anders	
6A-Stängel kantig/<10 Blattfiederpaare	***Filipendula ulmaria***
6B-Stängel rund/> 20 Blattfiederpaare	***Filipendula vulgaris***
2E-Blätter sitzend	
3A-Blüten 2-5 cm/Blätter anders	***Campanula persicifolia***
3B-Blüten < 2 cm/Blätter rosettig	
4A-Unbehaarter Zwergstrauch bis 25 cm	***Chimaphila umbellata***
4B-Graufilzige bis 150 cm große Pflanze	***Verbascum lychnitis***
2F-Blätter gestielt	
3A-Pflanze ohne Dornen oder Stacheln	
4A-Krautige Pflanze	
5A-Blätter eiförmig	***Orthilia secunda***
5B-Blätter dreizählig	***Aquilegia atrata***
5C-Blätter 7-9lappig	***Helleborus niger***
4B-Zwergstrauch/Blätter elliptisch	***Arctostaphylos alpina***
4C-Strauch oder Baum	
5A-Blattstiel mit Drüsen	
6A-Drüsen rot	***Padus avium***
6B-Drüsen nicht rot	***Prunus domestica***
5B-Blattstiel ohne Drüsen	
6A-Blütenblätter > 2,5x so lang wie breit	***Amelanchier ovalis***
6B-Blütenblätter nicht so	
7A-Blätter tief eingeschnitten	***Sorbus torminalis***
7B-Blätter nicht eingeschnitten	
8A-Blattunterseite weißfilzig behaart	***Sorbus aria***
8B-Blattunterseite nicht so	
9A-Blüten zu 2-5/Blätter 3-4 cm	***Cerasus fruticosa***
9B-Blüten zu 4-10/Blätter 4-8 cm	***Cerasus mahaleb***
3B-Pflanze mit Dornen oder Stacheln	
4A-Zur Blütezeit ohne grüne Blätter	***Prunus spinosa***
4B-Zur Blütezeit mit grünen Blättern	
5A-Pflanze mit grünen Zweigen	
6A-Blätter unterseits dicht weißfilzig	***Rubus idaeus***
6B-Blätter unterseits nicht behaart	***Rubus caesius***
5B-Strauch	
6A-Blüten mit 1 Griffel	***Crataegus monogyna***
6B-Blüten mit 2 oder 3 Griffeln	***Crataegus laevigata***
5C-Baum	
6A-Staubbeutel der Blüte gelb	***Malus sylvestris***
6B-Staubbeutel der Blüte rot	***Pyrus communis***

1B-Rasengesellschaften und Ruderalstandorte	
2A-Blätter grundständig	***Saxifraga tridactylites***
2B-Blätter mit Ranke	***Cuscuta europaea***
2C-Blätter dreizählig	
3A-Pflanze mit Stacheln	***Rubus caesius***
3B-Pflanze ohne Stacheln	
4A-Blütenblätter 5-6 mm/weiß	***Fragaria vesca***
4B-Blütenblätter 6-10 mm/gelblich weiß	***Fragaria viridis***
2D-Blätter gefiedert	
3A-Stängel kantig/2-5 Blattfiederpaaren	***Filipendula ulmaria***
3B-Stängel rund/> 20 Blattfiederpaare	***Filipendula vulgaris***
2E-Blätter sitzend	
3A-Stängelblätter dreilappig	***Saxifraga tridactylites***
3B-Stängelblätter nicht dreilappig	
4A-Grundblätter herzförmig	***Campanula rapunculoides***
4B-Grundblätter nicht herzförmig	***Campanula rapunculus***
2F-Blätter gestielt	
3A-Baum	***Pyrus communis***
3B-Strauch oder krautige Pflanze	
4A-Pflanze mit Dornen oder Stacheln	***Rubus caesius***
4B-Pflanze ohne Dornen oder Stacheln	
5A-Blütenblätter nicht gebuchtet	
6A-Blüten 10-14 mm	***Solanum nigrum***
6B-Blüten 15-25 mm	***Physalis alkekengi***
5B-Blütenblätter gebuchtet	
6A-Blüten-und Kelchblätter gleich lang	***Malva pusilla***
6B-Blütenblätter > Kelchblätter	***Malva neglecta***
1C-Ufervegetation	
2A-Blätter grundständig	***Saxifraga stellaris***
2B-Blätter quirlständig	***Aldrovanda vesiculosa***
2C-Blätter sitzend	
3A-Blüte mit 10 Staubblättern	***Saxifraga stellaris***
3B-Blüte mit vielen Staubblättern	***Ranunculus circinatus***
1D-Moore und nicht alpine Zwergstrauchheiden	
2A-Blätter grundständig	
3A-Blätter mit klebrigen Drüsen/Blüten 5 mm	***Drosera rotundifolia***
3B-Blätter nicht klebrig/Blüten größer	***Saxifraga stellaris***
2B-Blätter filigran eingeschnitten	
3A-Obere Blätter nicht filigran	***Ranunculus aquatilis***
3B-Alle Blätter filigran eingeschnitten	
4A-Wasserblätter länger als Internodien	***Ranunculus fluitans***
4B-Wasserblätter kürzer als Internodien	

5A-Wasserblätter an der Luft steif	***Ranunculus circinatus***
5B-Wasserblätter an der Luft lappig	***Ranunculus trichophyllus***
2C-Blätter gestielt	
3A-Blätter ohne Nebenblätter	***Ranunculus hederaceus***
3B-Blätter mit Nebenblättern	***Rubus chamaemorus***
2D-Blätter gefiedert	***Filipendula ulmaria***
1E-Felsige Standorte	
2A-Blätter grundständig	
3A-Blüte mit 5-10 Staubblättern	
4A-Blätter fleischig/unbehaart	***Saxifraga stellaris***
4B-Blätter nicht fleischig/behaart	
5A-Blätter starr	***Saxifraga hypnoides***
5B-Blätter weich	***Saxifraga decipiens***
3B-Blüte mit vielen Staubblättern	
4A-Stängelblätter fehlend oder lineal	***Ranunculus alpestris***
4B-mit 3-5spaltigen Stängelblättern	***Ranunculus glacialis***
2B-Blätter fünfzählig	
3A-Staubfäden der Staubblätter unbehaart	***Potentilla clusiana***
3B-Staubfäden der Staubblätter behaart	***Potentilla caulescens***
2C-Blätter gestielt	***Ranunculus glacialis***
2D-Blätter sitzend	
3A-Blüte mit vielen Staubblättern	***Ranunculus glacialis***
3B-Blüte mit 5-10 Staubblättern	
4A-Blätter fleischig/unbehaart	
5A-Blattrand nur am Ende gezähnt	***Saxifraga stellaris***
5B-Blattrand stachelig	***Saxifraga bryoides***
5C-Blattrand überall fein gezähnt	***Saxifraga paniculata***
4B-Blätter nicht fleischig behaart	
5A-Blätter starr	***Saxifraga hypnoides***
5B-Blätter weich	***Saxifraga decipiens***

Gemeine Felsenbirne
Amelanchier ovalis
(Rosaceae)

Aldrovanda vesiculosa Wasserfalle (Droseraceae) Untergetauchte Wasserpflanze/10-30 cm/Blätter in 6-9zähligen Quirlen/Blüten einzeln/seichte Gewässer über schlammigem Boden/Ufervegetation/Juli-Aug

<u>Amelanchier ovalis</u> Gemeine Felsenbirne (Rosaceae) Strauch mit Nebenblätter/ ohne Dornen/Blattstiel ohne Drüsen/Blüten 10-13 mm/Blütenblätter schmal und lang/trockene, basenreiche, humus- und feinerdearme Fels- und Steinböden/Gebüsche/Apr-Juni

Aquilegia atrata Schwarze Akelei (Ranunculaceae) Behaarte Pflanze/20-70 cm Blätter doppelt dreiteilig/Blüten 3-4 cm/Sporn 10-15 mm/mäßig trockene, mäßig nährstoff- und kalkhaltige Böden/Kiefernwälder/Juni-Juli

Arctostaphylos alpina Alpen-Bärentraube (Ericaceae) Niederliegender Zwergstrauch/5-60 cm/Blätter scharf gezähnt/Blüten zu 2-5/Blüten 5-6 mm/ frische, nährstoff- und basenarme, flachgründige Steinböden/Kiefernwälder/Mai

Aruncus dioicus Wald-Geißbart (Rosaceae) Pflanze mit bis zu 1 m langen Blättern/80-200 cm/Blätter doppelt 3- bis 5-zählig gefiedert/Blütenstand 20-50 cm/Einzelblüten 5 mm/sickerfrische, nährstoff- und basenreiche, bevorzugt kalkarme, meist steinige Mullböden/Buchenwälder/Mai-Juli

Bryonia alba Weiße Zaunrübe (Cucurbitaceae) Pflanze mit Ranken/2-4 m/ behaart/Blätter 5lappig/Blüten 9-12 mm/frische, nährstoffreiche, lockere Lehmböden/Waldnahe Staudenfluren/Juni-Juli

Bryonia dioica Zweihäusige Zaunrübe (Cucurbitaceae) Pflanze mit Ranken/2-4 m/behaart/Blätter fünflappig/Blüten 10-18 mm/frische, nährstoffreiche, lockere Lehmböden/Waldnahe Staudenfluren/Juni-Sep

<u>Campanula persicifolia</u> Pfirsichblättrige Glockenblume (Campanulaceae) Fast kahle Pflanze/30-100 cm/untere Blätter verkehrt eilänglich/Blüten 2-5 cm/ mäßig trockene bis mäßig frische, meist kalkhaltige Mullböden/Eichenmischwälder-Waldnahe Staudenfluren/Juni-Sep

Campanula rapunculoides Acker-Glockenblume (Campanulaceae) Pflanze mit unterirdischen Ausläufern/20-80 cm/untere Blätter herzförmig/Blüten 2-3 cm/ mäßig trockene, nährstoffreiche, ± kalkhaltige Böden/Ruderalpflanzen/ Juni-Sep

Campanula rapunculus Rapunzel-Glockenblume (Campanulaceae) Pflanze mit rübenartig verdickter Wurzel/40-80 cm/Blätter schmal lineal bis lanzettlich/ Blüte 10-20 mm/mäßig trockene, nährstoffreiche, kalkarme Böden/Gebüsche-Ruderalstandorte-Rasengesellschaften/Mai-Aug

Cerasus fruticosa Zwergkirsche (Rosaceae) Bäume oder Sträucher/20-200 cm/ Blätter gleichmäßig gesägt/Blüten in 2-5blütigen Dolden/Blüten 15 mm/ trockene, kalkhaltige, steinige Lehmböden/Gebüsche/Apr-Mai

Cerasus mahaleb Felsen-Kirsche (Rosaceae) Baum/2-10 mm/Blätter gleichmäßig gesägt/Blüten in 5-12blütigen Dolden/Blüten 15 mm/trockene, meist kalkhaltige Lehm- und Felsböden/Eichenmischwälder-Gebüsche/Apr-Mai

Wald-Erdbeere
Fragaria vesca
(Rosaceae)

Chimaphila umbellata Winterlieb (Pyrolaceae) Unbehaarter Zwergstrauch/ 5-25 cm/Blätter scharf gesägt/Blüten mm/mäßig trockene, kalkreiche, sandige Moderhumusböden/Kiefernwälder/Juni-Aug

Crataegus laevigata Zweigriffliger Weißdorn (Rosaceae) Dorniger Baum oder Strauch/2-10 m/Blätter 3-5lappig/Blüten 15-18 mm/frische, nährstoff- und basenreiche, humose Lehmböden/Gebüsche/Mai

Crataegus monogyna Eingriffliger Weißdorn (Rosaceae) Baum oder Strauch mit Nebenblättern/mit Dornen/Blätter eingeschnitten/Blüten 8-15 mm/ trockene bis frische, basenreiche (bevorzugt kalkhaltige) steinige oder reine Lehmböden/Gebüsche/Apr-Mai

Cuscuta europaea Europäische Seide (Convolvulaceae) Schmarotzerpflanze ohne grüne Blätter/30-150 cm/Blüten 2 mm/feuchte, nährstoffreiche Ufer/ Ruderalpflanzen-Waldnahe Staudenfluren/Juni-Sep

Cuscuta lupuliformis Pappel-Seide (Convolvulaceae) Schmarotzerpflanze ohne grüne Blätter/50-200 cm/Blüten 4-5 mm/Feuchtes Ufergebüsch der Stromtäler/Waldnahe Staudenfluren/Juli-Sep

Drosera rotundifolia Rundblättriger Sonnentau (Droseraceae) Pflanze mit Blättern in grundständiger Rosette/5-20 cm/Blätter kreisrund mit lang gestielten, klebrigen Drüsen/Blüte 5 mm/feuchte bis nasse, auf Torfmoos oder nährstoffarmen Torf- und zuweilen Sandböden/Moore/Juni-Aug

Filipendula ulmaria Echtes Mädesüß (Rosaceae) Pflanze mit kantigem Stängel/60-200 cm/Blätter mit 2-5 großen Fiedern/Blütenstand vielblütig/ Blüten 4-8 mm/nasse bis feuchte, nährstoffreiche Sumpfhumusböden oder auf Niedermoor/Buchenwälder-Gebüsche-Rasengesellschaften-Ufervegetation-Waldnahe Staudenfluren/Juni-Aug

Filipendula vulgaris Kleines Mädesüß (Rosaceae) Pflanze mit rundem Stängel/15-80 cm/Blätter mit 8-40 großen Fiedern/Blütenstand vielblütig/ Blüten 8-16 mm/wechseltrockene, basenreiche, humose Ton- und Lehmböden, vorwiegend auf Kalk/Eichenmischwälder-Rasengesellschaften-Waldnahe Staudenfluren/Mai-Juli

Fragaria vesca Wald-Erdbeere (Rosaceae) Behaarte Pflanze mit oberirdischen Ausläufern/5-30 cm/Blätter dreizählig/Blüten 14-19 mm/meist frische, nährstoffreiche, nicht zu basenarme Lehmböden/Gebüsche-Rasengesellschaften-Waldnahe Staudenfluren/Mai-Juni

Fragaria viridis Knackelbeere (Rosaceae) Behaarte Pflanze mit oberirdischen Ausläufern/5-30 cm/Blätter dreizählig/Blüten 18-25 mm/trockene, basenreiche, Löss- und Lehmböden/Rasengesellschaften/Mai-Juni

Helleborus niger Christrose (Ranunculaceae) Pflanze mit unverzweigzem Stängel/15-30 cm/Blätter 7-9teilig/Blüten 5-10 cm/frische, nährstoffreiche, kalkhaltige Lockerböden/Buchenwälder/Dez-Apr

Malus sylvestris Wild-Apfel (Rosaceae) Baum mit meist dornigen Zweigen/2-10 m/Blätter breit eiförmig/Blüte 3-4 cm/frische, nährstoff- und basenreiche Lehm- + Steinböden/Eichenmischwälder-Erlenstandorte-Gebüsche/Apr-Juni

Schlehe
Prunus spinosa
(Rosaceae)

Malva neglecta Weg-Malve (Malvaceae) Behaarte Pflanze/15-50 cm/Blätter 5-7lappig/Blüten 15-25 mm/Blüten zu 3-6/frische, nährstoffreiche Böden/ Ruderalpflanzen/Juni-Sep

Malva pusilla Kleinblütige Malve (Malvaceae) (Un)Behaarte Pflanze/5-30 cm/Blätter/Blüten 5-6 mm/Blüten in blattachselständigen Gruppen von bis zu 10/trockene, nährstoffreiche, kalkarme, auch salzhaltige, sandige Böden/ Ruderalpflanzen/Juli-Sep

Moneses uniflora Einblütiges Wintergrün (Pyrolaceae) Kahles Kraut/5-10 cm/ Blätter rundlich bis eiförmig-länglich/Blüten einzeln/Blüten 13-20 mm/ frische, mäßig trockene Moder- bis Rohhumusböden/Buchenwälder/Juni-Juli

Orthilia secunda Nickendes Wintergrün (Pyrolaceae) Kahles Kraut/5-25 cm/ Blätter eiförmig-länglich/Blüten 5-6 mm/frische bis mäßig trockene, nicht zu schwere Moderhumusböden/Buchenwälder/Juni-Juli

Padus avium Traubenkirsche (Rosaceae) Baum oder Strauch/1-15 m/Blätter eirundlich zugespitzt/Blüten 10-16 mm/sickernasse, nährstoff- und basenreiche, oft kiesig-sandige Lehm- und Tonböden oder Mullböden/ Buchenwälder-Gebüsche/Apr-Juni

Physalis alkekengi Juden-Kirsche (Solanaceae) Pflanze mit wechselständigen, gegenständigen oder quirlständigen Blättern/25-60 cm/Blätter eiförmig zugespitzt/Blüten 15-25 mm/frische, nährstoffreiche Böden/Ruderalpflanzen/ Juni-Aug

Polygonatum verticillatum Quirlblättrige Weißwurz (Liliaceae) Pflanze mit parallelnervigen Blättern/30-100 cm/Blätter schmal lanzettlich/Blüten 5-10 mm lang in 2-7-blütigen Trauben/± frische, ± nährstoffreiche Mullböden/ Eichenmischwälder-Fichtenwälder/Mai-Juni

Potentilla caulescens Stängel-Fingerkraut (Rosaceae) Behaarte Pflanze/5-30 cm/Grundblätter fünfzählig gefingert/Blüten 15-20 mm/humus- und feinerdearme Spalten kalkhaltiger Gesteine/Felsige Standorte/Juli-Sep

Potentilla clusiana Tauern-Fingerkraut (Rosaceae) Behaarte Pflanze/5-10 cm/ Grundblätter 5zählig gefingert/Blüten 20-22 mm/auf Kalk und Dolomit/ Felsige Standorte/Juni-Aug

Potentilla sterilis Erdbeer-Fingerkraut (Rosaceae) Niederliegende Pflanze mit wurzelnden Ausläufern/5-10 cm/Grundblätter 3zählig gefingert/Blüten 10-15 mm/frische, ± nährstoffreiche, kalkarme, sandige Lehmböden/Buchenwälder-Eichenmischwälder/Apr-Mai

Prunus domestica Pflaume (Rosaceae) Baum oder Strauch/3-10 m/Blätter verkehrt-eiförmig bis elliptisch/Blüten 15-20 mm/basenreiche, tiefgründige tonige bis lehmige Böden/Gebüsche/Apr-Mai

Prunus spinosa Schlehe (Rosaceae) Dorniger Strauch/1-4 m/Blüten vor den Blättern erscheinend/Blüten 10-15 mm/mäßig trockene bis frische, nährstoff- und ± basenreiche, humose Lehmböden/Gebüsche/März-Mai

Gewöhnlicher Wasser-Hahnenfuß
Ranunculus aquatilis
(Ranunculaceae)

Pyrola media Mittleres Wintergrün (Pyrolaceae) Immergrüne Pflanze mit ledrigen Blättern/15-30 cm/Blätter rundlich bis oval/Blüten 8-10 mm/± frische, nicht zu schwere Moderhumusböden/Kiefernwälder/Juni-Juli

Pyrola minor Kleines Wintergrün (Pyrolaceae) Unbehaartes Kraut/15-25 cm/ Blätter elliptisch-eiförmig/Blüten 5-7 mm/frische, nicht zu schwere Moderhumusböden/Gebüsche/Juni-Aug

Pyrola rotundifolia Rundblättriges Wintergrün (Pyrolaceae) Unbehaartes Kraut/15-30 cm/Stängel unten stumpfkantig/Blätter oval/Blüten 8-12 mm/ frische bis feuchte Moder- bis Torfböden/Gebüsche/Juni-Aug

Pyrus communis Birne (Rosaceae) Verwilderter Obstbaum/3-20 m/Blätter eiförmig bis elliptisch/Blüte 20-35 mm/frische, nährstoff- und basenreiche, tiefgründige Lehmböden/Gebüsche-Rasengesellschaften/Apr-Mai

Ranunculus aconitifolius Eisenhutblättriger Hahnenfuß (Ranunculaceae) Reich verzweigte Pflanze/20-150 cm/Blätter fingerig gelappt/Blüten 1-2 cm/ nasse, nährstoffreiche, kalkarme Böden/Waldnahe Staudenfluren/Mai-Juli

Ranunculus alpestris Alpen-Hahnenfuß (Ranunculaceae) Unbehaarte Pflanze/ 5-20 cm/Grundblätter 3-5lappig/Blüten 20-25 mm/± nährstoffreiche, kalkhaltige Feinschuttböden/Felsige Standorte/Mai-Sep

Ranunculus aquatilis Gewöhnlicher Wasser-Hahnenfuß (Ranunculaceae) Wasserpflanze/10-200 cm/Schwimmblätter 3-7spaltig/Blüten 15-20 mm/ stehende und langsam fließende, kalkarme Gewässer/Ufervegetation/ Juni-Sep

Ranunculus circinatus Spreizender Hahnenfuß (Ranunculaceae) Wasserpflanze/5-300 cm/Wasserblätter fein zerteilt/Blüten 8-18 mm/ kalkreiche Gewässer, über humosem Schlamm/Ufervegetation/Mai-Sep

Ranunculus fluitans Flutender Hahnenfuß (Ranunculaceae) Wasserpflanze/ 100-600 cm/Wasserblätter fein zerteilt/Blüten 20-30 mm/schnell fließende, kühle Gewässer/Ufervegetation/Juni-Aug

Ranunculus glacialis Gletscher-Hahnenfuß (Ranunculaceae) Unbehaarte Pflanze/5-25 cm/Blätter tief geteilt/Blüten 25-40 mm/frische, nährstoff- und kalkarme Silikatschuttböden/Felsige Standorte/Juli-Aug

Ranunculus hederaceus Efeublättriger Hahnenfuß (Ranunculaceae) Niederliegende Pflanze/10-60 cm/Blätter 3-5lappig/Blüten 3-6 mm/nasse, nährstoffarme bis -reiche Sandböden, in langsam fließendem Wasser/ Ufervegetation/Mai-Sep

Ranunculus platanifolius Platanenblättriger Hahnenfuß (Ranunculaceae) Reich verzweigte Pflanze/40-130 cm/Blätter 5-7lappig/Blüten 10-20 mm/frische, nährstoffreiche, kalkhaltige Böden/Waldnahe Staudenfluren/Mai-Juli

Ranunculus trichophyllus Haarblättriger Wasser-Hahnenfuß (Ranunculaceae) Wasserpflanze/5-100 cm/Blätter fein zerteilt/Blüten 5-10 mm/stehende oder langsam fließende Gewässer/Ufervegetation/Mai-Aug

Acker-Brombeere
Rubus caesius
(Rosaceae)

Rosa arvensis Feld-Rose (Rosaceae) Dorniger Strauch/30-200 cm/Blätter 5- bis 7-zählig gefiedert/Blüten 3-5 cm/frische, ± nährstoff- und basenreiche, humose Lehm- und Tonböden/Buchenwälder/Juni-Juli

Rosa canina Hunds-Rose (Rosaceae) Dorniger Strauch/1-3 m/Blätter 5- bis 7-zählig gefiedert/Blüten 4-5 cm/mäßig trockene bis frische, basenreiche Lehmböden/Eichenmischwälder-Gebüsche/Juni

Rosa pimpinellifolia Dünen-Rose (Rosaceae) Dorniger Strauch/10-40 cm/ Blätter 5- bis 11-zählig gefiedert/Blüten 2-4 cm/trockene, basenreiche, steinig-sandige Lehmböden/Gebüsche-Waldnahe Staudenfluren/Mai-Juni

Rosa rubiginosa Wein-Rose (Rosaceae) Dorniger Strauch/1-4 m/Blätter 5- bis 9-zählig gefiedert/Blüten 18-28 mm/mäßig trockene, basenreiche, vorzugsweise kalkhaltige, steinige oder sandige Ton- und Lehmböden/Gebüsche/ Juni-Juli

Rosa rugosa Kartoffel-Rose (Rosaceae) Dorniger Strauch/100-250 cm/Blätter 5- bis 9-zählig gefiedert/Blüten 4-7 cm/an Böschungen, Straßenrändern und Dünen gepflanzt und verwildert/Gebüsche/Mai-Juni

Rubus caesius Acker-Brombeere (Rosaceae) Dornige Pflanze/20-60 cm/Blätter 3zählig/Blüten 2-3 cm/sickerfeuchte, auch zeitweise überschwemmte, nährstoff- und basenreiche Lehm- und Tonböden/Buchenwälder-Gebüsche-Ruderalpflanzen-Waldnahe Staudenfluren/Mai-Juli

Rubus chamaemorus Moltebeere (Rosaceae) Behaarte Pflanze/10-25 cm/ Blätter 5-7lappig/Blüten 15-20 mm/Hoch- und Zwischenmoore/Zwergstrauchheiden/Mai-Juni

Rubus idaeus Himbeere (Rosaceae) Kleiner stacheliger Strauch/50-200 cm/ Blätter 3-7zählig gefiedert/Blüten 9-11 mm/frische, nährstoffreiche, humose Lehmböden/Erlenstandorte-Gebüsche-Waldnahe Staudenfluren/Mai-Juni

Rubus saxatilis Steinbeere (Rosaceae) Pflanze mit feinen Stacheln/10-25 cm/ Blätter dreizählig/Blüten 8-10 mm/meist mäßig trockene, basenreiche (meist kalkhaltige) humose Sand-, Stein- und Lehmböden/Gebüsche-Waldnahe Staudenfluren/Mai-Juni

Saxifraga bryoides Moos-Steinbrech (Saxifragaceae) Polsterpflanze/1-8 cm/ Blätter lineal-lanzettlich/Blütenblätter 2-3x so lang wie die Kelchblättr/ frische bis nasse, kalkarme Steinböden/Felsige Standorte/Juli-Aug

Saxifraga decipiens Rasen-Steinbrech (Saxifragaceae) Rasenbildende Pflanze/ 5-25 cm/Blätter/Blüten 12-20 mm/mäßig trockene bis trockene, basenreiche Steinböden/Felsige Standorte/Mai-Juli

Saxifraga hypnoides Astmoos-Steinbrech (Saxifragaceae) Polsterpflanze/ 10-30 cm/Blätter tief 3lappig/Blüten 14-20 mm/Felsspalten/Felsige Standorte Apr-Juli

Saxifraga paniculata Trauben-Steinbrech (Saxifragaceae) Polsterbildende Rosettenstaude/15-45 cm/Blätter am Rand kalkverkrustet/Blüten 8-11 mm/ trockene bis mäßig trockene, kalkhaltige Steinböden/Felsige Standorte/ Mai-Aug

Schwarzer Nachtschatten
Solanum nigrum
(Solanaceae)

Saxifraga rotundifolia Rundblättriger Steinbrech (Saxifragaceae) Pflanze mit weich behaarten Blättern/15-70 cm/Blätter herz-nierenförmig/Blütenblätter 6-11 mm/frische, nährstoffreiche, kalkhaltige Mullböden/Waldnahe Staudenfluren/Juni-Okt

Saxifraga stellaris Stern-Steinbrech (Saxifragaceae) Dichtrasige Rosettenstaude 5-20 cm/behaart/Blätter verkehrt-eiförmig keilig/Blüten 10-15 mm/ Quellfluren, Bachufer, nasse Felsen/Felsige Standorte-Ufervegetation-Zwergstrauchheide/Juni-Aug

Saxifraga tridactylites Dreifinger-Steinbrech (Saxifragaceae) Klebrig behaartes Kraut/2-18 cm/Stängelblätter tief 3-5lappig/Blüten 4-6 mm/± warme, trockene, kalkhaltige Böden/Rasengesellschaften/Apr-Juni

<u>Solanum nigrum</u> Schwarzer Nachtschatten (Solanaceae) Pflanze mit ovalen bis lanzettlichen Blättern/10-80 cm/Blüten 10-14 mm in Gruppen zu 5-10/ nährstoffreiche Böden/Ruderalpflanzen/Juni-Okt

Sorbus aria Mehlbeere (Rosaceae) Baum oder Strauch/3-20 m/Blätter eiförmig bis elliptisch/Blüten 10-15 mm/mäßig frische bis trockene, kalkreiche und kalkarme, humose, meist steinig-sandige Lehm- oder reine Steinböden/ Buchenwälder-Waldnahe Staudenfluren/Mai-Juni

Sorbus aucuparia Eberesche (Rosaceae) Baum oder Strauch/1-20 m/Blätter unpaarig gefiedert mit 4-9 Fiederpaaren/Blüten in 8-12 cm breiten Blütenständen/Blüten 8-10 mm/mäßig trockene bis frische, meist nährstoff- und basenarme, humose Lehmböden, auch Torf- und Felsböden/Gebüsche/ Mai-Juli

Sorbus torminalis Elsbeere (Rosaceae) Strauch oder Baum/3-25 m/Blätter mehrfach tief eingeschnitten/Blüte 10-15 mm/mäßig trockene, basenreiche, humose, meist steinige Ton- und Lehmböden, vowiegend auf Kalk/Eichenmischwälder-Gebüsche/Mai-Juni

<u>Verbascum lychnitis</u> Mehlige Königskerze (Scrophulariaceae) Pflanze mit oberwärts kantigem Stängel/60-150 cm/Blätter unterseits graufilzig/Blüten 10-18 mm/mäßig trockene, nährstoffreiche, meist kalkhaltige Böden/ Waldnahe Staudenfluren/Juni-Sep

Buschwindröschen
Anemone nemorosa
(Ranunculaceae)

Mehr als 5 Blütenblätter

1A-Wälder und Gebüsche
  2A-Blätter grundständig
    3A-Blätter eingeschnitten/Pflanze 15-40 cm — ***Anemone sylvestris***
    3B-Blätter gezähnt/Pflanze 2-10 cm — ***Dryas octopetala***
  2B-Blätter quirlständig — ***Eupatorium cannabinum***
  2C-Blätter sitzend — ***Phyteuma spicatum***
  2D-Blätter gestielt
    3A-Blätter zu dritt/fast quirlständig — ***Anemone nemorosa***
    3B-Blätter teilweise herzförmig
      4A-Blüten in walziger Ähre — ***Phyteuma spicatum***
      4B-Blüten nicht in walziger Ähre — ***Adenostyles alliariae***
  2E-Blätter gefiedert — ***Actaea spicata***
1B-Rasengesellschaften und Ruderalstandorte
  2A-Blätter grundständig
    3A-Blätter schildförmig — ***Hydrocotyle vulgaris***
    3B-Blätter teiförmig/unterseits weißfilzig — ***Dryas octopetala***
    3C-Blätter tief handförmig 5-7teilig
      4A-Blüten in in doldenartigen Köpfchen — ***Astrantia bavarica***
      4B-Einzelblüten 2-3 cm/viele Staubblätter — ***Anemone narcissiflora***
    3D-Blätter eingeschnitten/nicht handförmig
      4A-Blüten glockig — ***Pulsatilla vernalis***
      4B-Blüten nicht glockig
        5A-Blütenblätter 5-10 mm breit — ***Pulsatilla alba***
        5B-Blütenblätter 10-210 mm breit — ***Pulsatilla alpina***
  2B-Blätter sitzend
    3A-Blätter stechend — ***Eryngium campestre***
    3B-Untere Blätter ei-herzförmig — ***Phyteuma spicatum***
    3C-Blätter tief handförmig 5-7teilig — ***Astrantia bavarica***
    3D-Blätter spatelförmig — ***Antennaria carpatica***
  2C-Blätter gestielt — ***Phyteuma spicatum***
  2D-Untere Blätter 2-3x gefiedert — ***Centaurea diffusa***
1C-Ufervegetation — ***Hydrocotyle vulgaris***
1D-Moore und Zwergstrauchheiden
  2A-Blätter schildförmig — ***Hydrocotyle vulgaris***
  2B-Blätter nicht schildförmig — ***Dryas octopetala***
1E-Felsige Standorte
  2A-Blätter am Grund mit Nebenblättern — ***Dryas octopetala***
  2B-Blätter am Grund ohne Nebenblätter
    3A-Blätter tief handförmig 5-7teilig — ***Anemone narcissiflora***
    3B-Blätter eingeschnitten/nicht handförmig
      4A-Blüten glockig — ***Pulsatilla vernalis***
      4B-Blüten nicht glockig — ***Pulsatilla alpina***

Großes Windröschen
Anemone sylvestris
(Ranunculaceae)

Actaea spicata Christophskraut (Ranunculaceae) Unangenehm riechende Pflanze/30-60 cm/unbehaart/Blätter doppelt bis dreifach 3-zählig gefiedert/ Blüten klein/frische, nährstoffreiche, Mullböden, vorwiegend auf Kalk/ Buchenwälder/Mai-Juli

Adenostyles alliariae Grauer Alpendost (Compositae) Behaarte Pflanze/60-200 cm/Blätter 3eckig und stängelumfassend/Blüten 7-8 mm/sickerfrische, nährstoffreiche, steinige oder reine Lehmböden/Buchenwälder-Waldnahe Staudenfluren/Juni-Aug

Anemone narcissiflora Narzissenblütiges Windröschen (Ranunculaceae) Behaarte Pflanze/20-40 cm/Blätter ungleich tief gespalten/Blüten 2-4 cm/ frische, meist kalkhaltige Böden/Felsige Standorte-Rasengesellschaften/ Mai-Juli

Anemone nemorosa Buschwindröschen (Ranunculaceae) Pflanze mit einzelner Blüte/10-25 cm/Blätter grund- und quirlständig/Blüten 15-40 mm/frische, nährstoffreiche Mullböden/Buchenwälder/März-Mai

Anemone sylvestris Großes Windröschen (Ranunculaceae) Pflanze mit einzelner Blüte/15-40 cm/Blätter grund- und quirlständig/Blüten 4-7 cm/mäßig trockene, kalkhaltige Böden/Kiefernwälder-Waldnahe Staudenfluren/ Apr-Juni

Antennaria carpatica Karpaten-Katzenpfötchen (Compositae) Behaarte Pflanze/5-20 cm/Blätter undeutlich 3nervig/Blüten 5-8 mm/frische, kalkarme oder entkalkte, steinige Ton- und Lehmböden/Rasengesellschaften/Juni-Aug

Astrantia bavarica Bayrische Sterndolde (Apiaceae) Pflanze mit auffälligen Blüten/20-60 cm/Blätter 3-7teilig/Blüten in 2-3 cm großen Köpfchen/frische, ± nährstoffreiche, kalkhaltige Lehm- und Tonböden/Rasengesellschaften/ Juni-Aug

Centaurea diffusa Sparrige Flockenblume (Compositae) Pflanze mit grün-grauen Blättern/10-60 cm/untere Blätter zweifach fiederteilig/Blüten 3-10 mm/trockene, nährstoffreiche Lockerböden/Ruderalpflanzen/Juli-Sep

Dryas octopetala Silberwurz (Rosaceae) Immergrüner Pflanze mit ledrigen Blättern/2-10 cm/Blätter länglich-elliptisch/Blüten 25-40 mm/frische bis mäßig trockene, basenreiche, ± kalkhaltige Stein- und Felsböden/Felsige Standorte-Kiefernwälder-Moore-Rasengesellschaften/Juni-Juli

Eryngium campestre Feld-Mannstreu (Apiaceae) Distelartig Pflanze mit stechenden Blättern/20-100 cm/Blätter oval/Blüten in 10-15 mm großen Köpfchen/sommertrockene, ± kalkreiche, mittel- bis tiefgründige Lehm- und Lössböden/Rasengesellschaften-Ruderalpflanzen/Juli-Sep

Eupatorium cannabinum Wasserdost (Compositae) Behaarte Pflanze/50-175 cm/Blätter meist handförmig 3-7teilig/Blüten 2-5 mm/sickerfrische bis feuchte, nährstoffreiche, bevorzugt kalkhaltige Lehm- und Tonböden/ Waldnahe Staudenfluren/Juli-Sep

Silberwurz
Dryas octopetala
(Rosaceae)

Hydrocotyle vulgaris Wassernabel (Apiaceae) Sumpfpflanze/10-15 cm/Blätter schildförmig/Blüten in 2-3 mm großen Dolden/nasse, kalkarme Torf- und Humusböden/Moore-Rasengesellschaften-Ufervegetation/Juli-Aug

Phyteuma spicatum Ährige Teufelskralle (Campanulaceae) Pflanze mit oft geleckten Blättern/30-80 cm/Blätter herzförmig/Blüten in bis zu 6 cm großenÄhren/frische, nährstoffreiche, lehmige Mullböden/Buchenwälder-Rasengesellschaften/Mai-Aug

Pulsatilla alba Kleinblütige Küchenschelle (Ranunculaceae) Ausdauerndes Kraut mit kräftigemWurzelstock/15-40 cm/Blätter 2fach fiederschnittig/ Blüten 25-45 mm/kalkmeidend/Rasengesellschaften/Mai-Juli

Pulsatilla alpina Alpen-Küchenschelle (Ranunculaceae) Ausdauerndes Kraut mit kräftigemWurzelstock/20-70 cm/Blätter 2fach fiederschnittig/Blüten 4-6 cm/frische, nährstoffreiche, kalkhaltige Böden/Felsige Standorte-Rasengesellschaften/Mai-Juli

Pulsatilla vernalis Frühlings-Küchenschelle (Ranunculaceae) Behaarte Pflanze/5-30 cm/Blätter fiederschnittig/Blüten 4-6 cm/mäßig frische, basenreiche, aber kalkarme Böden/Felsige Standorte-Rasengesellschaften/ März-Juli

<u>Blüte doldenartig</u>

1A-Wälder und Gebüsche	
2A-Pflanze unbehaart	
3A-Dolde 20-30strahlig	***<u>Peucedanum cervaria</u>***
3B-Dolde mit weniger Strahlen	
4A-Stängel kantig	***Aegopodium podagraria***
4B-Stängel rund und hohl	***Conium maculatum***
2B-Pflanze behaart	
3A-Ohne (0-2) Hüllblätter	
4A-Stängel hohl	
5A-Dolde 4-15strahlig	***Anthriscus nitida***
5B-Dolde > 20strahlig	
6A-Blätter handförmig geteilt	***<u>Peucedanum ostruthium</u>***
6B-Blätter nicht handförmig geteilt	***Angelica archangelica***
4B-Stängel nicht hohl	
5A-Stängel gefleckt	
6A-Stängel oberwärts kahl	***Chaerophyllum bulbosum***
6B-Stängel oberwärts behaart	
7A-Dolde 6-12strahlig	***Chaerophyllum temulum***
7B-Dolde 12-18strahlig	***Chaerophyllum aureum***
5B-Stängel nicht gefleckt	
6A-Blätter dreizählig	***Chaerophyllum aromaticum***
6B-Blätter nicht dreizählig	
7A-Blütenblätter gleichartig	***Chaerophyllum hirsutum***
7B-Blütenblätter unterschiedlich	***Myrrhis odorata***
3B-Mit Hüllblättern	
4A-Stängel gefleckt	***Heracleum mantegazzianum***
4B-Stängel nicht gefleckt	
5A-Dolde 5-12strahlig	
6A-Hüllblätter verschieden lang	***Peucedanum palustre***
6B-Hüllblätter gleich lang	***Torilis japonica***
5B-Dolde > 20strahlig	
6A-Hüllblätter verschieden lang	***Peucedanum palustre***
6B-Hüllblätter gleich lang	
7A-Stängel tief gefurcht	***Libanotis pyrenaica***
7B-Stängel fein gerillt	
8A-Fiederblätter ganzrandig	***Laserpitium siler***
8B-Fiederblätter gezähnt	***Laserpitium latifolium***
1B-Rasengesellschaften und Ruderalstandorte	
2A-Pflanze mit stechenden Blättern	***<u>Eryngium campestre</u>***
2B-Blätter nicht stechend	

3A-Pflanze unbehaart
4A-Dolde ohne Hüll- und Hüllchenblätter ***Aegopodium podagraria***
4B-Dolde mit Hüll- oder Hüllchenblättern
5A-Hüllblätter dreiteilig verzweigt ***Daucus carota***
5B-Hüllblätter nicht dreiteilig verzweigt
6A-Dolde ohne Hüllchenblätter ***Pimpinella saxifraga***
6B-Hüllchenblätter verwachsen ***Seseli hippomarathrum***
6C-Dolde mit Hüllchenblättern
7A-Dolde mit 3-4 Hüllchenblättern ***Aethusa cynapium***
7B-Dolde mit 5-10 Hüllchenblätter
8A-Stängel scharfkantig gefurcht ***Anthriscus sylvestris***
8B-Stängel stielrund und gerillt
9A-Blattrand eingeschnitten ***Chaerophyllum hirsutum***
9B-Blattrand nur gesägt ***Falcaria vulgaris***
7C-Dolde mit > 10 Hüllchenblättern ***Cnidium dubium***
3B-Pflanze behaart
4A-Dolde 1-3strahlig ***Scandix pecten-veneris***
4B-Dolde 2-20strahlig
5A-Hüllblätter 3-teilig verzweigt ***Daucus carota***
5B-Hüllblätter nicht 3-teilig verzweigt
6A-Stängel kantig
7A-Ohne Hüll- und Hüllchenblätter ***Trinia glauca***
7B-Dolde nur mit Hüllchenblättern ***Caucalis platycarpos***
7C-Mit Hüll- und Hüllchenblättern ***Meum athamanticum***
6B-Stängel rund oder gefurcht
7A-Wenig oder keine Hüllchenblätter
8A-Stängel hohl ***Pimpinella major***
8B-Stängel nicht hohl ***Torilis arvensis***
7B-Mit mehreren Hüllchenblättern
8A-Stängel hohl ***Ligusticum mutellina***
8B-Stängel markig
9A-Dolde 3-12strahlig ***Torilis japonica***
9B-Dolde 10-20strahlig
10A-Stängel kantig gefurcht ***Selinum carvifolia***
10B-Stängel nicht so ***Bunium bulbocastrum***
4C-Dolde 20-50strahlig
5A-Hüllblätter fehlend oder wenig ***Angelica sylvestris***
5B-Hüllblätter zahlreich
6A-Hüllblätter 3-teilig verzweigt ***Daucus carota***
6B-Hüllblätter nicht so
7A-Fiederblatt lineal-lanzettlich ***Laserpitium siler***
7B-Fiederblatt breit eiförmig ***Laserpitium latifolium***

Fortsetzung nächste Seite

Berle
Berula erecta
(Apiaceae)

1C-Ufervegetation
  2A-Dolde 2-4strahlig — ***Apium inundatum***
  2B-Dolden 5-15strahlig
    3A-Endfieder dreiteilig — ***Berula erecta***
    3B-Endfieder nicht dreiteilig
      4A-Blätter einfach gefiedert — ***Apium nodiflora***
      4B-Blätter mehrfach gefiedert — ***Oenanthe aquatica***
  2C-Dolden 15-40strahlig
    3A-Hüllblätter verschieden lang — ***Peucedanum palustre***
    3B-Hüllblätter gleich lang
      4A-Endfieder dreiteilig — ***Berula erecta***
      4B-Endfieder nicht dreiteilig — ***Sium latifolium***
1D-Felsige Standorte
  2A-Behaart/mit Hüll- und Hüllchenblättern — ***Athamantha cretensis***
  2B-Unbehaart
    3A-Doldenstrahlen kantig gefurcht — ***Ligusticum mutellina***
    3B-Doldenstrahlen nicht kantig gefurcht — ***Pimpinella saxifraga***

Hundspetersilie
Aethusa cynapium
(Apiaceae)

Aegopodium podagraria Giersch (Apiaceae) Pflanze mit kantigem Stängel/ Stängel hohl/30-100 cm/Blätter doppelt 3zählig gefiedert/Dolden 10-25strahlig/Blüten 2-3 mm/frische, nährstoffreiche, tiefgründige Ton- und Lehmböden/Buchenwälder-Eichenmischwälder-Gebüsche-Ruderalpflanzen-Waldnahe Staudenfluren/Mai-Sep

Aethusa cynapium Hundspetersilie (Apiaceae) Unbehaarte Pflanze/5-200 cm/Blätter 2-3fach gefiedert/Dolden 10-20strahlig/Blüten 2 mm/frische, nährstoffreiche, lockere Lehmböden/Ruderalpflanzen/Juni-Okt

Angelica archangelica Echte Engelwurz (Apiaceae) Pflanze mit hohlem Stängel/-300 cm/Blätter 2-3x gefiedert/Dolden 20-40strahlig/Blüten 3-4 mm/ Feuchte Ufer und Gebüsche der Küstenregion/Waldnahe Staudenfluren/ Juni-Aug

Angelica sylvestris Wilde Engelwurz (Apiaceae) Pflanze mit hohlem Stängel/ 50-200 cm/Blätter 2-3x gefiedert/Dolden 10-25strahlig/Blüten 2 mm/ sickernasse, nährstoffreiche, tiefgründige Lehm- und Tonböden/Waldnahe Staudenfluren/Juli-Sep

Anthriscus sylvestris Wiesen-Kerbel (Apiaceae) Pflanze mit hohlem Stängel/ 30-210 cm/Blätter 2-3x gefiedert/Dolden 4-15strahlig/Blüten 3-4 mm/frische, nährstoffreiche, humose Ton- und Lehmböden/Rasengesellschaften/Apr-Aug

Apium inundatum Flutender Sellerie (Apiaceae) Niederliegend-kriechende oder im Wasser flutende Pflanze/-120 cm/Blätter 2-4x gefiedert/Dolden2-3strahlig Blüten 2 mm/nasse, zeitweise überschwemmte, ± nährstoffarme, kalkfreie Torfschlammböden/Ufervegetation/Juni-Juli

Apium nodiflora Knotenblütiger Sellerie (Apiaceae) Pflanze mit hohlem Stängel/10-100 cm/Blätter einfach gefiedert mit 2-4 Fiederpaaren/Dolden 3-12strahlig/Blüten klein/nasse, nährstoffreiche, humose Schlammböden/ Ufervegetation/Juli-Aug

Athamantha cretensis Augenwurz (Apiaceae) Behaarte Pflanze/10-60 cm/ Blätter 3-5x gefiedert/Dolden 5-15strahlig/Blüten 2-3 mm/trockene bis mäßig trockene, kalkreiche, meist feinerdearme Steinböden/Felsige Standorte/ Mai-Aug

Berula erecta Berle (Apiaceae) Sumpf- und Wasserpflanze/30-100 cm/Blätter mehrfach gefiedert/Dolden 10-20strahlig/Einzelblüten 2 mm/meist seichte, oligo- bis eutrophe Gewässer über sandigen bis schlammigen Böden/ Ufervegetation/Mai-Sep

Bunium bulbocastrum Knollenkümmel (Apiaceae) Pflanze mit markigem Stängel/-100 cm/Blätter 2-3x gefiedert/Dolden 10-20strahlig/Blüten 2 mm/ mäßig trockene, nährstoffreiche, meist kalkhaltige Lehm- und Tonböden/ Ruderalpflanzen/Juni-Juli

Caucalis platycarpos Möhren-Haftdolde (Apiaceae) Borstig behaartes Kraut/ 10-40 cm/Blätter 2-3x gefiedert/Dolden 2-5strahlig/Blüten 4-5 mm/ trockenere, nährstoff- und kalkreiche Tonböden/Ruderalpflanzen/Mai-Juli

Wilde Möhre
Daucus carota
(Apiaceae)

Chaerophyllum aromaticum Gewürz-Kälberkropf (Apiaceae) Behaarte Pflanze mit Möhrengeruch/60-200 cm/Blätter doppelt 3zählig gefiedert/Dolden 12-20strahlig/Blüten 2-3 mm/nährstoffreiche (stickstoffliebend), meist kalkarme Lehmböden/Waldnahe Staudenfluren/Juni-Aug

Chaerophyllum aureum Gold-Kälberkropf (Apiaceae) Behaarte Pflanze/ 80-150 cm/Blätter 3-4x gefiedert/Dolden 10-18strahlig/Blüten 2-3 mm/frische, nährstoff- und basenreiche, bevorzugt kalkhaltige Ton- und Lehmböden/ Waldnahe Staudenfluren/Juni-Juli

Chaerophyllum bulbosum Knolliger Kälberkropf (Apiaceae) Behaarte Pflanze/ 80-200 cm/Stängel unten rot gefleckt/Blätter 3-4x gefiedert/Dolden 12-20strahlig/Blüten 2-3 mm/feuchte, nährstoffreiche, meist kalkhaltige Ton-böden/Waldnahe Staudenfluren/Juni-Aug

Chaerophyllum hirsutum Behaarter Kälberkropf (Apiaceae) Behaarte Pflanze/ 20-120 cm/Blätter 3-4x gefiedert/Dolden 10-20strahlig/Blüten 2-3 mm/ sickernasse, nährstoffreiche Tonböden/Buchenwälder-Rasengesellschaften/ Mai-Aug

Chaerophyllum temulum Taumel-Kälberkropf (Apiaceae) Behaarte Pflanze/30-100 cm/Stängel purpur oder bis oben gefleckt/Blätter 2-3x gefiedert/Dolden 10-25strahlig/Einzelblüten 2-3 mm/frische, nährstoffreiche, humose Lehm-böden/Eichenmischwälder-Gebüsche-Waldnahe Staudenfluren/Mai-Aug

Cnidium dubium Sumpf-Brenndolde (Apiaceae) Pflanze mit hohlem Stängel/ 30-100 cm/Blätter 2-3x gefiedert/Dolden 20-30strahlig/Blüten 1-2 mm/ Rasengesellschaften/Juli-Okt

Conium maculatum Gefleckter Schierling (Apiaceae) Unbehaarte Pflanze mit hohlem Stängel bis 250cm/Blätter 2-4-fach fiederschnittig/Dolden 6-20-strahlig/feuchte bis frische, nährstoffreiche, humose Lehm- und Tonböden/ Gebüsche/Juni-Sep

<u>Daucus carota</u> Wilde Möhre (Apiaceae) Behaarte Pflanze/20-120 cm/Blätter 2-4x gefiedert/Dolden mit andersartiger Mittelblüte/Blüten 2-3 mm/mäßig trockene bis frische, ± nährstoffreiche, humose oder rohe Ton- und Lehmböden/Rasengesellschaften-Ruderalpflanzen/Mai-Sep

<u>Eryngium campestre</u> Feld-Mannstreu (Apiaceae) Distelartig Pflanze mit stechenden Blättern/20-100 cm/Blätter oval/Blüten in 10-15 mm großen Köpfchen/sommertrockene, ± kalkreiche, mittel- bis tiefgründige Lehm- und Lössböden/Rasengesellschaften-Ruderalpflanzen/Juli-Sep

Falcaria vulgaris Sichelmöhre (Apiaceae) Unbehaarte Pflanze/30-100 cm/ Blätter doppelt 3zählig gefiedert/Dolden 12-18strahlig/Blüten 1-2 mm/mäßig trockene, nährstoff- und kalkreiche Lehm- und Lössböden/Ruderalpflanzen/ Juli-Okt

Heracleum mantegazzianum Riesen-Bärenklau (Apiaceae) Pflanze mit meist purpurn geflecktem Stängel/170-500 cm/Blätter gefiedert und bis 1 m groß/Dolden 50-150strahlig/Blüten 5-10 mm/Straßen- und Wegränder, Parkanlagen, Waldränder/Waldnahe Staudenfluren/Juni-Sep

Hirschwurz
Peucedanum cervaria
(Apiaceae)

Laserpitium latifolium Breitblättriges Laserkraut (Apiaceae) Unbehaarte Pflanze/30-250 cm/Blätter 1-2x gefiedert/Dolden 20-50strahlig/Blüten 3-5 mm/sicker- oder wechselfrische, humose Lehm-, Mergel- oder Steinschuttböden/Rasengesellschaften-Waldnahe Staudenfluren/Juni-Aug

Laserpitium siler Berg-Laserkraut (Apiaceae) Unbehaarte Pflanze/-150 cm Grundblätter und untere Stängelblätter 4x fiederteilig/Dolden 20-50strahlig/ Einzelblüten 2-3 mm/mäßig trockene, kalkreiche, steinige Lehmböden oder feinerdearme Steinböden/Rasengesellschaften-Waldnahe Staudenfluren/ Juni-Aug

Libanotis pyrenaica Heilwurz (Apiaceae) Pflanze mit scharfkantig gefurchtem Stängel/10-150 cm/Blätter 2-3x gefiedert/Dolden10-60strahlig/Blüten 2-3 mm/mäßig trockene, magere, oft kalkhaltige Lehmböden, Kalksand/ Waldnahe Staudenfluren/Juli-Sep

Ligusticum mutellina Alpen-Mutterwurz (Apiaceae) Unbehaarte Pflanze mit hohlem Stängel/10-80 cm/Blätter 2-3x fiederschnittig/Dolden7-15strahlig/ Blüten 2-3 mm/sickerfrische, ± nährstoffreiche, meist kalkarme, humose Lehmböden/Felsige Standorte-Rasengesellschaften/Juni-Aug

<u>Meum athamanticum</u> Bärwurz (Apiaceae) Unbehaarte Pflanze bis 60 cm/ Blätter vielfach fiederschnittig/Dolden 3-15strahlig/Blüten 2-4 mm/frische bis mäßig trockene, nährstoffarme Böden/Rasengesellschaften/Mai-Aug

Myrrhis odorata Süßdolde (Apiaceae) Behaarte Pflanze/60-200 cm/Blätter 2-4x fiederschnittig/Dolden 4-20strahlig/Blüten 2-4 mm/frische, nährstoffreiche, humose Lehmböden/Waldnahe Staudenfluren/Mai-Juli

Oenanthe aquatica Wasserfenchel (Apiaceae) Kahle Sumpf- und Wasserpflanze/30-150 cm/Blätter 1-4x fiederschnittig/Dolden5-17strahlig/Blüten 2-4 mm/flach überschwemmte, sommerlich trocken fallende, nährstoff- und ± kalkreiche Schlickböden mit stark schwankendem Wasserstand/Ufervegetation/Juni-Aug

<u>Peucedanum cervaria</u> Hirschwurz (Apiaceae) Pflanze mit markigem Stängel/ 30-150 cm/Blätter 1-3x gefiedert/Dolden 15-30strahlig/Blüten 2-3 mm/mäßig trockene, meist kalkhaltige, humose Böden/Waldnahe Staudenfluren/Juli-Sep

<u>Peucedanum ostruthium</u> Meisterwurz (Apiaceae) Behaarte Pflanze mit hohlem Stängel/30-100 cm/Blätter/Dolden 30-60strahlig/Blüten 2-3 mm/frische, nährstoffreiche, humose Böden/Waldnahe Staudenfluren/Juni-Aug

Peucedanum palustre Sumpf-Haartstrang (Apiaceae) Pflanze mit kantig gefurchtem Stängel/50-200 cm/Blätter 1-2x fiederteilig/Dolden 15-40strahlig/ Blüten 2-3 mm/nasse, zeitweilig flach über-schwemmte, mäßig nährstoffreiche, kalkarme und -reiche Torf- und Sumpfhumusböden/Gebüsche-Ufervegetation/Juli-Aug

<u>Pimpinella major</u> Große Bibernelle (Apiaceae) Pflanze mit tief scharf-kantig gefurchtem Stängel/-100 cm/Grundblätter gefiedert mit 1-4 Fiederblättern/ Dolden 10-25strahlig/Blüten 2-3 mm/frische, nährstoffreiche, humose Lehmböden/Rasengesellschaften/Juni-Sep

Breitblättriger Merk
Sium latifolium
(Apiaceae)

Pimpinella saxifraga Kleine Bibernelle (Apiaceae) Pflanze mit rundem oder fein gerilltem Stängel/10-65 cm/Grundblätter gefieder mit 3-7 Fiederpaaren/ Dolden 6-25strahlig/Blüten 1-2 mm/mäßig trockene, meist kalkhaltige, Lehm- und Lössböden/Felsige Standorte-Rasengesellschaften/Juli-Sep

Scandix pecten-veneris Venuskamm (Apiaceae) Fast unbehaarte Pflanze/15-50 cm/Blätter 2-4x fiederschnittig/Dolden 13strahlig/Blüten 3-5 mm/mäßig trockene, nährstoffreiche, meist kalkhaltige, humusarme Lehm- und Tonböden/Ruderalpflanzen/Apr-Juli

Selinum carvifolia Kümmel-Silge (Apiaceae) Stängel mit stark kantig gefurchtem Stängel/30-100 cm/Blätter 2-3x gefiedert/Dolden 15-20strahlig/ Blüten 2-3 mm/wechselfeuchte, magere, meist kalkarme Tonböden, auch Torfböden/Rasengesellschaften/Juli-Sep

Seseli hippomarathrum Pferde-Sesel (Apiaceae) Pflanze mit grund-ständiger Blattrosette/15-90 cm/Blätter 2 bis mehrfach fiederschnittig/Dolden 5-12strahlig/Blüten 2-3 mm/trockene, humose Steinböden (Kalk, Basalt, Porphyr), auf Sand und Löss/Rasengesellschaften/Juli-Aug

Sium latifolium Breitblättriger Merk (Apiaceae) Unbehaarte Sumpf- oder Wasserpflanze/60-150 cm/Blätter gefiedert mit 4-16 Fiederpaaren/Dolden 15-30strahlig/Blüten 2-3 mm/nährstoffreiche Gewässer mit wechselndem Wasserstand über humosen Schlammböden/Ufervegetation/Juli-Aug

Torilis arvensis Acker-Klettenkerbel (Apiaceae) Behaarte Pflanze/30-100 cm/ Blätter 1-3x gefiedert/Dolden 4-12strahlig/Blüten 2-3 mm/trockenere, nährstoffreiche, kalkhaltige, sandige und steinige Lehmböden/Ruderalpflanzen/Juni-Sep

Torilis japonica Gewöhnlicher Klettenkerbel (Apiaceae) Anliegend borstig behaarte Pflanze/-150 cm/Blätter/Dolden 4-12strahlig/Blüten 2-3 mm/frische, nährstoffreiche, humose Lehmböden/Ruderalpflanzen-Waldnahe Staudenfluren/Juni-Aug

Trinia glauca Faserschirm (Apiaceae) Unbehaarte Pflanze mit zickzackförmigem Stängel/15-50 cm/Grundblätter doppelt dreifach gefiedert/Dolden 4-5strahlig/Blüten 1-2 mm/frische, nährstoffreiche, humose Lehmböden/ Rasengesellschaften/Apr-Mai

Weißer Steinklee
Melilotus alba
(Fabaceae)

Blüten symmetrisch

1A-Wälder und Gebüsche
  2A-Kraut — ***Corydalis cava***
  2B-Baum — ***Aesculus hippocastanum***
1B-Rasengesellschaften und Ruderalstandorte
  2A-Blätter dreizählig
    3A-Blütenstand in Ähren — ***Melilotus alba***
    3B-Blütenstand in kugeligen Köpfchen
      4A-Pflanze dicht behaart
        5A-Blüten sitzend oder nur kurz gestielt — ***Trifolium arvense***
        5B-Blüten deutlich gestielt — ***Trifolium montanum***
      4B-Pflanze nicht dicht behaart
        5A-Kelch 5nervig — ***Trifolium hybridum***
        5B-Kelch 10nervig
          6A-Stängel kriechend und wurzelnd — ***Trifolium repens***
          6B-Stängel liegend und nicht wurzelnd — ***Trifolium thalii***
  2B-Blätter nicht dreizählig
    3A-Blüten gespornt — ***Consolida regalis***
    3B-Blüten nicht gespornt
      4A-Blätter sitzend — ***Iberis amara***
      4B-Blätter gestielt
        5A-Pflanze 5-20 cm/Sporn der Blüte kurz — ***Viola arvensis***
        5B-Pflanze 20-40 cm/Sporn 12-25 mm — ***Consolida regalis***
1C-Ufervegetation — ***Lobelia dortmanna***

Hasen-Klee
Trifolium arvense
(Violaceae)

Aesculus hippocastanum Gewöhnliche Rosskastanie (Hippocastanaceae) Baum/15-30 m/Blätter handförmig geteilt/Blüte 9-11 mm/Blütenstand bis 20 cm groß/nährstoffreiche, tiefgründige Böden/Eichenmischwälder/Apr-Mai

Consolida regalis Feld-Rittersporn (Ranunculaceae) Flaumig behaartes Kraut/ 20-100 cm/Blätter fein geschlitzt/Blüte mit Sporn (12-55 mm)/Blütenstand 3-8blütig/nährstoffreiche, kalkhaltige Böden/Ruderalpflanzen/Mai-Aug

Corydalis cava Hohler Lerchensporn (Fumariaceae) Kahle Pflanze/10-35 cm/ Blätter 3zählig/Blütenstand 4-20blütig/Blüten 18-28 mm/frische, nährstoffreiche, tiefgründige Mullböden, kalkliebend/Buchenwälder/März-Mai

Iberis amara Bittere Schleifenblume (Cruciferae) Pflanze mit ungleich großen Blütenblättern/10-30 cm/Blätter entfernt fiederspaltig/Blüten 6-8 mm/ trockene, nährstoffreiche, kalkhaltige Böden/Ruderalpflanzen/Mai-Aug

Lobelia dortmanna Wasser-Lobelie (Campanulaceae) Wasserpflanze mit Milchsaft/30-70 cm/Blätter länglich in grundständiger Rosette/Blüten 15-20 mm/überschwemmte, flache, kalkarme Ufer oligotropher Seen/Ufervegetation/Juli-Aug

Melilotus alba Weißer Steinklee (Fabaceae) Unbehaarte Pflanze/30-150 cm/ Blätter dreizählig/Blütenstand 40-80blütig/Blüten 4-5 mm/mäßig trockene, nährstoff- und basenreiche, durchlässige Rohböden, bevorzugt auf Lehm/ Ruderalpflanzen/Mai-Aug

Trifolium arvense Hasen-Klee (Fabaceae) Behaarte Pflanze/5-40 cm/Blätter dreizählig/Blüten in 1-2 cm langen und 1 cm dicken blattachselständigen Köpfchen/Einzelblüten 4 mm/trockene, kalkarme, meist feinerdearmen Sand-, Kies- oder Steingrusböden/Rasengesellschaften/Mai-Juli

Trifolium hybridum Bastard-Klee (Fabaceae) Unbehaarte Pflanze/20-40 cm/ Blätter dreizählig/Blüten in 15-25 mm kugeligen und lang gestielten Köpfchen/Einzelblüten 7-10 mm/frische bis feuchte, nährstoffreiche Lehm- und Tonböden/Rasengesellschaften/Mai-Sep

Trifolium montanum Berg-Klee (Fabaceae) Behaarte Pflanze/15-60 cm/Blätter dreizählig/Blüten in 1-2 cm langen und 10-15 mm dicken und 1-7 cm lang gestielten Köpfchen/Einzelblüten 7-9 mm/mäßig trockene bis wechseltrockene, kalkhaltige, humose Lehm- und Tonböden/Rasengesellschaften/ Mai-Aug

Trifolium repens Weiß-Klee (Fabaceae) Pflanze mit weiß gefleckten Blättern/ 5-20 cm/Blätter dreizählig/Blüten in 15-25 mm kugeligen und 5-30 cm lang gestielten Köpfchen/Einzelblüten 7-10 mm/frische, nährstoffreiche, dichte, Lehm- und Tonböden/Rasengesellschaften/Mai-Sep

Trifolium thalii Rasiger Klee (Fabaceae) Rasenbildende Pflanze/4-15 cm/ Blätter dreizählig/Blüten in 1-2 cm kugeligen und 4-12 cm lang gestielten Köpfchen/Einzelblüten mm/frische, nährstoffreiche, steinige Ton- und Lehmböden, fast nur auf Kalk/Rasengesellschaften/Juli-Aug

Viola arvensis Acker-Stiefmütterchen (Violaceae) Behaarte Pflanze mit gespornter Blüte/5-40 cm/Blätter länglich spatelförmig/Blüten 10-15 mm/ nährstoffreiche, ± humose Sand- und Lehmböden/Ruderalpflanzen/Mai-Okt

Schwarze Schafgarbe
Achillea atrata
(Compositae)

Blüte margeritenartig

1A-Wälder und Gebüsche	
2A-Blätter distelartig	***Carlina acaulis***
2B-Blätter tief eingeschnitten	
3A-Blütenköpfchen < 10 mm	***Achillea millefolium***
3B-Blütenköpfchen > 10 mm	
4A-Blätter eiförmig	***Achillea macrophylla***
4B-Blätter viel länger als breit	***Achillea collina***
2C-Blätter anders	***Achillea salicifolia***
1B-Rasengesellschaften und Ruderalstandorte	
2A-Blätter distelartig	***Carlina acaulis***
2B-Blätter nicht distelartig	***Achillea setacea***
1C-Felsige Standorte	
2A-Endzipfel der Blätter fädlich-borstlich	***Achillea setacea***
2B-Endzipfel der Blätter flach linealisch	***Achillea atrata***

Achillea atrata Schwarze Schafgarbe (Compositae) Oberwärts weich behaarte Pflanze/5-30 cm/Blätter fiederschnittig/Einzelblüten 12-18 mm zu 3-12/ sickerfrische, bewegte Kalkschuttböden/Felsige Standorte/Juli-Sep

Achillea collina Hügel-Schafgarbe (Compositae) Behaarte Pflanze/10-80 cm/ Blätter 2-fach fiederteilig/Blütenstand 3-10 cm breit/Einzelblüten 2-5 mm/ trockene bis mäßig trockene, lockere Sandböden oder steinige Lehmböden/ Waldnahe Staudenfluren/Juni-Aug

Achillea macrophylla Großblättrige Schafgarbe (Compositae) Meist kahle Pflanze/30-100 cm/Blätter mit 8-12 Fiederlappen/Einzelblüten 10-13 mm/ sickerfrische, nährstoffreiche, meist kalkarme, humose Ton- und Lehmböden/ Waldnahe Staudenfluren/Juli-Sep

Achillea millefolium Gewöhnliche Schafgarbe (Compositae) Behaarte aromatische Pflanze/8-100 cm/Stängelblätter doppelt fiederteilig/Einzelblüten 4-6 mm/frische bis mäßig trockene, nährstoffreiche, lockere, sandige, steinige oder reine Lehmböden/Waldnahe Staudenfluren/Juni-Okt

Achillea salicifolia Knorpelblättrige Schafgarbe (Compositae) Behaarte Pflanze mit kantigem Stängel/30-120 cm/Blätter lanzettlich/Einzelblüten 10-12 mm/ nasse Lehmböden/Waldnahe Staudenfluren/Juli-Sep

Achillea setacea Feinblatt-Schafgarbe (Compositae) Seidig oder wollig behaarte Pflanze/10-60 cm/mittlere Stängelblätter lanzettlich 3-fach fiederteilg/ Blütenstand 3-7 cm/Einzelblüten 2-4 mm/steinige Weiden/Felsige Standorte-Rasengesellschaften/Mai-Juni

Carlina acaulis Silberdistel (Compositae) Distelartige Pflanze/1-50 cm/Blätter deutlich fiederteilig/Blüten 4-6 cm/mäßig trockene, ± tiefgründige Böden/ Kiefernwälder-Rasengesellschaften/Juli-Sep

Sanikel
Sanicula europaea
(Apiaceae)

Blüten anders

1A-Wälder und Gebüsche
  2A-Blütenköpfchen 4-7 mm — ***Sanicula europaea***
  2B-Blütenköpfchen größer
    3A-Blätter 3-7teilig/Blütenköpfchen 2-5 cm — ***Astrantia major***
    3B-Blätter anders/Blütenköpfchen 1-3 cm — ***Jasione montana***
1B-Rasengesellschaften und Ruderalstandorte
  2A-Pflanze zur Blütezeit ohne grüne Blätter — ***Petasites paradoxus***
  2B-Pflanze zur Blütezeit mit grünen Blättern
    3A-Blätter grundständig — ***Plantago media***
    3B-Blätter dreizählig
      4A-Pflanze dicht behaart
        5A-Blüten sitzend oder nur kurz gestielt — ***Trifolium arvense***
        5B-Blüten deutlich gestielt — ***Trifolium montanum***
      4B-Pflanze nicht dicht behaart
        5A-Kelch 5-nervig — ***Trifolium hybridum***
        5B-Kelch 10-nervig
          6A-Stängel kriechend und wurzelnd — ***Trifolium repens***
          6B-Stängel liegend und nicht wurzelnd — ***Trifolium thalii***
  2C-Blätter anders
    3A-Blätter handförmig 3-7teilig — ***Astrantia major***
    3B-Blätter schmal eiförmig — ***Jasione montana***
1D-Moore und Zwergstrauchheiden — ***Jasione montana***
1E-Salzstandorte — ***Plantago coronopus***

Berg-Klee
Trifolium montanum
(Fabaceae)

Astrantia major Große Sterndolde (Apiaceae) Pflanze mit kräftigem Stängel/ 30-150 cm/Blätter3-7-teilig/Blüte in 2-5-strahliger Trugdolde/Köpfchen 2-5 cm/frische, nährstoff- und basenreiche, meist kalkhaltige Lehmböden/ Eichenmischwälder-Fichtenwälder-Gebüsche-Rasengesellschaften/Juni-Aug

Jasione montana Berg-Sandglöckchen (Campanulaceae) Behaarte Pflanze/ 5-50 cm/Blätter am Rand gewellt/Blüten 15-25 mm/trockene, kalkarme, nicht zu feinkörnige Böden/Kiefernwälder-Rasengesellschaften-Zwergstrauchheiden/Juni-Aug

Petasites paradoxus Alpen-Pestwurz (Compositae) Pflanze zur Blütezeit nur mit rötlichen Schuppenblättern/15-60 cm/Blüten in 4-10 cm langen Blütenständen/sickerfeuchte, kalkhaltige, meist fein-erdereiche bis tonige Steinschutt- oder Kiesböden/Felsige Standorte/März-Mai

Plantago coronopus Krähenfuß-Wegerich (Plantaginaceae) Abstehend kurz behaarte Pflanze/3-30 cm/Blätter einfach fiederteilig/Blütenstand in Ähren/ Einzelblüten 3 mm/salzhaltige Tonböden an den Meeresküsten, auch an salzhaltigen Stellen des Binnenlandes/Salzstandorte/Juni-Sep

Plantago media Mittlerer Wegerich (Plantaginaceae) Pflanze nur mit grundständiger Blattrosette/10-45 cm/Blätter rundlich-elliptisch bis lanzettlich/ Blütenstand in Ähren/Einzelblüten klein/auf mittleren, aber basenreichen Sand- bis Lehmböden ohne viel Nässe/Rasengesellschaften/Mai-Sep

Sanicula europaea Sanikel (Apiaceae) Unbehaarte Pflanze/20-60 cm/Blätter handförmig 3-5-teilig/Blütenköpfchen 4-7 mm mit 4-8 Hüllblättern/frische, nährstoffreiche, meist kalkhaltige Ton- und Lehmböden/Eichenmischwälder-Fichtenwälder/Mai-Juli

Trifolium arvense Hasen-Klee (Fabaceae) Behaarte Pflanze/5-40 cm/Blätter dreizählig/Blüten in 1-2 cm langen und 1 cm dicken blattachselständigen Köpfchen/Einzelblüten 4 mm/trockene, kalkarme, meist feinerdearmen Sand-, Kies- oder Steingrusböden/Rasengesellschaften/Mai-Juli

Trifolium hybridum Bastard-Klee (Fabaceae) Unbehaarte Pflanze/Blätter dreizählig/Blüten in 15-25 mm kugeligen und lang gestielten Köpfchen/ Einzelblüten 7-10 mm/frische bis feuchte, nährstoffreiche Lehm- und Tonböden/Rasengesellschaften/Mai-Sep

Trifolium montanum Berg-Klee (Fabaceae) Behaarte Pflanze/Blätter dreizählig Blüten in 1-2 cm langen und 10-15 mm dicken und 1-7 cm lang gestielten Köpfchen/Einzelblüten 7-9 mm/mäßig trockene bis wechsel-trockene, kalkhaltige, humose Lehm- und Tonböden/Rasengesellschaften/Mai-Aug

Trifolium repens Weiß-Klee, Weiß- (Fabaceae) Pflanze mit weiß gefleckten Blättern/5-20 cm/Blätter dreizählig/Blüten in 15-25 mm kugeligen und 5-30 cm lang gestielten Köpfchen/Einzelblüten 7-10 mm/frische, nährstoffreiche, dichte, Lehm- und Tonböden/Rasengesellschaften/Mai-Sep

Trifolium thalii Rasiger Klee (Fabaceae) Rasenbildende Pflanze/4-15 cm/ Blätter dreizählig/Blüten in 1-2 cm kugeligen und 4-12 cm lang gestielten Köpfchen/Einzelblüten mm/frische, nährstoffreiche, steinige Ton- und Lehmböden, fast nur auf Kalk/Rasengesellschaften/Juli-Aug

Sumpf-Weidenröschen
Epilobium palustre
(Onagraceae)

4 Blütenblätter

1A-Wälder und Gebüsche
2A-Blüten mit 6 (4+2) Staubblättern
3A-Stängel hohl/Blätter gefiedert ***Cardamine pratensis***
3B-Stängel markig/Blätter drei- bis 5-zählig ***Dentaria bulbifera***
2B-Blüten mit 8 Staubblättern
3A-Blätter sitzend ***Epilobium hirsutum***
3B-Blätter gestielt ***Epilobium roseum***
1B-Rasengesellschaften und Ruderalstandorte
2A-Blüten mit 6 (4+2) Staubblättern
3A-Stängel hohl/Blätter nicht fleischig ***Cardamine pratensis***
3B-Stängel markig/Blätter fleischig ***Cakile maritima***
2B-Blüten mit 8 Staubblättern
3A-Stängel kahl oder anliegend behaart ***Epilobium palustre***
3B-Stängel abstehend behaart/Narbe 4lappig
4A-Blätter nicht stängelumfassend ***Epilobium parviflorum***
4B-Blätter halb stängelumfassend ***Epilobium hirsutum***
1C-Ufervegetation
2A-Blätter halb stängelumfassend ***Epilobium hirsutum***
2B-Blätter nicht halb stängelumfassend ***Epilobium alsinifolium***
1D-Felsige Standorte
2A-Blätter sitzend ***Epilobium collinum***
2B-Blätter gestielt ***Epilobium lanceolatum***

Rosarotes Weidenröschen

Epilobium roseum

(Onagraceae)

Cakile maritima Meersenf (Cruciferae) Unbehaartes Kraut mit dickfleischigen Blättern/15-30 cm/Blätter ungeteilt bis doppelt fiederspaltig/ Blüten 6-14 mm/nährstoffreiche Salzsandböden/Ruderalpflanzen/Juli-Okt

Cardamine pratensis Wiesenschaumkraut (Cruciferae) Unbehaartes Kraut/ Blätter gefiedert/Blütenblätter 7-14 mm/6 Staubblätter/Rasengesellschaften/ feuchte, mäßig nährstoffreiche BödenApr-Juli

Dentaria bulbifera Zwiebel-Zahnwurz (Cruciferae) Unbehaarte Pflanze/ 30-70 cm/untere Blätter gefiedert/Blüten 12-18 mm/frische, nährstoffreiche, kalkhaltige Mullböden/Buchenwälder/Apr-Juni

Epilobium alsinifolium Mierenblättriges Weidenröschen (Onagraceae) Pflanze mit kantigem Stängel/6-35 cm/Blätter bis zu Blütenstand gegenständig/ Blätter eiförmig-lanzettlich/Blüten 10-25 mm/sickernasse, nährstoffreiche, humose Tonböden/Ufervegetation/Juni-Sep

Epilobium collinum Hügel-Weidenröschen(Onagraceae) Pflanze mit rundem Stängel/10-40 cm/Blätter meist bis zu Blütenstand gegenständig/Blüten 3-6 mm/trockene bis mäßig frische, meist kalkfreie Silikat- oder Buntsandsteinunterlagen/Felsige Standorte/Juni-Sep

Epilobium hirsutum Zottiges Weidenröschen (Onagraceae) Zottig behaarte Pflanze/50-200 cm/Blätter meist gegen- oder quirlständig und oft stängelumfassend/Blüten 15-25 mm/nasse, nährstoffreiche Tonböden/Rasengesellschaften-Ufervegetation-Waldnahe Staudenfluren/Juni-Sep

Epilobium lanceolatum Lanzettblättriges Weidenröschen (Onagraceae) Behaarte Pflanze/20-90 cm/Blätter länglich-eiförmig und zumindest unten gegenständig/Blüten 8-12 mm/± nährstoffreiche, kalkarme, feinerdearme Silikatschuttböden/Felsige Standorte/Mai-Aug

Epilobium palustre Sumpf-Weidenröschen (Onagraceae) Pflanze mit rundem Stängel/10-60 cm/Blätter schmal lanzettlich/Blüten 8-12 mm/sickernasse, nährstoffreiche, humose Lehmböden und Sumpfhumusböden/Rasengesellschaften/Juli-Sep

Epilobium parviflorum Kleinblütiges Weidenröschen (Onagraceae) Am Grund verholzt/weich behaart/Blätter sitzend-wechselständig/Blüten 7-12 mm/ 8 Staubblätter/feuchte bis nasse, nährstoffreiche Lehm- und Tonböden/ Rasengesellschaften/Mai-Aug

Epilobium roseum Rosarotes Weidenröschen (Onagraceae) Pflanze mit kantigem Stängel/15-100 cm/Blätter eiförmig-lanzettlich/Blüten 8-10 mm/ sickernasse, oft kalkhaltige, ± humose Lehm- und Tonböden/Waldnahe Staudenfluren/Juli-Okt

Akeleiblättrige Wiesenraute
Thalictrum aquilegiifolium
(Ranunculaceae)

5 Blütenblätter

1A-Wälder und Gebüsche	
2A-Rankende Pflanze ohne grüne Blätter	
3A-1 Griffel mit 2teiliger Narbe	***Cuscuta lupuliformis***
3B-2-4 Griffel /Narbe fadenförmig	***Cuscuta europaea***
2B-Pflanze mit grünen Blättern	
3A-Baum	***Malus sylvestris***
3B-Strauch oder krautige Pflanze	
4A-Stängel mit Dornen oder Stacheln	
5A-Blätter unterseits behaart	
6A-Blüten 2-4 cm	***Rosa rubiginosa***
6B-Blüten 6-8 cm	***Rosa rugosa***
5B-Blätter unterseits nicht behaart	
6A-Blüten < 2cm	***Rubus caesius***
6B-Blüten 3-5 cm	
7A-Kelchblätter ohne Anhängsel	***Rosa pimpinellifolia***
7B-Kelchblätter mit Anhängseln	***Rosa canina***
3B-Stängel ohne Dornen oder Stacheln	
4A-Blätter grundständig	
5A-Pflanze zottig behaart	***Cortusa matthioli***
5B-Pflanze unbehaart/Blätter 2-5 cm	
6A-Blätter fast kreisrund	***Pyrola media***
6B-Blätter elliptisch bis eiförmig	***Pyrola minor***
4B-Blätter nicht grundständig	
5A-Blätter gefiedert/Blättchen 3-zählig	***Thalictrum aquilegiifolium***
5B-Blätter nicht gefiedert	
6A-Blütenblätter spitz zulaufend	***Sedum telephium***
6B-Blütenblätter nicht spitz	***Chimaphila umbellata***
1B-Rasengesellschaften und Ruderalstandorte	
2A-Rankende Pflanze ohne grüne Blätter	***Cuscuta europaea***
2B-Pflanze mit grünen Blättern	
3A-Blätter grundständig	***Primula minima***
3B-Blätter nicht grundständig	
4A-Blätter fiederteilig	***Erodium cicutarium***
4B-Blätter nicht fiederteilig	
5A-Stängelblätter lineal bis lanzettlich	***Campanula patula***
5B-Stängelblätter anders	***Malva neglecta***
1C-Felsige Standorte	***Primula minima***

Weg-Malve
Malva neglecta
(Malvaceae)

Campanula patula Wiesen-Glockenblume (Campanulaceae) Pflanze mit rundlich-elliptischen bis eilänglichen Grundblättern/30-60 cm/Blätter ab der Mitte schmal lineal bis lanzettlich/Blüten 20-35 mm/frische, nährstoffreiche, ± kalkarme Böden/Rasengesellschaften/Mai-Aug

Chimaphila umbellata Winterlieb (Pyrolaceae) Unbehaarter Zwergstrauch/ 5-25 cm/Blätter scharf gesägt/Blüten 7-12 mm/mäßig trockene, kalkreiche, sandige Moderhumusböden/Kiefernwälder/Juni-Aug

Cortusa matthioli Heilglöckchen (Primulaceae) Zottig behaarte Pflanze/20-50 cm/Blätter in grundständiger Rosette/Blütenstand 5-12blütig/Blüten 1 cm/ frische bis feuchte, nährstoffreiche, ± kalkhaltige Böden/Waldnahe Staudenfluren/Mai-Aug

Cuscuta europaea Europäische Seide (Convolvulaceae) Schmarotzerpflanze ohne grüne Blätter/30-150 cm/Blüten 2 mm/feuchte, nährstoffreiche Ufer/ Ruderalpflanzen-Waldnahe Staudenfluren/Juni-Sep

Cuscuta lupuliformis Pappel-Seide (Convolvulaceae) Schmarotzerpflanze ohne grüne Blätter/50-200 cm/Blüten 4-5 mm/feuchtes Ufergebüsch der Stromtäler/Waldnahe Staudenfluren/Juli-Sep

Erodium cicutarium Gewöhnlicher Reiherschnabel (Geraniaceae) Rau behaarte Pflanze/10-60 cm/Blätter fiederteilig/Blütenstand 3-10blütig/Blütenkronblätter 5-11 mm/mäßig trockene bis trockene, ± nährstoffreiche, oft kalkarme Lehm-, Sand- und Steinböden/Rasengesellschaften-Ruderalstandorte/ Apr-Okt

Malus sylvestris Wild-Apfel (Rosaceae) Baum/2-10 m/Zweige meist dornig/ Blätter beit eiförmig/Blüten 3-4 cm/frische, nährstoff- und basenreiche Lehm- und Steinböden/Eichenmischwälder-Erlenstandorte-Gebüsche/Apr-Juni

Malva neglecta Weg-Malve (Malvaceae) Behaarte Pflanze/15-50 cm/Blätter 5-7lappig/Blüten 15-25 mm/Blüten zu 3-6/frische, nährstoffreiche Böden/ Ruderalpflanzen/Juni-Sep

Primula minima Zwerg-Primel (Primulaceae) Unbehaarte Pflanze mit eingeschnittenen Blütenblättern/1-5 cm/Blätter in grundständiger Rosette/Blüten 1-2 cm/frische, kalkarme, humose Böden/Felsige Standorte-Rasengesellschaften/Juni-Aug

Pyrola media Mittleres Wintergrün (Pyrolaceae) Immergrüne Pflanze mit ledrigen Blättern/15-30 cm/Blätter rundlich bis oval/Blüten 8-10 mm/ ± frische, nicht zu schwere Moderhumusböden/Kiefernwälder/Juni-Juli

Pyrola minor Kleines Wintergrün (Pyrolaceae) Unbehaartes Kraut/15-25 cm/ Blätter elliptisch-eiförmig/Blüten 5-7 mm/frische, nicht zu schwere Moderhumusböden/Gebüsche/Juni-Aug

Rosa canina Hunds-Rose (Rosaceae) Dorniger Strauch/1-3 m/Blätter 5- bis 7-zählig gefiedert/Blüten 4-5 cm/mäßig trockene bis frische, basenreiche Lehmböden/Eichenmischwälder-Gebüsche/Juni

Rote Fetthenne
Sedum telephium
(Crassulaceae)

Rosa pimpinellifolia Dünen-Rose (Rosaceae) Dorniger Strauch/10-40 cm/ Blätter 5- bis 11-zählig gefiedert/Blüten 2-4 cm/trockene, basenreiche, steinig-sandige Lehmböden/Gebüsche-Waldnahe Staudenfluren/Mai-Juni

Rosa rubiginosa Wein-Rose (Rosaceae) Dorniger Strauch/1-4 m/Blätter 5- bis 9-zählig gefiedert/Blüten 18-28 mm/mäßig trockene, basenreiche, vorzugsweise kalkhaltige, steinige oder sandige Ton- und Lehmböden/Gebüsche/ Juni-Juli

Rosa rugosa Kartoffel-Rose (Rosaceae) Dorniger Strauch/100-250 cm/Blätter 5- bis 9-zählig gefiedert/Blüten 4-7 cm/an Böschungen, Straßenrändern und Dünen gepflanzt und verwildert/Gebüsche/Mai-Juni

Rubus caesius Acker-Brombeere (Rosaceae) Dornige Pflanze/20-60 cm/Blätter 3zählig/Blüten 2-3 cm/sickerfeuchte, auch zeitweise überschwemmte, nährstoff- und basenreiche Lehm- und Tonböden/Buchenwälder-Gebüsche-Ruderalpflanzen-Waldnahe Staudenfluren/Mai-Juli

Sedum telephium Rote Fetthenne (Crassulaceae) Pflanze mit oft rötlich gefärbtem Stängel/25-60 cm/Blätter länglich-eiförmig/Blüten 8-10 mm mit 10 Staubblättern/mäßig trockene bis frische, nährstoffreiche, auch kalkhaltige Böden/Eichenmischwälder/Juli-Sep

Thalictrum aquilegiifolium Akeleiblättrige Wiesenraute (Ranunculaceae) Unbehaarte Pflanze/40-120 cm/Blätter 1-3x gefiedert/Blüten in reichblütigen Blütenständen/nasse, nährstoffreiche, ± kalkhaltige Böden/Buchenwälder/ Mai-Juli

Große Bibernelle
Pimpinella major
(Apiaceae)

Blüten in Dolden

1A-Wälder und Gebüsche
  2A-Dolde ohne Hüll- und Hüllchenblätter ***Aegopodium podagraria***
  2B-Dolde mit Hüll- oder Hüllchenblättern
    3A-Dolde ohne (0-2) Hüllblätter
      4A-Dolde 10-20strahlig ***Chaerophyllum hirsutum***
      4B-Dolde > 20strahlig ***Peucedanum ostruthium***
    3B-Dolde mit > 2 Hüllblättern
      4A-Dolde 3-12strahlig/anliegend behaart ***Torilis japonica***
      4B-Dolde > 20strahlig ***Libanotis pyrenaica***
1B-Rasengesellschaften und Ruderalstandorte
  2A-Dolde ohne Hüll- und Hüllchenblätter ***Aegopodium podagraria***
  2B-Dolde mit Hüll- oder Hüllchenblätter
    3A-Pflanze unbehaart
      4A-Ohne Hüllchenblätter
        5A-Doldenstrahlen kantig gefurcht ***Ligusticum mutellina***
        5B-Doldenstrahlen nicht so ***Pimpinella saxifraga***
      4B-Hüllchenblätter becherig verwachsen ***Seseli hippomarathrum***
      4C-Mit 5-10 Hüllchenblättern
        5A-Blüten nicht bewimpert (Lupe) ***Selinum carvifolia***
        5B-Blüten bewimpert (Lupe) ***Chaerophyllum hirsutum***
    3B-Pflanze behaart
      4A-Dolde 2-5strahlig ***Caucalis platycarpos***
      4B-Dolde 5-20strahlig
        5A-Hüllchenblätter wenige oder fehlend
          6A-Stängel kantig ***Trinia glauca***
          6B-Stängel rund oder gefurcht ***Pimpinella major***
        5B-Dolde mit mehreren Hüllchenblättern
          6A-Dolde 4-12strahlig
            7A-Dolde mit < 3 Hüllblättern ***Torilis arvensis***
            7B-Dolde mit > 3 Hüllblättern ***Torilis japonica***
          6B-Dolde 7-10strahlig/Stängel hohl ***Ligusticum mutellina***
          6C-Dolde 15-20strahlig
            7A-Blüten nicht bewimpert (Lupe) ***Selinum carvifolia***
            7B-Blüten bewimpert (Lupe) ***Chaerophyllum hirsutum***
      4C-Dolde 20-50strahlig ***Angelica sylvestris***
1C-Felsige Standorte
  2A-Doldenstrahlen kantig gefurcht ***Ligusticum mutellina***
  2B-Doldenstrahlen nicht kantig gefurcht ***Pimpinella saxifraga***

Möhren-Haftdolde
Caucalis platycarpos
(Apiaceae)

Aegopodium podagraria Giersch (Apiaceae) Pflanze mit kantigem, hohlem Stängel/30-100 cm/Blätter doppelt dreizählig gefiedert/Dolden 10-25strahlig/Blüten 2-3 mm/frische, nährstoffreiche, tiefgründige Ton- und Lehmböden/Buchenwälder-Eichenmischwälder-Gebüsche-Ruderalpflanzen-Waldnahe Staudenfluren/Mai-Sep

Angelica sylvestris Wilde Engelwurz (Apiaceae) Pflanze mit hohlem Stängel/50-200 cm/Blätter 2-3fach gefiedert/Dolden 10-25strahlig/Blüten 2 mm/sickernasse, nährstoffreiche, tiefgründige Lehm- und Tonböden/Waldnahe Staudenfluren/Juli-Sep

Caucalis platycarpos Möhren-Haftdolde (Apiaceae) Borstig behaartes Kraut/10-40 cm/Blätter 2-3fach gefiedert/Dolden 2-5strahlig/Blüten 4-5 mm/trockenere, nährstoff- und kalkreiche Tonböden/Ruderalpflanzen/Mai-Juli

Chaerophyllum hirsutum Behaarter Kälberkropf (Apiaceae) Behaarte Pflanze/20-120 cm/Blätter 3-4fach gefiedert/Dolden 10-20strahlig/Blüten 2-3 mm/sickernasse, nährstoffreiche Tonböden/Buchenwälder-Rasengesellschaften/Mai-Aug

Libanotis pyrenaica Heilwurz (Apiaceae) Pflanze mit scharfkantig gefurchtem Stängel/10-150 cm/Blätter 2-3fach gefiedert/Dolden 10-60strahlig/Blüten 2-3 mm/mäßig trockene, magere, oft kalkhaltige Lehmböden oder Kalksand/Waldnahe Staudenfluren/Juli-Sep

Ligusticum mutellina Alpen-Mutterwurz (Apiaceae) Unbehaarte Pflanze mit hohlem Stängel/10-80 cm/Blätter 2-3fach fiederschnittig/Dolden 7-15strahlig/Blüten 2-3 mm/sickerfrische, ± nährstoffreiche, meist kalkarme, humose Lehmböden/Felsige Standorte-Rasengesellschaften/Juni-Aug

Peucedanum ostruthium Meisterwurz (Apiaceae) Behaarte Pflanze mit hohlem Stängel/30-100 cm/Dolden 30-60strahlig/Blüten 2-3 mm/frische, nährstoffreiche, humose Böden/Waldnahe Staudenfluren/Juni-Aug

Pimpinella major Große Bibernelle (Apiaceae) Pflanze mit tief scharf-kantig gefurchtem Stängel bis 100 cm/Grundblätter gefiedert mit 1-4 Fiederblättern/Dolden 10-25strahlig/Blüten 2-3 mm/frische, nährstoffreiche, humose Lehmböden/Rasengesellschaften/Juni-Sep

Pimpinella saxifraga Kleine Bibernelle (Apiaceae) Pflanze mit rundem oder fein gerilltem Stängel/10-65 cm/Grundblätter gefieder mit 3-7 Fiederpaaren/Dolden 6-25strahlig/Blüten 1-2 mm/mäßig trockene, meist kalkhaltige, Lehm- und Lössböden/Felsige Standorte-Rasengesellschaften/ Juli-Sep

Sanicula europaea Sanikel (Apiaceae) Pflanze mit meist einzelnem Stängel/20-60 cm/Blätter handförmig 3-5teilig/Dolden 4-7 mm/frische, nährstoffreiche, meist kalkhaltige Ton- und Lehmböden/Eichenmischwälder/Mai-Juli

Selinum carvifolia Kümmel-Silge (Apiaceae) Stängel mit stark kantig gefurchtem Stängel/30-100 cm/Blätter 2-3fach gefiedert/Dolden 15-20strahlig/Blüten 2-3 mm/wechselfeuchte, magere, meist kalkarme Tonböden, auch Torfböden/Rasengesellschaften/Juli-Sep

Acker-Klettenkerbel
Torilis arvensis
(Apiaceae)

Seseli hippomarathrum Pferde-Sesel (Apiaceae) Pflanze mit grundständiger Blattrosette/15-90 cm/Blätter zwei- bis mehrfach fiederschnittig/Dolden 5-12strahlig/Blüten 2-3 mm/trockene, humose Steinböden (Kalk, Basalt, Porphyr), auf Sand und Löss/Rasengesellschaften/Juli-Aug

Torilis arvensis Acker-Klettenkerbel (Apiaceae) Behaarte Pflanze/30-100 cm/Blätter 1-3fach gefiedert/Dolden 4-12strahlig/Blüten 2-3 mm/trockenere, nährstoffreiche, kalkhaltige, sandige und steinige Lehmböden/Ruderalpflanzen/Juni-Sep

Torilis japonica Gewöhnlicher Klettenkerbel (Apiaceae) Anliegend borstig behaarte Pflanze bis 150 cm/Dolden 4-12strahlig/Blüten 2-3 mm/frische, nährstoffreiche, humose Lehmböden/Ruderalpflanzen-Waldnahe Staudenfluren/Juni-Aug

Trinia glauca Faserschirm (Apiaceae) Kahle Pflanze mit zickzackförmigem Stängel/15-50 cm/Grundblätter doppelt 3fach gefiedert/Dolden 4-5strahlig/Blüten 1-2 mm/frische, nährstoffreiche, humose Lehmböden/Rasengesellschaften/Apr-Mai

Erdbeer-Klee
Trifolium fragiferum
(Fabaceae)

Blüten symmetrisch

1A-Wälder und Gebüsche — ***Thalictrum aquilegiifolium***
1B-Rasengesellschaften und Ruderalstandorte
  2A-Blätter dreizählig
    3A-Pflanze dicht behaart
      4A-Blütenköpfchen sitzend — ***Trifolium striatum***
      4B-Blütenköpfchen gestielt
        5A-Kelch kürzer als die Blüte — ***Trifolium montanum***
        5B-Kelch länger als die Blüte — ***Trifolium arvense***
    3B-Pflanze nicht dicht behaart
      4A-Stängel kriechend und wurzelnd
        5A-Kelch ungleich zweilippig — ***Trifolium fragiferum***
        5B-Kelch nicht so — ***Trifolium repens***
      4B-Stängel liegend und nicht wurzelnd — ***Trifolium thalii***
  2B-Blätter nicht dreizählig — ***Pedicularis sylvatica***
1C-Salzstandorte — ***Trifolium fragiferum***

Rosa

Pedicularis sylvatica Wald-Läusekraut (Scrophulariaceae) Halbparasitische Pflanze/5-20 cm/Stängelblätter doppelt gefiedert/Blüten 15-25 mm/nasse bis wechselfeuchte, nährstoff- und kalkarme Böden/Rasengesellschaften/Mai-Juli

Thalictrum aquilegiifolium Akeleiblättrige Wiesenraute (Ranunculaceae) Kahle Pflanze/40-120 cm/Blätter 1-3fach gefiedert/Blütenstände reichblütig/ nasse, nährstoffreiche, ± kalkhaltige Böden/Buchenwälder/Mai-Juli

Trifolium arvense Hasen-Klee (Fabaceae) Behaarte Pflanze/5-40 cm/Blätter dreizählig/Blütenköpfchen 1-2 cm lang + 1 cm dick/trockene, kalkarme, Sand- Kies- oder Steingrusböden/Rasengesellschaften/Mai-Juli

Trifolium fragiferum Erdbeer-Klee (Fabaceae) Niederliegende Pflanze/5-40 cm Blütenköpfchen 7-20 mm lang/Blüten 6-7 mm/feuchte, nährstoffreiche, kalk- und salzhaltige, tonige Böden/Rasengesellschaften-Salzstandorte/Juni-Sep

Trifolium montanum Berg-Klee (Fabaceae) Behaarte Pflanze/Blätter dreizählig/Blüten in 1-2 cm langen und 10-15 mm dicken und 1-7 cm lang gestielten Köpfchen/Einzelblüten 7-9 mm/mäßig trockene bis wechseltrockene, kalkhaltige, humose Lehm- und Tonböden/Rasengesellschaften/Mai-Aug

Trifolium repens Weiß-Klee (Fabaceae) Pflanze mit weiß gefleckten Blättern/ cm/Blätter dreizählig/Blütenköpfchen 15-25 mm/5-30 cm lang gestielt/frische, nährstoffreiche, dichte, Lehm- und Tonböden/Rasengesellschaften/Mai-Sep

Trifolium striatum Gestreifter Klee (Fabaceae) Pflanze mit abstehend zottig behaartem Stängel/5-30 cm/Blätter dreizählig/Blütenköpfchen 10-15 mm lang + 10 mm dicken/Büten 4 mm/sommertrockene, lockere, sandige, kiesige oder lehmige Böden/Rasengesellschaften/Mai-Aug

Trifolium thalii Rasiger Klee (Fabaceae) Rasenbildende Pflanze/4-15 cm/ Blätter dreizählig/Blütenköpfchen 1-2 cm + 4-12 cm lang gestielt/frische, nährstoffreiche, steinige Ton- und Lehmböden, fast nur auf Kalk/ Rasengesellschaften/Juli-Aug

Gewöhnliche Schafgarbe
Achillea millefoliaum
(Compositae)

Blüte margeritenartig

1A-Wälder und Gebüsche
  2A-Distelartige Pflanze — ***Carlina acaulis***
  2B-Pflanze nicht distelartig — ***Achillea millefolium***
1B-Rasengesellschaften und Ruderalstandorte — ***Carlina acaulis***

Achillea millefolium Gewöhnliche Schafgarbe (Compositae) Behaarte aromatische Pflanze/8-100 cm/Stängelblätter doppelt fiederteilig/Einzelblüten 4-6 mm/frische bis mäßig trockene, nährstoffreiche, lockere, sandige, steinige oder reine Lehmböden/Waldnahe Staudenfluren/Juni-Okt

Carlina acaulis Silberdistel (Compositae) Distelartige Pflanze/1-50 cm/ Blätter deutlich fiederteilig/Blüten 4-6 cm/mäßig trockene, ± tiefgründige Böden/Kiefernwälder-Rasengesellschaften/Juli-Sep

Wasserdost
Eupatorium cannabinum
(Compositae)

Blüten anders

1A-Wälder und Gebüsche	
2A-Stängelblätter quirlständig	***Eupatorium cannabinum***
2B-Stängelblätter handförmig geteilt	***Astrantia major***
2C-Stängelblätter gefiedert/Blättchen 3-zählig	***Thalictrum aquilegiifolium***
1B-Rasengesellschaften und Ruderalstandorte	
2A-Blätter distelartig	
3A-Blüten 4-6 mm	***Carlina acaulis***
3B-Blüten 15-25 mm	***Cirsium arvense***
2B-Untere Blätter handförmig geteilt	
3A-Blütenhüllblätter derb	***Astrantia bavarica***
3B-Blütenhüllblätter dünn	***Astrantia major***
2C-Untere Blätter fiederteilig	***Centaurea diffusa***
2D-Untere Blätter spatelförmig	***Antennaria dioica***
1C-Moore und Zwergstrauchheiden	***Antennaria dioica***
1D-Felsige Standorte	***Petasites paradoxus***

Antennaria dioica Gewöhnliches Katzenpfötchen (Compositae) Behaart/5-30 cm/Rosettenblätter verkehrt eiförmig-spatelig/Blüten 6-12 mm/meist kalkarme, sandige Lehmböden/Rasengesellschaften-Zwergstrauchheiden/Mai-Juli

Astrantia bavarica Bayrische Sterndolde, Bayrische (Apiaceae) Ausdauernd/20-60 cm/Blätter handförmig 5-7teilig/Blüten 1-3 cm/± nährstoffreiche, kalkhaltige Lehm-&Tonböden/Rasengesellschaften-Ruderalpflanzen/Juni-Aug

Astrantia major Große Sterndolde (Apiaceae) Ausdauernd/30-100 cm/Blätter tief handförmig 5-7teilig/Blüten 2-5 cm/nährstoff- + basenreiche, kalkhaltige Lehmböden/Fichtenwälder-Gebüsche-Rasengesellschaften/Juni-Aug

Carlina acaulis Silberdistel (Compositae) Distelartige Pflanze/1-50 cm/Blätter deutlich fiederteilig/Blüten 4-6 cm/mäßig trockene, ± tiefgründige Böden/Kiefernwälder-Rasengesellschaften/Juli-Sep

Centaurea diffusa Sparrige Flockenblume (Compositae) Pflanze mit grüngrauen Blättern/10-60 cm/untere Blätter zweifach fiederteilig/trockene, nährstoffreiche Lockerböden/Ruderalpflanzen/Juli-Sep

Cirsium arvense Acker-Kratzdistel (Compositae) Distelartige Pflanze/60-120 cm/Blätter distelartig/Blüten 15-25 mm/nährstoffreiche Böden/Rasengesellschaften-Ruderalpflanzen/Juli-Sep

Eupatorium cannabinum Wasserdost (Compositae) Behaarte Pflanze/50-175 cm/Blätter handförmig 3-7teilig/Blüten 2-5 mm/frische, nährstoffreiche, meist kalkhaltige Lehm- und Tonböden/Waldnahe Staudenfluren/Juli-Sep

Petasites paradoxus Alpen-Pestwurz (Compositae) Zur Blütezeit nur mit rötlichen, schuppenartigen Blättern/15-60 cm/Blütenstand 4-10 cm/sickerfeuchte, kalkhaltige Steinschutt- oder Kiesböden/Felsige Standorte/März-Mai

Thalictrum aquilegiifolium Akeleiblättrige Wiesenraute (Ranunculaceae) Kahle Pflanze/40-120 cm/Blätter 1-3x gefiedert/Blütenstand reichblütig/nasse, nährstoffreiche, ± kalkhaltige Böden/Buchenwälder/Mai-Juli

Schmalblättriges Weidenröschen
Epilobium angustifolium
(Onagraceae)

Blüten klein

1A-Wälder und Gebüsche	
2A-Blüten lang gestielt/Zweige behaart	***Ulmus laevis***
2B-Blüten fast sitzend/Zweige unbehaart	
3A-Blätter mit 12-18 Blattvenen	***Ulmus glabra***
3B-Blätter mit 7-12 Blattvenen	***Ulmus minor***
1B-Rasengesellschaften und Ruderalstandorte	
2A-Blätter grundständig	***Hydrocotyle vulgaris***
2B-Blätter nicht grundständig	***Rumex thyrsiflorus***
1C-Ufervegetation und Moore	***Hydrocotyle vulgaris***

4 Blütenblätter

1A-Wälder und Gebüsche	
2A-Blüten mit 6 (4+2) Staubblättern	***Dentaria pentaphyllos***
2B-Blüten mit 8 Staubblättern	
3A-Blätter in 3blättrigen Quirlen	***Epilobium alpestre***
3B-Blätter nicht in Quirlen	
4A-Blüten 15-25 mm	***Epilobium hirsutum***
4B-Blüten 20-40 mm	***Epilobium angustifolium***
1B-Rasengesellschaften und Ruderalstandorte	
2A-Blüten mit 8 Staubblättern	
3A-Stängel kahl oder anliegend behaart	***Epilobium palustre***
3B-Stängel abstehend behaart/Narbe 4lappig	***Epilobium hirsutum***
2B-Blüten mit vielen Staubblättern	
3A-Frucht behaart/Staubfäden oben keulig	***Papaver argemeone***
3B-Frucht kahl/Staubfäden nicht verdickt	
4A-Blütenstiele abstehend behaart	***Papaver rhoeas***
4B-Blütenstiele anliegend behaart	***Papaver dubium***
1C-Ufervegetation	
2A-Blätter halb stängelumfassend	***Epilobium hirsutum***
2B-Blätter nicht halb stängelumfassend	***Epilobium alsinifolium***
1D-Felsige Standorte	***Epilobium lanceolatum***

Finger-Zahnwurz
Dentaria pentaphyllos
(Cruciferae)

Dentaria pentaphyllos Finger-Zahnwurz (Cruciferae) Pflanze mit fleischigem Rhizom/20-50 cm/Blätter 3-5zählig gefingert/Blüten 19-21 mm/frische, nährstoff- und kalkreiche Mullböden/Buchenwälder/Apr-Juni

Epilobium alpestre Voralpen-Weidenröschen (Onagraceae) Pflanze mit meist kantigem Stängel/30-100 cm/Blätter unten gegenständig-oben quirlständig/ Blätter breit lanzettlich/Blütenblätter 6-10 mm/sickerfrische, nährstoffreiche, humose Ton- und Lehmböden/Waldnahe Staudenfluren/Juli-Sep

Epilobium alsinifolium Mierenblättriges Weidenröschen (Onagraceae) Pflanze mit kantigem Stängel/6-35 cm/Blätter bis zu Blütenstand gegenständig/ Blätter eiförmig-lanzettlich/Blüten 10-25 mm/sickernasse, nährstoffreiche, humose Tonböden/Ufervegetation/Juni-Sep

Epilobium angustifolium Schmalblättriges Weidenröschen (Onagraceae) Pflanze mit oft rot überlaufenem Stängel/50-180 cm/Blätter bis 20 cm lang und bis 4 cm breit/Blüten in vielblütigen Trauben/Blüten 20-40 mm/frische, nährstoffreiche, bevorzugt kalkarme Lehmböden/Gebüsche-Waldnahe Staudenfluren/Juni-Aug

Epilobium hirsutum Zottiges Weidenröschen (Onagraceae) Zottig behaarte Pflanze/50-200 cm/Blätter meist gegen- oder quirlständig und oft stängelumfassend/Blüten 15-25 mm/nasse, nährstoffreiche Tonböden/Rasengesellschaften-Ufervegetation-Waldnahe Staudenfluren/Juni-Sep

Epilobium lanceolatum Lanzettblättriges Weidenröschen (Onagraceae) Behaarte Pflanze/20-90 cm/Blätter länglich-eiförmig und zumindest unten gegenständig/Blüten 8-12 mm/± nährstoffreiche, kalkarme, feinerdearme Silikatschuttböden/Felsige Standorte/Mai-Aug

Epilobium palustre Sumpf-Weidenröschen (Onagraceae) Pflanze mit rundem Stängel/10-60 cm/Blätter schmal lanzettlich/Blüten 8-12 mm/sickernasse, nährstoffreiche, humose Lehmböden und Sumpfhumusböden/Rasengesellschaften/Juli-Sep

Hydrocotyle vulgaris Wassernabel (Apiaceae) Sumpfpflanze/10-15 cm/Blätter schildförmig/Blüten in 2-3 mm großen Dolden/nasse, kalkarme Torf- und Humusböden/Moore-Rasengesellschaften-Ufervegetation/Juli-Aug

Papaver argemone Sand-Mohn (Papaveraceae) Behaartes Kraut/mit weißem Milchsaft/Blätter sitzend/Blütenblätter 10-30 mm/Blüte mit schwarzem Zentrum/Frucht behaart/> als doppelt so lang wie breit/viele Staubblätter/ Staubfäden bläulich/Staubbeutel gelbgrün oder blau/nährstoffreiche, kalkarme Böden/Ruderalpflanzen/Mai-Juli

Papaver dubium Saat-Mohn (Papaveraceae) Behaartes Kraut/mit weißem Milchsaft/Blätter sitzend/Blütenblätter 10-40 mm/viele Staubblätter/ Staubfäden bläulich/Staubbeutel gelbgrün oder braun/Frucht unbehaart/ Frucht viel länger als breit/trockene, nährstoffreiche, meist kalkarme Rohböden/Ruderalpflanzen/Mai-Juni

Klatsch-Mohn
Papaver rhoeas
(Papaveraceae)

Papaver rhoeas Klatsch-Mohn (Papaveraceae) Behaartes Kraut/mit weißem Milchsaft/Blütenblätter 13-50 mm mit oder ohne schwarzem Fleck/viele Staubblätter/Staubfäden bläulich/Staubbeutel braun oder gelb/Frucht unbehaart/Frucht fast rund/nährstoffreiche, meist kalkhaltige Böden/ Ruderalpflanzen/Mai-Juli

Rumex thyrsiflorus Rispen-Ampfer (Polygonaceae) Unbehaarte Pflanze mit dicklichen Blättern/30-120 cm/Blätter am Grund pfeil- oder spießförmig/ Blüte klein/mäßig trockene, nährstoffreiche, ± humose Kies- und Schotterböden oder sandige Lehm- und Tonböden/Ruderalpflanzen/Juli-Aug

Ulmus glabra Berg-Ulme (Ulmaceae) Baum/bis 30 m/junge Zweige kurzhaarig/ Blätter breit-eiförmig/Lehm- und Tonböden in kühl-humider Klimalage/ Ufervegetation/März-Apr

Ulmus laevis Flatter-Ulme (Ulmaceae) Baum/bis 35 m/Blätter elliptisch bis verkehrt-eiförmig mit stark asymmetrischem Blattgrund/Blüten büschelig herabhängend/Lehm- und Tonböden/Ufervegetation/März-Mai

Ulmus minor Feld-Ulme (Ulmaceae) Baum/Zweige meist unbehaart/Blattspreite am Grund versetzt ansetzend/Blüten fast sitzend-aufrecht/Gebüsche-Ufervegetation/März-Apr

Diptam
Dictamnus albus
(Rutaceae)

Rot

5 Blütenblätter

1A-Wälder und Gebüsche	
2A-Pflanze mit Dornen oder Stacheln	
3A-Blätter gestielt	***Crataegus monogyna***
3B-Blätter 3-zählig, 5-zählig oder gefiedert	
4A-Blättchen unterseits behaart	***Rosa corymbifera***
4B-Blättchen beiderseits unbehaart	***Rosa dumalis***
2B-Pflanze ohne Dornen oder Stacheln	
3A-Ohne grüne Blätter (Kletterpflanze)	
4A-1 Griffel mit 2teiliger Narbe	***Cuscuta lupuliformis***
4B-2-4 Griffel/Narbe fadenförmig	***Cuscuta europaea***
3B-Blätter grundständig	
4A-Blätter rundlich bis herzförmig	***Cortusa matthioli***
4B-Blätter tief eingeschnitten	
5A-Pflanze mit drüsenlosen Haaren	***Geranium palustre***
5B-Pflanze drüsig behaart	***Geranium sylvaticum***
3C-Blätter 3-7zählig	***Potentilla palustris***
3D-Blätter gefiedert mit 3-5 Fiederpaaren	***Dictamnus albus***
3E-Blätter sitzend	
5A-Blüten > 15 mm	***Geranium sylvaticum***
5B-Blüten < 15 m	
6A-Blattzipfel rund/Pflanze behaart	***Geranium robertianum***
6B-Blattzipfel spitz/Pflanze unbehaart	***Sedum telephium***
3F-Blätter gestielt	
5A-Strauch	***Sorbus chamaemespilus***
5B-Krautige Pflanze	
6A-Blüten 5-10 cm (Dez-Apr)	***Helleborus niger***
6B-Blüten einzeln	***Geranium sanguineum***
6C-Blüten nicht einzeln	***Geranium palustre***
1B-Rasengesellschaften und Ruderalstandorte	
2A-Kletterpflanze ohne grüne Blätter	***Cuscuta europaea***
2B-Pflanze zur Blütezeit mit grünen Blättern	
3A-Blätter länglich-eiförmig	***Legousia hybrida***
3B-Blätter 5-7lappig	
4A-Pflanze drüsig behaart	***Geranium sylvaticum***
4B-Pflanze mit drüsenlosen Haaren	
5A-Blütenblätter gebuchtet	***Malva sylvestris***
5B-Blütenblätter nicht gebuchtet	***Geranium palustre***
1C-Ufervegetation	***Potentilla palustris***
1D-Moore und Zwergstrauchheiden	
2A-Blätter grundständig	***Primula farinosa***
2B-Blätter nicht grundständig	***Potentilla palustris***
1E-Felsige Standorte	***Geranium robertianum***

Stinkender Storchschnabel
Geranium robertianum
(Geraniaceae)

Cortusa matthioli Heilglöckchen (Primulaceae) Zottig behaarte Pflanze/20-50 cm/Blätter in grundständiger Rosette/Blüten in 5-12blütigen Blütenstand/ Einzelblüten 1 cm/frische bis feuchte, nährstoffreiche, ± kalkhaltige Böden/ Waldnahe Staudenfluren/Mai-Aug

Crataegus monogyna Eingriffliger Weißdorn (Rosaceae) Baum oder Strauch mit Nebenblättern/mit Dornen/Blätter eingeschnitten/Blüten 8-15 mm/ trockene bis frische, basenreiche (bevorzugt kalkhaltige) steinige oder reine Lehmböden/Gebüsche/Apr-Mai

Cuscuta europaea Europäische Seide (Convolvulaceae) Schmarotzerpflanze ohne grüne Blätter/30-150 cm/Blüten 2 mm/feuchte, nährstoffreiche Ufer/ Ruderalpflanzen-Waldnahe Staudenfluren/Juni-Sep

Cuscuta lupuliformis Pappel-Seide (Convolvulaceae) Schmarotzerpflanze ohne grüne Blätter/50-200 cm/Blüten 4-5 mm/feuchtes Ufergebüsch der Stromtäler/Waldnahe Staudenfluren/Juli-Sep

Dictamnus albus Diptam (Rutaceae) Behaarte Pflanze mit schwarzen Drüsen/ 50-120 cm/Blätter unpaarig gefiedert/Blüte 4-6 cm mit 10 Staubblättern/ trockene, nährstoffarme, meist kalkreiche (basenreiche), oft flachgründige, steinige oder sandige Böden/Eichenmischwälder-Waldnahe Staudenfluren/ Mai-Juni

Geranium palustre Sumpf-Storchschnabel (Geraniacea) Behaarte Pflanze/20-100 cm/Blätter 5-7lappig/Blüte 22-30 mm/sickernasse, nährstoff- und meist kalkreiche Tonböden/Rasengesellschaften-Waldnahe Staudenfluren/Juni-Sep

Geranium robertianum Stinkender Storchschnabel (Geraniacea) Behaarte Pflanze/10-50 cm/Blätter/Blüte 14-18 mm/frische, nährstoffreiche, humose, lehmige Böden/Buchenwälder-Felsige Standorte-Waldnahe Staudenfluren/ Mai-Okt

Geranium sanguineum Blutroter Storchschnabel (Geraniacea) Behaarte Pflanze auch mit gegenstäncigen Blättern/15-60 cm/Blätter rundlich mit 5-7 fast bis zum Grund gespaltenen Lappen/Blüte 25-30 mm/trockene, lockere, nährstoffarme, oft kalkreiche Böden/Eichenmischwälder-Waldnahe Staudenfluren/Mai-Sep

Geranium sylvaticum Wald-Storchschnabel (Geraniacea) Behaarte Pflanze/20-60 cm/Blätter 5-7lappig/Blüte 22-26 mm/frische bis feuchte, nährstoffreiche, kalkarme bis -reiche Ton- und Lehmböden/Rasengesellschaften-Waldnahe Staudenfluren/Juni-Juli

Helleborus niger Christ-Rose (Ranunculaceae) Pflanze mit unverzweigzem Stängel/15-30 cm/Blätter 7-9teilig/Blüten 5-10 cm/frische, nährstoffreiche, kalkhaltige Lockerböden/Buchenwälder/Dez-Apr

Legousia hybrida Kleiner Frauenspiegel (Campanulaceae) Kraut/10-30 cm/ Blätter länglich-eiförmig/Blüten 8-15 mm/mäßig frische, nährstoffreiche, kalkhaltige Böden/Ruderalstandorte/Mai-Juli

Blutauge
Potentilla palustris
(Rosaceae)

Malva sylvestris Wilde Malve (Malvaceae) Behaarte Pflanze/20-150 cm/Blätter 5-7lappig/Blüte 2-5 cm/± trockene, nährstoffreiche Böden/Ruderalpflanzen/ Mai-Sep

Potentilla palustris Blutauge (Rosaceae) Pflanze mit kriechender Grundachse/ 20-60 cm/Blätter 3-7zählig gefiedert/Blüte 20-30 mm/nasse, oft zeitweise überschwemmte, mäßig nährstoffreiche Torf-Schlammböden/Gebüsche-Moore-Ufervegetation/Juni-Juli

Primula farinosa Mehl-Primel (Primulaceae) Pflanze mit grundständigen Blättern/5-30 cm/Blätter oberseits grün und unterseits weiß bestäubt/Blüte 8-16 mm mit stumpfkantigem Kelch/feuchte bis nasse, nährstoffarme, kalkhaltige Sumpf-, Torf- oder Steinböden/Moore/Mai-Juli

Rosa corymbifera Hecken-Rose (Rosaceae) Strauch mit stark hakig gebogenen Stacheln/1-2 m/Blätter 5-7zählig gefiedert/Blüte 20-35 mm/mäßig trockene, basenreiche Lehmböden/Gebüsche/Juni

Rosa dumalis Graugrüne Rose (Rosaceae) Strauch mit stark hakig gebogenen Stacheln/bis 2 m/Blätter 5-7zählig gefiedert/Blüte 3-5 cm/mäßig trockene, basenreiche, meist steinige Lehmböden/Gebüsche/Juni-Juli

Sedum telephium Rote Fetthenne (Crasulaceae) Pflanze mit oft rötlich gefärbtem Stängel/25-60 cm/Blätter länglich eiförmig/Blüten 8-10 mm/ 10 Staubblätter/mäßig trockene bis frische, nährstoffreiche, auch kalkhaltige Böden/Eichenmischwälder/Juli-Sep

Sorbus chamaemespilus Zwergmispel-Eberesche (Rosaceae) Strauch/60-300 cm/Blätter elliptisch bis breit lanzettlich/Blüte 10-14 mm mit 20 Staubblättern/mäßig trockene, basenreiche (vorwiegend kalkreiche), humose, steinige Lehmböden/Salzstandorte-Waldnahe Staudenfluren/Juni-Juli

Gewöhnliches Katzenpfötchen
Antennaria dioica
(Compositae)

Mehr als 5 Blütenblätter

1A-Rasengesellschaften und Ruderalstandorte	
2A-Zur Blütezeit ohne grüne Blätter	***Colchicum autumnale***
2B-Zur Blütezeit mit grünen Blättern	
3A-Blätter filigran eingeschnitten	
4A-Kelch blätter behaart	***Adonis flammea***
4B-Kelch blätter unbehaart	***Adonis aestivalis***
3B-Blätter nicht so	***Antennaria dioica***
1B-Zwergstrauchheiden und Moore	***Antennaria dioica***

Adonis aestivalis Sommer-Adonisröschen (Ranunculaceae) Kraut/20-60 cm/ Blätter filigran eingeschnitten/Blüten 25-40 mm mit 8 oder mehr Blütenblättern/(mäßig) trockene, nährstoff- und kalkreiche Böden/Ruderalpflanzen/ Mai-Juli

Adonis flammea Brennendes Adonisröschen (Ranunculaceae) 20-50 cm/Blätter filigran eingeschnitten (2-3x gefiedert)/Blüte 20-30 mm mit 5-8 Blütenblättern/± trockene, nährstoff- und kalkreiche Böden/Ruderalpflanzen/Mai-Aug

Antennaria dioica Gewöhnliches Katzenpfötchen (Compositae) Behaarte Pflanze/5-30 cm/Blätter in Grundblattrosette mit verkehrt eiförmig-spateligen Blättern/Blüten 6-12 mm/mäßig frische, meist kalkarme, sandige Lehmböden/Rasengesellschaften-Zwergstrauchheiden/Mai-Juli

Colchicum autumnale Herbst-Zeitlose (Liliaceae) Pflanze zur Blütezeit ohne grüne Blätter/5-40 cm/Blüte 4-6 cm/6 gelbe Staubblätter/3 Griffel/± feuchte, nährstoffreiche, kalkhaltige Böden/Rasengesellschaften/Aug-Nov

Meisterwurz
Peucedanum ostruthium
(Apiaceae)

Blüte doldenartig

1A-Wälder und Gebüsche	
2A-Dolde ohne (0-2) Hüllblätter	
3A-Dolde 10-20strahlig/abstehend behaart	***Chaerophyllum hirsutum***
3B-Dolde > 20strahlig	***Peucedanum ostruthium***
2B-Dolde mit > 2 Hüllblättern	
3A-Dolde 3-12strahlig/anliegend behaart	***Torilis japonica***
3B-Dolde > 20strahlig	
4A-Stängel scharfkantig gefurcht	***Libanotis pyrenaica***
4B-Stängel nicht scharfkantig gefurcht	***Laserpitium latifolium***
1B-Rasengesellschaften und Ruderalstandorte	
2A-Pflanze unbehaart	
3A-Ohne Hüllchenblätter	
4A-Doldenstrahlen kantig gefurcht	***Ligusticum mutellina***
4B-Doldenstrahlen nicht kantig gefurcht	***Pimpinella saxifraga***
3B-Hüllchenblätter becherig verwachsen	***Seseli hippomarathrum***
3C-Mit 5-10 Hüllchenblätter	
4A-Blüten nicht bewimpert (Lupe)	***Selinum carvifolia***
4B-Blüten bewimpert (Lupe)	***Chaerophyllum hirsutum***
2B-Pflanze behaart	
3A-Dolde 2-5strahlig	***Caucalis platycarpos***
3B-Dolde 5-20strahlig	
4A-Dolde ohne Hüll- und Hüllchenblätter	***Trinia glauca***
4B-Dolde mit mehreren Hüllchenblättern	
5A-Stängel hohl	***Ligusticum mutellina***
5B-Stängel nicht hohl	
6A-Dolde 4-12strahlig	
7A-Dolde mit < 3 Hüllblättern	***Torilis arvensis***
7B-Dolde mit > 3 Hüllblättern	***Torilis japonica***
6B-Dolde 15-20strahlig	
7A-Blüten nicht bewimpert (Lupe)	***Selinum carvifolia***
7B-Blüten bewimpert (Lupe)	***Chaerophyllum hirsutum***
3C-Dolde 20-50strahlig	
4A-Hüllblätter fehlend oder wenig	***Angelica sylvestris***
4B-Hüllblätter zahlreich	***Laserpitium latifolium***
1C-Felsige Standorte	
2A-Doldenstrahlen kantig gefurcht	***Ligusticum mutellina***
2B-Doldenstrahlen nicht kantig gefurcht	***Pimpinella saxifraga***

Kümmel-Silge
Selinum carvifolia
(Apiaceae)

Angelica sylvestris Wilde Engelwurz, Wilde (Apiaceae) Stängel hohl/50-200 cm Blätter 2-3x gefiedert/Dolden 10-25strahlig/Blüten 2 mm/sickernasse, nährstoffreiche Lehm- und Tonböden/Waldnahe Staudenfluren/Juli-Sep

Caucalis platycarpos Möhren-Haftdolde (Apiaceae) Borstig behaartes Kraut/ 10-40 cm/Blätter 2-3x gefiedert/Dolden 2-5strahlig/Blüten 4-5 mm/ trockenere, nährstoff- und kalkreiche Tonböden/Ruderalpflanzen/Mai-Juli

Chaerophyllum hirsutum Behaarter Kälberkropf (Apiaceae) Behaarte Pflanze/ 20-120 cm/Blätter 3-4x gefiedert/Dolden 10-20strahlig/sickernasse, nährstoffreiche Tonböden/Buchenwälder-Rasengesellschaften/Mai-Aug

Laserpitium latifolium Breitblättriges Laserkraut (Apiaceae) Kahle Pflanze/30-250 cm/Blätter 1-2x gefiedert/Dolden 20-50strahlig/Blüten 3-5 mm/sicker- oder wechselfrische, humose Lehm-, Mergel- oder Steinschuttböden/ Rasengesellschaften-Waldnahe Staudenfluren/Juni-Aug

Libanotis pyrenaica Heilwurz (Apiaceae) Stängel scharfkantig gefurcht/10-150 cm/Blätter 2-3x gefiedert/Dolden 10-60strahlig/Blüten 2-3 mm/magere, oft kalkhaltige Lehmböden, Kalksand/Waldnahe Staudenfluren/Juli-Sep

Ligusticum mutellina Alpen-Mutterwurz (Apiaceae) Kahle Pflanze/Stängel hohl/10-80 cm/Blätter 2-3x fiederschnittig/Dolden 7-15strahlig/Blüten 2-3 mm/sickerfrische, ± nährstoffreiche, meist kalkarme, humose Lehmböden/ Felsige Standorte-Rasengesellschaften/Juni-Aug

Peucedanum ostruthium Meisterwurz (Apiaceae) Behaarte Pflanze/Stängel hohl/30-100 cm/Dolde 30-60strahlig/Blüten 2-3 mm/frische, nährstoffreiche, humose Böden/Waldnahe Staudenfluren/Juni-Aug

Pimpinella saxifraga Kleine Bibernelle (Apiaceae) Stängel rund oder fein gerillt/10-65 cm/Grundblätter gefieder mit 3-7 Fiederpaaren/Dolden 6-25-strahlig/Lehm- & Lössböden/Felsige Standorte-Rasengesellschaften/Juli-Sep

Selinum carvifolia Kümmel-Silge (Apiaceae) Stängel stark kantig gefurcht/30-100 cm/Blätter 2-3x gefiedert/Dolden 15-20strahlig/wechselfeuchte, magere, meist kalkarme Tonböden, auch Torfböden/Rasengesellschaften/Juli-Sep

Seseli hippomarathrum Pferde-Sesel (Apiaceae) Pflanze mit grundständiger Blattrosette/15-90 cm/Blätter 2 bis mehrfach fiederschnittig/Dolden 5-12strahlig/Blüten 2-3 mm/trockene, humose Steinböden (Kalk, Basalt, Porphyr), auf Sand und Löss/Rasengesellschaften/Juli-Aug

Torilis arvensis Acker-Klettenkerbel (Apiaceae) Behaarte Pflanze/30-100 cm/ Blätter 1-3fach gefiedert/Dolden 4-12strahlig/Blüten 2-3 mm/nährstoffreiche, kalkhaltige, sandige und steinige Lehmböden/Ruderalpflanzen/Juni-Sep

Torilis japonica Gewöhnlicher Klettenkerbel (Apiaceae) Borstig behaart bis 150 cm/Blätter 1-3fach gefiedert/Dolden 4-12strahlig/frische, nährstoffreiche, humose Lehmböden/Ruderalpflanzen-Waldnahe Staudenfluren/Juni-Aug

Trinia glauca Faserschirm (Apiaceae) Unbehaarte Pflanze mit zickzackförmigem Stängel/15-50 cm/Grundblätter doppelt dreifach gefiedert/Blüten in 4-5strahligen Dolden/Blüten 1-2 mm/frische, nährstoffreiche, humose Lehmböden/Rasengesellschaften/Apr-Mai

Gewöhliche Hauhechel
Ononis spinosa
(Fabaceae)

Blüte symmetrisch

1A-Wälder und Gebüsche	
2A-Blätter dreizählig	
3A-Blüten in vielblütigen Köpfchen	***Trifolium alpestre***
3B-Blüten nicht in vielblütigen Köpfchen	
4A-Blütenstand 1-5(8)blütig	***Corydalis intermedia***
4B-Blütenstand (4)6-20blütig	***Corydalis cava***
2B-Blätter nicht dreizählig	
3A-Blätter in Quirlen oder gegenständig	***Impatiens glandulifera***
3B-Blätter anders	***Digitalis purpurea***
1B-Rasengesellschaften und Ruderalstandorte	
2A-Blätter dreizählig	
3A-Pflanze mit Dornen	***Ononis spinosa***
3B-Pflanze ohne Dornen	
4A-Pflanze dicht behaart	
5A-Blütenköpfchen sitzend	
6A-Blättchen gezeichnet	***Trifolium pratense***
6B-Blättchen nicht gezeichnet	***Trifolium alpestre***
5B-Blütenköpfchen gestielt	
6A-Blütenkelch kürzer als die Blüte	***Trifolium montanum***
6B-Blütenkelch länger als die Blüte	***Trifolium arvense***
4B-Pflanze nicht dicht behaart	
5A-Stängel aufrecht	
6A-Blütenköpfchen sitzend/meist zu 2	***Trifolium alpestre***
6B-Blütenköpfchen gestielt (> 1 cm)	***Trifolium hybridum***
5B-Stängel kriechend und wurzelnd	***Trifolium fragiferum***
2B-Blätter nicht dreizählig	***Pedicularis rostrato-capitata***
1C-Moore und Zwergstrauchheiden	***Pedicularis palustris***
1D-Felsige Standorte	
2A-Blüte mit 5 ungleichen Blütenlappen	***Scrophularia canina***
2B-Blüte mit Ober- und Unterlippe	***Pedicularis rostrato-capitata***
1E-Salzstandorte	
2A-Pflanze mit Dornen	***Ononis spinosa***
2B-Pflanze ohne Dornen	***Trifolium fragiferum***

Rot

Drüsiges Springkraut
Impatiens glandulifera
(Balsaminaceae)

Corydalis cava Hohler Lerchensporn (Fumariaceae) Unbehaarte Pflanze/10-35 cm/Blätter dreizählig/Blütenstand 4-20blütig/Blüten 18-28 mm/frische, nährstoffreiche, tiefgründige Mullböden, kalkliebend/Buchenwälder/März-Mai

Corydalis intermedia Mittlerer Lerchensporn (Fumariaceae) Unbehaarte Pflanze/7-15 cm/Blätter doppelt dreizählig/Blüte 10-15 mm/frische, nährstoffreiche, kalkarme Mullböden/Buchenwälder/März-Apr

Digitalis purpurea Roter Fingerhut (Scrophulariaceae) Behaarte Pflanze/50-150 cm/Blätter ± eiförmig/Blüte 40-55 mm/frische, nährstoffreiche, kalkarme Böden/Waldnahe Staudenfluren/Juni-Juli

Impatiens glandulifera Drüsiges Springkraut (Balsaminaceae) Blätter oben quirlständig/50-300 cm/Blätter ei- bis schmal-lanzettlich/Blüten 25-40 mm/ nährstoffreiche Lehm- und Tonböden/Waldnahe Staudenfluren/Juli-Sep

Ononis spinosa Gewöhliche Hauhechel (Fabaceae) Behaarte Pflanze mit Dornen/10-100 cm/Blätter 3zählig gefiedert/Blüte 1-2 cm/sommertrockene meist kalkreiche Lehmböden/Rasengesellschaften-Salzstandorte/Juni-Sep

Pedicularis palustris Sumpf-Läusekraut (Scrophulariaceae) Blätter teilweise gegen- oder quirlständig/10-80 cm/Blätter 1-2x fiederschnittig/Blüte 18-25 mm/± nährstoffreiche, kalkarme Sumpfhumusböden/Moore/Mai-Aug

Pedicularis rostrato-capitata Geschnäbeltes Läusekraut (Scrophulariaceae) Stängel behaart/5-20 cm/Blätter 2fach gefiedert/Blüte 18-25 mm/kalkreiche, ± steinige Böden, auf Schiefer/Felsige Standorte-Rasengesellschaften/ Juli-Aug

Scrophularia canina Hunds-Braunwurz (Scrophulariaceae) Stark eingeschnittene Blätter/20-60 cm/Blätter doppelt fiederteilig/Blüten zu 3-11/Blüten 4-5 mm/± kalkhaltige, nicht zu feinkörnige Böden/Felsige Standorte/Juni-Aug

Trifolium alpestre Hügel-Klee (Fabaceae) Behaarte Pflanze/15-40 cm/Blätter 3zählig/Blütenköpfchen 15-30 mm lang/trockene Lehm-, Ton- + Sandböden/ Laubmischwälder-Rasengesellschaften-Waldnahe Staudenfluren/Juni-Aug

Trifolium arvense Hasen-Klee (Fabaceae) Behaarte Pflanze/5-40 cm/Blätter dreizählig/Blütenköpfchen 1-2 cm lang + 1 cm dick/trockene, kalkarme Sand-, Kies- oder Steingrusböden/Rasengesellschaften/Mai-Juli

Trifolium fragiferum Erdbeer-Klee (Fabaceae) Niederliegende Pflanze/5-40 cm Blätter dreizählig/Blütenköpfchen 7-20 mm lang/nährstoffreiche, kalk- und salzhaltige, tonige Böden/Rasengesellschaften-Salzstandorte/Juni-Sep

Trifolium hybridum Bastard-Klee (Fabaceae) Unbehaarte Pflanze/Blätter dreizählig/Blütenköpfchen 15-25 mm + lang gestielt/frische bis feuchte, nährstoffreiche Lehm- und Tonböden/Rasengesellschaften/Mai-Sep

Trifolium montanum Berg-Klee (Fabaceae) Behaarte Pflanze/15-40 cm/Blätter dreizählig/Blütenköpfchen 1-2 cm lang, 10-15 mm dick, 1-7 cm lang gestielt/ kalkhaltige, humose Lehm- und Tonböden/Rasengesellschaften/Mai-Aug

Trifolium pratense Wiesen-Klee (Fabaceae) Behaarte Pflanze/10-60 cm/Blätter dreizählig/Blütenköpfchen 15-30 mm/frische, nährstoffreiche, tiefgründige Ton- und Lehmböden/Rasengesellschaften/Mai-Sep

Orangerotes Habichtskraut
Hieracium aurantiacum
(Compositae)

Blüte margeritenartig

1A-Wälder und Gebüsche — ***Achillea millefolium***

Achillea millefolium Gewöhnliche Schafgarbe (Compositae) Behaarte aromatische Pflanze/8-100 cm/Stängelblätter doppelt fiederteilig/Einzelblüten 4-6 mm/frische bis mäßig trockene, nährstoffreiche, lockere, sandige, steinige oder reine Lehmböden/Waldnahe Staudenfluren/Juni-Okt

Blüte löwenzahnartig

1A-Wälder und Gebüsche
- **2A**-Blätter behaart — ***Hieracium aurantiacum***
- **2B**-Blätter unbehaart
  - **3A**-Blüte 18-20 mm — ***Prenanthes purpurea***
  - **3B**-Blüte 30-45 mm — ***Scorzonera purpurea***

1B-Felsige Standorte — ***Hieracium aurantiacum***

Hieracium aurantiacum Orangerotes Habichtskraut (Compositae) Behaarte Pflanze mit Rosetten- und Stängelblättern/20-50 cm/Rosettenblätter ei-lanzettlich/Blüte 2-3 cm/± frische, kalkarme, humose Böden/Felsige Standorte-Waldnahe Staudenfluren/Juni-Aug

Prenanthes purpurea Hasen-Lattich (Compositae) Unbehaarte Pflanze/50-150 cm/Blätter stängelumfassend/Blüte 18-20 mm/± frische, ± nährstoffreiche, meist kalkarme, humose Böden/Buchenwälder-Waldnahe Staudenfluren/ Juli-Sep

Scorzonera purpurea Purpur-Schwarzwurzel (Compositae) Unbehaarte Pflanze 20-60 cm/Blätter im Querschnitt V-förmig/Blüte 30-45 mm/trockene, kalkhaltige, humose, ± steinige Böden/Eichenmischwälder/Mai-Juni

Blüten anders

1A-Wälder und Gebüsche
  2A-Baum oder strauchartige Pflanze — ***Populus tremula***
  2B-Krautige Pflanze mit distelartigen Blättern
    3A-Blattoberseite borstig behaart — ***Cirsium vulgare***
    3B-Blattoberseite kahl oder kurzhaarig
      4A-Blattunterseite nicht graufilzig — ***Cirsium palustre***
      4B-Blattunterseite graufilzig — ***Carduus crispus***
  2C-Krautige Pflanze ohne distelartige Blätter
    3A-Blätter dreizählig — ***Trifolium alpestre***
    3B-Blätter scheinbar quirlständig — ***Eupatorium cannabinum***
    3C-Blätter tief handförmig 5-7teilig — ***Astrantia major***
    3D-Blätter anders
      4A-Blütenköpfe 15-20 mm — ***Serratula tinctoria***
      4B-Blütenköpfe kleiner — ***Artemisia vulgaris***
1B-Rasengesellschaften und Ruderalstandorte
  2A-Blätter distelartig
    3A-Blätter grundständig — ***Cirsium acaule***
    3B-Blätter sitzend
      4A-Stängel dornig geflügelt
        5A-Pflanze grau- oder weißfilzig — ***Onopordum acanthium***
        5B-Pflanze nicht grau- oder weißfilzig
          6A-Blütenköpfe 3-6 cm/meist einzeln — ***Carduus nutans***
          6B-Blütenköpfe 10-25 mm breit
            7A-Blätter beidseits grün — ***Carduus acanthoides***
            7B-Blattunterseite kraushaarig
              8A-Blattoberseite behaart — ***Cirsium palustre***
              8B-Blattoberseite borstig stachelig — ***Cirsium vulgare***
      4B-Stängel nicht dornig geflügelt
        5A-Blütenköpfe 4-7 cm breit — ***Cirsium eriophorum***
        5B-Blütenköpfe kleiner
          6A-Blütenköpfe einzeln — ***Cirsium tuberosum***
          6B-Blütenköpfe zu mehreren
            7A-Blütenköpfe gestielt — ***Cirsium arvense***
            7B-Blütenköpfe ungestielt — ***Cirsium rivulare***
  2B-Blätter nicht distelartig
    3A-Blätter gefiedert/Fiederblättchen eiförmig — ***Sanguisorba officinalis***
    3B-Blätter dreizählig
      4A-Pflanze dicht behaart
        5A-Blütenköpfchen sitzend
          6A-Blättchen gezeichnet — ***Trifolium pratense***
          6B-Blättchen nicht gezeichnet — ***Trifolium alpestre***

5B-Blütenköpfchen gestielt

6A-Blütenkelch kürzer als die Blüte — ***Trifolium montanum***

6B-Blütenkelch länger als die Blüte — ***Trifolium arvense***

4B-Pflanze nicht dicht behaart

5A-Stängel aufrecht

6A-Blütenköpfchen sitzend/meist zu 2 — ***Trifolium alpestre***

6B-Blütenköpfchen gestielt (> 1 cm) — ***Trifolium hybridum***

5B-Stängel kriechend und wurzelnd — ***Trifolium fragiferum***

3C-Untere Blätter handförmig geteilt

4A-Blütenhüllblätter derb — ***Astrantia bavarica***

4B-Blütenhüllblätter dünn — ***Astrantia major***

3D-Blätter fiederschnittig

4A-Blütenköpfe < 1 cm

5A-Blattabschnitte < 1,5 mm breit — ***Artemisia campestris***

5B-Blattabschnitte > 2 mm breit — ***Artemisia vulgaris***

4B-Blütenköpfe > 1 cm

5A-Köpfchenblüten alle gleich groß

6A-Blattunterseite weißwollig — ***Jurinea cyanoides***

6B-Blattunterseite nicht weißwollig — ***Serratula tinctoria***

5B-Köpfchenrandblüten > Innenblüten

6A-Blütenköpfe 1 cm — ***Centaurea stoebe***

6A-Blütenköpfe 2-5 cm

7A-Köpfchen mit 8-10 Kelchborsten — ***Knautia arvensis***

7B-Köpfchen mit Hüllblattreihen — ***Centaurea scabiosa***

3E-Blätter nicht eingeschnitten

4A-Stängel tief längs gefurcht

5A-Blütenkopfstiele > 3 cm lang — ***Arctium lappa***

5B-Blütenkopfstiele < 2 cm lang — ***Arctium minus***

4B-Stängel nicht gefurcht

5A-Blätter eiförmig — ***Sanguisorba officinalis***

5B-Blätter lanzettlich

6A-Köpfchenblüten alle gleich groß

7A-Blütenköpfe 15-20 mm — ***Saussurea alpina***

7B-Blütenköpfe 20-40 mm — ***Centaurea nigra***

6B-Randblüten > Innenblüten

7A-Köpfchen 1-2 cm — ***Centaurea jacea***

7B-Köpfchen 3-5 cm — ***Centaurea pseudophrygia***

5C-Blätter gefiedert — ***Sanguisorba officinalis***

1C-Ufervegetation — ***Cirsium palustre***

1D-Felsige Standorte

2A-Baum oder Strauch — ***Salix reticulata***

2B-Krautige Pflanze

3A-Blattunterseite weißfilzig — ***Petasites paradoxus***

3B-Blattunterseite nicht weißfilzig — ***Adenostyles glabra***

Krause Distel
Carduus crispus
(Compositae)

Adenostyles glabra Grüner Alpendost, Grüner (Compositae) Behaarte Pflanze/ 30-80 cm/Blätter herz- bis nierenförmig mit deutlich hervortretendem Adernetz/Blüte 6-8 mm/sickerfrische oder feuchte, kalkhaltige, ± feinerdereiche Steinschuttböden/Felsige Standorte/Juli-Aug

Adenostyles glabra Grüner Alpendost (Compositae) Oben kurzflaumig behaarte Pflanze/30-80 cm/Blätter herz- bis nierenförmig/Blüte in doldenartigen Blütenständen/sickerfrische oder feuchte, kalkhaltige, ± feinerdereiche Steinschuttböden/Fichtenwälder/Juni-Aug

Arctium lappa Große Klette (Compositae) (Un)Behaartes Kraut/80-150 cm/ Blätter herzförmig-oval/Blüten in Gruppen/Blüte 20-25 mm x 35-42 mm/ Blütenstiel 3-10 cm/± frische, nährstoffreiche Lehmböden/Ruderalpflanzen/ Juli-Sep

Arctium minus Kleine Klette (Compositae) Behaartes Kraut/50-120 cm/Blätter herzförmig-oval/Blütenstiel hohl/Blüte 1-3 cm/frische, nährstoffreiche, ± kalkarme Böden/Ruderalpflanzen/Juli-Sep

Artemisia campestris Feld-Beifuß (Compositae) Pflanze mit verholzter Wurzelbasis/10-150 cm/Blätter 2-3fach fiederteilig/Blüte 3-4 mm/trockene, sandige oder steinige Lehm- und Lössböden/Rasengesellschaften/Aug-Okt

Artemisia vulgaris Gewöhnlicher Beifuß (Compositae) Behaarte Pflanze/30-250 cm/Blätter 1-2fach fiederteilig/Blüte 3-4 mm/frische bis feuchte, nährstoffreiche, ± humose Böden/Gebüsche-Ruderalpflanzen/Juli-Okt

Astrantia bavarica Bayrische Sterndolde (Apiaceae) Ausdauernde krautige Pflanze/20-60 cm/Blätter tief handförmig 5-7teilig/Blüten 11-30 mm/frische, ± nährstoffreiche, kalkhaltige Lehm- und Tonböden/Rasengesellschaften-Ruderalpflanzen/Juni-Aug

Astrantia major Große Sterndolde (Apiaceae) Pflanze 30-100 cm/Blätter tief handförmig 5-7teilig/Blüten in 2-5strahligen kopfigen Dolden/Blütenköpfchen 2-5 cm/frische, nährstoff- und basenreiche, meist kalkhaltige Lehmböden/Fichtenwälder-Gebüsche-Rasengesellschaften/Juni-Aug

Carduus acanthoides Weg-Distel (Compositae) Pflanze mit stachelig geflügeltem Stängel/30-100 cm/Blätter distelartig/Blüte10-25 mm/± trockene, nährstoffreiche Böden/Ruderalpflanzen/Mai-Okt

Carduus crispus Krause Distel (Compositae) Pflanze mit breit kräuselig geflügeltem Stängel/50-180 cm/Blätter distelartig/Blüte 15-25 mm/frische bis feuchte, nährstoffreiche Böden/Waldnahe Staudenfluren/Juli-Sep

Carduus nutans Nickende Distel (Compositae) Pflanze mit weißfilzigem Stängel/30-100 cm/Blätter distelartig/Blüte 30-50 mm/± trockene, nährstoffreiche, kalkhaltige Böden/Ruderalpflanzen/Juli-Sep

Centaurea diffusa Sparrige Flockenblume (Compositae) Pflanze mit grüngrauen Blättern/10-60 cm/untere Blätter doppelt fiederteilig/Blüten mm/ trockene, nährstoffreiche Lockerböden/Ruderalpflanzen/Juli-Sep

Centaurea jacea Gemeine Flockenblume (Compositae) Behaarte Pflanze/30-120 cm/Blätter eilanzettlich bis lineal/Blüte 10-20 mm/± feuchte bis ± trockene, nährstoffreiche, tiefgründige Böden/Rasengesellschaften/Juni-Okt

Rot

Knollige Kratzdistel
Cirsium tuberosum
(Compositae)

Centaurea nigra Schwarze Flockenblume (Compositae) Behaarte Pflanze/20-70 cm/Blätter eilanzettlich bis lineal/Blüte 20-40 mm/± frische, mäßig nährstoffreiche, kalkarme Böden/Rasengesellschaften/Juli-Sep

Centaurea pseudophrygia Perücken-Flockenblume (Compositae) Behaarte Pflanze/20-100 cm/Blätter lanzettlich bis oval/Blüte 30-50 mm/frische, nährstoffreiche, kalkarme Böden/Rasengesellschaften/Aug-Sep

Centaurea scabiosa Skabiosen-Flockenblume (Compositae) Behaarte Pflanze/30-200 cm/Blätter fiederspaltig/Blüte 30-50 mm/mäßig trockene, ± kalkreiche, nicht zu schwere Böden/Rasengesellschaften/Juni-Okt

Centaurea stoebe Rispen-Flockenblume (Compositae) Grauhaarige Pflanze/30-120 cm/Blätter fiederteilig/trockene, ± kalkhaltige, relativ lockere Böden/Rasengesellschaften-Ruderalpflanzen/Juli-Sep

Cirsium acaule Stängellose Kratzdistel (Compositae) BehaartePflanze/5-20 cm/Blätter distelartig/Blüte 20-40 mm/mäßig trockene, mäßig nährstoffreiche, kalkhaltige Böden/Rasengesellschaften/Juli-Sep

Cirsium arvense Acker-Kratzdistel (Compositae) Distelartige Pflanze/60-120 cm/Blätter distelartig/Blüten 15-25 mm/frische bis ± trockene, nährstoffreiche, kalkarme oder kalkreiche Böden/Rasengesellschaften-Ruderalpflanzen/Juli-Sep

Cirsium eriophorum Wollige Kratzdistel (Compositae) Pflanze mit ungeflügeltem Stängel/50-150 cm/Blätter distelartig/Blüte 25-50 mm/± trockene, nährstoffreiche Böden/Ruderalpflanzen/Juli-Sep

Cirsium palustre Sumpf-Kratzdistel (Compositae) Pflanze mit stachelig kraus geflügeltem Stängel/30-200 cm/Blätter distelartig/Blüte 10-20 mm/Gebüsche/nasse bis ± feuchte, mäßig nährstoffreiche Böden/Rasengesellschaften-Ufervegetation-Waldnahe Staudenfluren/Juli-Sep

Cirsium rivulare Bach-Kratzdistel (Compositae) Pflanze mit wollig-filzigem Stängel/40-120 cm/Blätter distelartig/Blüte 20-35 mm/nasse, nährstoffreiche, ± kalkarme Böden/Rasengesellschaften/Juni-Juli

Cirsium tuberosum Knollige Kratzdistel (Compositae) Pflanze mit größtenteils glattem Stängel/50-150 cm/Blätter distelartig/Blüte 20-30 mm/± feuchte, ± kalkhaltige Böden/Rasengesellschaften/Juli-Aug

Cirsium vulgare Gemeine Kratzdistel (Compositae) Behaartes Kraut/Stängel geflügelt/Blätter grün/Blüten 20-40 mm/Blüten zu mehreren/Ruderalpflanzen-Waldnahe Staudenfluren/Mai-Okt

Eupatorium cannabinum Wasserdost (Compositae) Behaarte Pflanze/50-175 cm/Blätter meist handförmig 3-7teilig/Blüten 2-5 mm/sickerfrische bis feuchte, nährstoffreiche, bevorzugt kalkhaltige Lehm- und Tonböden/Waldnahe Staudenfluren/Juli-Sep

Jurinea cyanoides Silberscharte (Compositae) Weißfilzig Pflanze mit gefurchtem Stängel/25-70 cm/Blätter fiederschnittig/Blüte 15-18 mm/trockene, ± kalkhaltige Sandböden/Rasengesellschaften/Juli-Sep

Esels-Distel
Onopordum acanthium
(Compositae)

Knautia arvensis Acker-Witwenblume (Dipsacaceae) Behaarte Pflanze/25-100 cm/obere Stängelblätter leierförmig bis fiederteilig/Blütenköpfchen 2-4 cm/ nährstoffreiche Böden/Rasengesellschaften-Ruderalstandorte/Mai-Sep

Onopordum acanthium Esels-Distel (Compositae) Pflanze mit breit geflügeltem Stängel/30-200 cm/Blätter distelartig/Blüte 30-50 mm/mäßig trockene, nährstoffreiche Böden/Ruderalpflanzen/Juli-Sep

Petasites paradoxus Alpen-Pestwurz (Compositae) Pflanze zur Blütezeit nur mit Schuppenblättern/15-60 cm/Blätter dreieckig herzförmig/Blüten in 4-10 cm walzlicher Ähre/sickerfeuchte, kalkhaltige, meist feinerdereiche bis tonige Steinschutt- oder Kiesböden/Felsige Standorte/März-Mai

Populus tremula Zitterpappel (Salicaceae) Baum mit glatter Rinde/20-30 m/ Blätter rundlich bis breit eiförmig/Blüten in 8-10 cm langen Kätzchen/frische, nährstoffreiche, bevorzugt milde bis saure (Roh-) Böden/Gebüsche/Feb-Apr

Salix reticulata Netz-Weide (Salicaceae) Kleiner Strauch/10-30 cm/Blätter breit elliptisch bis fast kreisrund/Blüten in 15-35 mm langen Kätzchen/lange (7-8 Monate) schneebedeckte Böden, kalkliebend/Felsige Standorte/Juli-Aug

Sanguisorba officinalis Großer Wiesenknopf (Rosaceae) Pflanze mit grundständiger Blattrosette/20-150 cm/untere Blätter mit 3-8 Fiederpaaren/Blüten in 1-3 cm langen Blütenköpfchen/grund- und sickerfeuchte, ± nährstoff- und basenreiche, humose Böden, auch Torfböden/Rasengesellschaften/Juni-Sep

Saussurea alpina Echte Alpenscharte (Compositae) Grau behaarte Pflanze/ 5-40 cm/Blätter eiförmig-lanzettlich/Blüte 15-20 mm/frische, ± kalkarme Steinböden/Rasengesellschaften/Juli-Sep

Serratula tinctoria Färberscharte (Compositae) Unbehaarte Pflanze/10-100 cm/untere Blätter eiförmig/Blüte 15-20 mm/feuchte bis ± trockene, mäßig nährstoffreiche Böden/Eichenmischwälder-Rasengesellschaften/Juli-Sep

Trifolium alpestre Hügel-Klee (Fabaceae) Behaarte Pflanze/15-40 cm/Blätter 3zählig/Blütenköpfchen 15-30 mm lang/trockene Lehm-, Ton- + Sandböden/ Laubmischwälder-Rasengesellschaften-Waldnahe Staudenfluren/Juni-Aug

Trifolium arvense Hasen-Klee (Fabaceae) Behaarte Pflanze/5-40 cm/Blätter 3-zählig/Blütenköpfchen 1-2 cm lang + 1 cm dick/trockene, kalkarme Sand-, Kies- oder Steingrusböden/Rasengesellschaften/Mai-Juli

Trifolium fragiferum Erdbeer-Klee (Fabaceae) Niederliegende Pflanze/5-40 cm Blätter 3-zählig/Blütenköpfchen 7-20 mm lang/nährstoffreiche, kalk- und salzhaltige, tonige Böden/Rasengesellschaften-Salzstandorte/Juni-Sep

Trifolium hybridum Bastard-Klee (Fabaceae) Unbehaarte Pflanze/Blätter dreizählig/Blütenköpfchen 15-25 mm + lang gestielt/frische bis feuchte, nährstoffreiche Lehm- und Tonböden/Rasengesellschaften/Mai-Sep

Trifolium montanum Berg-Klee (Fabaceae) Behaarte Pflanze/15-40 cm/Blätter 3-zählig/Blütenköpfchen 1-2 cm lang, 10-15 mm dick, 1-7 cm lang gestielt/ kalkhaltige, humose Lehm- und Tonböden/Rasengesellschaften/Mai-Aug

Trifolium pratense Wiesen-Klee (Fabaceae) Behaarte Pflanze/10-60 cm/Blätter dreizählig/Blütenköpfchen 15-30 mm/frische, nährstoffreiche, tiefgründige Ton- und Lehmböden/Rasengesellschaften/Mai-Sep

Feld-Ehrenpreis

Veronica arvensis

(Scrophulariaceae)

4 Blütenblätter - Blätter nicht ganzrandig - Blätter nicht gegenständig

1A-Wälder und Gebüsche — ***Veronica hederifolia***
1B-Rasengesellschaften und Ruderalstandorte
  2A-Blüte mit 2 Staubblättern — ***Veronica arvensis***
  2B-Blüte mit 6 Staubblättern — ***Cakile maritima***
1C-Felsige Standorte — ***Veronica aphylla***

Cakile maritima Europäischer Meersenf (Cruciferae) Unbehaarte Pflanze/Blätter tief eingeschnitten/Blüten 10-28 mm/Schote ohne Einschnürungen/Ruderalstandorte/März-Sep

Veronica aphylla Blattloser Ehrenpreis (Scrophulariaceae) Zierliche Pflanze mit grundständigen Blättern/bis 6 cm/Blätter elliptisch bis rundlich/Blüten 6-8 mm/auf Kalk- und Dolomitgestein/Felsige Standorte/Juni-Aug

Veronica arvensis Feld-Ehrenpreis (Scrophulariaceae) Aufrechtes Kraut/Blätter gekerbt/Blüten einzeln/Blüten 2-3 mm/Fruchtstiel kürzer Kelch/Kapsel behaart/Griffel > 1 mm/Ruderalstandorte/Feb-Juni

Veronica hederifolia Efeu-Ehrenpreis (Scrophulariaceae) Pflanze mit fleischigen Blättern/Blätter breiter als lang und lang gestielt/Blüten 6-9 mm/ Gebüsche/Jan-März

Pfirsichblättrige Glockenblume
Campanula persicifolia
(Campanulaceae)

5 Blütenblätter

1A-Wälder und Gebüsche
2A-Stängel kantig
3A-Blätter lanzettlich/Blüten 10-20 mm *Campanula rapunculus*
3B-Blätter (herz-)eiförmig/Blüten 3-4 cm *Campanula trachelium*
2B-Stängel rund
3A-Blätter (herz-)eiförmig *Campanula bononiensis*
3B-Blätter linealisch bis lanzettlich
4A-Blüten 25-40 mm lang *Campanula persicifolia*
4B-Blüten 15-25 mm lang
5A-Blüten einzeln *Campanula scheuchzeri*
5B-Stängel vielblütig *Campanula sibirica*
1B-Rasengesellschaften und Ruderalstandorte
2A-Blätter grundständig *Geranium pratense*
2B-Blätter sitzend
3A-Blätter tief eingeschnitten *Knautia arvensis*
3B-Blätter nicht tief eingeschnitten
4A-Blütenblätter ausgebreitet *Anchusa arvensis*
4B-Blütenblätter glockenartig verwachsen
5A-Stängel kantig
6A-Blüten 10-20 mm *Campanula rapunculus*
6B-Blüten 20-30 mm *Campanula rapunculoides*
5B-Stängel rund
6A-Stängelblätter < 1 cm breit *Campanula scheuchzeri*
6B-Stängelblätter > 1 cm breit
7A-Kelchbuchten ohne Anhängsel *Campanula glomerata*
7B-Kelchbuchten mit Anhängseln *Campanula sibirica*
1C-Felsige Standorte
2A-Stängelblätter schmal *Campanula scheuchzeri*
2B-Stängelblätter eilanzettlich *Campanula cochleariifolia*

Wiesen-Storchschnabel
Geranium pratense
(Geraniaceae)

Anchusa arvensis Acker-Krummhals (Boraginaceae) Behaarte Pflanze/10-60 cm/Blätter lineal bis breit lanzettlich/Blüten 7-10 mm/mäßig frische, nährstoffreiche, meist kalkarme, bindige Sandböden/Ruderalpflanzen/Mai-Sep

Campanula bononiensis Filzige Glockenblume (Campanulaceae) Behaarte Pflanze/30-100 cm/untere Blätter schmal herzförmig/Blüten 1-2 cm/trockene, kalkreiche, nicht zu feinkörnige Böden/Waldnahe Staudenfluren/Juli-Okt

Campanula cochleariifolia Kleine Glockenblume (Campanulaceae) Dicht rasige Pflanze/5-15 cm/untere Blätter oval bis elliptisch/Blüten 12-18 mm/feuchte, kalkreiche Steinböden/Felsige Standorte/Juni-Sep

Campanula glomerata Geknäuelte Glockenblume (Campanulaceae) Behaarte Pflanze/5-90 cm/Blätter lanzettlich bis oval/Blüten 15-30 mm/frische, nährstoffreiche, kalkhaltige Böden/Rasengesellschaften-Ruderalstandorte/Juni-Sep

Campanula persicifolia Pfirsichblättrige Glockenblume (Campanulaceae) Fast kahle Pflanze/30-100 cm/untere Blätter verkehrt-eilänglich/Blüten 2-5 cm/mäßig trockene bis mäßig frische, meist kalkhaltige Mullböden/Eichenmischwälder-Waldnahe Staudenfluren/Juni-Sep

Campanula rapunculoides Acker-Glockenblume (Campanulaceae) Pflanze mit unterirdischen Ausläufern/20-80 cm/untere Blätter herzförmig/Blüten 2-3 cm mäßig trockene, nährstoffreiche, ± kalkhaltige/Böden/Ruderalpflanzen/Juni-Sep

Campanula rapunculus Rapunzel-Glockenblume (Campanulaceae) Pflanze mit rübenartig verdickter Wurzel/40-80 cm/Blätter schmal lineal/Blüten 10-20 mm/mäßig trockene, nährstoffreiche, kalkarme Böden/Rasengesellschaften-Ruderalstandorte-Waldnahe Staudenfluren/Mai-Aug

Campanula scheuchzeri Scheuchzers Glockenblume (Campanulaceae) Pflanze lockerrasig/5-60 cm/Blätter schmal lineal bis lanzettlich/Blüten 10-30 mm/frische, magere Böden/Felsige Standorte-Rasengesellschaften-Waldnahe Staudenfluren/Juni-Sep

Campanula sibirica Sibirische Glockenblume (Campanulaceae) Behaarte Pflanze/15-50 cm/Blätter schmal lanzettlich/Blüten 15-25 mm/trockene, kalkhaltige Böden/Rasengesellschaften-Waldnahe Staudenfluren/Mai-Aug

Campanula trachelium Nesselblättrige Glockenblume (Campanulaceae) Behaarte Pflanze/30-100 cm/untere Blätter eiförmig bis herzförmig/Blüten 3-4 cm/frische, nährstoffreiche Mullböden/Buchenwälder-Gebüsche/Juni-Sep

Geranium pratense Wiesen-Storchschnabel (Geraniaceae) Behaarte Pflanze mit tief eingeschnittenen Blättern/20-80 cm/Blätter sitzend/Blüten violett/5 Blütenblätter/Blüten 25-30 mm/frische, nährstoffreiche, meist kalkhaltige Ton- und Lehmböden/Rasengesellschaften/Juni-Aug

Knautia arvensis Acker-Witwenblume (Dipsacaceae) Behaarte Pflanze/25-100 cm/obere Stängelblätter leierförmig bis fiederteilig/Blüten in 2-4 cm großen Köpfchen/nährstoffreiche Böden/Rasengesellschaften-Ruderalstandorte/Mai-Sep

Blau

Blauer Eisenhut
Aconitum napellus
(Ranunculaceae)

<u>Mehr als 5 Blütenblätter</u>

1A-Wälder und Gebüsche	
2A-Blätter grundständig	***<u>Hepatica nobilis</u>***
2B-Blätter länglich bis lineal	***Jasione montana***
2C-Blätter herz- oder nierenförmig	
3A-Blüten in bis zu 20 cm langen Ähren	***Phyteuma spicatum***
3B-Blüten einzeln	***Homogyne alpina***
1B-Rasengesellschaften und Ruderalstandorte	
2A-Blätter distelartig	***<u>Eryngium maritimum</u>***
2B-Blätter herz- oder nierenförmig	
3A-Blüten in einer Ähre	
4A-Grundblätter herzförmig	***Phyteuma spicatum***
4B-Grundblätter nicht herzförmig	***<u>Phyteuma nigrum</u>***
3B-Blüten nicht in einer Ähre	***Homogyne alpina***
2C-Blätter teilweise gestielt	***Phyteuma orbiculare***
2D-Blätter schmal	
3A-Blätter mit welligem Rand	***Jasione montana***
3B-Blätter mit einzelnen feinen Zähnen	***Phyteuma hemisphaericum***
1E-Zwergstrauchheiden	***Jasione montana***

<u>Blüte in Dolden</u>

1A-Rasengesellschaften und Ruderalstandorte	***<u>Eryngium maritimum</u>***

<u>Blüten symmetrisch</u>

1A-Wälder und Gebüsche	
2A-Pflanze unbehaart	***<u>Aconitum napellus</u>***
2B-Pflanze oben drüsig klebrig behaart	***Aconitum paniculatum***
1B-Rasengesellschaften und Ruderalstandorte	
2A-Blüten mit Sporn	***Consolida regalis***
2B-Blüten ohne Sporn	
3A-Blätter oval	***Veronica verna***
3B-Blätter 3-7lappig	***Veronica triphyllos***

Leberblümchen
Hepatica nobilis
(Ranunculaceae)

Aconitum napellus Blauer Eisenhut (Ranunculaceae) Unbehaarte Pflanze/10-300 cm/Blätter handförmig 5-7teilig/Helm der Blüte so breit wie hoch/kalkhaltige Böden/Buchenwälder-Gebüsche/Juni-Okt

Aconitum paniculatum Rispiger Eisenhut (Ranunculaceae) Oben drüsig-klebrig behaarte Pflanze/60-150 cm/Blätter handförmig 5-7teilig/Helm der Blüte 2x so hoch wie breit/frische, nährstoffreiche, kalkhaltige Böden/Gebüsche-Ruderalpflanzen/Juli-Sep

Consolida regalis Feld-Rittersporn (Ranunculaceae) Flaumig behaartes Kraut mit gespornter Blüte/20-100 cm/Blätter fein geschlitzt/Blüten in 3-8blütigen Blütenständen/mäßig trockene bis frische, nährstoffreiche, kalkhaltige Böden/Ruderalpflanzen/Mai-Aug

Eryngium maritimum Strand-Distel (Apiaceae) Weiß bereifte Pflanze/15-60 cm/Blätter distelartig/Blütenstand kugelig und 15-30 mm/basenreiche, bewegte Sandböden/Rasengesellschaften/Juni-Okt

Hepatica nobilis Leberblümchen (Ranunculaceae) Behaarte Pflanze mit grundständigen Blättern/5-15 cm/Blätter 3lappig/Blüten 15-30 mm/frische bis mäßig trockene, nährstoffreiche, kalkhaltige Mullböden/Eichenmischwälder/März-Apr

Homogyne alpina Gewöhnlicher Alpenlattich (Compositae) Behaarte Pflanze/10-40 cm/Blätter nieren- bis herzförmig/Blüten 10-15 mm/humose und torfige, sandige Lehmböden/Kiefernwälder-Rasengesellschaften/Juni-Aug

Jasione montana Berg-Sandglöckchen (Campanulaceae) Behaarte Pflanze/5-50 cm/Blätter am Rand gewellt/Blüten 15-25 mm/trockene, kalkarme Böden/Kiefernwälder-Rasengesellschaften-Zwergstrauchheiden/Juni-Aug

Phyteuma hemisphaericum Halbkugelige Teufelskralle (Campanulaceae) Unbehaarte Pflanze/5-30 cm/Blätter lineal oder zungenförmig spatelig/Blüten 10-20 mm/frische, steinige, kalkarme Böden/Rasengesellschaften/Juli-Aug

Phyteuma nigrum Schwarze Teufelskralle (Campanulaceae) Stängel hohl/20-60 cm/Grundblätter herzförmig/Blüten in 4-10 cm langen Ähren/nährstoffreiche, kalkarme Mull- und Moderhumusböden/Rasengesellschaften/Mai-Juli

Phyteuma orbiculare Teufelskralle (Campanulaceae) Schwach behaarte Pflanze 10-50 cm/Grundblätter herz-eiförmig bis lanzettlich/Blüten 10-25 mm/frische, meist kalkhaltige Böden/Rasengesellschaften/Mai-Sep

Phyteuma spicatum Ährige Teufelskralle (Campanulaceae) Pflanze mit hohlem Stängel/30-80 cm/untere Blätter herzförmig und oft dunkel gefleckt/Blüten in bis zu 20 cm langen Ähren/frische, nährstoffreiche, lehmige Mullböden/Buchenwälder-Rasengesellschaften/Mai-Aug

Veronica triphyllos Finger-Ehrenpreis (Scrophulariaceae) Drüsig behaartes Kraut/5-20 cm/Blätter 3-7lappig/Blüten 3-4 mm/2 Staubblätter/nährstoffreiche, kalkarme, sandige Böden/Ruderalpflanzen/März-Mai

Veronica verna Frühlings-Ehrenpreis (Scrophulariaceae) Behaartes Kraut/3-15 cm/Blätter oval/Blüten 3 mm/2 Staubblätter/trockene, kalkarme Stein- bis Sandböden/Rasengesellschaften/Apr-Juni

Gemeine Wegwarte
Cichorium intybus
(Compositae)

Blüte löwenzahnartig

1A-Wälder und Gebüsche	
2A-Pflanze unbehaart	***Cicerbita plumieri***
2B-Pflanze behaart	
3A-Blätter unregelmäßig fiederteilig	***Cicerbita alpina***
3B-Blätter nieren- bis herzförmig	***Homogyne alpina***
1B-Rasengesellschaften und Ruderalstandorte	
2A-Blätter teilweise tief eingeschnitten	***Cichorium intybus***
2B-Blätter herz-nierenförmig	***Homogyne alpina***

Cicerbita alpina Alpen-Milchlattich (Compositae) Pflanze im oberen Teil braunrot drüsenborstig/60-130 cm/Blätter unregelmäßig fiederteilig-Endabschnitt 3eckig spießförmig/Blüten 20 mm/frische, nährstoffreiche, ± kalkhaltige Mullböden/Buchenwälder-Waldnahe Staudenfluren/Juli-Sep

Cicerbita plumieri Französischer Milchlattich (Compositae) Unbehaarte Pflanze/50-130 cm/Blätter unregelmäßig fiederteilig-Endabschnitt eilänglich/Blüten 20 mm/frische, nährstoffreiche, kalkarme Böden/Waldnahe Staudenfluren/Juli-Aug

Cichorium intybus Gemeine Wegwarte (Compositae) Pflanze mit Milchsaft/30-140 cm/Grundblätter fiederspaltig-Stängelblätter breit lanzettlich/Blüten 25-40 mm/frische bis ± trockene, nährstoffreiche Böden/Rasengesellschaften/Juni-Okt

Homogyne alpina Gewöhnlicher Alpenlattich (Compositae) Behaarte Pflanze/10-40 cm/Blätter nieren- bis herzförmig/Blüten 10-15 mm/frische bis feuchte, humose und torfige, sandige Lehmböden/Kiefernwälder-Rasengesellschaften/Juni-Aug

Strand-Distel
Eryngium maritimum
(Apiaceae)

Blüten anders

1A-Wälder und Gebüsche
  2A-Blätter länglich bis lineal — ***Jasione montana***
  2B-Zumindest untere Blätter herzförmig — ***Phyteuma spicatum***
1B-Rasengesellschaften und Ruderalstandorte
  2A-Blätter distelartig — ***Eryngium maritimum***
  2B-Blätter nicht distelartig
    3A-Blätter länglich bis lineal
      4A-Blätter am Rand wellig — ***Jasione montana***
      4B-Blätter am Rand nicht wellig — ***Centaurea cyanus***
    3B-Zumindest untere Blätter herzförmig — ***Phyteuma spicatum***
    3C-Obere Stängelblätter eingeschnitten — ***Knautia arvensis***

Centaurea cyanus Kornblume (Compositae) Weißfilzig behaarte Pflanze/30-80 cm/Stängel kantig/Blätter schmal lineal/Blüten 2-3 cm/nährstoffreiche, kalkarme Böden/Getreidefelder-Ruderalstandorte/Juni-Sep

Eryngium maritimum Strand-Distel (Apiaceae) Weiß bereifte Pflanze/15-60 cm/Blätter distelartig/Blütenstand kugelig und 15-30 mm/basenreiche, bewegte Sandböden/Rasengesellschaften/Juni-Okt

Jasione montana Berg-Sandglöckchen (Campanulaceae) Behaarte Pflanze/ 5-50 cm/Blätter am Rand gewellt/Blüten 15-25 mm/trockene, kalkarme, nicht zu feinkörnige Böden/Kiefernwälder-Rasengesellschaften-Zwergstrauchheiden/Juni-Aug

Knautia arvensis Acker-Witwenblume (Dipsacaceae) Behaarte Pflanze/25-100 cm/obere Stängelblätter leierförmig bis fiederteilig/Blüten in 2-4 cm großen Köpfchen/nährstoffreiche Böden/Rasengesellschaften-Ruderalstandorte/ Mai-Sep

Phyteuma spicatum Ährige Teufelskralle (Campanulaceae) Pflanze mit hohlem Stängel/30-80 cm/untere Blätter herzförmig und oft dunkel gefleckt/Blüten in bis zu 20 cm langen Ähren/frische, nährstoffreiche, lehmige Mullböden/ Buchenwälder-Rasengesellschaften/Mai-Aug

Breit-Wegerich
Plantago major
(Plantaginaceae)

Blüten klein

1A-Wälder und Gebüsche
  2A-Blätter gelappt — ***Quercus robur***
  2B-Blätter gezähnt — ***Carpinus betulus***
1B-Rasengesellschaften und Ruderalstandorte
  2A-Blattgrund herzförmig — ***Plantago major***
  2B-Blattgrund nicht herzförmig — ***Plantago intermedia***
1C-Moore nd Zwergstrauchheiden — ***Plantago intermedia***

Carpinus betulus Hainbuche (Corylaceae) Baum mit glatter Rinde und gedrehten Längswülsten im Stamm/8-25 m/Blätter elliptisch/Blüte in 5 cm langen walzenartiger Kätzchen/frische bis mäßig trockene, mäßig nährstoffreiche, mäßig saure, sandige und besonders lehmige Böden/Buchenwälder-Gebüsche/Apr-Mai

Plantago intermedia Breit-Wegerich (Plantaginaceae) Rosettenpflanze/bis 15 cm/Blätter mit parallel- oder bogennervigen Adern/Blüten in langen Ähren/ Blüten 3 mm/nährstoffreiche Lehm- und Tonböden/Moore-Rasengesellschaften/Juni-Okt

Plantago major Breit-Wegerich (Plantaginaceae) Rosettenpflanze bis 15 cm mit breiten Blättern/Blüten in langen Ähren/Blüten 3 mm/nährstoffreiche Lehm- und Tonböden/Rasengesellschaften-Ruderalpflanzen/Apr-Nov

Quercus robur Stiel-Eiche (Fagaceae) Baum mit tief gefurchter Borke/15-50 m Blätter oval mit rundlichen Lappen/Blüte in lockeren länglichen Ähren/± frische bis feuchte, tiefgründige Mull- und Moderböden/Gebüsche/Apr-Mai

2-4 Blütenblätter

1A-Wälder und Gebüsche
  2A-Blüten mit 2 Blütenblättern — ***Euphorbia serrulata***
  2B-Blüten mit 4 Blütenblättern
    3A-Blätter quirlig oder 5-zählig — ***Potentilla erecta***
    3B-Blätter fächerförmig — ***Alchemilla vulgaris***
    3C-Blätter 3-5zählig gefingert — ***Dentaria enneaphyllos***
    3D-Blätter fiederspaltig
      4A-Blüten mit vielen Staubblättern — ***Chelidonium majus***
      4B-Blüten mit 6 Staubblättern
        5A-Obere Stängelblätter fiederspaltig — ***Rorippa sylvestris***
        5B-Obere Stängelblätter nicht so — ***Rorippa amphibia***
    3B-Blätter anders
      4A-Blüten mit vielen Staubblättern — ***Chelidonium majus***
      4B-Blüten mit 6 Staubblättern
        5A-Untere Blätter fiederspaltig — ***Rorippa amphibia***
        5B-Blätter nicht so — ***Biscutella laevigata***
1B-Rasengesellschaften und Ruderalstandorte
  2A-Blätter grundständig
    3A-Blätter eingeschnitten/Segmente oval — ***Brassica nigra***
    3B-Blätter eingeschnitten/Segmente lineal — ***Diplotaxis tenuifolia***
  2B-Blätter quirlig oder 5-zählig — ***Potentilla erecta***
  2C-Blätter sitzend
    3A-Pflanze mit Nebenblättern
      4A-Blätter fächerartig rund — ***Alchemilla vulgaris***
      4B-Blätter nicht so — ***Aphanes microcarpa***
    3B-Pflanze ohne Nebenblätter
      4A-Blätter eingeschnitten
        5A-Blätter filigran eingeschnitten — ***Descurainia sophia***
        5B-Blätter nicht filigran eingeschnitten
          6A-Blattabschnitte dreieckig — ***Sisymbrium austriacum***
          6B-Blattabschnitte oval
            7A-Pflanze unten mit Blattrosette — ***Brassica nigra***
            7B-Pflanze unten ohne Blattrosette — ***Sinapis arvensis***
      4B-Blätter nicht eingeschnitten
        5A-Blätter teilweise stängelumfassend — ***Neslia paniculata***
        5B-Blätter nicht stängelumfassend
          6A-Stängel rund — ***Biscutella laevigata***
          6B-Stängel vierkantig — ***Erysimum cheiranthoides***

2D-Blätter gestielt
 3A-Pflanze mit Nebenblättern
  4A-Blätter fächerartig rund — ***Alchemilla vulgaris***
  4B-Blätter anders
   5A-Nebenblätter-Segmente 3eckig — ***Aphanes arvensis***
   5B-Nebenblätter-Segmente nicht 3eckig — ***Aphanes microcarpa***
 3B-Pflanze ohne Nebenblätter
  4A-Blätter eingeschnitten
   5A-Pflanze unten mit Blattrosette
    6A-Blattsegmente rundlich — ***Brassica nigra***
    6B-Blattsegmente spitz
     7A-Blüten- und Kelchblätter gleich — ***Rorippa palustris***
     7B-Blütenblätter > Kelchblätter — ***Sisymbrium loeselii***
   5B-Pflanze unten ohne Blattrosette
    6A-Blätter nur halb eingeschnitten — ***Sinapis arvensis***
    6B-Blätter tiefer eingeschnitten
     7A-Stängel kahl — ***Rorippa sylvestris***
     7B-Stängel behaart
      8A-Kelchblätter oben gehörnt — ***Sisymbrium altissimum***
      8B-Kelchblätter nicht gehörnt — ***Sisymbrium officinale***
  4B-Blätter nicht eingeschnitten — ***Oenothera biennis***
1C-Ufervegetation
 2A-Blätter nierenförmig — ***Chrysosplenium alternifolium***
 2B-Blätter tief eingeschnitten
  3A-Obere Blätter nur gezähnt — ***Rorippa amphibia***
  3B-Obere Blätter auch eingeschnitten — ***Rorippa sylvestris***
1D-Moore und Zwergstrauchheiden — ***Potentilla erecta***
1E-Felsige Standorte
 2A-Blätter tief eingeschnitten — ***Alchemilla alpina***
 2B-Blätter nicht tief eingeschnitten — ***Biscutella laevigata***
1F-Salzstandorte
 2A-Blüten mit 6 Staubblättern — ***Brassica oleracea***
 2B-Blüten mit vielen Staubblättern — ***Glaucium flavum***

Schöllkraut
Chelidonium majus
(Papaveraceae)

Alchemilla alpina Alpen-Frauenmantel (Rosaceae) Blattunterseite silbrigseidenhaarig/5-30 cm/Blätter 5-7zählig gefingert/Blüte 3 mm/Blütenstände dicht/ meist kalkarme Unterlagen/Felsige Standorte-Rasengesellschaften/Juni-Aug

Alchemilla vulgaris Gewöhnlicher Frauenmantel (Rosaceae) Behaarte Pflanze/ 3-80 cm/Blätter fächerförmig/Blüte 2-4 mm/Rasengesellschaften-Waldnahe Staudenfluren/Mai-Sep

Aphanes arvensis Acker-Frauenmantel (Rosaceae) Behaarte Pflanze/5-20 cm/ Blätter graugrün, dreilappig/Blüte 1-2 mm/frische, mäßig nährstoff- und basenreiche, kalkarme, oft sandige Lehmböden/Ruderalpflanzen/Mai-Sep

Aphanes microcarpa Kleinfrüchtiger Frauenmantel (Rosaceae) Behaart/1-15cm Blätter graugrün, dreilappig/Blüte bis 1 mm/basen- und kalkarme, wenig humose Sandböden/Ruderalpflanzen/Mai-Sep

Biscutella laevigata Brillenschötchen (Cruciferae) Behaarte Pflanze/15-30 cm/Blätter linear bis lanzettlich/Blüten 6-10 mm/kalkreiche Steinböden/ Felsige Standorte-Kiefernwälder-Rasengesellschaften/Apr-Sep

Brassica nigra Schwarzer Senf (Cruciferae) Grau behaartes Kraut/50-100 cm untere Blätter fiederteilig/Blüten 12-15 mm/nasse, nährstoff- und kalkreiche Böden/Ruderalpflanzen/Juni-Sep

Brassica oleracea Gemüse-Kohl (Cruciferae) Unbehaarte Pflanze mit dickem Stängel/40-120 cm/untere Blätter fiederteilig/Blüten 3-4 cm/frische, nährstoffreiche Böden/Salzstandorte/Mai-Sep

Chelidonium majus Schöllkraut (Papaveraceae) Pflanze mit orangefarbigem Milchsaft/30-70 cm/Blätter gefiedert/Blüten 15-25 mm/frische, beschattete, nährstoffreiche Lehmböden/Gebüsche-Waldnahe Staudenfluren/Mai-Sep

Chrysosplenium alternifolium Wechselblättriges Milzkraut (Saxifragaceae) Stängel dreikantig/15-20 cm/Blätter herz- bis nierenförmig/Blüten 2-3 mm/ 8 Staubblättern/nasse, nährstoffreiche Böden/Ufervegetation/Apr-Juni

Dentaria enneaphyllos Neunblättrige Zahnwurz (Cruciferae) Kahle Pflanze/ 20-30 cm/Blätter unterhalb des Blütenstandes quirlständig/Blüten 12-18 mm/frische, nährstoff- und kalkreiche Mullböden/Buchenwälder/Apr-Juli

Descurainia sophia Besen-Rauke (Cruciferae) Behaartes Kraut/20-150 cm/ Blätter fein doppelt bis 3x gefiedert/Blüten 3 mm/trockene bis mäßig frische, nährstoff- und oft kalkreiche, sandige Böden/Ruderalpflanzen/Mai-Juli

Diplotaxis tenuifolia Schmalblättriger Doppelsame (Cruciferae) Pflanze am Grund verholzt/30-80 cm/Blätter tief fiederteilig/Blüten 15-30 mm/trockene bis mäßig trockene, nährstoffreiche sandige Böden/Ruderalpflanzen/Mai-Sep

Erysimum cheiranthoides Acker-Schöterich (Cruciferae) Behaarte Pflanze mit 4-kantigem Stängel/15-120 cm/Blätter mit 3- bis 4-schenkeligen Haaren/ Blüten 5-6 mm/frische, nährstoffreiche Böden/Ruderalpflanzen/Mai-Sep

Euphorbia serrulata Steife Wolfsmilch (Euphorbiaceae) Unangenehm riechende Pflanze mit Milchsaft/15-50 cm/obere Blätter mit herzförmigem Grund/Blüten in meist 3-strahligen Scheindolden/feuchte, nährstoffreiche Tonböden/Waldnahe Staudenfluren/Juni-Aug

Gelber Hornmohn
Glaucium flavum
(Papaveraceae)

Glaucium flavum Gelber Hornmohn (Papaveraceae) Blaugrün bereifte Pflanze mit gelbem Milchsaft/30-70 cm/Blätter fiederteilig/Blüten 6-9 cm/nährstoffreiche, salzhaltige Sandböden/Salzstandorte/Juni-Juli

Neslia paniculata Finkensame (Cruciferae) Behaarte Pflanze/15-80 cm/obere Blätter stängelumfassend/Blüten mm/mäßig trockene, nährstoff und meist kalkreiche Böden/Ruderalpflanzen/Mai-Juli

Oenothera biennis Gewöhnliche Nachtkerze (Onagraceae) Behaarte Pflanze/10-200 cm/Blätter lanzettlich/Blüten 4-5 cm/trockene bis mäßig trockene, ± nährstoffreiche, steinige, kiesige oder sandige Lehmböden/Ruderalpflanzen/Juni-Sep

Potentilla erecta Aufrechtes Fingerkraut (Rosaceae) Behaarte Kriechpflanze/10-30 cm/Blätter meist 3-zählig/Blüten 7-11 mm/± frische, basenreiche und -arme Lehm- und Tonböden, auch auf Torf/Gebüsche-Rasengesellschaften-Waldnahe Staudenfluren-Zwergstrauchheiden/Mai-Aug

Rorippa amphibia Wasser-Sumpfkresse (Cruciferae) Niederliegende Pflanze mit Ausläufern und hohlem Stängel/40-120 cm/Blätter/Blüten 5-6 mm/nährstoffreiche Schlammböden/Gebüsche-Ufervegetation/Mai-Aug

Rorippa palustris Gewöhnliche Sumpfkresse (Cruciferae) Aufrechte Pflanze ohne Ausläufer/10-80 cm/untere Blätter fiederspaltig/Blüten 3 mm/frische bis nasse, nährstoffreiche, oft kalkarme Schlammböden/Ruderalpflanzen-Ufervegetation/Juni-Sep

Rorippa sylvestris Wilde Sumpfkresse (Cruciferae) Behaarte Pflanze mit kantigem Stängel und Ausläufern/15-60 cm/Blätter fiederspaltig/Blüten 5 mm nasse bis feuchte, nährstoffreiche, schwere Böden/Gebüsche-Ruderalpflanzen-Rasengesellschaften/Juni-Sep

Sinapis arvensis Acker-Senf (Cruciferae) Behaarte Pflanze/30-60 cm/untere Blätter leierförmig/Blüten 15-20 mm/mäßig trockene bis frische, nährstoffreiche, ± kalkhaltige Böden/Ruderalpflanzen/Juni-Sep

Sisymbrium altissimum Ungarische Rauke (Cruciferae) Unten rau behaarte Pflanze/30-100 cm/obere Blätter fiederteilig/Blüten 10-11 mm/mäßig trockene, nährstoffreiche, nicht zu feinkörnige Böden/Ruderalpflanzen/Mai-Juli

Sisymbrium austriacum Österreichische Rauke (Cruciferae) Pflanze mit einzelnem Stängel/30-60 cm/Blätter schrot-sägeförmig fiederspaltig/Blüten 7-10 mm/mäßig trockene, nährstoffreiche, nicht zu feinkörnige Böden/Ruderalpflanzen/Mai-Juni

Sisymbrium loeselii Loesels Rauke (Cruciferae) Behaarte Pflanze/30-60 cm/Blätter schrot-sägeförmig fiederspaltig/Blüten 4-6 mm/mäßig trockene, nährstoffreiche, relativ rohe Böden/Ruderalpflanzen/Mai-Aug

Sisymbrium officinale Weg-Rauke (Cruciferae) Pflanze mit einzelnem Stängel/30-60 cm/Blätter fiederspaltig/Blüten 3 mm/mäßig trockene bis frische, rohe Böden/Ruderalpflanzen/Mai-Okt

5 Blütenblätter

1A-Wälder und Gebüsche	
2A-Baum	
3A-Blätter herzförmig	
4A-Blattunterseite rot oder gelb behaart	***Tilia cordata***
4B-Blattunterseite weiß behaart	***Tilia platyphyllos***
3B-Blätter nicht so oder fehlend	***Acer --> S. 603***
2B-Strauch	
3A-Zweige mit Stacheln	***Ribes uva-crispa***
3B-Zweige ohne Stacheln	***Ribes petraeum***
2C-Krautige Pflanze	***Anthriscus sylvestris***
3A-Blätter mit Nebenblättern	
4A-Blätter grundständig	***Potentilla aurea***
4B-Blätter gestielt	***Geum urbanum***
4C-Blätter sitzend	***Geum urbanum***
4D-Blätter gefiedert	
5A-Blätter unbehaart	***Aruncus dioicus***
5B-Blätter behaart	
6A-Blüten zu 1-3	***Geum urbanum***
6B-Blüten in vielblütigem Blütenstand	***Agrimonia eupatoria***
3B-Blätter ohne Nebenblätter	
4A-Blätter grundständig	
5A-Blüten einzeln	***Ranunculus ficaria***
5B-Blüten in mehrblütigen Blütenständen	***Primula veris***
4B-Blätter gestielt	
5A-Blätter herzförmig	***Caltha palustris***
5B-Blätter 3-5lappig	***Ranunculus lanuginosus***
4C-Blätter sitzend	***Verbascum lychnitis***
4D-Blätter gefiedert	***Aruncus dioicus***
1B-Rasengesellschaften und Ruderalstandorte	
2A-Blätter dreizählig	***Fragaria viridis***
2B-Blätter nicht dreizählig	
3A-Blätter mit Nebenblättern	
4A-Blütenstand vielblütig	
5A-Stängel abstehend behaart	***Agrimonia eupatoria***
5B-Stängel nicht abstehend behaart	***Filipendula ulmaria***
4B-Blüten einzeln oder zu wenigen	
5A-Griffel der Blüte meist seitenständig	
6A-Blätter unterbrochen gefiedert	***Potentilla anserina***
6B-Blätter gefingert oder 3-zählig	
7A-Stängel unverzweigt	***Potentilla reptans***
7B-Stängel verzweigt	
8A-Blattunterseite nur Nerven behaart	***Potentilla aurea***

8B-Blattunterseite weiß- bisgraufilzig
9A-Nebenblätter schmal
10A-Haare überwiegend einfach *Potentilla neumanniana*
10B-Haare fast nur sternförmig *Potentilla arenaria*
9B-Nebenblätter eiförmig
10A-Blätter lang zottig behaart *Potentilla argentea*
10B-Blätter lang zottig behaart
11A-Fiederblätter gezähnt *Potentilla heptaphylla*
11B-Blattfiedern eingeschnitten *Potentilla crantzii*
5B-Griffel der Blüte nicht seitenständig
6A-Stängel meist 1-blütig *Geum montanum*
6B-Stängel mehrblütig *Geum rivale*
3B-Blätter ohne Nebenblätter
4A-Blüten mit 5 Staubblättern *Primula veris*
4B-Staubblätter der Blüte verwachsen
5A-Blätter sitzend *Hyoscyamus niger*
5B-Blätter gestielt *Lycopersicon esculentum*
4B-Blüten mit vielen Staubblättern
5A-Blattränder gelappt *Ranunculus sceleratus*
5B-Blattränder gezähnt
6A-Grundblätter teilweise eingeschnitten *Ranunculus auricomus*
6B-Grundblätter tief eingeschnitten
7A-Endfieder der Grundblätter sitzend *Ranunculus acris*
7B-Endfieder der Grundblätter gestielt
8A-Kelch anliegend/Stängel gefurcht *Ranunculus repens*
8B-Kelch zurückgeschlagen *Ranunculus bulbosus*
1C-Ufervegetation
2A-Blüten < 1 cm/Blätter mit Nebenblättern *Filipendula ulmaria*
2B-Blüten 2-4 cm/Blätter ohne Nebenblätter *Ranunculus lingua*
1D-Moore und Zwergstrauchheiden *Potentilla supina*
1E-Felsige Standorte
2A-Blätter mit Nebenblättern
3A-Nebenblätter breit eiförmig *Potentilla aurea*
3B-Nebenblätter lang und schmal *Potentilla neumanniana*
2B-Blätter ohne Nebenblätter
3A-Blätter nicht tief eingeschnitten
4A-Blütenstängel ohne Blätter *Primula auricula*
4B-Blütenstängel mit Blättern
5A-Blätter 3-lapppig *Saxifraga aphylla*
5B-Blätter linealisch *Saxifraga bryoides*
3B-Blätter tief eingeschnitten
4A-Pflanze ohne grundständige Blattrosette *Ranunculus montanus*
4B-Pflanze mit grundständiger Blattrosette *Geum reptans*
1F-Salzstandorte *Potentilla anserina*

Sumpf-Dotterblume
Caltha palustris
(Ranunculaceae)

Acer negundo Eschen-Ahorn (Aceraceae) Baum mit gelbgrauer Borke/3-20 m/ Blätter mit 3-5 Fiederblättern/Blüte vor den Blättern erscheinend/mäßig trockene bis feuchte, nährstoffreiche Böden/Gebüsche/März-Apr

Agrimonia eupatoria Gewöhnlicher Odermennig (Rosaceae) Behaarte Pflanze/ 15-150 cm/Blätter gefiedert mit 3-6 großen und dazwischen mit 2-3 kleinen Fiederpaaren/Blüten 5-12 mm/meist frische, ± nährstoffreiche, meist kalkhaltige Böden/Ruderalpflanzen-Waldnahe Staudenfluren/Juni-Aug

Anthriscus sylvestris Wiesenkerbel (Apiaceae) Behaarte Pflanze/30-210 cm/ Blätter 3x gefiedert/Blüten 3-4 mm in 4-15strahligen Dolden/frische, nährstoffreiche, humose Ton- und Lehmböden/Gebüsche/Apr-Aug

Aruncus dioicus Wald-Geißbart (Rosaceae) Pflanze 80-200 cm/Blätter 2-5fach gefiedert mit ovalen Fiederblättchen/Blüten 5 mm in 20-30cm langen Blütenständen/sickerfrische, nährstoff- und basenreiche, bevorzugt kalkarme, meist steinige Mullböden/Buchenwälder/Mai-Juli

Caltha palustris Sumpf-Dotterblume (Ranunculaceae) Unbehaarte Pflanze mit hohlem Stängel/15-50 cm/Grundblätter herz- bis nierenförmig/Blüten 15-50 mm/nasse, nährstoffreiche Gleyböden/Buchenwälder-Rasengesellschaften-Waldnahe Staudenfluren/März-Juni

Filipendula ulmaria Echtes Mädesüß (Rosaceae) Pflanze mit kantigem Stängel/60-200 cm/Blätter mit 2-5 großen Fiedern/Blütenstand vielblütig/ Blüten 4-8 mm/nasse bis feuchte, nährstoffreiche Sumpfhumusböden oder auf Niedermoor/Buchenwälder-Gebüsche-Rasengesellschaften-Ufervegetation-Waldnahe Staudenfluren/Juni-Aug

Fragaria viridis Knackelbeere (Rosaceae) Behaarte Pflanze mit oberirdischen Ausläufern/5-30 cm/Blätter dreizählig/Blüten 18-25 mm/trockene, basenreiche, Löss- und Lehmböden/Rasengesellschaften/Mai-Juni

Geum montanum Berg-Nelkenwurz (Rosaceae) Behaarte Pflanze/5-30 cm/ Rosettenblätter 9-21zählig gefiedert/Blüten 25-40 mm/mäßig trockene bis frische, ± basenarme (kalkfreie), Lehmböden/Rasengesellschaften/Mai-Aug

Geum reptans Kriechende Nelkenwurz (Rosaceae) Behaarte Pflanze/5-30 cm/ Rosettenblätter 13-19zählig gefiedert/Blüten 25-40 mm/meist kalkmeidend (in den Südalpen auf Dolomit)/Felsige Standorte/Juli-Aug

Geum rivale Bach-Nelkenwurz (Rosaceae) Behaarte Pflanze/10-100 cm/ Grundblätter 5-13zählig gefiedert/Blüten 8-15 mm/sickernasse, zuweilen zeitweise überflutete, nährstoff- und basenreiche Lehm-, Ton- und Niedermoorböden/Rasengesellschaften/Apr-Juni

Geum urbanum Echte Nelkenwurz (Rosaceae) Behaarte Pflanze/20-100 cm/ Grundblätter 5-7zählig gefiedert/Blüten 8-15 mm/frische, nährstoffreiche, humose Böden/Waldnahe Staudenfluren/Mai-Okt

Hyoscyamus niger Bilsenkraut (Solanaceae) Pflanze mit zottig-klebrig behaartem Stängel/20-80 cm/Blätter länglich eiförmig-obere halb stängelumfassend/Blüten 2-3 cm/mäßig frische bis mäßig trockene, nährstoffreiche Böden/Ruderalpflanzen/Juni-Okt

Gelb

Gänse-Fingerkraut
Potentilla anserina
(Rosaceae)

Lycopersicon esculentum Tomate (Solanaceae) Behaarte Pflanze/40-150 cm/ Blätter unterbrochen gefiedert/Blüten 15-25 mm/frische, nährstoffreiche Lockerböden/Ruderalpflanzen/Juli-Okt

Potentilla anserina Gänse-Fingerkraut (Rosaceae) Behaarte Pflanze/15-50 cm/ Blätter 7-12paarig gefiedert/Blüten 15-20 mm/frische, nährstoff- und basenreiche Lehm- und Tonböden/Rasengesellschaften-Salzstandorte/Mai-Aug

Potentilla arenaria Sand-Fingerkraut (Rosaceae) Behaarte Pflanze/5-15 cm/ Grundblätter meist 5-zählig/Blüten 10-16 mm/trockene, basenreiche, meist kalkhaltige Löss- und Lehmböden, auch Sand- und Steingrusböden/ Rasengesellschaften/März-Mai

Potentilla argentea Silber-Fingerkraut (Rosaceae) Weißfilzig behaarte Pflanze/ 15-30 cm/Blätter meist 5-zählig gefingert/Blüten 10-12 mm/trockene, mäßig nährstoff- und basenreiche Sand- oder Steingrusböden/Rasengesellschaften-Ruderalpflanzen/Juni-Aug

Potentilla aurea Gold-Fingerkraut (Rosaceae) Behaarte Pflanze/5-20 cm/ Grundblätter 5-zählig gefingert/Bluten 10-25 mm/mäßig trockene, ± nährstoff- und basenarme, humose Lehmböden/Felsige Standorte-Rasengesellschaften-Waldnahe Staudenfluren/Apr-Sep

Potentilla clusiana Tauern-Fingerkraut (Rosaceae) Behaarte Pflanze/5-10 cm/ Grundblätter 5zählig gefingert/Blüten 20-22 mm/auf Kalk und Dolomit/ Felsige Standorte/Juni-Aug

Potentilla crantzii Zottiges Fingerkraut (Rosaceae) Behaarte Pflanze/ 5-15 cm/ Grundblätter 3-5zählig gefingert/Blüten 10-25 mm/frische, kalkhaltige, steinige Lehm- und Tonböden/Rasengesellschaften/Juni-Sep

Potentilla heptaphylla Rötliches Fingerkraut (Rosaceae) Behaarte Pflanze/ 5-15 cm/Grundblätter 5-9zählig gefingert/Blüten 10-15 mm/trockene, basenreiche, humose Löss- und Lehmböden, auch Sandböden/Rasengesellschaften/Apr-Juni

Potentilla neumanniana Frühlings-Fingerkraut (Rosaceae) Behaarte Pflanze/ 5-15 cm/Grundblätter 5-zählig gefingert/Blüten 10-20 mm/trockene, basenreiche, kalkreiche und kalkfreie, magere Löss- und Lehmböden, auch Sand- und Steingrusböden/Felsige Standorte-Rasengesellschaften/März-Mai

Potentilla reptans Kriechendes Fingerkraut (Rosaceae) Behaarte Pflanze/10-20 cm/Grundblätter 5-zählig/Blüten 17-25 mm/± feuchte, nährstoffreiche, Lehm- und Tonböden/Rasengesellschaften/Juni-Aug

Potentilla supina Niedriges Fingerkraut (Rosaceae) Behaarte Pflanze/10-40 cm Grund- und untere Stängelblätter mit 2-7 Fiederpaaren/Blüten 6-8 mm/ feuchte, basen- und nährstoffreiche, kalkarme, sandige oder schlammige Böden/Moore/Apr-Sep

Primula auricula Aurikel (Primulaceae) Pflanze mit grundständigen Blättern/ 5-25 cm/Blätter dickfleischig/Blüten 15-25 mm/frische, ± kalkhaltige Stein- oder Torfböden/Felsige Standorte/Apr-Juni

Gift-Hahnenfuß
Ranunculus sceleratus
(Ranunculaceae)

Primula elatior Wald-Schlüsselblume (Primulaceae) Behaarte Pflanze/10-30 cm/Blätter grundständig/Blüten 9-15 mm/Mullböden/Laubwälder-Gebüsche-Rasengesellschaften/März-Mai

Primula veris Echte Schlüsselblume (Primulaceae) Behaarte Pflanze/10-30 cm/ Blätter runzelig und beidseits behaart/Blüten 9-15 mm/frische Mullböden/ Buchenwälder-Eichenmischwälder-Gebüsche-Rasengesellschaften/Apr-Mai

Ranunculus acris Scharfer Hahnenfuß (Ranunculaceae) Pflanze/15-100 cm/ Blätter 3-5teilig/Blüten 15-25 mm/frische bis feuchte, nährstoffreiche Böden/Rasengesellschaften/Mai-Okt

Ranunculus auricomus Gold-Hahnenfuß (Ranunculaceae) Behaarte Pflanze/ 10-50 cm/Grundblätter rundlich nierenförmig/Blüten 15-25 mm/frische, nährstoffreiche, ± kalkhaltige Böden/Rasengesellschaften/Apr-Juni

Ranunculus bulbosus Knolliger Hahnenfuß (Ranunculaceae) Behaarte Pflanze/15-45 cm/Blätter tief 3-5spaltig/Blüten 20-30 mm/mäßig trockene bis mäßig frische, nährstoffreiche Lehmböden/Rasengesellschaften/Mai-Aug

Ranunculus ficaria Scharbockskraut (Ranunculaceae) Unbehaarte Pflanze/ 5-20 cm/Blätter herzförmig/Blüten 20-30 mm/feuchte, nährstoffreiche Mullböden/Buchenwälder/März-Mai

Ranunculus lanuginosus Wolliger Hahnenfuß (Ranunculaceae) Behaarte Pflanze/20-100 cm/Grundblätter 5-spaltig/Blüten 20-30 mm/frische bis feuchte, nährstoff- und kalkreiche Mullböden/Buchenwälder/Mai-Juli

Ranunculus lingua Großer Hahnenfuß (Ranunculaceae) Pflanze/50-150 cm/ Blätter schmal-lanzettlich/Blüten 30-50 mm/kalkarme Schlammböden/ Ufervegetation/Juni-Aug

Ranunculus montanus Berg-Hahnenfuß (Ranunculaceae) Pflanze mit glänzenden Blättern/15-30 cm/Blätter tief 3-5spaltig/Blüten 10-30 mm/ frische, nährstoffreiche, kalkhaltige Lehmböden/Felsige Standorte/Apr-Aug

Ranunculus polyanthemos Vielblütiger Hahnenfuß (Ranunculaceae) Behaarte Pflanze/20-100 cm/Blätter tief 3-5spaltig/Blüten 18-25 mm/± trockene, mäßig nährstoffreiche, oft kalkfreie Böden/Rasengesellschaften/Mai-Juli

Ranunculus repens Kriechender Hahnenfuß (Ranunculaceae) Pflanze mit Ausläufern/15-40 cm/Blätter dreizählig/Blüten 2-3 cm/frische, nährstoffreiche, schwere Böden/Rasengesellschaften-Ufervegetation/Mai-Aug

Ranunculus sceleratus Gift-Hahnenfuß (Ranunculaceae) Pflanze mit hohlem Stängel/20-100 cm/Blätter handförmig 3- bis 5-teilig/Blüten 5-10 mm/nasse, nährstoffreiche Schlammböden/Ruderalpflanzen/ Juni-Sep

Ribes petraeum Felsen-Johannisbeere (Grossulariaceae) Strauch/100-200 cm/ Blätter herzförmig 3- oder 5-lappig/Blüte 4-5 mm in 20- oder mehrblütigen Blütenständen/frische, nährstoffreiche, kalkarme Mullböden/Gebüsche/ Mai-Juni

Ribes rubrum Rote Johannisbeere (Grossulariaceae) Strauch/80-200 cm/Blätter herzförmig 3- oder 5-lappig/Blüte 5 mm/Blütenstände 20-blütig/nasse bis feuchte, nährstoffreiche Mull- und Gleyböden/Buchenwälder/Apr-Mai

Mehlige Königskerze
Verbascum lychnitis
(Scrophulariaceae)

Ribes uva-crispa Stachelbeere (Grossulariaceae) Behaarter Strauch mit Stacheln/60-120 cm/Blätter 3- oder 5-lappig/Blüten in Gruppen von 1-3/ frische, nährstoffreiche Böden/Buchenwälder/Apr-Mai

Saxifraga aphylla Blattloser Steinbrech (Saxifragaceae) Pflanze in zu lockeren Rasen zusammenschließenden Rosetten/1-4 cm/Blätter meist dreilappig/ frische bis mäßig trockene, kalkreiche, ± bewegte Steinböden/Felsige Standorte/Juli-Sep

Saxifraga bryoides Moos-Steinbrech (Saxifragaceae) Polsterpflanze/1-8 cm/ Blätter lineal-lanzettlich/Blütenblätter 2-3x so lang wie die Kelchblätter/ frische bis nasse, kalkarme Steinböden/Felsige Standorte/Juli-Aug

Tilia cordata Winter-Linde (Tiliaceae) Baum mit dicht längsrissiger Borke/ 10-25 m/Blätter herzförmig und unterseits in den Nervenwinkeln rostrot oder gelblich behaart/Blüten 8-16 mm/frische bis ± trockene Böden/Buchenwälder/Juni-Juli

Tilia platyphyllos Sommer-Linde (Tiliaceae) Baum mit dicht längsrissiger Borke/15-40 m/Blätter herzförmig und unterseits in den Nervenwinkeln büschelig weißbärtig/frische, nährstoffreiche, auch bewegte Böden/ Buchenwälder/Juni

Verbascum lychnitis Mehlige Königskerze (Scrophulariaceae) Pflanze mit oberwärts kantigem Stängel/60-150 cm/Blätter unterseits graufilzig/Blüten 10-18 mm/mäßig trockene, nährstoffreiche, meist kalkhaltige Böden/ Waldnahe Staudenfluren/Juni-Sep

Außerdem (s. S. 603)

Acer negundo Eschen-Ahorn (Aceraceae) Baum mit gelbgrauer Borke/3-20 m/ Blätter mit 3-5 Fiederblättern/Blüte vor den Blättern erscheinend/mäßig trockene bis feuchte, nährstoffreiche Böden/Gebüsche/März-Apr

Acer platanoides Spitz-Ahorn (Aceraceae) Baum mit 10-15 cm großen Blättern/10-30 m/Blätter 5-7lappig/Blüten 7-8 mm/frische bis feuchte, nährstoffreiche, häufig kalkhaltige, lockere Böden/Buchenwälder/Apr-Mai

Acer pseudoplatanus Berg-Ahorn (Aceraceae) Baum mit 10-25 cm großen Bättern/8-40 m/Blätter5lappig/Blüten 6-7 mm/mäßig frische bis feuchte, nährstoffreiche, oft kalkhaltige, steinige bis felsige, feinerdereiche Lehmböden in luftfeuchten Lagen/Buchenwälder/Apr-Mai

Frühlings-Adonisröschen
Adonis vernalis
(Ranunculaceae)

Mehr als 5 Blütenblätter

1A-Wälder und Gebüsche
  2A-Stacheliger Strauch — ***Berberis vulgaris***
  2B-Krautige Pflanze
    3A-Blätter fädig eingeschnitten — ***Adonis vernalis***
    3B-Blätter handförmig eingeschnitten — ***Anemone ranunculoides***
    3C-Blätter alle oder teilweise herzförmig
      4A-Blätter grundständig — ***Ranunculus ficaria***
      4B-Blätter nicht grundständig — ***Phyteuma spicatum***
    3C-Blätter anders
      4A-Blüten ± hängend — ***Thalictrum minus***
      4B-Blüten ± aufrecht — ***Thalictrum flavum***
1B-Rasengesellschaften und Ruderalstandorte
  2A-Blätter fädig
    3A-Blüten bis 3 cm groß — ***Adonis aestivalis***
    3B-Blüten 4-8 cm — ***Adonis vernalis***
  2B-Blätter sitzend — ***Phyteuma spicatum***
  2C-Blätter gestielt
    3A-Blätter handförmig eingeschnitten — ***Trollius europaeus***
    3B-Blätter nicht handförmig eingeschnitten — ***Phyteuma spicatum***
    3C-Blätter anders
      4A-Blüten ± hängend — ***Thalictrum minus***
      4B-Blüten ± aufrecht — ***Thalictrum flavum***
1C-Felsige Standorte — ***Geum reptans***

Trollblume
Trollius europaeus
(Ranunculaceae)

Adonis aestivalis Sommer-Adonisröschen (Ranunculaceae) Kraut/20-60 cm/ Blätter filigran eingeschnitten/Blüten 25-40 mm mit 8 oder mehr Blütenblättern/(mäßig) trockene, nährstoff- und kalkreiche Böden/Ruderalpflanzen/ Mai-Juli

Adonis vernalis Frühlings-Adonisröschen (Ranunculaceae) Unbehaarte Pflanze/ 10-40 cm/Blätter 2-3x fiederteilig/Blüten 3-7 cm/± trockene, meist kalkhaltige Böden/Rasengesellschaften-Waldnahe Staudenfluren/Apr-Mai

Anemone ranunculoides Gelbes Windröschen (Ranunculaceae) Behaarte Pflanze/10-25 cm/Blätter fingerförmig tief eingeschnitten/Blüten 15-20 mm/ frische, nährstoffreiche Mullböden, vorwiegend auf Kalk und Lehm/ Buchenwälder/März-Mai

Berberis vulgaris Gewöhnlicher Sauerdorn (Berberidaceae) Stacheliger Strauch mit scharf stachelig gezähnten Blättern/1-3 m/Blätter länglich eiförmig/ Blüten 6-8 mm mit 6 Staubblättern/basenreiche, tiefgründige Böden/ Gebüsche/Mai-Juni

Geum reptans Kriechende Nelkenwurz (Rosaceae) Behaarte Pflanze/5-30 cm/ Rosettenblätter 13-19zählig gefiedert/Blüten 25-40 mm/frische, ± basenreiche Grob- bis Feinschuttböden/Felsige Standorte/Juli-Aug

Phyteuma spicatum Ährige Teufelskralle (Campanulaceae) Pflanze mit hohlem Stängel/30-80 cm/untere Blätter herzförmig und oft dunkel gefleckt/Blüten in 4-10 cm langen Ähren/frische, nährstoffreiche, lehmige Mullböden/ Buchenwälder-Rasengesellschaften/Mai-Aug

Ranunculus ficaria Scharbockskraut (Ranunculaceae) Unbehaarte Pflanze/ 5-20 cm/Blätter herzförmig/Blüten 20-30 mm/feuchte, nährstoffreiche Mullböden/Buchenwälder/März-Mai

Thalictrum flavum Gelbe Wiesenraute (Ranunculaceae) Fast unbehaarte Pflanze/50-120 cm/Blätter 2-3x gefiedert/Blüten 4-8 mm mit vielen keulig verdickten Staubblättern/± nasse, nährstoffreiche Böden/Rasengesellschaften-Waldnahe Staudenfluren/Juni-Aug

Thalictrum minus Kleine Wiesenraute (Ranunculaceae) Pflanze mit gefurchtem Stängel/20-150 cm/Blätter 3-5x gefiedert/Blüten mm/auf Kalk/Gebüsche-Rasengesellschaften/Mai-Juli

Trollius europaeus Trollblume (Ranunculaceae) Unbehaarte Pflanze/30-60 cm/ Blätter handförmig geteilt/Blüten 3-5 cm/feuchte bis nasse, ± nährstoffreiche, schwere Böden/Rasengesellschaften/Mai-Juli

Pastinak
Pastinaca sativa
(Apiaceae)

Blüte doldenartig

1A-Wälder und Gebüsche	
2A-3-8 Hüllchenblättern/Dolde 3-15strahlig	***Meum athamanticum***
2B-Hüllchenblätter zahlreich/Dolde>15strahlig	
3A-Stängel kantig gefurcht und steifborstig	***Heracleum sphondylium***
3B-Stängel rund und kahl	
4A-Stängel hohl	***Angelica archangelica***
4B-Stängel markig	***Peucedanum officinale***
1B-Rasengesellschaften und Ruderalstandorte	
2A-Dolden mit verzweigten Hüllblättern	***Daucus carota***
2B-Hüllblätter der Dolden einfach oder fehlend	
3A-Dolde mit zahlreichen Hüllchenblättern	
4A-Blätter filigran/Stängel rund und kahl	***Peucedanum officinale***
4B-Blätter eingeschnitten/nicht gezähnt	***Silaum silaus***
4C-Blätter gezähnt/Stängel kantig	***Heracleum sphondylium***
3B-Ohne oder nur wenige Hüllchenblätter	
4A-Blätter filigran eingeschnitten	
5A-Stängel glatt	***Foeniculum vulgare***
5B-Stängel kantig gerieft	***Meum athamanticum***
4B-Blätter nicht filigran eingeschnitten	
5A-Stängel kantig mit rauen Borsten	***Pastinaca sativa***
5B-Stängel stielrund und kahl	***Pimpinella saxifraga***
1C-Felsige Standorte	***Pimpinella saxifraga***

Bärwurz
Meum athamanticum
(Apiaceae)

Angelica archangelica Echte Engelwurz (Apiaceae) Pflanze mit hohlem Stängel bis 300 cm groß/Blätter 2-3fach gefiedert/Dolden 20-40strahlig/ Blüten 3-4 mm/feuchte Ufer und Gebüsche der Küstenregion/Waldnahe Staudenfluren/Juni-Aug

Daucus carota Wilde Möhre (Apiaceae) Behaarte Pflanze/20-120 cm/Blätter 2-4fach gefiedert/Dolden in der Mitte mit andersartiger Mittelblüte/Blüten 2-3 mm/mäßig trockene bis frische, ± nährstoffreiche, humose oder rohe Ton- und Lehmböden/Rasengesellschaften-Ruderalpflanzen/Mai-Sep

Foeniculum vulgare Fenchel (Apiaceae) Unbehaarte Pflanze/Stängel glatt/ Blätter 3-5x gefiedert mit fädlichen Abschnitten/Blüten in 4-25strahligen Dolden/ohne Hüll- und Hüllchenblätter/nährstoffreiche Lehm- und Lössböden/Rasengesellschaften-Ruderalstandorte/Juli-Okt

Heracleum sphondylium Wiesen-Bärenklau (Apiaceae) Behaarte Pflanze mit kantig gefurchtem Stängel/30-250 cm/Blätter gefiedert mit 3-7 Abschnitten/ Blüten in 15-45strahligen Dolden/Einzelblüten 5-10 mm/sickerfeuchte bis frische, nährstoffreiche, tiefgründige Böden/Rasengesellschaften-Waldnahe Staudenfluren/Juni-Okt

Meum athamanticum Bärwurz (Apiaceae) Unbehaarte Pflanze bis 60 cm groß/ Blätter vielfach fiederschnittig/Dolden 3-15strahlig/Blüten 2-4 mm/frische bis mäßig trockene, nährstoffarme Böden/Rasengesellschaften/Mai-Aug

Pastinaca sativa Pastinak (Apiaceae) Behaarte Pflanze/30-250 cm/Blätter gefiedert mit 5-15 Fiederblättern/Dolden 9-20strahlig/Blüten 1-2 mm/frische, nährstoffreiche, bevorzugt kalkhaltige, humose Böden/Rasengesellschaften/ Juli-Aug

Peucedanum officinale Echter Haarstrang (Apiaceae) Pflanze/50-200 cm/ Blätter mehrfach 3-zählig gefiedert/Dolden 10-40strahlig/Blüten 2 mm/ wechseltrockene, meist kalkreiche, ± humose Ton- und Lehmböden/ Eichenmischwälder-Rasengesellschaften/Juli-Sep

Pimpinella saxifraga Kleine Bibernelle (Apiaceae) Pflanze mit rundem oder fein gerilltem Stängel/10-65 cm/Grundblätter gefiedert mit 3-7 Fiederpaaren/ Dolden 6-25strahlig/Blüten 1-2 mm/mäßig trockene, meist kalkhaltige, Lehm- und Lössböden/Felsige Standorte-Rasengesellschaften/Juli-Sep

Silaum silaus Wiesen-Silge (Apiaceae) Pflanze mit markigem Stängel/30-100 cm/Blätter 2-4x gefiedert/Dolden 5-15strahlig/wechselfeuchte bis wechseltrockene, nährstoffreiche, humose Ton- und Lehmböden/Rasengesellschaften Juni-Sep

Hopfenklee
Medicago lupulina
(Fabaceae)

Blüten symmetrisch

1A-Wälder und Gebüsche	
2A-Blätter gestielt	
3A-Pflanze mit Ranken	***Corydalis claviculata***
3B-Pflanze ohne Ranken	
4A-Blüten aufrecht/1 cm/Sporn gerade	***Impatiens parviflora***
4B-Blüten hängend/3 cm/Sporn krumm	***Impatiens noli-tangere***
2B-Blätter sitzend	
3A-Blüten innen braun geadert/Blüte 3-5 cm	***Digitalis grandiflora***
3B-Blüten innen nicht geadert/Blüte < 3 cm	***Digitalis lutea***
1B-Rasengesellschaften und Ruderalstandorte	
2A-Blätter dreizählig	
3A-Blüten in traubigen Blütenständen	***Melilotus officinalis***
3B-Blüten in Köpfchen	
4A-End- und Seitenblättchen gleich lang gestielt	
5A-Obere Blätter fast gegenständig	***Trifolium badium***
5B-Alle Blätter wechselständig	
6A-Blütenköpfchen 7-10 mm	***Trifolium campestre***
6B-Blütenköpfchen 10-20 mm	***Trifolium montanum***
4B-Endblättchen länger gestielt	
5A-Blütenstand 1-8blütig	***Medicago minima***
5B-Blütenstand vielblütig	
6A-Blüten 3-5 mm	***Medicago lupulina***
6B-Blüten 7-11 mm	***Medicago falcata***
2B-Blätter grundständig	***Pedicularis foliosa***
2C-Blätter gestielt	
3A-Blütenstand vielblütig/Blüte ohne Sporn	***Pedicularis foliosa***
3B-Blüten einzeln/Blüte mit Sporn	
4A-Blüten weißlich-gelb (10-15 mm)	***Viola arvensis***
4B-Blüten gelb (20-25 mm)	***Viola lutea***
2D-Blätter sitzend	
3A-Blüten violett geadert	***Hyoscyamus niger***
3B-Blüten nicht violett geadert	***Reseda lutea***
1C-Ufervegetation	
2A-Sporn der Blüte so lang wie breit	***Utricularia minor***
2B-Sporn der Blüte länger als breit	
3A-Endzipfel der Blätter nur vereinzelt	
4A-Sporn der Blüte 3-5 mm	***Utricularia ochroleuca***
4B-Sporn der Blüte 7-10 mm	***Utricularia intermedia***
3B-Endzipfel der Blätter zahlreich	
4A-Sporn 6-10 mm/spitzlich auslaufend	***Utricularia vulgaris***
4B-Sporn bis 6 mm/stumpf auslaufend	***Utricularia australis***
1D-Felsige Standorte	***Viola calaminaria***

Rühr-mich-nicht-an
Impatiens noli-tangere
(Balsaminaceae)

Corydalis claviculata Rankender Lerchensporn (Fumariaceae) Pflanze/50-100 cm/Blätter doppelt gefiedert mit Blattranken/Blüten 18-30 mm/kalkmeidend/ Eichenmischwälder-Waldnahe Staudenfluren/Juni-Sep

Digitalis grandiflora Großblütiger gelber Fingerhut (Scrophulariaceae) Behaarte Pflanze/40-100 cm/Blätter länglich lanzettlich/Blüten 3-5 cm/frische, nährstoffreiche, ± kalkarme Mull- und Moderhumusböden/Waldnahe Staudenfluren/Juni-Sep

Digitalis lutea Kleinblütiger gelber Fingerhut (Scrophulariaceae) Behaarte Pflanze/50-100 cm/Blätter länglich lanzettlich/Blüten 20-25 mm/frische, nährstoffreiche, ± kalkhaltige Böden/Waldnahe Staudenfluren/Juni-Juli

Hyoscyamus niger Bilsenkraut (Solanaceae) Pflanze mit zottig-klebrig behaartem Stängel/20-80 cm/Blätter länglich eiförmig-obere halb stängelumfassend/Blüten 2-3 cm/mäßig frische bis mäßig trockene, nährstoffreiche Böden/Ruderalpflanzen/Juni-Okt

Impatiens noli-tangere Rühr-mich-nicht-an (Balsaminaceae) Unbehaarte Pflanze/30-180 cm/Blätter breit lanzettlich/Blüten 20-35 mm/sickerfeuchte bis -nasse, nährstoffreiche, gut durchlüftete Lehm- und Tonböden/Buchenwälder-Waldnahe Staudenfluren/Juli-Sep

Impatiens parviflora Kleines Springkraut (Balsaminaceae) Unbehaarte Pflanze/ 10-150 cm/Blätter breit lanzettlich bis eiförmig-elliptisch/Blüten 6-18 mm/ frische, nährstoffreiche, meist kalkarme Lehmböden/Eichenmischwälder-Waldnahe Staudenfluren/Apr-Okt

Medicago falcata Sichelklee (Fabaceae) Behaarte Pflanze/20-60 cm/Blätter dreizählig/Blüten 7-11 mm/mäßig trockene, meist kalkhaltige, tiefgründige Lehmböden/Rasengesellschaften/Mai-Sep

Medicago lupulina Hopfenklee (Fabaceae) Behaarte Pflanze/5-30 cm/Blätter dreizählig/Blüten 2-3 mm/mäßig trockene, ± nährstoffreiche Lehmböden/ Rasengesellschaften-Ruderalpflanzen/Mai-Sep

Medicago minima Zwerg-Schneckenklee (Fabaceae) Niederliegende, behaarte Pflanze/10-50 cm/Blätter dreizählig/Blüten 3-5 mm/trockene, meist kalkhaltige Sand-, Kies- oder Lehmböden/Rasengesellschaften/Apr-Juli

Melilotus officinalis Echter Steinklee (Fabaceae) Unbehaarte Pflanze/30-200 cm/Blätter dreizählig/Blüten 4-7 mm/mäßig trockene, nährstoff- und basenreiche, steinige Böden, oft auf Lehm/Ruderalpflanzen/Mai-Sep

Pedicularis foliosa Durchblättertes Läusekraut (Scrophulariaceae) Behaarte Pflanze/15-50 cm/Blätter 2-3fach fiederschnittig/Blüten 15-25 mm/frische bis wechselfrische, kalkhaltige Böden/Rasengesellschaften/Juni-Aug

Reseda lutea Gelber Wau (Resedaceae) 20-60 cm/Blätter alle unregelmäßig fiederteilig/trockene, nährstoffreiche, sandige Böden/Ruderalpflanzen/Juni-Sep

Acker-Stiefmütterchen
Viola arvensis
(Violaceae)

Trifolium badium Braun-Klee (Fabaceae) Behaarte Pflanze/10-25 cm/Blätter dreizählig/Einzelblüte 6-9 mm in 10-15 mm breiten und bis zu 20 mm langen Köfchen/frische bis feuchte, nährstoffreiche, kalkhaltige Lehm- und Tonböden/Rasengesellschaften/Juli-Aug

Trifolium campestre Feld-Klee (Fabaceae) Niederliegende Pflanze/5-50 cm/ Blätter dreizählig/Einzelblüte 3-6 mm in 7-15 mm langen Köpfchen/trockene, oft kalkarme, humose, lockere Lehmböden, auch Sand- und Steingrusböden/ Rasengesellschaften/Juni-Sep

Trifolium montanum Berg-Klee (Fabaceae) Behaarte Pflanze/Blätter 3-zählig/ Blüten in 1-2 cm langen und 10-15 mm dicken und 1-7 cm lang gestielten Köpfchen/Einzelblüten 7-9 mm/mäßig trockene bis wechseltrockene, kalkhaltige, humose Lehm- und Tonböden/Rasengesellschaften/Mai-Aug

Utricularia australis Verkannter Wasserschlauch (Lentibulariaceae) Untergetauchte Wasserpflanze/10-30 cm aus dem Wasser ragend/Blätter mit 8-75 Schläuchen in viele haarfeine Zipfel zerteilt/Blüten 12-18 mm/stehende oder langsam fließende Gewässer über Torfschlammböden/Ufervegetation/ Juni-Aug

Utricularia intermedia Mittlerer Wasserschlauch (Lentibulariaceae) Untergetauchte Wasserpflanze/15-20 cm aus dem Wasser ragend/Blätter wiederholt gabelig mit abgeflachten Fiedern/Blüten 9-14 mm/moorig-sumpfige, sehr flache Gewässer/Ufervegetation/Juni-Sep

Utricularia minor Kleiner Wasserschlauch (Lentibulariaceae) Untergetauchte Wasserpflanze/5-15 cm aus dem Wasser ragend/Blätter wiederholt gabelig mit abgeflachten Fiedern/Blüten 6-8 mm/moorig-sumpfige, sehr flache Gewässer/Ufervegetation/Juni-Sep

Utricularia ochroleuca Blaßgelber Wasserschlauch (Lentibulariaceae) Untergetauchte Wasserpflanze/10-15 cm aus dem Wasser ragend/Blätter wiederholt gabelig mit abgeflachten Fiedern/Blüten mm/moorig-sumpfige, flache Gewässer/Ufervegetation/Juni-Aug

Utricularia vulgaris Gewöhnlicher Wasserschlauch (Lentibulariaceae) Untergetauchte Wasserpflanze/15-30 cm aus dem Wasser ragend/Blätter mit 10-200 Schläuchen und in viele haarfeine Zipfel zerteilt/Blüten 12-20 mm/ stehende oder langsam fließende Gewässer, Röhricht- und Schwimmblattbestände/Ufervegetation/Juni-Aug

Viola arvensis Acker-Stiefmütterchen (Violaceae) Behaartes Kraut/15-40 cm/ Blätter länglich spatelförmig/Blüten 10-15 mm/nährstoffreiche, ± humose Sand- und Lehmböden/Ruderalpflanzen/Mai-Okt

Viola calaminaria Gelbes Galmei-Veilchen (Violaceae) Unbehaarte Pflanze/ Stängel beblättert/10-25 cm/Blätter oval bis lanzettlich/Blüten 20-30 mm/ Schutthalden, Zink- und Bleiabbau-Grubenränder/Felsige Standorte/Juni-Aug

Viola lutea Gelbes Stiefmütterchen (Violaceae) Unbehaarte Pflanze/5-30 cm/ untere Blätter rund bis eiförmig/Blüten 20-25 mm/frische, kalkarme, sandige Lehmböden/Rasengesellschaften/Juni-Aug

Blüte margeritenartig

1A-Wälder und Gebüsche	
2A-Blätter gestielt	
3A-Blütenköpfchen < 20 mm	
4A-Blütenköpfchen < 6 mm	***Solidago gigantea***
4B-Blütenköpfchen 6-10 mm	***Solidago virgaurea***
3B-Blütenköpfchen 25-40 mm	
4A-Blattstiel geflügelt	***Senecio rivularis***
4B-Blattstiel nicht geflügelt	***Senecio alpinus***
3C-Blütenköpfchen 40-80 mm	
4A-Mittlere Blätter gegenständig	***Helianthus tuberosus***
4B-Alle Blätter wechselständig	***Doronicum grandiflorum***
2B-Blätter sitzend	
3A-Blätter tief eingeschnitten	
4A-Stängel drüsig-klebrig behaart	***Senecio viscosus***
4B-Stängel behaart, aber nicht klebrig	
5A-Blütenköpfchen 4-6 mm breit	***Senecio sylvaticus***
5B-Blütenköpfchen 15-25 mm breit	***Senecio jacobaea***
3B-Blätter nicht tief eingeschnitten	
4A-Köpfchen < 20 mm	
5A-Köpfchen < 6 mm	***Solidago gigantea***
5B-Köpfchen 8-12 mm	***Aster linosyris***
5C-Köpfchen 15-18 mm	***Solidago virgaurea***
4B-Köpfchen > 2 cm	
5A-Obere Blätter halbstängelumfassend	***Senecio nemorensis***
5B-Obere Blätter nicht so	
6A-Stängel und Blattunterseite kahl	***Senecio fuchsii***
6B-Stängel behaart	
7A-Stängel graufilzig	***Senecio paludosus***
7B-Stängel oben drüsig-flaumig	***Senecio fluviatilis***
7C-Stängel abstehend behaart	
8A-Blätter beidseits weich behaart	***Buphthalmum salicifolium***
8B-Alle Blätter abstehend behaart	***Inula hirta***
1B-Rasengesellschaften und Ruderalstandorte	
2A-Blätter distelartig	***Carlina vulgaris***
2B-Blätter grundständig	
3A-Pflanze 20-60 cm/nicht graufilzig	***Senecio aquaticus***
3B-Pflanze 5-15 cm/dicht graufilzig	***Senecio carniolicus***

2C-Blätter 3-zählig bis 7-zählig	
3A-Blattstiel kurz geflügelt	***Bidens tripartita***
3B-Blattstiel nicht geflügelt	***Bidens frondosa***
2D-Blätter gestielt	
3A-Blätter tief eingeschnitten	***Anthemis tinctoria***
3B-Blätter nicht tief eingeschnitten	***Senecio doronicum***
2E-Blätter sitzend	
3A-Blätter tief eingeschnitten	
4A-Pflanze klebrig-drüsig behaart	***Senecio viscosus***
4B-Pflanze seidig-wollig behaart	***Achillea setacea***
4C-Pflanze anders behaart	
5A-Pflanze 5-15 cm/Blattzipfel gelappt	***Senecio carniolicus***
5B-Pflanze 20-80 cm/Blattzipfel gezähnt	***Anthemis tinctoria***
3B-Blätter nicht tief eingeschnitten	
4A-Untere Blätter gestielt	***Senecio doronicum***
4B-Alle Blätter sitzend	
5A-Stängel kantig	
6A-Stängel hohl	***Senecio congestus***
6B-Stängel nicht hohl	***Inula salicina***
5B-Stängel rund	
6A-Pflanze>50 cm/Hüllblätter 2-4reihig	***Solidago virgaurea***
6B-Pflanze < 50 cm	
7A-Unverzweigt/Köpfchen einzeln	***Calendula arvensis***
7B-Verzweigt/Köpfchen zahlreich	***Pulicaria vulgaris***
1C-Moore und Zwergstrauchheiden	***Carlina vulgaris***
1D-Felsige Standorte	
2A-Blätter mit herzförmigem Grund	***Doronicum grandiflorum***
2B-Blätter ohne herzförmigen Grund	
3A-Blätter nicht tief eingeschnitten	***Senecio doronicum***
3B-Blätter tief eingeschnitten	
4A-Seidig oder wollig behaarte Pflanze	***Achillea setacea***
4B-Pflanze klebrig behaart	***Senecio viscosus***

Färber-Hundskamille
Anthemis tinctoria
(Compositae)

Achillea setacea Feinblatt-Schafgarbe (Compositae) Seidig oder wollig behaarte Pflanze/10-60 cm/mittlere Stängelblätter lanzettlich 3-fach fiederteilg/Blütenstand 3-7 cm/Einzelblüten 2-4 mm/steinige Weiden/Felsige Standorte-Rasengesellschaften/Mai-Juni

Anthemis tinctoria Färber-Hundskamille (Compositae) Behaarte Pflanze/20-80 cm/Blätter doppelt fiederteilig/Blüten 25-35 mm/trockene, häufig humus- und feinerdearme Steinböden; kalkliebend/Rasengesellschaften-Ruderalpflanzen/Juni-Sep

Aster linosyris Gold-Aster (Compositae) Behaarte Pflanze/15-70 cm/Blätter lineal/Blüten 8-12 mm/trockene, meist kalkhaltige, humose Lehm- und Lössböden/Waldnahe Staudenfluren/Juli-Sep

Bidens frondosa Schwarzfrüchtiger Zweizahn (Compositae) (Un)Behaartes Kraut/10-120 cm/Blätter 3zählig gefiedert/Blüte 10-20 mm/frische bis nasse, zeitweise überschwemmte, nährstoffreiche sandig-kiesige Tonböden und schlammige Sandböden/Gebüsche/Juli-Okt

Bidens tripartita Dreiteiliger Zweizahn (Compositae) Pflanze mit schwach 4-kantigem Stängel/3-200 cm/Blätter 3-bis 5-spaltig/Blüten 10-20 mm/nasse, zeitweise überschwemmte, nährstoffreiche, sandige oder reine Schlammböden/Ruderalpflanzen/Juli-Okt

Buphthalmum salicifolium Ochsenauge (Compositae) Behaarte Pflanze/15-150 cm/Blätter lanzettlich oder verkehrt eilanzettlich/Blüten 3-6 cm/mäßig trockene, kalkhaltige, ± humose Lehm- und Tonböden/Kiefernwälder-Waldnahe Staudenfluren/Juni-Sep

Calendula arvensis Acker-Ringelblume (Compositae) Rau behaarte Pflanze/10-20 cm/Blätter länglich-lanzettlich/Blüten 10-20 mm/mäßig trockene, nährstoffreiche, kalkhaltige Böden/Ruderalpflanzen/Juni-Sep

Carlina vulgaris Golddistel (Compositae) Rau behaarte Pflanze/15-60 cm/Blätter distelartig/Blüten 15-25 mm/Sand- und Schotterflächen/Rasengesellschaften-Zwergstrauchheiden/Juli-Sep

Doronicum grandiflorum Großblütige Gämswurz (Compositae) Behaarte Pflanze/6-60 cm/mittlere Blätter geigenförmig/Blüten 35-65 mm/frisch durchsickerte, kalkhaltige, lockere Steinschuttböden mit meist langer Schneebedeckung/Felsige Standorte-Gebüsche/Juli-Aug

Helianthus tuberosus Topinambur (Compositae) Rau behaarte Pflanze/obere Blätter wechselständig/Blüten 4-8 cm/Hüllblätter mehrreihig/Blüten orangegelb/frische, nährstoffreiche Sand- und Lehmböden/Waldnahe Staudengesellschaften/Aug-Okt

Inula hirta Behaarter Alant (Compositae) Behaarte Pflanze/10-50 cm/Blätter eiförmig-länglich und oberseits mit sitzenden Drüsen/Blüten in 3-6 cm großen Köpfchen/± trockene, kalkhaltige, humose Lehm- und Tonböden/Waldnahe Staudenfluren/Juni-Okt

Gelb

Sumpf-Greiskraut
Senecio paludosus
(Compositae)

Inula salicina Weidenblättriger Alant (Compositae) Behaarte Pflanze/25-60 cm mittlere und obere Blätter mit herzförmigem Grund/Blüten 25-40 mm/ wechselfrische bis wechselfeuchte, ± kalkhaltige, humose Lehm- und Tonböden oder modrige Torfböden/Rasengesellschaften/Juni-Okt

Pulicaria vulgaris Kleines Flohkraut (Compositae) Streng aromatisch riechende Pflanzen/15-45 cm/Blätter länglich bis länglich-eiförmig/Blüten 8-10 mm/ wechselnasse, nährstoffreiche, meist kalkarme, ± humose Tonböden/ Ruderalpflanzen/Juli-Sep

Senecio alpinus Alpen-Greiskraut (Compositae) Pflanze mit kantigem Stängel/ 30-100 cm/Blätter/Blüten 25-40 mm/frische bis feuchte, nährstoffreiche, meist kalkhaltige Lehm- und Tonböden/Waldnahe Staudenfluren/Juli-Sep

Senecio aquaticus Wasser-Greiskraut (Compositae) Behaarte Pflanze/20-60 cm Blätter fiederspaltig/Blüten 20-30 mm/nasse, ± nährstoffreiche, meist kalkarme oder entkalkte, humose Tonböden oder auch auf torfigen Böden/ Rasengesellschaften/Juni-Okt

Senecio carniolicus Krainer Greiskraut (Compositae) Graufilzig behaarte Pflanze/5-15 cm/Blätter keilig-verkehrt-eiförmig/Blüten 10-20 mm/frische, kalkarme, modrig- oder torfig-humose Lehm- und Tonböden/Rasengesellschaften/Juli-Sep

Senecio congestus Moor-Greiskraut (Compositae) Behaarte Pflanze mit kantigem und hohlem Stängel/15-100 cm/Blätter lanzettlich/Blüten 20-30 mm/nasse, zeitweise überschwemmte, nährstoffreiche, humose oder torfige Tonböden/Ruderalpflanzen/Juni-Juli

Senecio doronicum Gämswurz-Greiskraut (Compositae) Behaarte Pflanze/ 20-60 cm/Blätter länglich eiförmig bis lanzettlich/Blüte 3-6 cm/frische, kalkhaltige, humose Ton- und Lehmböden/Felsige Standorte-Rasengesellschaften/Juli-Aug

Senecio fluviatilis Breitblättriges Greiskraut (Compositae) Pflanze bis 2 m/ Blätter lineal-lanzettlich/Blüten 15-30 mm/Waldnahe Staudenfluren/Juli-Sep

Senecio fuchsii Fuchs-Greiskraut (Compositae) Unbehaarte Pflanze/60-150 cm/ Blätter lanzettlich/Blüten 2-3 cm/frische, nährstoffreiche, humose Lehmböden/Mullböden)/Buchenwälder/Juli-Aug

Senecio jacobaea Jakobs Greiskraut (Compositae) Behaarte Pflanze/30-100 cm/ Blätter fiederspaltig bis fiederteilig/Blüten 15-25 mm/nasse, ± nährstoffreiche, meist kalkarme oder entkalkte, humose Tonböden oder auch auf torfigen Böden/Gebüsche/Juni-Okt

Senecio nemorensis Hain-Greiskraut (Compositae) Behaarte Pflanze/60-150 cm/Blätter 3x so lang wie breit/Blüten 2-3 cm/sickerfrische, nährstoffreiche, humose, oft steinige Lehmböden/Gebüsche/Mai-Juli

Senecio paludosus Sumpf-Greiskraut (Compositae) Behaarte Pflanze mit hohlem Stängel/50-200 cm/Blätter lineal-lanzettlich/Blüten 3-4 cm/nasse, zeitweise überschwemmte, nährstoffreiche, humose Tonböden/Waldnahe Staudenfluren/Juni-Aug

Gelb

Riesen-Goldrute
Solidago gigantea
(Compositae)

Senecio rivularis Krauses Greiskraut (Compositae) Pflanze 20-100 cm/Blätter eiförmig lanzettlich mit herzförmiger Basis/Blüte 25-40 mm/Feuchte Bergwiesen, Bachufer, Torfstiche, Latschengebüsche/Felsige Standorte/Mai-Aug

Senecio sylvaticus Wald-Greiskraut (Compositae) Behaarte Pflanze/5-80 cm/ Blätter buchtig fiederspaltig bis fiederteilig/Blüten 4-6 mm/± frische, nährstoffreiche, meist kalkarme, humose Lehm- oder Sandböden/Waldnahe Staudenfluren/Juli-Sep

Senecio viscosus Klebriges Greiskraut (Compositae) Drüsig klebrige Pflanze/ 15-60 cm/Blätter buchtig fiederspaltig bis fiederteilig/Blüten 6-10 mm/mäßig trockene, ± nährstoffreiche, meist kalkarme Steinböden/Felsige Standorte-Ruderalpflanzen-Waldnahe Staudenfluren/Juni-Sep

Solidago gigantea Riesen-Goldrute (Compositae) Unbehaarte Pflanze/50-250 cm/Blätter lanzettlich/Blüten 10-20 mm/grund- und sickerfeuchte, nährstoffreiche Lehm- und Tonböden/Waldnahe Staudenfluren/Juli-Okt

Solidago virgaurea Echte Goldrute (Compositae) Behaarte Pflanze/5-100 cm/ untere Blätter eiförmig bis elliptisch/Blüten 15-18 mm/mäßig frische bis trockene, kalkarme und -reiche, sandige, steinige oder reine Lehmböden/ Gebüsche-Rasengesellschaften-Waldnahe Staudenfluren/Juli-Okt

Blüten löwenzahnartig

1A-Wälder und Gebüsche	
2A-Blätter gestielt	
3A-Pflanze unbehaart	***Ranunculus ficaria***
3B-Pflanze behaart	***Lapsana communis***
2B-Blätter grundständig	
3A-Blätter tief eingeschnitten	
4A-Blütenstängel hohl	***Taraxacum officinale***
4B-Blütenstängel nicht hohl	
5A-Pflanze mit weißem Milchsaft	***Aposeris foetida***
5B-Ohne Milchsaft/Blütenstiel mit Blättern	***Crepis alpestris***
3B-Blätter gebuchtet	***Leontodon hispidus***
3C-Blätter ± gezähnt	
4A-Stängel oben drüsig behaart	***Hieracium pilosella***
4B-Stängel oben graufilzig	***Tolpis staticifolia***
4C-Stängel oben behaart, aber ohne Drüsen	***Hieracium schmidtii***
2C-Blätter nicht gestielt oder grundständig	
3A-Blätter tief eingeschnitten	
4A-Pflanze unbehaart/Blüten 7-8 mm	***Mycelis muralis***
4B-Pflanze behaart/Blüten 10-20 mm	
5A-Pflanze mit gelbem Milchsaft	***Crepis foetida***
5B-Pflanze ohne Milchsaft	***Lapsana communis***
3B-Blätter nicht tief eingeschnitten	
4A-Stängel wenigblütig	
5A-Hüllblätter der Köpfchen zweireihig	***Tolpis staticifolia***
5B-Hüllblätter der Köpfchen mehrreihig	
6A-Pflanze mit 0-2 Stängelblättern	***Hieracium schmidtii***
6B-Pflanze mit > 2 Stängelblättern	
7A-Pflanze ohne Blattrosette	***Hieracium laevigatum***
7B-Pflanze mit Blattrosette	***Hieracium lachenalii***
4B-Stängel vielblütig	
5A-Hüllblätter der Köpfchen einreihig	***Senecio fuchsii***
5B-Hüllblätter der Köpfchen mehrreihig	
6A-Blätter nach oben kleiner werdend	***Hieracium prenanthoides***
6B-Alle Blätter gleich groß	***Hieracium umbellatum***
1B-Rasengesellschaften und Ruderalstandorte	
2A-Pflanze zur Blütezeit ohne grüne Blätter	***Tussilago farfara***
2B-Blätter grundständig	
3A-Pflanze unbehaart	
4A-Stängel hohl	***Taraxacum officinale***
4B-Stängel nicht hohl	***Leontodon autumnalis***

3B-Pflanze behaart
4A-Blätter tief eingeschnitten — ***Chondrilla juncea***
4B-Blätter nicht tief eingeschnitten
5A-Stängel mit einer Blüte — ***Hypochoeris uniflora***
5B-Stängel mit mehreren Blüten
6A-Hüllblätter der Köpfchen mehrreihig — ***Hieracium schmidtii***
6B-Hüllblätter der Köpfchen 1-2reihig
7A-Stängel unter Köpfchen verdickt — ***Arnoseris minima***
7B-Stängel nicht verdickt
8A-Pflanze behaart — ***Hypochoeris radicata***
8B-Pflanze unbehaart — ***Hypochoeris glabra***
2C-Stängel mit Blättern
3A-Blätter gestielt — ***Lapsana communis***
3B-Blätter sitzend
4A-Stängelblätter tief eingeschnitten
5A-Hüllblätter der Köpfchen mehrreihig — ***Lactuca serriola***
5B-Hüllblätter der Köpfchen zweireihig
6A-Stängel kantig — ***Chondrilla juncea***
6B-Stängel rund
7A-Pflanze mit gelbemMilchsaft — ***Crepis foetida***
7B-Pflanze ohne Milchsaft
8A-Stängelblätter stängelumfassend — ***Crepis capillaris***
8B-Stängelblätter nicht so
9A-Stängel 5-20 cm/1-mehrköpfig — ***Crepis jacquinii***
9B-Stängel 40-120 cm/vielblütig — ***Crepis biennis***
4B-Stängelblätter nicht tief eingeschnitten
5A-Stängel mit einer Blüte — ***Hypochoeris uniflora***
5B-Stängel mit mehreren Blüten
6A-Stängel kantig — ***Chondrilla juncea***
6B-Stängel rund
7A-Hüllblätter der Köpfchen mehrreihig — ***Hieracium umbellatum***
7B-Hüllblätter der Köpfchen zweireihig
8A-Blatt und Stängel unbehaart — ***Crepis tectorum***
8B-Blatt und Stängel behaart
9A-Blüte < 2 cm — ***Calendula arvensis***
9B-Blüte > 2 cm
10A-Hüllblätter braungrünzottig — ***Crepis bocconi***
10B-Hüllblätter schwarzdrüsig — ***Crepis mollis***
10C-Hüllblätter drüsig — ***Crepis paludosa***
1C-Moore und Zwergstrauchheiden
2A-Blätter grundständig/Stängel wenigblütig — ***Hieracium pilosella***
2B-Stängel beblättert und mit vielen Blüten — ***Hieracium umbellatum***

Fortsetzung nächste Seite

Rauer Löwenzahn
Leontodon hispidus
(Compositae)

1D-Felsige Standorte
- **2A**-Blätter grundständig
  - **3A**-Blätter tief eingeschnitten — ***Crepis terglouensis***
  - **3B**-Blätter nicht tief eingeschnitten
    - **4A**-Stängel unbehaart — ***Chondrilla chondrilloides***
    - **4B**-Stängel behaart
      - **5A**-Blüten zu 10-50 — ***Hieracium piloselloides***
      - **5B**-Blüten einzeln oder zu 2-5
        - **6A**-Hüllblätter dicht schwarz behaart — ***Leontodon montanus***
        - **6B**-Hüllblätter nicht so
          - **7A**-Blätter nur einzeln fein gezähnt — ***Tolpis staticifolia***
          - **7B**-Blätter buchtig gezähnt — ***Leontodon hispidus***
- **2B**-Blätter sitzend/wechselständig
  - **3A**-Stängel kahl oder nur schwach behaart
    - **4A**-Stängel nur schwach behaart — ***Hieracium bupleuroides***
    - **4B**-Stängel deutlich behaart — ***Hieracium piloselloides***
  - **3B**-Stängel behaart
    - **4A**-Stängel behaart/ohne Drüsen — ***Hieracium villosum***
    - **4B**-Stängel drüsig behaart
      - **5A**-Blätter 2-5 mm lang gezähnt — ***Hieracium schmidtii***
      - **5B**-Blätter bis 1 cm lang gezähnt — ***Hieracium humile***
    - **4C**-Stängel oben grau- oder weißfilzig
      - **5A**-Zur Blüte mit grünen Blättern — ***Tolpis staticifolia***
      - **5B**-Zur Blüte ohne grüne Blätter — ***Tussilago farfara***
- **2C**-Blätter gestielt/wechselständig
  - **3A**-Stängel mit Blättern — ***Hieracium humile***
  - **3B**-Stängel ohne oder nur mit 1 Blatt — ***Hieracium schmidtii***

Acker-Ringelblume
Calendula arvensis
(Compositae)

Aposeris foetida Stinkkohl (Compositae) Pflanze mit stinkendem weißem Milchsaft/10-25 cm/Blätter löwenzahnartig/Blüten 2-4 cm/mäßig frische, nährstoffreiche, kalkhaltige Mullböden/Buchenwälder/Juni-Aug

Arnoseris minima Lämmersalat (Compositae) Behaarte Pflanze/10-25 cm/ Blätter keilig verkehrt-eilänglich/Blüten 7-10 mm/mäßig frische, mäßig nährstoffreiche, kalkarme, sandige Böden/Ruderalpflanzen/Juni-Sep

Calendula arvensis Acker-Ringelblume (Compositae) Rau behaarte Pflanze/ 10-25 cm/Blätter länglich lanzettlich/Blüten 10-20 mm/mäßig trockene, nährstoffreiche, kalkhaltige Böden/Ruderalpflanzen/Juni-Sep

Chondrilla chondrilloides Alpen-Knorpellattich (Compositae) Pflanze mit stark verzweigtem Stängel/10-30 cm/Blätter entfernt knorpelig gezähnt/Blüten in endständigen Doldenrispen/frische bis ± trockene, kalkreiche Sand- und Kiesböden/Felsige Standorte-Ruderalpflanzen/Juli-Aug

Chondrilla juncea Binsen-Knorpellattich (Compositae) Pflanze mit steifem und verzweigten Stängel/30-100 cm/Blätter löwenzahnartig/Blüten 10 mm/ ± trockene, kalkhaltige, tiefgründige Böden/Rasengesellschaften/Juli-Sep

Crepis alpestris Voralpen-Pippau (Compositae) Pflanze mit einköpfigem Stängel/10-30 cm/Blätter verkehrt lanzettlich/Blüten 20-30 mm/mäßig trockene, kalkhaltige, ± steinige Böden/Kiefernwälder/Mai-Aug

Crepis aurea Gold-Pippau (Compositae) Pflanze mit 1-3köpfigem Stängel/5-20 cm/Rosettenblätter löwenzahnartig/Blüten 10 mm/frische, nährstoffreiche, ± entkalkte Böden/Rasengesellschaften/Juni-Sep

Crepis biennis Wiesen-Pippau (Compositae) Pflanze mit vielköpfigem Stängel 40-120 cm/Stängelblätter am Grund verschmälert/Blüten 20-35 mm/frische, nährstoffreiche Böden/Rasengesellschaften-Ruderalpflanzen/Mai-Sep

Crepis bocconi Berg-Pippau (Compositae) Pflanze mit 1-3köpfigem Stängel/ 20-60 cm/Blätter breit lanzettlich und stängelumfassend/Blüten 4-5 cm/ frische, kalkhaltige Böden/Rasengesellschaften/Juni-Aug

Crepis capillaris Grüner Pippau (Compositae) Pflanze mit vielköpfigem Stängel/15-60 cm/Blätter mit pfeilförmigem Grund stängelumfassend/Blüten 10-15 mm/± frische, mäßig nährstoffreiche, meist kalkarme Böden/Ruderalpflanzen/Juni-Juli

Crepis foetida Stinkender Pippau (Compositae) Pflanze mit gelbem Milchsaft/ 10-50 cm/Blätter fiederteilig oder gelappt/Blüte 15-20 mm/mäßig trockene, kalkhaltige und kalkarme, ± steinige Böden/Gebüsche-Rasengesellschaften-Ruderalstandorte/Juni-Okt

Crepis jacquinii Felsen-Pippau (Compositae) Pflanze mit markigem Stängel/ 5-20 cm/Stängelblätter fiederteilig/Blüten 2-3 cm/frische, kalkhaltige Steinböden/Rasengesellschaften/Juni-Aug

Crepis mollis Weicher Pippau (Compositae) Pflanze mit vielköpfigem Stängel/ 30-70 cm/untere Stängelblätter länglich-eiförmig/Blüten 20-30 mm/± frische, ± nährstoffreiche Böden/Rasengesellschaften/Juni-Aug

Hasenohr-Habichtskraut
Hieracium bupleuroides
(Compositae)

Crepis paludosa Sumpf-Pippau (Compositae) Pflanze mit hohlem Stängel/30-120 cm/Blätter eiförmig zugespitzt/Blüten 20-30 mm/± nasse, nährstoffreiche Böden/Rasengesellschaften/Mai-Aug

Crepis tectorum Dach-Pippau (Compositae) Pflanze mit vielköpfigem Stängel/10-60 cm/Stängelblätter am Rand nach unten eingerollt/Blüten 15-25 mm/mäßig trockene, nährstoffreiche Lockerböden/Ruderalpflanzen/Juni-Okt

Crepis terglouensis Triglav-Pippau (Compositae) Pflanze mit 1-köpfigem Stängel/3-10 cm/Blätter schrotsägeförmig bis fiederspaltig/Blüten bis 5 cm/besonnte, frische, kalkhaltige, bewegte Steinböden/Felsige Standorte/Juli-Aug

Hieracium bupleuroides Hasenohr-Habichtskraut (Compositae) Behaarte Pflanze/20-40 cm/Blätter lanzettlich/Blüten zu 1-5/kalkhaltige Steinböden/Felsige Standorte/Juli-Aug

Hieracium humile Niedriges Habichtskraut (Compositae) Drüsig behaarte Pflanze/10-30 cm/Blätter eiförmig/Blüten zu 2-8/Kalkfelsen/Felsstandorte/Juni-Aug

Hieracium lachenalii Gewöhnliches Habichtskraut (Compositae) Behaarte Pflanze/20-80 cm/Blätter eiförmig bis eilanzettlich/Blüten in vielblütigen Blütenständen/mäßig frische, mäßig nährstoffreiche, ± kalkarme, humose Böden/Waldnahe Staudenfluren/Juni-Juli

Hieracium laevigatum Glattes Habichtskraut (Compositae) Behaarte Pflanze/30-120 cm/Blätter eilanzettlich/Blüten zu mehreren/mäßig frische, kalkarme, saure, humose Böden/Gebüsche-Waldnahe Staudenfluren/Juni-Aug

Hieracium pilosella Mausohr (Compositae) Behaarte Pflanze/5-30 cm/Blätter schmal eiförmig und unterseits grüngrau-weißfilzig/Blüten 20-30 mm/mäßig trockene, magere, meist kalkarme, nicht zu feinkörnige Böden/Kiefernwälder-Zwergstrauchheiden/Mai-Okt

Hieracium piloselloides Florentiner Habichtskraut (Compositae) Behaarte Pflanze/20-80 cm/Blätter lineal lanzettlich/Blüten zahlreich/± trockene, kalkreiche Böden/Felsige Standorte/Mai-Aug

Hieracium prenanthoides Hasenlattich-Habichtskraut (Compositae) Pflanze 30-120 cm/Blätter/Blüten mm/frische, nährstoffreiche, ± kalkhaltige, steinige Böden/Waldnahe Staudenfluren/Juli-Aug

Hieracium schmidtii Blasses Habichtskraut (Compositae) Drüsig behaarte Pflanze/10-40 cm/Blätter/Blüten zu 2-12 mm/kalkfreie Steinböden/Eichenmischwälder-Felsige Standorte-Kiefernwälder-Rasengesellschaften/Mai-Juli

Hieracium umbellatum Dolden-Habichtskraut (Compositae) Behaarte Pflanze/10-100 cm/Blätter lanzettlich/Blüten 20-30 mm in Dolden/mäßig frische bis mäßig trockene, kalkarme, nicht zu feinkörnige Böden/Kiefernwälder-Rasengesellschaften-Waldnahe Staudenfluren-Zwergstrauchheiden/Juli-Okt

Löwenzahn
Taraxacum officinale
(Compositae)

Hieracium villosum Zottiges Habichtskraut (Compositae) Zottig weißhaarige Pflanze/15-30 cm/Blätter länglich lanzettlich/Blüten 2-4 cm/frische, kalkhaltige Böden/Felsige Standorte/Juli-Aug

Hypochoeris glabra Kahles Ferkelkraut (Compositae) Unbehaarte Pflanze/10-40 cm/Blätter länglich/Blüten 10-25 mm/mäßig trockene, mäßig nährstoffreiche, kalkarme, sandige Böden/Ruderalpflanzen/Juni-Okt

Hypochoeris radicata Gewöhnliches Ferkelkraut (Compositae) Pflanze mit blaugrünem Stängel/25-80 cm/Blätter rau behaart/Blüten 2-4 cm/frische bis ± trockene, mäßig nährstoffreiche, kalkarme Böden/Rasengesellschaften/Mai-Sep

Hypochoeris uniflora Einblütiges Ferkelkraut (Compositae) Pflanze mit steifhaarig-filzigem Stängel/15-50 cm/Blätter länglich-keilig/Blüten 4-6 cm/Blüten einzeln/frische, kalkarme Böden/Rasengesellschaften/Juli-Sep

Lactuca serriola Kompass-Lattich (Compositae) Pflanze mit markigem Stängel/60-120 cm/Blätter fiederspaltig/Blüten 11-13 mm zu 10-16/± trockene, nährstoffreiche, ± rohe Böden/Ruderalpflanzen/Juli-Sep

Lactuca virosa Gift-Lattich (Compositae) Pflanze mit widerlichem Geruch/50-150 cm/Stängel markig/Blätter unterseits auf der Mittelader meist stachelig/Blüte in lockeren Rispen/mäßig trockene, nährstoffreiche, ± steinige Böden/Ruderalstandorte/Juli-Sep

Lapsana communis Rainkohl (Compositae) Behaarte Pflanze/30-100 cm/Blätter leierförmig/Blüten 10-20 mm in lockeren Rispen/offene, frische, nährstoffreiche Böden/Ruderalpflanzen-Waldnahe Staudenfluren/Mai-Sep

Leontodon autumnalis Herbst-Löwenzahn (Compositae) Unbehaarte Pflanze/10-60 cm/Blätter fiederteilig/Blüten 20-35 mm/± frische, nährstoffreiche, meist kalkarme Böden/Rasengesellschaften/Juni-Okt

Leontodon helveticus Schweizer Löwenzahn (Compositae) Pflanze/5-30 cm/Blätter lanzettlich/Blüten 15-25 mm/± frische, nährstoff- und kalkarme Böden/Rasengesellschaften/Juli-Sep

Leontodon hispidus Rauer Löwenzahn (Compositae) Pflanze mit weiß behaartem Stängel/10-60 cm/Blätter löwenzahnartig/Blüten 25-40 mm/frische, ± nährstoffreiche Böden/Felsige Standorte-Kiefernwälder/Juni-Okt

Leontodon montanus Alpen-Löwenzahn (Compositae) Pflanze mit schwarzzottig behaartem Stängel/3-10 cm/Blätter lineal oder länglich/Blüten 20-30 mm/frische, kalkhaltige, bewegte Gesteinsschuttböden/Felsige Standorte/Juli-Aug

Mycelis muralis Mauerlattich (Compositae) Unbehaarte Pflanze/40-100 cm/Blätter fiederspaltig/Blüten 7-8 mm/frische, nährstoffreiche, Mull- bis Moderböden/Gebüsche/Juli-Sep

Ranunculus ficaria Scharbockskraut (Ranunculaceae) Unbehaarte Pflanze/5-20 cm/Blätter herzförmig/Blüten 20-30 mm/mäßig frische bis feuchte, nährstoffreiche, oft kalkhaltige, steinige bis felsige, feinerdereiche Lehmböden in luftfeuchten Lagen/Buchenwälder/März-Mai

Gelb

Huf-Lattich
Tussilago farfara
(Compositae)

Senecio fuchsii Fuchs-Greiskraut (Compositae) Unbehaarte Pflanze/60-150 cm Blätter lanzettlich/Blüten 2-3 cm/frische, nährstoffreiche, humose Lehm- und Mullböden)/Buchenwälder/Juli-Aug

Taraxacum officinale Löwenzahn (Compositae) Unbehaarte Pflanze mit hohlem Stängel/5-80 cm/Blätter löwenzahnartig/Blüten 3-6 cm/± frische, nährstoffreiche Böden/Eichenmischwälder-Rasengesellschaften-Ruderalpflanzen/März-Juli

Tolpis staticifolia Grasnelken-Habichtskraut (Compositae) Unbehaarte Pflanze/15-40 cm/Blätter lineal-lanzettlich/Blüten 15-25 mm/± trockene, kalkhaltige, grobkörnige Böden/Felsige Standorte-Kiefernwälder/Juli-Sep

Tussilago farfara Huflattich (Compositae) Pflanze zur Blüte ohne grüne Blätter 5-15 cm/Blätter schuppenförmig/Blüten 20-25 mm/frische, bevorzugt kalkhaltige, rohe Böden/Felsige Standorte-Ruderalpflanzen/Feb-Apr

<u>Blüten anders</u>

1A-Wälder und Gebüsche	
2A-Baum oder Strauch	
3A-Blütenstände hängend	
4A-Blätter gezähnt	***<u>Carpinus betulus</u>***
4B-Blätter gelappt	
5A-Junge Äste filzig behaart	***Quercus pubescens***
5B-Junge Äste unbehaart	
6A-Blätter 2-8 mm lang	***<u>Quercus robur</u>***
6B-Blätter 1-3 cm lang	***Quercus petraea***
3B-Blütenstände aufrecht	
4A-Blütenstände dünn/5-15 mm lang gestielt	***Salix alba***
4B-Blütenstände dick/2-4 cm lang gestielt	***Salix pentandra***
2B-Krautige Pflanze	
3A-Blätter distelartig	***Cirsium spinosissimum***
3B-Blätter dreizählig	***Trifolium aureum***
3C-Untere Blätter herzförmig	***Phyteuma spicatum***
3D-Blätter tief eingeschnitten	
4A-Alle Blätter tief eingeschnitten	***Artemisia vulgaris***
4B-Nur unterste Blätter tief eingeschnitten	***Sonchus palustris***
3E-Blätter gefiedert	
4A-Blüten hängend/Blattrand gelappt	***Thalictrum minus***
4B-Blüten aufrecht/Blattrand gezähnt	***<u>Thalictrum flavum</u>***
1B-Rasengesellschaften und Ruderalstandorte	
2A-Zur Blütezeit ohne grüne Blätter	***Petasites spurius***
2B-Blätter distelartig	***Cirsium oleraceum***
2C-Blätter nicht distelartig	
3A-Blätter dreizählig	***Trifolium aureum***
3B-Blätter nicht dreizählig	
4A-Blätter gestielt	
5A-Blätter handförmig eingeschnitten	***<u>Trollius europaeus</u>***
5B-Blätter teilweise herzförmig	***Phyteuma spicatum***
5C-Blätter unten dreieckig	***<u>Phyteuma nigrum</u>***
5D-Blätter tief eingeschnitten	
6A-Ganze Pflanze silbergrau behaart	***Artemisia absinthium***
6B-Ganze Pflanze völlig unbehaart	***Artemisia annua***
5E-Blätter gefiedert	
6A-Blüten hängend/Blattrand gelappt	***Thalictrum minus***
6B-Blüten aufrecht/Blattrand gezähnt	***<u>Thalictrum flavum</u>***
4B-Blätter sitzend	
5A-Blätter distelartig	
6A-Blatt ungeteilt oder leicht gelappt	***Sonchus asper***
6B-Blätter eingeschnitten	***Sonchus oleraceus***

5B-Blätter nicht distelartig	
6A-Blätter tief eingeschnitten	
7A-Stängel kantig	***Tanacetum vulgare***
7B-Stängel rund	
8A-Pflanze unbehaart	
9A-Pflanze 5-40 cm	***Matricaria discoidea***
9B-Pflanze > 50 cm	
10A-Köpfchen nickend	***Artemisia annua***
10B-Köpfchen aufrecht	***Artemisia tournefortiana***
8B-Pflanze behaart	
9A-Blattunterseite weißfilzig	***Artemisia vulgaris***
9B-Blattunterseite nicht weißfilzig	***Artemisia campestris***
6B-Blätter nicht tief eingeschnitten	
7A-Untere Blätter herzförmig	***Phyteuma spicatum***
7B-Untere Blätter nicht herzförmig	
8A-Pflanze 10-30 (50) cm groß	***Senecio vulgaris***
8B-Pflanze 50-250 cm groß	***Solidago canadensis***
1C-Moore und Zwergstrauchheiden	
2A-Blätter distelartig	***Carlina vulgaris***
2B-Blätter nicht distelartig	
3A-Blätter grundständig	***Plantago intermedia***
3C-Blätter nicht grundständig	***Gnaphalium luteoalbum***
1D-Felsige Standorte	***Trifolium aureum***
1E-Salzstandorte	***Artemisia maritima***

Gewöhnliches Greiskraut
Senecio vulgaris
(Compositae)

Acer campestre Feld-Ahorn (Aceraceae) Baum mit Milchsaft führenden Blättern/bis 25 m/Blätter 3- bis 5-lappig/Blüte 3-5 mm/frische, nährstoffreiche, bevorzugt kalkreiche Lehmböden/Gebüsche/Mai

Artemisia absinthium Absinth (Compositae) Seidig-filzig behaarte Pflanze/60-120 cm/Grundblätter 2-3fach fiederteilig/Blüten 2-4 mm in reichblütiger Rispe/mäßig trockene, nährstoffreiche, vorzugsweise kalkreiche, oft sandig-steinige Lehm- und Tonböden/Ruderalpflanzen/Juli-Sep

Artemisia annua Einjähriger Beifuß (Compositae) Unbehaarte Pflanze/50-150 cm/Blätter 2-fach gefiedert/Blüten 1-2 mm in sparriger Rispe/mäßig trockene, nährstoffreiche Ton-, Kies- und Sandböden/Ruderalpflanzen/Juli-Sep

Artemisia campestris Feld-Beifuß (Compositae) Pflanze mit meist verholztem Wurzelstock/10-150 cm/Blüten 3-4 mm/Blätter 2-3fach fiederteilig/trockene, sandige oder steinige Lehm- und Lössböden/Kiefernwälder-Ruderalpflanzen/Aug-Okt

Artemisia maritima Strand-Beifuß (Compositae) Stark aromatisch riechende Pflanze/15-60 cm/untere Blätter 2-3x fiederteilig/Blüten 1-2 mm/Sand- und Tonböden/Salzstandorte/Juli-Okt

Artemisia tournefortiana Armenischer Beifuß (Compositae) Unbehaarte Pflanze/50-300 cm/Blätter doppelt fiederteilig, meist mit Zwischenfiedern/Blüten > 2 mm/mäßig trockene, sandige Böden/Ruderalpflanzen/Juli-Sep

Artemisia vulgaris Gewöhnlicher Beifuß (Compositae) Behaarte Pflanze/30-250 cm/Blätter 1-2x fiederteilig/Blüte 3-4 mm/frische bis feuchte, nährstoffreiche, ± humose Böden/Gebüsche-Rasengesellschaften-Ruderalpflanzen/Juli-Okt

Carlina vulgaris Golddistel (Compositae) Rau behaarte Pflanze/15-60 cm/Blätter distelartig/Blüten 15-25 mm/Sand- und Schotterflächen/Rasengesellschaften-Zwergstrauchheiden/Juli-Sep

Carpinus betulus Hainbuche (Corylaceae) Baum mit glatter Rinde und gedrehten Längswülsten im Stamm/8-25 m/Blätter elliptisch/Blüte in 5 cm langen walzenartiger Kätzchen/frische bis mäßig trockene, mäßig nährstoffreiche, mäßig saure, sandige und besonders lehmige Böden/Buchenwälder-Gebüsche/Apr-Mai

Cirsium oleraceum Kohl-Kratzdistel (Compositae) Unbehaarte Pflanze/50-150 cm/Blätter distelartig/Blüten 25-40 mm/nasse, nährstoffreiche Böden/Rasengesellschaften/Juni-Sep

Cirsium spinosissimum Stachelige Kratzdistel (Compositae) Dicht beblätterte Pflanze/20-80 cm/Blätter distelartig/Blüten bis 25 mm/frische bis feuchte, nährstoffreiche Böden/Waldnahe Staudenfluren/Juli-Sep

Gnaphalium luteoalbum Gelbes Ruhrkraut (Compositae) Weißwollig behaarte Pflanze/10-50 cm/Stängelblätter länglich-spatelig/Blüten 2-3 mm/Blüten zu 4-12 in dichten Knäueln/feuchte, zeitweise nasse, ± nährstoffreiche, kalkarme Lehm- und Tonböden/Moore/Juni-Okt

Gelb

Kanadische Goldrute
Solidago canadensis
(Compositae)

Matricaria discoidea Strahllose Kamille (Compositae) Stark duftende Pflanze/ 5-40 cm/Blätter 2-3x fiederteilig/Blüte 5-40 mm/± frische, nährstoffreiche, ± humose Lehm- und Tonböden/Ruderalpflanzen/Juni-Aug

Petasites spurius Filzige Pestwurz (Compositae) Behaarte Pflanze/15-30 cm/ Blätter dreieckig-herzförmig/Blüten 4-8 mm/feuchte, aber sommertrockene Sand- und Kiesböden/Ruderalpflanzen/Mär-Mai

Phyteuma nigrum Schwarze Teufelskralle (Campanulaceae) Pflanze mit hohlem Stängel/20-60 cm/Grundblätter herzförmig/Blüten in 4-10 cm langen Ähren/frische, meist nährstoffreiche, kalkarme Mull- oder Moderhumusböden/Rasengesellschaften/Mai-Juli

Phyteuma spicatum Ährige Teufelskralle (Campanulaceae) Pflanze mit hohlem Stängel/30-80 cm/untere Blätter herzförmig und oft dunkel gefleckt/Blüten in 4-10 cm langen Ähren/frische, nährstoffreiche, lehmige Mullböden/ Buchenwälder-Rasengesellschaften/Mai-Aug

Quercus petraea Trauben-Eiche (Fagaceae) Baum/10-35 m/Blätter breiteiförmig + gelappt/Blütenstände hängend/trockene bis frische, durchlüftete Böden/Eichenmischwälder/Apr-Mai

Quercus pubescens Flaum-Eiche (Fagaceae) Baum/3-20 m/Blätter eiförmig und gelappt/Blütenstände hängend/trockene, nährstoffreiche, ± kalkhaltige, steinige Mullböden/Eichenmischwälder-Gebüsche/Apr-Mai

Quercus robur Stiel-Eiche (Fagaceae) Baum mit tief gefurchter Borke/15-50 m Blätter oval mit rundlichen Lappen/Blüte in lockeren länglichen Ähren/± frische bis feuchte, tiefgründige Mull- und Moderböden/Gebüsche/Apr-Mai

Salix alba Silber-Weide (Salicaceae) Baum bis 20 m/Blätter lanzettlich/ Blattunterseite behaart/Blüten in 3-7cm langen Kätzchen/nährstoffreiche, ± kalkhaltige Auenrohböden/Buchenwälder/Apr-Mai

Salix pentandra Lorbeer-Weide (Salicaceae) Baum oder Strauch/2-7 m/Blätter eiförmig-elliptisch/Blüten in 2-5 cm langen Kätzchen/nasse, nährstoffreiche, torfige oder rohe Böden; zuweilen bis in die Voralpentäler/Erlenstandorte/ Mai-Juli

Senecio vulgaris Gewöhnliches Greiskraut (Compositae) Kaum verzweigte Pflanze/10-50 cm/Blätter buchtig gelappt bis fiederspaltig/Blüten 4-5 mm/ frische, nährstoffreiche, ± humose Böden/Ruderalpflanzen/März-Okt

Solidago canadensis Kanadische Goldrute (Compositae) Behaarte Pflanze/ 50-250 cm/Blätter lanzettlich/Blüten 4 mm/grundfrische bis feuchte, nährstoffreiche Ton- und Lehmböden/Ruderalpflanzen/Juli-Okt

Sonchus oleraceus Kohl-Gänsedistel (Compositae) Pflanze mit stacheligen Blättern/30-100 cm/Blätter tief fiederspaltig/Blüten 20-25 mm/frische bis ± trockene, nährstoffreiche Böden/Ruderalpflanzen/Juni-Okt

Sonchus asper Dornige Gänsedistel (Compositae) Pflanze mit stacheligen Blättern/30-80 cm/Stängelblätter stängelumfassend/Blüten 20-25 mm/frische bis feuchte, nährstoffreiche Böden/Ruderalpflanzen/Juni-Okt

Gelbe Wiesenraute
Thalictrum flavum
(Ranunculaceae)

Sonchus palustris Sumpf-Gänsedistel (Compositae) Pflanze mit stacheligen Blättern/100-300 cm/Stängelblätter am Grund pfeilförmig zugespitzt/Blüten 28-40 mm/± nasse, nährstoffreiche, zuweilen salzhaltige Böden/Waldnahe Staudenfluren/Juli-Sep

Tanacetum vulgare Rainfarn (Compositae) Fast unbehaarte Pflanze mit kantigem Stängel/40-130 cm/Blätter 1-2x fiederspaltig/Blüten 8-11 mm/ frische, nährstoffreiche, humose, oft sandige Ton- und Lehmböden/Rasengesellschaften-Ruderalpflanzen/Juli-Okt

Thalictrum flavum Gelbe Wiesenraute (Ranunculaceae) Fast unbehaarte Pflanze/50-120 cm/Blätter 2-3x gefiedert/Blüten 4-8 mm mit vielen keulig verdickten Staubblättern/± nasse, nährstoffreiche Böden/Rasengesellschaften-Waldnahe Staudenfluren/Juni-Aug

Thalictrum minus Kleine Wiesenraute (Ranunculaceae) Pflanze mit gefurchtem Stängel/20-150 cm/Blätter 3-5x gefiedert/Blüten mm/auf Kalk/Gebüsche-Rasengesellschaften/Mai-Juli

Trifolium aureum Gold-Klee (Fabaceae) Angedrückt behaarte Pflanze/15-40 cm/Blätter dreizählig/einzelne Blüte 5-7 mm/trockene, meist kalkarme, lockere Lehmböden/Felsige Standorte-Gebüsche-Rasengesellschaften-Waldnahe Staudenstandorte/Mai-Aug

Trollius europaeus Trollblume (Ranunculaceae) Unbehaarte Pflanze/30-60 cm/ Blätter handförmig geteilt/Blüten 3-5 cm/feuchte bis nasse, ± nährstoffreiche, schwere Böden/Rasengesellschaften/Mai-Juli

Blüten klein

1A-Wälder und Gebüsche
  2A-Baum oder Strauch
    3A-Blütenstände hängend
      4A-Zur Blüte ohne Blätter — ***Populus tremula***
      4B-Blätter zur Blüte öffnend
        5A-Blätter gezähnt
          6A-Zweige kaum behaart — ***Carpinus betulus***
          6B-Zweige rötlich behaart — ***Corylus avellana***
        5B-Blätter gelappt
          6A-Junge Äste filzig behaart — ***Quercus pubescens***
          6B-Junge Äste unbehaart
            7A-Blätter 2-8 mm lang — ***Quercus robur***
            7B-Blätter 1-3 cm lang — ***Quercus petraea***
    3B-Blütenstände aufrecht
      4A-Blütenstand dünn/5-15 mm lang gestielt — ***Salix alba***
      4B-Blütenstand dick/2-4 cm lang gestielt — ***Salix pentandra***
  2B-Krautartige Pflanze
    3A-Pflanze mit Milchsaft — ***Euphorbia serrulata***
    3B-Pflanze ohne Milchsaft
      4A-Blätter pfeilförmig — ***Rumex acetosella***
      4B-Blätter fächerförmig — ***Alchemilla vulgaris***
      4C-Blätter gefiedert — ***Sanguisorba minor***
      4D-Blätter anders
        5A-Stängel nicht tief gefurcht — ***Rumex sanguineus***
        5B-Stängel tief gefurcht
          6A-Blattgrund herzförmig — ***Rumex alpinus***
          6B-Blattgrund nicht so — ***Atriplex prostrata***
1B-Rasengesellschaften und Ruderalstandorte
  2A-Blätter distelartig — ***Eryngium campestre***
  2B-Blätter fächerförmig — ***Alchemilla vulgaris***
  2C-Blätter 3-7zählig — ***Alchemilla alpina***
  2D-Blätter gefiedert — ***Sanguisorba minor***
    3A-Blätter rautenförmig
      4A-Blüten eingeschlechtlich
        5A-Äste meist starr aufrecht — ***Atriplex oblongifolia***
        5B-Untere Äste weit abstehend — ***Atriplex patula***
      4B-Blüten zwittrig
        5A-Stängel stets rot gestreift — ***Chenopodium strictum***
        5B-Stängel rot überlaufen — ***Chenopodium album***
        5C-Stängel anders

6A-Blütenstandsachse kahl	
7A-Blätter beidseits gleichfarbig	***Chenopodium rubrum***
7B-Blätter unterseits graugrün	***Chenopodium glaucum***
6B-Blütenstandsachse mehlig	
7A-Blätter kaum länger als breit	***Chenopodium opulifolium***
7B-Blätter deutlich länger als breit	***Chenopodium ficifolium***
2E-Blätter tief eingeschnitten	***Chenopodium botrys***
2F-Blätter dreieckig	
3A-Blätter tief buchtig gezähnt	
4A-Schuttplätze	***Atriplex tatarica***
4B-Salzwiesen der Ostseeküste	***Atriplex calotheca***
3B-Blätter nicht tief gezähnt	
4A-Pflanze weißschülferig	***Atriplex glabriuscula***
4B-Pflanze nicht weißschülferig	***Atriplex prostrata***
2G-Blätter länglich	***Atriplex littoralis***
2H-Blätter 7-9eckig	***Chenopodium hybridum***
2I-Blätter anders	
3A-Blätter sitzend	
4A-Grundblätter doppelt fiederteilig	***Lepidium ruderale***
4B-Blätter dreilappig mit 4-15 Blattzipfeln	***Aphanes microcarpa***
3B-Blätter gestielt	
4A-Blätter mit tütenförmigen Nebenblättern	
5A-Nebenblätter kaum geteilt	***Aphanes arvensis***
5B-Nebenblätter tief geteilt	***Aphanes microcarpa***
4B-Blätter ohne Nebenblätter	
5A-Blattrand gewellt	***Rumex crispus***
5B-Blätter länglich-lanzettlich	
6A-Blütenstand sehr dicht	***Rumex maritimus***
6B-Blütenstand locker und unterbrochen	***Rumex palustris***
5B-Blätter herz-, pfeil- oder spießförmig	
6A-Stängel gefurcht	***Rumex obtusifolius***
6B-Stängel gestreift	***Rumex acetosella***
6C-Stängel anders	
7A-Blütenstand locker	***Rumex acetosa***
7B-Blütenstand dicht	***Rumex thyrsiflorus***

Hainbuche
Carpinus betulus
(Corylaceae)

Alchemilla alpina Alpen-Frauenmantel (Rosaceae) Pflanze mit silbrig-seidenhaariger Blattunterseite/5-30 cm/Blätter 5-7zählig gefingert/Blüte 3 mm in dichten Blütenständen/meist kalkarme Unterlagen/Felsige Standorte-Rasengesellschaften/Juni-Aug

Alchemilla vulgaris Gewöhnlicher Frauenmantel (Rosaceae) Behaarte Pflanze/3-80 cm/Blätter fächerförmig/Blüte 2-4 mm/Rasengesellschaften-Waldnahe Staudenfluren/Mai-Sep

Aphanes arvensis Acker-Frauenmantel (Rosaceae) Behaarte Pflanze/5-20 cm/Blätter graugrün und 3lappig und mit 7-21 Blattzipfeln/Blüte 1-2 mm/frische, mäßig nährstoff- und basenreiche, kalkarme, oft sandige Lehmböden/Ruderalpflanzen/Mai-Sep

Aphanes microcarpa Kleinfrüchtiger Frauenmantel (Rosaceae) Behaarte Pflanze/1-15 cm/Blätter graugrün und 3lappig und mit 4-15 Blattzipfeln/Blüte bis 1 mm/frische bis mäßig trockene, ± nährstoffreiche, basen- und kalkarme, wenig humose Sandböden/Ruderalpflanzen/Mai-Sep

Atriplex calotheca Pfeilblättrige Melde (Chenopodiaceae) Unbehaarte Pflanze/30-100 cm/Blätter spießförmig/Strand, salzhaltige, stickstoffreiche Spülsäume/Ruderalpflanzen/Juni-Sep

Atriplex glabriuscula Babingtons Melde (Chenopodiaceae) Zumindest jung bemehlte Pflanze/30-60 cm/Blätter spießförmig/Salz- und Sandöden/Ruderalpflanzen/Juli-Sep

Atriplex littoralis Strand-Melde (Chenopodiaceae) Pflanze mit gefurchtem Stängel/30-150 cm/Blätter lineal-lanzettlich/Küsten, Salzstellen im Binnenland/Ruderalpflanzen/Juli-Sep

Atriplex oblongifolia Langblättrige Melde (Chenopodiaceae) Pflanze mit mehligen Blättern/30-150 cm/Blätter lanzettlich/trockene, nähr-stoffreiche Sand- und Lehmböden/Ruderalpflanzen/Juli-Sep

Atriplex patula Spreizende Melde (Chenopodiaceae) Unbehaarte Pflanze mit stark gefurchtem Stängel/10-80 cm/Blätter teilweise gegenständig/Blüten eingeschlechtlich/frische, nährstoffreiche, lockere Ton- und Lehmböden/Ruderalpflanzen/Juli-Okt

Atriplex prostrata Spieß-Melde (Chenopodiaceae) Kahle Pflanze/Stängel stark gefurcht/30-100 cm/Blätter eiförmig-lanzettlich oder spießförmig/Blütenbüschel blattachselständig/frische bis feuchte, sehr nährstoffreiche Lehm- und Schlammböden/Waldnahe Staudenfluren/Juni-Sep

Atriplex tatarica Tataren-Melde (Chenopodiaceae) Pflanze weißschülferig/30-150 cm/Blätter mit gewellten Rändern/Blütenähren nur endständig und nicht seitenständig/trockene, nährstoffreiche Sand- und Steinböden/Ruderalpflanzen/Juli-Okt

Carpinus betulus Hainbuche (Corylaceae) Baum mit glatter Rinde und gedrehten Längswülsten im Stamm/8-25 m/Blätter elliptisch/Blüte in 5 cm langen walzenartiger Kätzchen/frische bis mäßig trockene, mäßig nährstoffreiche, mäßig saure, sandige und besonders lehmige Böden/Buchenwälder-Gebüsche/Apr-Mai

Grün

Klebriger Gänsefuß
Chenopodium botrys
(Chenopodiaceae)

Chenopodium album Weißer Gänsefuß (Chenopodiaceae) Mehlig bestäubte Pflanze/10-200 cm/Stängel rot überlaufen/Blätter eiförmig-rhombisch oder 3-lappig/Blütenstände breit pyramidenförmig/trockene bis frische, nährstoffreiche, humose oder rohe Böden/Ruderalpflanzen/Mai-Okt

Chenopodium botrys Klebriger Gänsefuß (Chenopodiaceae) Drüsig-flaumig-klebrige Pflanze/5-80 cm/Blätter breitbuchtig fiederspaltig/mäßig trockene oder wechseltrockene, ± nährstoffreiche, lehmige oder reine Kies- und Sandböden/Ruderalpflanzen/Juli-Aug

Chenopodium ficifolium Feigenblättriger Gänsefuß (Chenopodiaceae) Kraut ohne Drüsenhaare/20-170 cm/Stängel nie rot/Blätter lanzettlich dreilappig und geruchlos/Blütenstände in den Blattachseln und endständig/frische (feuchte), nährstoffreiche, humose, meist sandige Ton- und Lehmböden/Ruderalpflanzen/Juni-Sep

Chenopodium glaucum Graugrüner Gänsefuß (Chenopodiaceae) Pflanze bis auf die Blattunterseite unbehaart/10-100 cm/Blätter länglich oval und auffallend 2farbig/Blüten zu 10-15 in kugeligen Knäueln/feuchte (frische), sehr nährstoffreiche (ammoniakhaltige), ± humose Böden; salz- und stickstoffliebend/Ruderalpflanzen/Juli-Okt

Chenopodium hybridum Bastard-Gänsefuß (Chenopodiaceae) Stinkende Pflanze/schwach bemehlt/10-100 cm/Blätter eiförmig bis 3-9eckig/Blüten in pyramidenförmiger Rispe/frische, nährstoffreiche, humose Böden/Ruderalpflanzen/Mai-Aug

Chenopodium opulifolium Schneeballblättriger Gänsefuß (Chenopodiaceae) Mehlig bereiftes Kraut/30-150 cm/Stängel mit rotem Blattachselfleck/Blätter breit 3-lappig bis rautenförmig/Blütenstände in den Blattachseln und endständig/± trockene, nährstoffreiche, humose oder rohe Sand- und Lehmböden/Ruderalpflanzen/Juli-Sep

Chenopodium rubrum Roter Gänsefuß (Chenopodiaceae) Unbehaarte Pflanze mit bogig aufsteigenden Seitenzweigen/25-90 cm/Blätter rautenförmig bis 3-lappig/Blütenknäuel nicht kugelig ud oft rot überlaufen/frische bis feuchte, nährstoffreiche (ammoniakhaltige), ± humose Böden/Ruderalpflanzen/Juni-Aug

Chenopodium strictum Gestreifter Gänsefuß (Chenopodiaceae) Pflanze mit stets rot gestreiftem Stängel/20-200 cm/Blätter fast parallelrandig/Blütenstand schmal pyramidenförmig/trockene, nährstoffreiche, meist rohe Böden/Ruderalpflanzen/Juli-Sep

Corylus avellana Hasel (Corylaceae) Strauch/1-6 m/Blätter eiförmig/Blüte in 2-8 cm langen walzenartigen Kätzchen/frische, nährstoffreiche, humose, steinige und lehmige Böden/Buchenwälder-Gebüsche/Feb-Apr

Eryngium campestre Feld-Mannstreu (Apiaceae) Distelartig Pflanze mit stechenden Blättern/20-100 cm/Blätter oval/Blüten in 10-15 mm großen Köpfchen/sommertrockene, ± kalkreiche, mittel- bis tiefgründige Lehm- und Lössböden/Rasengesellschaften-Ruderalpflanzen/Juli-Sep

Grün

Stumpfblättriger Ampfer
Rumex obtusifolius
(Polygonaceae)

Euphorbia serrulata Steife Wolfsmilch (Euphorbiaceae) Unangenehm riechende Pflanze mit Milchsaft/15-50 cm/obere Blätter mit herzförmigem Grund/Blüten in meist 3-strahligen Scheindolden/feuchte, nährstoffreiche Tonböden/Waldnahe Staudenfluren/Juni-Aug

Lepidium ruderale Stink-Kresse (Cruciferae) Stinkende Pflanze/10-30 cm/Grundblätter doppelt fiederteilig/Blüten ohne Kronblätter/trockene, stickstoffreiche, schwere Böden/Ruderalpflanze/Mai-Juli

Populus tremula Zitterpappel (Salicaceae) Baum mit glatter Rinde/20-30 m/ Blätter rundlich bis breit-eiförmig/Blüten in 8-10 cm langen Kätzchen/frische, nährstoffreiche, bevorzugt milde bis saure (Roh-) Böden/Gebüsche/Feb-Apr

Quercus petraea Trauben-Eiche (Fagaceae) Baum/10-35 m/Blätter breit-eiförmig + gelappt/Blütenstände hängend/trockene bis frische, durchlüftete Böden/Eichenmischwälder/Apr-Mai

Quercus pubescens Flaum-Eiche (Fagaceae) Baum/3-20 m/Blätter eiförmig und gelappt/Blütenstände hängend/trockene, nährstoffreiche, ± kalk-haltige, steinige Mullböden/Eichenmischwälder-Gebüsche/Apr-Mai

Quercus robur Stiel-Eiche (Fagaceae) Baum mit tief gefurchter Borke/15-50 m Blätter oval mit rundlichen Lappen/Blüte in lockeren länglichen Ähren/± frische bis feuchte, tiefgründige Mull- und Moderböden/Gebüsche/Apr-Mai

Rumex acetosa Großer Sauerampfer (Polygonaceae) Kahle Pflanze/30-100 cm/ Blätter spießförmig/Blüte 3-4 mm/frische bis feuchte, nährstoffreiche humose Ton- und Lehmböden, seltener auf Torfböden/Rasengesellschaften/Mai-Juli

Rumex acetosella Kleiner Sauerampfer (Polygonaceae) Unbehaarte Pflanze/5-50 cm/Blätter speer- oder pfeilförmig/Blütenstand vielblütig/lehmige Sand- oder Steingrusböden, selten Moorböden/Felsige Standorte-Gebüsche-Rasengesellschaften-Ruderalpflanzen-Waldnahe Staudenfluren/Mai-Juli

Rumex alpinus Alpen-Ampfer (Polygonaceae) Robuste Pflanze/50-150 cm/ Grundblätter rundlich herzförmig/Blütenblätter 4-6 mm/sickerfrische, nährstoffreiche, humose Lehmböden/Waldnahe Staudenfluren/Juni-Aug

Rumex crispus Krauser Ampfer (Polygonaceae) Pflanze mit auffällig gewellten Rändern/30-200 cm/Blätter länglich-lanzettlich/innere Blütenhüllblätter 3-8 mm ganzrandig und herz-förmig/feuchte, nährstoffreiche, ± humose Lehm- und Tonböden/Rasengesellschaften/Mai-Juli

Rumex maritimus Strand-Ampfer (Polygonaceae) Pflanze mit dicht übereinander stehenden und knäueligen Blütenständen/10-70 cm/untere Blätter schmal elliptisch/nährstoffreiche, feuchte, oft salzhaltige Böden/Ruderalpflanzen/Juli-Sep

Rumex obtusifolius Stumpfblättriger Ampfer (Polygonaceae) Pflanze mit unterseits behaarten Blättern/50-120 cm/Blätter länglich eiförmig/Blattgrund herzförmig/innere Blütenhüllblätter gezähnt und 2-6 mm/frische, nährstoffreiche, humose oder rohe Ton- und Lehmböden/Rasengesellschaften-Ruderalpflanzen/Juni-Aug

Kleiner Wiesenknopf
Sanguisorba minor
(Rosaceae)

Rumex palustris Sumpf-Ampfer (Polygonaceae) Pflanze zur Fruchtreife bräunlich-gelb oder rötlich/10-100 cm/untere Stängelblätter lanzettlich/ Blütenblätter ca. 3 mm/feuchte, lehmige Böden in der Nähe von Gewässern/ Ruderalpflanzen/Juli-Sep

Rumex thyrsiflorus Rispen-Ampfer (Polygonaceae) Unbehaarte Pflanze mit dicklichen Blättern/30-120 cm/Blätter am grund pfeil- oder spießförmig/Blüte klein/mäßig trockene, nährstoffreiche, ± humose Kies- und Schotterböden oder sandige Lehm- und Tonböden/Ruderalpflanzen/Juli-Aug

Salix alba Silber-Weide (Salicaceae) Baum bis 20 m/Blätter lanzettlich/ Blattunterseite behaart/Blüten in 3-7cm langen Kätzchen/nährstoffreiche, ± kalkhaltige Auenrohböden/Buchenwälder/Apr-Mai

Salix pentandra Lorbeer-Weide (Salicaceae) Baum oder Strauch/2-7 m/Blätter eiförmig-elliptisch/Blüten in 2-5 cm langen Kätzchen/nasse, nährstoffreiche, torfige oder rohe Böden/Erlenstandorte/Mai-Juli

Sanguisorba minor Kleiner Wiesenknopf (Rosaceae) Grundblätter in dichten Rosetten mit 3-12 Fiederpaaren/10-90 cm/Blütenköpfchen kugelig bis eiförmig 1-3 cm lang/mäßig trockene, ± nährstoff- und basenreiche, meist kalkhaltige Lehmböden/Gebüsche-Rasengesellschaften/Mai-Juli

Gewöhnlicher Frauenmantel
Alchemilla vulgaris
(Rosaceae)

2-4 Blütenblätter

1A-Wälder und Gebüsche
  2A-Blätter fächerförmig — ***Alchemilla vulgaris***
  2B-Blätter gefiedert/Pflanze ohne Milchsaft — ***Sanguisorba minor***
  2C-Blätter eiförmig/Pflanze mit Milchsaft — ***Euphorbia serrulata***
1B-Rasengesellschaften und Ruderalstandorte
  2A-Blätter 3-7zählig — ***Alchemilla alpina***
  2B-Blätter nicht 3-7zählig
    3A-Blätter sitzend
      4A-Grundblätter doppelt fiederteilig — ***Lepidium ruderale***
      4B-Blätter dreilappig mit 4-15 Blattzipfeln — ***Aphanes microcarpa***
    3B-Blätter gestielt
      4A-Blätter fächerförmig — ***Alchemilla vulgaris***
      4B-Blätter nicht fächerförmig
        5A-Nebenblätter kaum geteilt — ***Aphanes arvensis***
        5B-Nebenblätter tief geteilt — ***Aphanes microcarpa***
1C-Ufervegetation
  2A-Blätter unter den Blüten tief geteilt — ***Myriophyllum verticillatum***
  2B-Blätter unter den Blüten ungeteilt
    3A-Blüten wechselständig — ***Myriophyllum alternifolium***
    3B-Blüten in 3-4zähligen Quirlen — ***Myriophyllum spicatum***
1D-Felsige Standorte
  2A-Blätter grundständig — ***Oxyria digyna***
  2B-Blätter 3-zählig/5-zählig/7-zählig — ***Alchemilla alpina***

Grün

Alpen-Frauenmantel
Alchemilla alpina
(Rosaceae)

Alchemilla alpina Alpen-Frauenmantel (Rosaceae) Pflanze mit silbrig-seidenhaariger Blattunterseite/5-30 cm/Blätter 5-7zählig gefingert/Blüte 3 mm in dichten Blütenständen/meist kalkarme Unterlagen/Felsige Standorte-Rasengesellschaften/Juni-Aug

Alchemilla vulgaris Gewöhnlicher Frauenmantel (Rosaceae) Behaarte Pflanze/ 3-80 cm/Blätter fächerförmig/Blüte 2-4 mm/Rasengesellschaften-Waldnahe Staudenfluren/Mai-Sep

Aphanes arvensis Acker-Frauenmantel (Rosaceae) Behaarte Pflanze/5-20 cm/ Blätter graugrün, dreilappig und mit 7-21 Blattzipfeln/Blüte 1-2 mm/frische, mäßig nährstoff- und basenreiche, kalkarme, oft sandige Lehmböden/ Ruderalpflanzen/Mai-Sep

Aphanes microcarpa Kleinfrüchtiger Frauenmantel (Rosaceae) Behaarte Pflanze/1-15 cm/Blätter graugrün und 3lappig und mit 4-15 Blattzipfeln/ Blüte bis 1 mm/frische bis mäßig trockene, ± nährstoffreiche, basen- und kalkarme, wenig humose Sandböden/Ruderalpflanzen/Mai-Sep

Euphorbia serrulata Steife Wolfsmilch (Euphorbiaceae) Unangenehm riechende Pflanze mit Milchsaft/15-50 cm/obere Blätter mit herzförmigem Grund/Blüten in meist 3-strahligen Scheindolden/feuchte, nährstoffreiche Tonböden/Waldnahe Staudenfluren/Juni-Aug

Lepidium ruderale Stink-Kresse (Cruciferae) Stinkende Pflanze/10-30 cm/Grundblätter doppelt fiederteilig/Blüten ohne Kronblätter/trockene, stickstoffreiche, schwere Böden/Ruderalpflanze/Mai-Juli

Myriophyllum alternifolium Wechselblütiges Tausendblatt (Haloragaceae) Wasserpflanze/10-300 cm/Blätter in 4-blättrigen Quirlen/Blüten in 5-15 cm langen Ähren/kühle, nährstoffarme, unverschmutzte Gewässer über Sand-, Mudde- und Torfschlammböden/Ufervegetation/Juli-Sep

Myriophyllum spicatum Ähriges Tausendblatt (Haloragaceae) Wasserpflanze/ 20-275 cm/Blätter in 4-blättrigen Quirlen/Blüten in bis zu 3 cm langen Ähren/meist kalkreiche Gewässer über Schlamm-, Sand- und Tonböden/ Ufervegetation/Juni-Sep

Myriophyllum verticillatum Quirlblättriges Tausendblatt (Haloragaceae) Wasserpflanze/20-300 cm/Blätter in 5-blättrigen Quirlen/Blüten in 7-25 cm langen Ähren/Gewässer über humosen Schlamm-, Torf-, Sand- oder Tonböden/Ufervegetation/Juni-Sep

Oxyria digyna Säuerling (Polygonaceae) Krautige Hochalpenpflanze/5-30 cm/ Blätter nierenförmig und lang gestielt/Blüten klein/frische, kalkarme, bewegte Steinschuttböden und Moränenschutt/Felsige Standorte/Juli-Aug

Sanguisorba minor Kleiner Wiesenknopf (Rosaceae) Pflanze mit Grundblätter in dichten Rosetten/10-90 cm/Grundblätter mit 3-12 Fiederpaaren/Blütenköpfchen kugelig bis eiförmig 1-3 cm lang/mäßig trockene, ± nährstoff- und basenreiche, meist kalkhaltige Lehmböden/Gebüsche-Rasengesellschaften/ Mai-Juli

Grün

Zweihäusige Zaunrübe
Bryonia dioica
(Cucurbitaceae)

5 Blütenblätter

1A-Wälder und Gebüsche
  2A-Pflanze zur Blütezeit ohne grüne Blätter
    3A-Blütenstände aufrecht — ***Acer platanoides***
    3B-Blütenstände aufrecht — ***Acer pseudoplatanus***
  2B-Pflanze zur Blütezeit mit grünen Blättern
    3A-Pflanze mit Ranken
      4A-Kelch- und Blütenblätter fast gleich groß — ***Bryonia alba***
      4B-Kelchblätter < Blütenblätter — ***Bryonia dioica***
    3B-Pflanze ohne Ranken
      4A-Blätter grundständig
        5A-Blüte 5-10 cm/Blüten einzeln — ***Helleborus niger***
        5B-Blüte < 2 cm/Blütenstand mehrblütig
          6A-Blätter spitz-eiförmig/Blüten 5-6 mm — ***Orthilia secunda***
          6B-Blätter rundlich/Blüte 8-12 mm — ***Pyrola chlorantha***
      4B-Blätter drei- oder fünfzählig
        5A-Baum — ***Acer negundo***
        5B-Strauch
          6A-Pflanze mit Stacheln — ***Ribes uva-crispa***
          6B-Pflanze ohne Stacheln
            7A-Kelchblätter behaart — ***Ribes petraeum***
            7B-Kelchblätter unbehaart — ***Ribes rubrum***
      4C-Blätter anders
        5A-Liegender Zwergstrauch/Blüten 5-6 mm — ***Arctostaphylos alpina***
        5B-Baum oder Strauch
          6A-Blüten 3 mm — ***Frangula alnus***
          6B-Blüten 15-20 mm — ***Prunus domestica***
1B-Rasengesellschaften und Ruderalstandorte — ***Physalis alkekengi***
1C-Ufervegetation — ***Aldrovanda vesiculosa***

Acer negundo Eschen-Ahorn (Aceraceae) Baum mit gelbgrauer Borke/3-20 m/ Blätter mit 3-5 Fiederblättern/Blüte vor den Blättern erscheinend/mäßig trockene bis feuchte, nährstoffreiche Böden/Gebüsche/März-Apr

Acer platanoides Spitz-Ahorn (Aceraceae) Baum mit 10-15 cm großen Blättern/10-30 m/Blätter 5-7lappig/Blüten 7-8 mm/frische bis feuchte, nährstoffreiche, häufig kalkhaltige, lockere Böden/Buchenwälder/Apr-Mai

Acer pseudoplatanus Berg-Ahorn (Aceraceae) Baum mit 10-25 cm großen Bättern/8-40 m/Blätter5lappig/Blüten 6-7 mm/mäßig frische bis feuchte, nährstoffreiche, oft kalkhaltige, steinige bis felsige, feinerdereiche Lehmböden in luftfeuchten Lagen/Buchenwälder/Apr-Mai

Aldrovanda vesiculosa Wasserfalle (Droseraceae) Wasserpflanze/10-30 cm/ Blätter in 6-9zähligen Quirlen/Blüten einzeln/seichte Gewässer über schlammigem Boden/Ufervegetation/Juli-Aug

Rote Johannisbeere
Ribes rubrum
(Grossulariaceae)

Arctostaphylos alpina Alpen-Bärentraube (Ericaceae) Niederliegender Zwergstrauch/5-60 cm/Blätter scharf gezähnt/Blüten zu 2-5/Blüten 5-6 mm/frische, nährstoff- und basenarme Steinböden/Kiefernwälder/Mai

Bryonia alba Weiße Zaunrübe (Cucurbitaceae) Pflanze mit Ranken/2-4 m/behaart/Blätter 5lappig/Blüten 9-12 mm/frische, nährstoffreiche, lockere Lehmböden/Waldnahe Staudenfluren/Juni-Juli

Bryonia dioica Zweihäusige Zaunrübe (Cucurbitaceae) Pflanze mit Ranken/2-4 m/behaart/Blätter 5lappig/Blüten 10-18 mm/frische, nährstoffreiche, lockere Lehmböden/Waldnahe Staudenfluren/Juni-Sep

Frangula alnus Faulbaum (Rhamnaceae) Dornenloser Strauch/1-3 m/Blätter rundlich bis eiförmig/Blüte 3-5 mm/feuchte bis nasse, magere Böden/Gebüsche/Mai-Juni

Helleborus niger Christ-Rose (Ranunculaceae) Pflanze mit unverzweigzem Stängel/15-30 cm/Blätter 7-9teilig/Blüten 5-10 cm/frische, nährstoffreiche, kalkhaltige Lockerböden/Buchenwälder/Dez-Apr

Orthilia secunda Nickendes Wintergrün (Pyrolaceae) Unbehaartes Kraut/5-25 cm/Blätter eiförmig-länglich/Blüten 5-6 mm/frische bis mäßig trockene, nicht zu schwere Moderhumusböden/Buchenwälder/Juni-Juli

Physalis alkekengi Judenkirsche (Solanaceae) Pflanze mit wechsel-, gegen- oder quirlständigen Blättern/25-60 cm/Blätter eiförmig zugespitzt/Blüten 15-25 mm/frische, nährstoffreiche Böden/Ruderalpflanzen/Juni-Aug

Prunus domestica Pflaume (Rosaceae) Baum oder Strauch/3-10 m/Blätter verkehrt-eiförmig bis elliptisch/Blüten 15-20 mm/basenreiche, tiefgründige tonige bis lehmige Böden/Gebüsche/Apr-Mai

Pyrola chlorantha Grünblütiges Wintergrün (Pyrolaceae) Stängel am Grnd scharfkantig/10-30 cm/Blätter rundlich/Blüte 8-12 mm/mäßig trockene, ± kalkhaltige, nicht zu schwere Moderhumusböden/Kiefernwälder/ Juni-Juli

Ribes petraeum Felsen-Johannisbeere (Grossulariaceae) Strauch/100-200 cm/Blätter herzförmig 3- oder 5-lappig/Blüte 4-5 mm/Blütenstand vielblütig/frische, nährstoffreiche, kalkarme Mullböden/Gebüsche/Mai-Juni

Ribes rubrum Rote Johannisbeere (Grossulariaceae) Strauch/80-200 cm/Blätter herzförmig 3- oder 5-lappig/Blüte 5 mm/Blütenstand vielblütig/feuchte bis nasse, nährstoffreiche Mull- und Gleyböden/Buchenwälder/Apr-Mai

Ribes uva-crispa Stachelbeere (Grossulariaceae) Behaarter Strauch mit Stacheln/60-120 cm/Blätter 3- oder 5-lappig/Blüten in Gruppen von 1-3/frische, nährstoffreiche Böden/Buchenwälder/Apr-Mai

Wiesen-Silge
Silaum silaus
(Apiaceae)

Blüten in Dolden

1A-Wälder und Gebüsche
  2A-Baum — ***Acer campestre***
  2B-Krautige Pflanze — ***Angelica archangelica***
1B-Rasengesellschaften und Ruderalstandorte
  2A-Blätter distelartig — ***Eryngium campestre***
  2B-Blätter nicht distelartig
    3A-Hüllchenblätter zahlreich — ***Silaum silaus***
    3B-Hüllchenblätter fehlend oder wenige — ***Trinia glauca***
1C-Ufervegetation — ***Apium nodiflora***

Acer campestre Feld-Ahorn (Aceraceae) Bis 25 m großer Baum/Blätter 3-5lappig/Blüten in doldigen Blütenständen/frische, nährstoffreiche, bevorzugt kalkreiche Lehmböden/Eichenmischwälder-Erlenwälder-Gebüsche/Mai

Angelica archangelica Echte Engelwurz (Apiaceae) Pflanze mit hohlem Stängel/-300 cm/Blätter 2-3x gefiedert/Blüten in bis zu 25 cm großen Dolden/Einzelblüten 3-4 mm/feuchte Ufer und Gebüsche der Küstenregion/ Waldnahe Staudenfluren/Juni-Aug

Apium nodiflora Knotenblütiger Sellerie (Apiaceae) Pflanze mit hohlem Stängel/10-100 cm/Blätter einfach gefiedert mit 2-4 Fiederpaaren/Blüten in 3-12strahligen Dolden/Einzelblüten klein/nasse, nährstoffreiche, humose Schlammböden/Ufervegetation/Juli-Aug

Eryngium campestre Feld-Mannstreu (Apiaceae) Distelartig Pflanze mit stechenden Blättern/20-100 cm/Blätter oval/Blüten in 10-15 mm großen Köpfchen/sommertrockene, ± kalkreiche, mittel- bis tiefgründige Lehm- und Lössböden/Rasengesellschaften-Ruderalpflanzen/Juli-Sep

Silaum silaus Wiesen-Silge (Apiaceae) Pflanze mit markigem Stängel/30-100 cm/Blätter 2-4x gefiedert/Blüten in 5-15strahligen Dolden/wechselfeuchte bis wechseltrockene, nährstoffreiche, humose Ton- und Lehmböden/ Rasengesellschaften/Juni-Sep

Trinia glauca Faserschirm (Apiaceae) Unbehaarte Pflanze mit zickzack-förmigem Stängel/15-50 cm/Blätter/Blüten in 4-5strahligen Dolden/Einzel blüten 1-2 mm/frische, nährstoffreiche, humose Lehmböden/Rasengesell-schaften/Apr-Mai

Blüten symmetrisch

1A-Rasengesellschaften und Ruderalstandorte — ***Pedicularis recutita***

Pedicularis recutita Gestutztes Läusekraut (Scrophulariaceae) Unbehaarte Pflanze/20-60 cm/Blätter fiederteilig/Blüte 12-15 mm in großen Ähren/ feuchte, nährstoffreiche Böden/Rasengesellschaften/Juli-Aug

Grün

Stiel-Eiche
Quercus robur
(Fagaceae)

Blüten anders

1A-Wälder und Gebüsche
  2A-Baum oder Strauch
    3A-Blütenstände hängend
      4A-Zur Blütezeit ohne Blätter ***Populus tremula***
      4B-Blätter zur Blüte öffnend
        5A-Blätter gezähnt
          6A-Zweige kaum behaart ***Carpinus betulus***
          6B-Zweige rötlich behaart ***Corylus avellana***
        5B-Blätter gelappt
          6A-Junge Äste filzig behaart ***Quercus pubescens***
          6B-Junge Äste unbehaart
            7A-Blätter 2-8 mm lang ***Quercus robur***
            7B-Blätter 1-3 cm lang ***Quercus petraea***
    3B-Blütenstände aufrecht
      4A-Blütenstand dünn/5-15 mm lang gestielt ***Salix alba***
      4B-Blütenstand dick/2-4 cm lang gestielt ***Salix pentandra***
  2B-Krautartige Pflanze
    3A-Pflanze mit Milchsaft ***Euphorbia serrulata***
    3B-Pflanze ohne Milchsaft ***Sanguisorba minor***
1B-Rasengesellschaften und Ruderalstandorte
  2A-Blätter distelartig ***Eryngium campestre***
  2B-Blätter gefiedert ***Sanguisorba minor***
  2C-Blätter anders
    3A-Blätter jung behaart/kaum duftend ***Artemisia campestris***
    3B-Pflanze kahl/stark duftend ***Matricaria discoidea***

Steife Wolfsmilch
Euphorbia serrulata
(Euphorbiaceae)

Artemisia campestris Feld-Beifuß (Compositae) Pflanze mit stark verholztem Wurzelstock/10-150 cm/Grundblätter 2-3fach fiederteilig/Blüte 2-8 mm/ trockene, sandige, steinige Lehm- + Lössböden/Ruderalpflanzen/Aug-Okt

Carpinus betulus Hainbuche (Corylaceae) Baum mit glatter Rinde und gedrehten Längswülsten im Stamm/8-25 m/Blätter elliptisch/Blüte in 5 cm langen walzenartiger Kätzchen/frische bis mäßig trockene, mäßig nährstoffreiche, mäßig saure, sandige und besonders lehmige Böden/Buchenwälder-Gebüsche/Apr-Mai

Corylus avellana Hasel (Corylaceae) Strauch/1-6 m/Blätter eiförmig/Blüte in 2-8 cm langen walzenartigen Kätzchen/frische, nährstoffreiche, humose, steinige und lehmige Böden/Buchenwälder-Gebüsche/Feb-Apr

Eryngium campestre Feld-Mannstreu (Apiaceae) Distelartig Pflanze mit stechenden Blättern/20-100 cm/Blätter oval/Blüten in 10-15 mm großen Köpfchen/sommertrockene, ± kalkreiche, mittel- bis tiefgründige Lehm- und Lössböden/Rasengesellschaften-Ruderalpflanzen/Juli-Sep

Euphorbia serrulata Steife Wolfsmilch (Euphorbiaceae) Unangenehm riechende Pflanze mit Milchsaft/15-50 cm/obere Blätter mit herzförmigem Grund/Blüten in meist 3-strahligen Scheindolden/feuchte, nährstoffreiche Tonböden/Waldnahe Staudenfluren/Juni-Aug

Matricaria discoidea Strahllose Kamille (Compositae) Stark duftende Pflanze/5-40 cm/Blätter 2-3x fiederteilig/Blüte 5-40 mm/± frische, nährstoffreiche, ± humose Lehm- und Tonböden/Ruderalpflanzen/Juni-Aug

Populus tremula Zitterpappel (Salicaceae) Baum mit glatter Rinde/20-30 m/ Blätter rundlich bis breit-eiförmig/Blüten in 8-10 cm langen Kätzchen/frische, nährstoffreiche, bevorzugt milde bis saure (Roh-) Böden/Gebüsche/Feb-Apr

Quercus petraea Trauben-Eiche (Fagaceae) Baum/10-35 m/Blätter breit-eiförmig + gelappt/Blütenstände hängend/trockene bis frische, durchlüftete Böden/Eichenmischwälder/Apr-Mai

Quercus pubescens Flaum-Eiche (Fagaceae) Baum/3-20 m/Blätter eiförmig und gelappt/Blütenstände hängend/trockene, nährstoffreiche, ± kalk-haltige, steinige Mullböden/Eichenmischwälder-Gebüsche/Apr-Mai

Quercus robur Stiel-Eiche (Fagaceae) Baum mit tief gefurchter Borke/15-50 m Blätter oval mit rundlichen Lappen/Blüte in lockeren länglichen Ähren/± frische bis feuchte, tiefgründige Mull- und Moderböden/Gebüsche/Apr-Mai

Salix alba Silber-Weide (Salicaceae) Baum bis 20 m/Blätter lanzettlich/ Blattunterseite behaart/Blüten in 3-7 cm langen Kätzchen/nährstoffreiche, ± kalkhaltige Auenrohböden/Buchenwälder/Apr-Mai

Salix pentandra Lorbeer-Weide (Salicaceae) Baum oder Strauch/2-7 m/Blätter eiförmig-elliptisch/Blüten in 2-5 cm langen Kätzchen/nasse, nährstoffreiche, torfige oder rohe Böden/Erlenstandorte/Mai-Juli

Sanguisorba minor Kleiner Wiesenknopf (Rosaceae) Grundblätter in dichten Rosetten mit 3-12 Fiederpaaren/10-90 cm/Blütenköpfchen kugelig bis eiförmig 1-3 cm lang/mäßig trockene, ± nährstoff- und basenreiche, meist kalkhaltige Lehmböden/Gebüsche-Rasengesellschaften/Mai-Juli

Persischer Ehrenpreis
Veronica persica
(Scrophulariaceae)

4 Blütenblätter

1A-Rasengesellschaften und Ruderalstandorte
  2A-Blaue Blüten mit 2 Staubblättern
    3A-Blätter nierenförmig ***Veronica filiformis***
    3B-Bätter dreieckig bis oval ***Veronica persica***
  2B-Weiße oder gelbe Blüten mit 6 Staubblättern ***Raphanus raphanistrum***
  2C-Rote Blüten mit vielen Staubblättern
    3A-Frucht behaart ***Papaver argemone***
    3B-Frucht unbehaart
      4A-Frucht viel länger als breit ***Papaver dubium***
      4B-Frucht fast rund ***Papaver rhoeas***

Papaver argemone Sand-Mohn (Papaveraceae) Behaartes Kraut/mit weißem Milchsaft/Blätter 1-2fach fiederteilig/Blütenblätter 10-30 mm/Blüten rot mit schwarzem Zentrum/Frucht behaart und mehr als doppelt so lang wie breit/ viele Staubblätter/Staubfäden bläulich/Staubbeutel gelbgrün oder blau/ nährstoffreiche, kalkarme Böden/Ruderalpflanzen/Mai-Juli

Papaver dubium Saat-Mohn (Papaveraceae) Behaartes Kraut/mit weißem Milchsaft/Blätter 1-2fach fiederteilig/Blütenblätter 10-40 mm/viele Staubblätter/Staubfäden bläulich/Staubbeutel gelbgrün oder braun/Frucht unbehaart Frucht viel länger als breit/trockene, nährstoffreiche, meist kalkarme Rohböden/Ruderalpflanzen/Mai-Juni

Papaver rhoeas Klatsch-Mohn (Papaveraceae) Behaartes Kraut mit weißem Milchsaft/Blätter 1-2fach fiederteilig/Blütenblätter 13-50 mm/Blütenblätter rot mit schwarzem Fleck/viele Staubblätter/Staubfäden bläulich/Staubbeutel braun oder gelb/Frucht unbehaart/Frucht fast rund/nährstoffreiche, meist kalkhaltige Böden/Ruderalpflanzen/Mai-Juli

Raphanus raphanistrum Hederich (Cruciferae) Rau behaarte Pflanze/30-60 cm/untere Blätter fiederspaltig-obere nicht/Blüten 15-30 mm/Blütenblätter weiß oder gelb mit violetten Adern/Frucht eine perlschnurartig eingeschnürte Schote/frische oder mäßig frische, nährstoffreiche, kalkarme Böden/ Ruderalpflanzen/Juni-Okt

Veronica filiformis Faden-Ehrenpreis (Scrophulariaceae) Behaarte Pflanze/5-50 cm/Blätter nierenförmig/Blüten 9-15 mm/Blütenblätter blau + weiß mit dunklen Streifen/frische, nährstoffreiche, ± kalkarme Böden/Rasengesellschaften/März-Mai

Veronica persica Persischer Ehrenpreis (Scrophulariaceae) Behaarte Pflanze/ 10-60 cm/Blätter dreieckig bis oval/Blüten 8-12 mm/Blütenblätter blau mit dunklen Streifen und gelbem Schlund/frische bis mäßig trockene, nährstoffreiche Böden/Ruderalpflanzen/Feb-Okt

Bach-Nelkenwurz
Geum rivale
(Rosaceae)

5 Blütenblätter

1A-Wälder und Gebüsche	
2A-Blütenblätter weiß+rot oder gelb gepunktet	***Saxifraga rotundifolia***
2B-Blütenblätter weißlich und außen rötlich	***Filipendula vulgaris***
2C-Blütenblätter weißlich mit dunklen Streifen	***Arctostaphylos alpina***
2D-Blütenblätter grünlich mit dunklen Streifen	***Arctostaphylos alpina***
2E-Blütenblätter rosa mit dunklen Streifen	***Arctostaphylos alpina***
2F-Blütenblätter gelb mit dunklem Fleck	
3A-Blätter handförmig eingeschnitten	***Potentilla aurea***
3B-Blätter nicht so	***Primula veris***
1B-Rasengesellschaften und Ruderalstandorte	
2A-Blütenblätter rotviolett und eingeschnitten	***Primula minima***
2B-Blütenblätter anders	
3A-Blütenblätter weiß/außen rötlich	***Filipendula vulgaris***
3B-Blüten außen rot geadert/innen gelblich	***Geum rivale***
3C-Blüten blau mit weißer Röhre	***Anchusa arvensis***
3D-Blütenblätter gelb und violett geadert	***Hyoscyamus niger***
3E-Blütenblätter gelb mit dunklem Fleck	
4A-Blätter handförmig eingeschnitten	***Potentilla aurea***
4B-Blätter nicht so	***Primula veris***
1C-Ufervegetation	
2A-Blütenblätter weiß mit 2 gelben Punkten	***Saxifraga stellaris***
2B-Blütenblätter weiß mit gelbem Zentrum	
3A-Blattzipfel in einer Ebene	***Ranunculus circinatus***
3B-Blattzipfel nicht in einer Ebene	
4A-Blütenblätter 3-6 mm	***Ranunculus trichophyllus***
4B-Blütenblätter 7-13 mm	***Ranunculus fluitans***
1D-Moore und Zwergstrauchheiden	
2A-Blüten weiß mit 2 gelben Punkten	***Saxifraga stellaris***
2B-Blüten rosa mit gelbem Zentrum	***Primula farinosa***
1E-Felsige Standorte	
2A-Blütenblätter eingeschnitten	
3A-Blüten gelb	***Primula auricula***
3B-Blüten rotviolett	***Primula minima***
2B-Blütenblätter nicht eingeschnitten	
3A-Blütenblätter gelb mit dunklem Fleck	***Potentilla aurea***
3B-Blüten weiß	
4A-Blütenblätter mit roten Punkten	***Saxifraga paniculata***
4B-Blütenblätter mit gelben Punkten	***Saxifraga stellaris***

Gold-Fingerkraut
Potentilla aurea
(Rosaceae)

Anchusa arvensis Acker-Krummhals (Boraginaceae) Behaarte Pflanze/10-60 cm/Blätter lineal bis breit lanzettlich/Blüten 7-10 mm/mäßig frische, nährstoffreiche, meist kalkarme, bindige Sandböden/Ruderalpflanzen/Mai-Sep

Arctostaphylos alpina Alpen-Bärentraube (Ericaceae) Niederliegender Zwergstrauch/5-60 cm/Blätter scharf gezähnt/Blüten zu 2-5/Blüten 5-6 mm/ nährstoff- und basenarme, flachgründige Steinböden/Kiefernwälder/Mai

Filipendula vulgaris Kleines Mädesüß (Rosaceae) Pflanze mit rundem Stängel/ 15-80 cm/Blätter mit 8-40 großen Fiedern/Blütenstand vielblütig/Blüten 8-16 mm/wechseltrockene, basenreiche, humose Ton- und Lehmböden, vorwiegend auf Kalk/Eichenmischwälder-Rasengesellschaften-Waldnahe Staudenfluren/Mai-Juli

Geum rivale Bach-Nelkenwurz (Rosaceae) Behaarte Pflanze/10-100 cm/ Grundblätter 5-13zählig gefiedert/Blüten 8-15 mm/sickernasse, zuweilen zeitweise überflutete, nährstoff- und basenreiche Lehm-, Ton- und Niedermoorböden/Rasengesellschaften/Apr-Juni

Hyoscyamus niger Bilsenkraut (Solanaceae) Pflanze mit zottig-klebrig behaartem Stängel/20-80 cm/Blätter länglich eiförmig-obere halb stängelumfassend/ Bluten 2-3 cm/Ruderalpflanzen/Juni-Okt

Potentilla aurea Gold-Fingerkraut (Rosaceae) Behaarte Pflanze/5-20 cm/ Grundblätter fünfzählig gefingert/Bluten 10-25 mm/Felsige Standorte-Rasengesellschaften-Waldnahe Staudenfluren/Apr-Sep

Primula auricula Aurikel (Primulaceae) Pflanze mit grundständigen Blättern/ 5-25 cm/Blätter dickfleischig/Blüten 15-25 mm/Felsige Standorte/Apr-Juni

Primula farinosa Mehl-Primel (Primulaceae) Pflanze mit grundständigen Blättern/5-30 cm/Blätter oberseits grün und unterseits weiß bestäubt/Blüte 8-16 mm mit stumpfkantigem Kelch/feuchte bis nasse, nährstoffarme, kalkhaltige Sumpf-, Torf- oder Steinböden/Moore/Mai-Juli

Primula minima Zwerg-Primel (Primulaceae) Unbehaarte Pflanze/1-5 cm/ Blätter in grundständiger Rosette/Blüten 1-2 cm/Felsige Standorte-Rasengesellschaften/Juni-Aug

Primula veris Echte Schlüsselblume (Primulaceae) Behaarte Pflanze/10-30 cm/ Blätter runzelig und beidseits behaart/Blüten 9-15 mm/mäßig trockene bis frische, nährstoff- und kalkhaltige Mullböden/Buchenwälder-Eichenmischwälder-Gebüsche-Rasengesellschaften/Apr-Mai

Ranunculus circinatus Spreizender Hahnenfuß (Ranunculaceae) Wasserpflanze/5-300 cm/Wasserblätter fein zerteilt/Blüten 8-18 mm/kalkreiche Gewässer, über humosem Schlamm/Ufervegetation/Mai-Sep

Ranunculus fluitans Flutender Hahnenfuß (Ranunculaceae) Wasserpflanze/ 100-600 cm/Wasserblätter fein zerteilt/Blüten 20-30 mm/schnell fließende, kühle Gewässer/Ufervegetation/Juni-Aug

Ranunculus trichophyllus Haarblättriger Wasserhahnenfuß (Ranunculaceae) Wasserpflanze/5-100 cm/Blätter fein zerteilt/Blüten 5-10 mm/stehende oder langsam fließende Gewässer/Ufervegetation/Mai-Aug

Rundblättriger Steinbrech
Saxifraga rotundifolia
(Saxifragaceae)

Saxifraga paniculata Trauben-Steinbrech (Saxifragaceae) Polsterbildende Rosettenstaude/15-45 cm/Blätter am Rand kalkverkrustet/Blüten 8-11 mm/ trockene bis mäßig trockene, kalkhaltige Steinböden/Felsige Standorte/ Mai-Aug

Saxifraga rotundifolia Rundblättriger Steinbrech (Saxifragaceae) Pflanze mit weich behaarten Blättern/15-70 cm/Blätter herz-nierenförmig/Blütenblätter 6-11 mm/frische, nährstoffreiche, kalkhaltige Mullböden/Waldnahe Staudenfluren/Juni-Okt

Saxifraga stellaris Stern-Steinbrech (Saxifragaceae) Dichtrasige Rosettenstaude/5-20 cm/behaart/Blätter verkehrt-eiförmig keilig/Blüten 10-15 mm/ Quellfluren, Bachufer, nasse Felsen/Felsige Standorte-Ufervegetation-Zwergstrauchheide/Juni-Aug

Sommer-Adonisröschen
Adonis aestivalis
(Ranunculaceae)

Mehr als 5 Blütenblätter

1A-Rasengesellschaften und Ruderalstandorte
  2A-Blätter filigran eingeschnitten
    3A-Kelchblätter unbehaart — ***Adonis aestivalis***
    3B-Kelchblätter behaart — ***Adonis flammea***
  2B-Blätter nicht so — ***Antennaria dioica***
1B-Zwergstrauchheiden und Moore — ***Antennaria dioica***

Adonis aestivalis Sommer-Adonisröschen (Ranunculaceae) Kraut/20-60 cm/ Blätter filigran eingeschnitten/Blüten 25-40 mm mit 8 oder mehr Blütenblättern/(mäßig) trockene, nährstoff- und kalkreiche Böden/Ruderalpflanzen/ Mai-Juli

Adonis flammea Brennendes Adonisröschen (Ranunculaceae) 20-50 cm/Blätter filigran eingeschnitten (2-3x gefiedert)/Blüte 20-30 mm mit 5-8 Blütenblättern/± trockene, nährstoff- und kalkreiche Böden/Ruderalpflanzen/Mai-Aug

Antennaria dioica Gewöhnliches Katzenpfötchen (Compositae) Behaarte Pflanze/5-30 cm/Blätter in Grundblattrosette mit verkehrt eiförmig-spateligen Blättern/Blüten 6-12 mm/mäßig frische, meist kalkarme, sandige Lehmböden/Rasengesellschaften-Zwergstrauchheiden/Mai-Juli

Buschiger Erdrauch
Fumaria vaillantii
(Papaveraceae)

Blüten symmetrisch

1A-Wälder und Gebüsche
2A-Baum ***Aesculus hippocastanum***
2B-Krautige Pflanze
3A-Blüten mit Sporn
4A-Blüten gelb mit dunklen Streifen ***Viola biflora***
4B-Blüten blau bis violett
5A-Herzförmige Blätter alle grundständig
6A-Sporn der Blüte weißlich ***Viola collina***
6B-Sporn der Blüte rötlich violett ***Viola hirta***
5B-Stängel mit Blättern
6A-Blätter nicht deutlich herzförmig ***Viola canina***
6B-Blätter deutlich herzförmig
7A-Sporn der Blüte violett + 5-6 mm ***Viola reichenbachiana***
7B-Sporn der Blüte weißlich + 3 mm ***Viola riviniana***
3B-Blüten ohne Sporn
4A-Blätter tief eingeschnitten ***Aconitum variegatum***
4B-Blätter nicht tief eingeschnitten
5A-Blüten gelb/innen braun geadert ***Digitalis grandiflora***
5B-Blüten purpurn/innen dunkel gefleckt ***Digitalis purpurea***
1B-Rasengesellschaften und Ruderalstandorte
2A-Blüten ohne Sporn
3A-Blütenblätter gelb und violett geadert ***Hyoscyamus niger***
3B-Blütenblätter braunrot bis grünlich ***Pedicularis recutita***
2B-Blüten mit Sporn
3A-Blätter lanzettlich (Blüten blau+gelb) ***Viola tricolor***
3B-Blätter eiförmig bis herzförmig
4A-Sporn der Blüten 2-3 mm ***Viola stagnina***
4B-Sporn der Blüten 5-8 mm ***Viola canina***
3C-Blätter 2-4fach fiederlappig
4A-Blüten in 6-12blütigen Trauben ***Fumaria vaillantii***
4B-Blüten in 20-40blütigen Trauben ***Fumaria officinalis***
1C-Ufervegetation ***Lobelia dortmanna***
1D-Felsige Standorte
2A-Blüten violett mit gelbem Gaumen ***Cymbalaria muralis***
2B-Blüten gelb mit violetten Streifen
3A-Blätter nierenförmig ***Viola biflora***
3B-Blätter nicht nierenförmig ***Viola calaminaria***

Zymbelkraut
Cymbalaria muralis
(Scrophulariaceae)

Aesculus hippocastanum Rosskastanie (Hippocastanaceae) Baum/15-30 m/ Blätter handförmig gefiedert mit bis zu 7 Fiederblättern/Blütenstand 20-30 cm lang/frische, nährstoffreiche, tiefgründige Böden/Zierpflanze/Apr-Mai

Aconitum variegatum Bunter Eisenhut (Ranunculaceae) Oben kahle Pflanze/ 60-150 cm/Blätter handförmig 5-7lappig/Blüten 8-15 mm/frische bis nasse, nährstoffreiche, kalkhaltige Böden/Buchenwälder/Juli-Sep

Cymbalaria muralis Zymbelkraut (Scrophulariaceae) Unbehaarte Pflanze/10-40 cm/Stängel rund/Blüten 9-15 mm/frische, mäßig nährstoffreiche, ± kalkhaltige Steinböden und Spaltenfüllungen/Felsige Standorte/Juni-Sep

Digitalis grandiflora Großblütiger Gelber Fingerhut (Scrophulariaceae) Drüsig-flaumig behaarte Pflanze/40-100 cm/Blätter oval-lanzettlich/Blüten 4-5 cm/frische, nährstoffreiche, ± kalkarme Mull- und Moderhumusböden/ Waldnahe Staudenfluren/Juni-Sep

Digitalis purpurea Roter Fingerhut (Scrophulariaceae) Behaarte Pflanze/50-150 cm/Blätter/Blüte 40-55 mm/frische, nährstoffreiche, kalkarme Böden/ Waldnahe Staudenfluren/Juni-Juli

Fumaria officinalis Gemeiner Erdrauch (Papaveraceae) Unbehaartes Kraut/10-30/Blätter 2-4x fiederlappig/Blüten purpurrot und an der Spitze dunkelrot/ Blüte gespornt/Blüte 7-9 mm/6 Staubblätter/Kelch > 25% der Blüte/Frucht abgeflacht/frische, nährstoffreiche lockere Böden/Ruderalpflanzen/Apr-Okt

Fumaria vaillantii Buschiger Erdrauch (Papaveraceae) Unbehaartes Kraut/10-25 cm/Blätter 3-lappig/Blüte gespornt/Blüten blaßrosa mit dunklen Spitzen/ Blüte 5-6 mm/6 Staubblätter/Kelch < 20 % der Blüte/Narbe 2teilig/Frucht kugelig/nährstoff- und kalkreiche, trockene und steinige Lehmböden/ Ruderalpflanzen/Mai-Okt

Hyoscyamus niger Bilsenkraut (Solanaceae) Pflanze mit zottig-klebrig behaartem Stängel/20-80 cm/Blätter länglich eiförmig-obere halb stängel-umfassend/Blüten 2-3 cm/mäßig frische bis mäßig trockene, nährstoffreiche Böden/Ruderalpflanzen/Juni-Okt

Lobelia dortmanna Wasser-Lobelie (Campanulaceae) Unbehaarte Wasser-pflanze mit untergetauchten Blättern/30-70 cm/Blätter länglich/Blüten 15-20 mm/kalkarme Ufer nährstoffarmer Seen/Ufervegetation/Juli-Aug

Pedicularis recutita Gestutztes Läusekraut (Scrophulariaceae) Unbehaarte Pflanze/20-60 cm/Blätter fiederteilig/Blüte 12-15 mm in großen Ähren/ feuchte, nährstoffreiche Böden/Rasengesellschaften/Juli-Aug

Viola biflora Zweiblütiges Veilchen (Violaceae) Behaarte Pflanze mit grund-ständigen Blättern/8-20 cm/Blätter nierenförmig/Blüten 10-15 mm/feuchte, nährstoffreiche, meist kalkhaltige Böden/Buchenwälder-Felsige Standorte-Gebüsche-Waldnahe Staudenfluren/Mai-Juli

Viola calaminaria Galmei-Stiefmütterchen (Violaceae) Pflanze mit unter-irdischen Ausläufern/10-25 cm/Blätter rund bis eiförmig unten-oben eiförmig bis eiförmig-lanzettlich/Blüten 2-3 cm/auf Galmeiböden/Felsige Standorte/ Juni-Aug

Gewöhnliches Stiefmütterchen
Viola tricolor
(Violaceae)

Viola canina Hunds-Veilchen (Violaceae) Pflanze mit beblättertem Stängel/5-40 cm/Blätter schmal bis breit-eiförmig/Blüten 15-25 mm/trockene bis frische, kalkarme, humose, sandige, lehmige und torfige Böden/Kiefernwälder-Rasengesellschaften/Apr-Juni

Viola collina Hügel-Veilchen (Violaceae) Behaarte Pflanze mit grundständiger Rosette/6-20 cm/Blätter herzförmig/Blüten 12-20 mm/trockenere, meist kalkhaltige, steinige oder sandige Böden/Eichenmischwälder/März-Mai

Viola hirta Raues Veilchen (Violaceae) Behaarte Pflanze mit grundständiger Rosette/5-20 cm/Blätter herzförmig/Blüten 10-15 mm/± nährstoffreiche, meist kalkhaltige Ton-, Lehm- oder Lössböden/Gebüsche-Waldnahe Staudenfluren/März-Mai

Viola reichenbachiana Wald-Veilchen (Violaceae) Behaarte Pflanze mit beblättertem Stängel/10-15 cm/Blätter herzförmig/Blüten 12-18 mm/frische, nährstoffreiche, humose Lehmböden/Buchenwälder/Apr-Juni

Viola riviniana Hain-Veilchen (Violaceae) Pflanze mit beblättertem Stängel/5-25 cm/Blätter herzförmig/Blüten 14-25 mm/mäßig trockene, kalkarme, bevorzugt sandige Lehm- und Tonböden/Eichenmischwälder/Apr-Mai

Viola stagnina Bleiches Torf-Veilchen (Violaceae) Unbehaarte Pflanze mit beblättertem Stängel/10-30 cm/Blätter herzförmig/Blüten 10-15 mm/feuchte bis wechselnasse, ± nährstoffreiche, meist kalkarme, humose oder torfige Böden/Rasengesellschaften/Mai-Juli

Viola tricolor Gewöhnliches Stiefmütterchen (Violaceae) Pflanze/3-40 cm/Blätter herzförmig/Nebenblätter tief fiederteilig/Blüten 10-25 mm/nährstoffreiche Sand- und Lehmböden/Ruderalpflanzen/Mai-Okt

Blüte margeritenartig

1A-Wälder und Gebüsche	
2A-Blätter tief eingeschnitten	
3A-Zungenblüten gelb	***Tanacetum corymbosum***
3B-Zungenblüten weißlich	
4A-Blätter wenig länger als breit	***Achillea macrophylla***
4B-Blätter viel länger als breit	***Achillea millefolium***
2B-Blätter nicht tief eingeschnitten	
3A-Zungenblüten weißlich	***Achillea salicifolia***
3B-Zungenblüten bläulich bis violett	
4A-Hüllblätter > 1 mm breit	***Aster amellus***
4B-Hüllblätter 1 mm breit	***Aster lanceolatus***
1B-Rasengesellschaften und Ruderalstandorte	
2A-Blätter distelartig	***Carlina acaulis***
2B-Blätter grundständig, nicht distelartig	
3A-Blütenboden hohl (durchschneiden!)	***Bellis perennis***
3B-Blütenboden nicht hohl	
4A-Blätter gezähnt	***Aster bellidiastrum***
4B-Blätter eingeschnitten	***Tanacetum alpinum***
2C-Blätter gestielt	
3A-Blüten 10-30cm	***Helianthus annuus***
3B-Blüten < 2 cm	
4A-Stängel dicht abstehend behaart	***Galinsoga ciliata***
4B-Stängel kahl oder anliegend behaart	***Galinsoga parviflora***
2D-Blätter sitzend	
3A-Pflanze unangenehm riechend	***Anthemis cotula***
3B-Pflanze angenehm riechend	
4A-Pflanze unbehaart	***Matricaria recutita***
4B-Pflanze behaart	
5A-Blütenköpfchen einzeln	***Anthemis arvensis***
5B-Blüten in mehrblütigen Dolden	***Achillea nobilis***
3C-Pflanze (fast) geruchlos	
4A-Pflanze unbehaart	***Tripleurospermum maritimum***
4B-Pflanze behaart	
5A-Blätter filigran eingeschnitten	
6A-Blüten mit 5-12 Zungenblüten	***Achillea millefolium***
6B-Blüten mit 4-6 Zungenblüten	***Achillea setacea***
5B-Blätter nicht filigran eingeschnitten	
6A-Blüte 2,5-6 cm	***Leucanthemum vulgare***
6B-Blüten kleiner	
7A-Blätter länglich	***Achillea ptarmica***
7B-Blätter lanzettlich	***Conyza canadensis***
7C-Blätter oval	***Erigeron annuus***

1C-Moore und Zwergstrauchheiden ***Aster bellidiastrum***
1D-Felsige Standorte
  2A-Blätter filigran eingeschnitten ***Achillea setacea***
  2B-Blätter nicht filigran eingeschnitten
    3A-Stängel vielköpfig/Köpfchen < 1 cm ***Erigeron acris***
    3B-Stängel wenigköpfig/Köpfchen 3-5 cm ***Erigeron alpinus***

Außerdem

Antennaria dioica

Sumpf-Schafgarbe
Achillea ptarmica
(Compositae)

Achillea macrophylla Großblättrige Schafgarbe (Compositae) Meist kahle Pflanze/30-100 cm/Blätter mit 8-12 Fiederlappen/Einzelblüten 10-13 mm/ sickerfrische, nährstoffreiche, meist kalkarme, humose Ton- und Lehmböden/ Waldnahe Staudenfluren/Juli-Sep

Achillea millefolium Gewöhnliche Schafgarbe (Compositae) Aromatische, behaarte Pflanze/8-100 cm/Stängelblätter doppelt fiederteilig/Einzelblüten 4-6 mm/frische bis mäßig trockene, nährstoffreiche, lockere, sandige, steinige oder reine Lehmböden/Waldnahe Staudenfluren/Juni-Okt

Achillea nobilis Edel-Schafgarbe (Compositae) Wollig behaarte Pflanze/20-60 cm/Blätter länglich oval 2-3x fiederschnittig/Blüten 2-5 mm in dichten Blütenständen/trockene, bevorzugt kalkhaltige, lockere Steinböden oder sandige Lössböden/Ruderalpflanzen/Juni-Okt

Achillea ptarmica Sumpf-Schafgarbe (Compositae) Behaarte Pflanze mit kriechenden Ausläufern/30-100 cm/Blätter lineal lanzettlich/Blüten 12-17 mm in 5-30blütigen Blütenständen/nasse (wechselnasse), ± nährstoffreiche, bevorzugt kalkarme modrig-humose Tonböden oder auf Torf/Rasengesellschaften/Juli-Sep

Achillea salicifolia Knorpelblättrige Schafgarbe (Compositae) Behaarte Pflanze mit kantigem Stängel/30-120 cm/Blätter lanzettlich/Einzelblüten 10-12 mm/ nasse Lehmböden/Waldnahe Staudenfluren/Juli-Sep

Achillea setacea Feinblatt-Schafgarbe (Compositae) Seidig oder wollig behaarte Pflanze/10-60 cm/mittlere Stängelblätter lanzettlich 3-fach fiederteilg/ Blütenstand 3-7 cm/Einzelblüten 2-4 mm/steinige Weiden/Felsige Standorte-Rasengesellschaften/Mai-Juni

Antennaria dioica Gewöhnliches Katzenpfötchen (Compositae) Behaarte Pflanze/5-30 cm/Blätter in Grundblattrosette mit verkehrt-eiförmig-spateligen Blättern/Blüten 6-12 mm/mäßig frische, meist kalkarme, sandige Lehmböden/Rasengesellschaften-Zwergstrauchheiden/Mai-Juli

Anthemis arvensis Acker-Hundskamille (Compositae) Behaartes Kraut/15-50 cm/Blätter einfach oder doppelt fiederschnittig/Blütenhüllblätter stumpf mit braunem Rand/Blüte 20-40 mm/frische bis mäßig frische, nährstoffreiche, meist kalkarme Ton- und Lehmböden/Ruderalpflanzen/Juni-Sep

Anthemis cotula Stinkende Hundskamille (Compositae) Behaartes Kraut mit unangenehmen Geruch/15-70 cm/Blätter unregelmäßig doppelt fiederspaltig/Blüten 10-30 mm/Blütenhüllblätter mit hellbraunem Rand/mäßig frische bis frische, nährstoffreiche, humose Lehm- und Tonböden/ Ruderalpflanzen/Juli-Sep

Aster amellus Berg-Aster (Compositae) Behaarte Pflanze/Köpfchen 2-5 cm/ Hüllblätter undeutlich 2-3reihig/Zungenblüten weiß bis violett/Röhrenblüten gelb/mäßig trockene, meist kalkreiche, humose, lockere Böden/Rasengesellschaften-Waldnahe Staudenfluren/Juli-Okt

Behaartes Knopfkraut
Galinsoga ciliata
(Compositae)

Aster amellus Berg-Aster (Compositae) Behaarte Pflanze/Köpfchen 2-5 cm/ Hüllblätter undeutlich 2-3reihig/Zungenblüten weiß bis violett/Röhrenblüten gelb/mäßig trockene, meist kalkreiche, humose, lockere Böden/Rasengesellschaften-Waldnahe Staudenfluren/Juli-Okt

Aster bellidiastrum Alpenmaßliebchen (Compositae) Behaarte Pflanze mit grundständiger Rosette/5-35 cm/Blätter spatelig bis umgekehrt-eiförmig/ Blüten 2-4 cm/sickerfeuchte, meist kalkhaltige, humose Stein-, Lehm- oder Sumpfhumusböden/Moore-Rasengesellschaften/Apr-Sep

Aster lanceolatus Lanzettblättrige Aster (Compositae) Pflanze mit oben behaartem Stängel/60-150 cm/Blätter schmal lanzettlich/Blüten 12-20 mm/ verwilderte Zierpflanze/Waldnahe Staudenfluren/Sep-Nov

Bellis perennis Gänseblümchen (Compositae) Behaarte Pflanze mit grundständigen Blättern/2-20 cm/Blätter spatelig bis verkehrt eiförmig/Blüten 1-3 cm/frische, nährstoffreiche, ± humose Lehm- und Tonböden/Rasengesellschaften/März-Nov

<u>Carlina acaulis</u> Silberdistel (Compositae) Distelartige Pflanze/1-50 cm/Blätter deutlich fiederteilig/Blüten 4-6 cm/mäßig trockene, ± tiefgründige Böden/ Kiefernwälder-Rasengesellschaften/Juli-Sep

Conyza canadensis Kanadisches Berufskraut (Compositae) Abstehend behaarte Pflanze/10-150 cm/Blätter schmallanzettlich/Blüten 3-5 mm in 100-6000blütigen Blütenständen/mäßig trockene bis frische, nährstoffreiche, meist wenig humose Böden/Rasengesellschaften-Ruderalpflanzen/Juni-Sep

Erigeron acris Scharfes Berufskraut (Compositae) Pflanze rauhaarig bis kahl/5-100 cm/Blätter schmal verkehrt-eiförmig/Blütenköpfchen 6-10 mm/ violett/Hülle becherförmig/Zungenblüten rot bis violett/Röhrenblüten grünlich-gelb/mäßig trockene, meist kalkreiche, gern sandige, kiesige oder steinige Lehm- und Lössböden/Felsige Standorte/Mai-Sep

Erigeron alpinus Alpen-Berufkraut (Compositae) Behaarte Pflanze/5-40 cm/ Blätter länglich-verkehrt-eiförmig bis spatelig/Blüten 20-35 mm/frische, oft kalkfreie, humose, steinige Lehm- und Tonböden/Felsige Standorte/Juli-Sep

Erigeron annuus Zweijähriger Feinstrahl (Compositae) Behaarte Pflanze/20-150 cm/Grundblätter breit-eiförmig oder verkehrt-eiförmig/Blüten 15-25 mm/ grund- oder sickerfrische, nährstoffreiche, häufig sandige oder steinige Lehmböden/Ruderalpflanzen/Juni-Okt

<u>Galinsoga ciliata</u> Behaartes Knopfkraut (Compositae) Behaarte Pflanze/10-80 cm/Blätter eiförmig bis lanzettlich/Blüten 7-9 mm/frische bis mäßig trockene, nährstoffreiche, bevorzugt kalkarme, humose Lehm- und Tonböden/Ruderalpflanzen/Apr-Okt

Galinsoga parviflora Kleinblütiges Knopfkraut (Compositae) Pflanze/10-60 cm/Blätter eiförmig bis lanzettlich/Blüten mm/frische bis mäßig frische, nährstoffreiche, bevorzugt kalkarme, sandige Lehmböden/Ruderalpflanzen/ Mai-Okt

Echte Kamille
Matricaria recutita
(Compositae)

Helianthus annuus Sonnenblume (Compositae) Pflanze/1-4 m/Blätter herz- bis eiförmig/Blüten 30-50 cm/frische, nährstoffreiche Böden/Ruderalpflanzen/ Juli-Okt

Leucanthemum vulgare Margerite (Compositae) Pflanze/20-100 cm/Grundblätter verkehrt-eiförmig bis spatelförmig/Blüten 3-6 cm/± frische, mäßig nährstoffreiche Böden/Rasengesellschaften/Mai-Okt

Matricaria recutita Echte Kamille (Compositae) Unbehaarte Pflanze/15-50 cm Blätter 2-3x fiederteilig/Blüten 10-25 mm/frische, nährstoffreiche, meist kalkarme, ± humose Lehm- und Tonböden/Ruderalpflanzen/Mai-Sep

Tanacetum alpinum Alpen-Wucherblume (Compositae) Rasenbildende Pflanze/5-20 cm/Grundblätter kammförmig fiederspaltig/Blüten 2-4 cm/ schneefeuchte, kalkarme oder entkalkte, modrig-humose, ± steinige Lehm- und Tonböden/Rasengesellschaften/Juni-Aug

Tanacetum corymbosum Doldige Wucherblume (Compositae) Pflanze/50-150 cm/Blätter mit eilänglichen gefiederten Blättern/Blüten 1-2 cm/mäßig trockene, nährstoffreiche, humose Lehm- oder Lössböden, auch Felsböden/ Waldnahe Staudenfluren/Juni-Aug

Tripleurospermum maritimum Strand-Kamille (Compositae) Geruchlose Pflanze/10-30 cm/Blätter 2-3x fiederteilig/Blüten 2-5 cm/salzliebend/ Ruderalpflanzen/Juli-Okt

Doldige Wucherblume
Tanacetum corymbosum
(Compositae)

Blüten löwenzahnartig

1A-Wälder und Gebüsche ***Tanacetum corymbosum***

Tanacetum corymbosum Doldige Wucherblume (Compositae) Behaarte Pflanze/50-150 cm/Blätter mit 7-15 eilänglichen, fiederteiligen Fiederblättern/Blüten 25-40 mm/mäßig trockene, nährstoffreiche, humose Lehm- oder Lössböden, auch Felsböden/Eichenmischwälder/Juni-Aug

Blüten anders

1A-Rasengesellschaften und Ruderalstandorte ***Antennaria dioica***

Antennaria dioica Gewöhnliches Katzenpfötchen (Compositae) Behaarte Pflanze/5-30 cm/Blätter in Grundblattrosette mit verkehrt eiförmig-spateligen Blättern/Blüten 6-12 mm/mäßig frische, meist kalkarme, sandige Lehmböden/Rasengesellschaften-Zwergstrauchheiden/Mai-Juli

Spitz-Wegerich
Plantago lanceolata
(Plantaginaceae)

Blüten klein

1A-Blüten grau *Artemisia vulgaris*
1B-Blüten braun
  2A-Wälder und Gebüsche
    3A-Baum oder Strauch
      4A-Blattrand nicht gezähnt/fast ganzrandig *Fagus sylvatica*
      4B-Blattrand eindeutig gezähnt
        5A-Blütenstände aufrecht/Blätter stumpf *Betula humilis*
        5B-Blütenstände hängend/Blätter spitz
          6A-Junge Zweige+Blätter weichhaarig *Betula pubescens*
          6B-Junge Zweige+Blätter kahl *Betula pendula*
          6C-Junge Zweige+Blattstiele zottig *Carpinus betulus*
    3B-Farnpflanze
      4A-Sporenbehälter (Sori) alle am Rand *Pteridium aquilinum*
      4B-Sori einzeln und vom Rand entfernt
        5A-Sori länglich oder hakenförmig *Athyrium filix-femina*
        5B-Sori rundlich
          6A-Blätter gefiedert *Gymnocarpium dryopteris*
          6B-Blätter tief eingeschnitten *Polypodium vulgare*
        5C-Sori nierenförmig
          6A-Farnwedel 2-fach gefiedert *Dryopteris filix-mas*
          6B-Farnwedel 3- bis 4-fach gefiedert *Dryopteris dilatata*
  2B-Rasengesellschaften und Ruderalstandorte
    3A-Farnpflanze *Ophioglossum vulgatum*
    3B-Krautartige Pflanze
      4A-Blätter grundständig
        5A-Blätter linealisch *Plantago atrata*
        5B-Blätter lanzettlich *Plantago lanceolata*
      4B-Stängel mit gefiederten Blättern *Sanguisorba officinalis*
  2C-Moore und Zwergstrauchheiden *Betula nana*
  2D-Felsige Standorte *Salix reticulata*
1C-Blüten violett
  2A-Wälder und Gebüsche
    3A-Baum oder Strauch
      4A-Blüten lang gestielt/Zweige behaart *Ulmus laevis*
      4B-Blüten fast sitzend/Zweige unbehaart
        5A-Blätter mit 12-18 Blattvenen *Ulmus glabra*
        5B-Blätter mit 7-12 Blattvenen *Ulmus minor*
  2B-Rasengesellschaften und Ruderalstandorte
    3A-Blätter grundständig *Hydrocotyle vulgaris*
    3B-Blätter nicht grundständig *Rumex thyrsiflorus*
  2C-Ufervegetation und Moore *Hydrocotyle vulgaris*

Gewöhnlicher Wurmfarn
Dryopteris filix-mas
(Aspidiaceae)

Artemisia vulgaris Gewöhnlicher Beifuß (Compositae) Behaarte Pflanze/30-250 cm/Blätter 1-2x fiederteilig/Blüte 3-4 mm/frische bis feuchte, nährstoffreiche, ± humose Böden/Gebüsche-Rasengesellschaften-Ruderalpflanzen/Juli-Okt

Athyrium filix-femina Wald-Frauenfarn (Athyriaceae) Farnpflanze mit grundständigen Blättern/30-100 cm/Blätter 1-2x gefiedert/kalkarme, frische Böden/Gebüsche/Juli-Sep

Betula humilis Strauch-Birke (Betulaceae) Strauch mit graubrauner Rinde/50-150 cm/Blätter rundlich/Blüten in aufrechten 8-15 mm langen Kätzchen/nasse, mäßig nährstoffreiche Torfböden/Gebüsche/Apr-Mai

Betula nana Zwerg-Birke (Betulaceae) Strauch mit graubrauner Rinde/20-80 cm/Blätter fast kreisrund/Blüten in aufrechten Kätzchen/bis 1 cm lang/nasse, nährstoffarme, saure Torfböden/Moore-Zwergstrauchheiden/Apr-Mai

Betula pendula Hänge-Birke (Betulaceae) Baum mit weißer Baumrinde/10-25 m/Blätter dreieckig-rhombisch/Blüten in 15-60 mm langen Kätzchen/feuchte bis trockene, ± nährstoffarme, ± saure Böden/Gebüsche/Apr-Mai

Betula pubescens Moor-Birke (Betulaceae) Baum mit weißer Rinde/5-25 m/Blätter ei- bis rautenförmig/Blüten in 15-60 mm langen Kätzchen/feuchte, saure, sandige oder torfige Böden/Erlenstandorte/Apr-Mai

Carpinus betulus Hainbuche (Corylaceae) Baum mit glatter Rinde und gedrehten Längswülsten im Stamm/8-25 m/Blätter elliptisch/Blüte in 5 cm langen walzenartiger Kätzchen/frische bis mäßig trockene, mäßig nährstoffreiche, mäßig saure, sandige und besonders lehmige Böden/Buchenwälder-Gebüsche/Apr-Mai

Dryopteris dilatata Breitblättiger Dornfarn (Aspidiaceae) Farnpflanze mit grundständigen Blättern/20-180 cm/Blätter 2-3x gefiedert/relativ nährstoffreiche Böden/Gebüsche/Juni-Sep

Dryopteris filix-mas Gewöhnlicher Wurmfarn (Aspidiaceae) Farnpflanze mit grundständigen Blättern/30-120 cm/Blätter 1-4x gefiedert/nährstoffreiche Mullböden/Gebüsche/Juni-Sep

Fagus sylvatica Rot-Buche (Fagaceae) Baum mit glatter Rinde/3-40 m/Blätter elliptisch-eiförmig/Blütenstände gleichzeitig mit den Blättern erscheinend/sickerfrische, nicht wasserstauende, mittelgründige, kalkreiche und kalkarme Mull- und Moderböden/Buchenwälder/Apr-Mai

Gymnocarpium dryopteris Eichenfarn (Aspidiaceae) Farnpflanze mit grundständigen Blättern/10-50 cm/Blätter im Umriß 3-eckig/kalkarme Böden/Kiefernwälder/Juli-Aug

Hydrocotyle vulgaris Wassernabel (Apiaceae) Sumpfpflanze/10-15 cm/Blätter schildförmig/Blüten in 2-3 mm großen Dolden/nasse, kalkarme Torf- und Humusböden/Moore-Rasengesellschaften-Ufervegetation/Juli-Aug

Ophioglossum vulgatum Natternzunge (Ophioglossaceae) Farnpflanze mit grundständigen Blättern/10-30 cm/schwach salzertragend, auf feuchten, dichten Tonböden/Rasengesellschaften/Juni-Aug

Großer Wiesenknopf
Sanguisorba officinalis
(Rosaceae)

Plantago atrata Berg-Wegerich (Plantaginaceae) Rosettenpflanze/5-20 cm/ Blätter lanzettlich mit 3-7 deutlichen Adern/Blüten in Ähre/feuchte, nährstoffreiche, kalkige Tonböden/Rasengesellschaften/Mai-Aug

Plantago lanceolata Spitz-Wegerich (Plantaginaceae) Pflanze mit grundständigen Blättern/10-50 cm/Blätter lanzettlich mit 3-7 deutlichen Adern/ Blüten in länglich-eiförmiger Ähre/frische bis trockene, magere bis nährstoffreiche, Sand- bis Lehmböden/Ruderalpflanzen/Mai-Sep

Polypodium vulgare Gewöhnlicher Tüpfelfarn (Polypodiaceae) Farnpflanze mit grundständigen Blättern/10-30 cm/kalkmeidend (in Humus über Kalk aber vorkommend)/Eichenmischwälder/Juli-Sep

Pteridium aquilinum Adlerfarn (Dennstaedtiaceae) Farnpflanze mit grundständigen Blättern/60-200 cm/Blätter 2-4x gefiedert/kalkmeidend, bevorzugt basenarme sandige Böden/Eichenmischwälder-Gebüsche/Juli-Okt

Rumex thyrsiflorus Rispen-Ampfer (Polygonaceae) Unbehaarte Pflanze mit dicklichen Blättern/30-120 cm/Blätter am grund pfeil- oder spießförmig/Blüte klein/mäßig trockene, nährstoffreiche, ± humose Kies- und Schotterböden oder sandige Lehm- und Tonböden/Ruderalpflanzen/Juli-Aug

Salix reticulata Netz-Weide (Salicaceae) Kleiner Strauch/10-30 cm/Blätter breit elliptisch bis fast kreisrund/Blüten in 15-35 mm langen Kätzchen/ vorwiegend auf Kalk/Felsige Standorte/Juli-Aug

Sanguisorba officinalis Großer Wiesenknopf (Rosaceae) Unbehaarte Pflanze/ 20-150 cm/untere Blätter mit 3-8 Fiederpaaren/Blüte 10-30 mm/grund- und sickerfeuchte, ± nährstoff- und basenreiche, humose Böden, auch Torfböden/ Rasengesellschaften/Juni-Sep

Ulmus glabra Berg-Ulme (Ulmaceae) Baum/bis 30 m/junge Zweige kurzhaarig/ Blätter breit-eiförmig/Lehm- und Tonböden in kühl-humider Klimalage/ Ufervegetation/März-Apr

Ulmus laevis Flatter-Ulme (Ulmaceae) Baum/bis 35 m/Blätter elliptisch bis verkehrt-eiförmig mit stark asymmetrischem Blattgrund/Blüten büschelig herabhängend/Lehm- und Tonböden/Ufervegetation/März-Mai

Ulmus minor Feld-Ulme (Ulmaceae) Baum/Zweige meist unbehaart/Blattspreite am Grund versetzt ansetzend/Blüten fast sitzend-aufrecht/Gebüsche-Ufervegetation/März-Apr

Wildes Silberblatt
Lunaria rediviva
(Cruciferae)

2-4 Blütenblätter

1A-Blüten violett	
2A-Wälder und Gebüsche	
3A-Blüten mit 2 Staubblättern	***Veronica hederifolia***
3B-Blüten mit 6 (4+2) Staubblättern	
4A-Blätter herzförmig	***Lunaria rediviva***
4B-Blätter gefiedert	***Cardamine pratensis***
4C-Blätter drei- bis fünfzählig	
5A-Blattachsel mit Kugeln	***Dentaria bulbifera***
5B-Blattachsel ohne Kugeln	***Dentaria pentaphyllos***
3C-Blüten mit 8 Staubblättern	
4A-Blätter in 3blättrigen Quirlen	***Epilobium alpestre***
4B-Blätter sitzend	
5A-Stängel kahl/Blüten 2-4 cm	***Epilobium angustifolium***
5B-Stängel behaart/Blüten 15-25 mm	***Epilobium hirsutum***
4C-Blätter gestielt	
5A-Blüten 8-10 mm	***Epilobium roseum***
5B-Blüten 20-40 mm	***Epilobium angustifolium***
2B-Rasengesellschaften und Ruderalstandorte	
3A-Blüten mit 6 (4+2) Staubblättern	
4A-Blätter tief eingeschnitten	***Cakile maritima***
4B-Blätter nicht tief eingeschnitten	***Iberis amara***
3B-Blüten mit 8 Staubblättern	
4A-Stängel kahl oder anliegend behaart	***Epilobium palustre***
4B-Stängel abstehend behaart/Narbe 4lappig	
5A-Blätter nicht stängelumfassend	***Epilobium parviflorum***
5B-Blätter halb stängelumfassend	***Epilobium hirsutum***
2C-Ufervegetation	
3A-Blätter halb stängelumfassend	***Epilobium hirsutum***
3B-Blätter nicht halb stängelumfassend	***Epilobium alsinifolium***
2D-Felsige Standorte	
3A-Blätter sitzend	***Epilobium collinum***
3B-Blätter gestielt	***Epilobium lanceolatum***

Bittere Schleifenblume
Iberis amara
(Cruciferae)

Cakile maritima Meersenf (Cruciferae) Kraut/15-35 cm/Blätter dickfleischig/2x fiederspaltig/Blüten 6-14 mm/Salzsandböden/Ruderalpflanzen/Juli-Okt

Cardamine pratensis Wiesenschaumkraut (Cruciferae) Kraut/kahl/Blätter gefiedert/Blütenblätter 7-14 mm/Rasengesellschaften/feuchte Böden/Apr-Juli

Dentaria bulbifera Zwiebel-Zahnwurz (Cruciferae) Kahl/30-70 cm/Blätter gefiedert/Blüten 12-18 mm/kalkhaltige Mullböden/Buchenwälder/Apr-Juni

Dentaria pentaphyllos Finger-Zahnwurz (Cruciferae) Pflanze mit fleischigem Rhizom/20-50 cm/Blätter 3-5zählig gefingert/Blüten 19-21 mm/frische, nährstoff- und kalkreiche Mullböden/Buchenwälder/Apr-Juni

Epilobium alpestre Voralpen-Weidenröschen (Onagraceae) Stängel meist kantig/30-100 cm/Blätter breit lanzettlich/Blütenblätter 6-10 mm/nährstoffreiche, humose Ton- und Lehmböden/Waldnahe Staudenfluren/Juli-Sep

Epilobium alsinifolium Mierenblättriges Weidenröschen (Onagraceae) Stängel kantige/6-35 cm/Blätter eiförmig-lanzettlich/Blüten 10-25 mm/sickernasse, nährstoffreiche, humose Tonböden/Ufervegetation/Juni-Sep

Epilobium angustifolium Schmalblättriges Weidenröschen (Onagraceae) Stängel oft rötlich/50-180 cm/Blätter bis 20 cm lang & bis 4 cm breit/Blüten 2-4 cm/Lehmböden/Gebüsche-Waldnahe Staudenfluren/Juni-Aug

Epilobium collinum Hügel-Weidenröschen(Onagraceae) Stängel rund/10-40 cm/Blüten 3-6 mm/ trockene bis mäßig frische, meist kalkfreie Silikat- oder Buntsandsteinunterlagen/Felsige Standorte/Juni-Sep

Epilobium hirsutum Zottiges Weidenröschen (Onagraceae) Zottig behaart/50-200 cm/Blätter meist gegen- oder quirlständig/Blüten 15-25 mm/Tonböden/ Rasengesellschaften-Ufervegetation-Waldnahe Staudenfluren/Juni-Sep

Epilobium lanceolatum Lanzettblättriges Weidenröschen (Onagraceae) Behaart 20-90 cm/Blätter länglich-eiförmig/Blüten 8-12 mm/± nährstoffreiche, kalkarme, feinerdearme Silikatschuttböden/Felsige Standorte/Mai-Aug

Epilobium palustre Sumpf-Weidenröschen (Onagraceae) Stängel rund/10-60 cm/Blätter schmal lanzettlich/Blüten 8-12 mm/sickernasse, nährstoffreiche, humose Lehmböden und Sumpfhumusböden/Rasengesellschaften/Juli-Sep

Epilobium parviflorum Kleinblütiges Weidenröschen (Onagraceae) Am Grund verholzt/weich behaart/Blätter sitzend/Blüten 7-12 mm/8 Staubblätter/feuchte bis nasse, nährstoffreiche Lehm- & Tonböden/Rasengesellschaften/Mai-Aug

Epilobium roseum Rosarotes Weidenröschen (Onagraceae) Stängel kantig/15-100 cm/Blätter eiförmig-lanzettlich/Blüten 8-10 mm/sickernasse, oft kalkhaltige, ± humose Lehm- und Tonböden/Waldnahe Staudenfluren/Juli-Okt

Iberis amara Bittere Schleifenblume (Cruciferae) Behaarte Pflanze/10-30 cm Blätter länglich keilförmig/Blüte 6-8 mm mit ungleich großen Blütenblättern/ trockene, nährstoffreiche, kalkhaltige Böden/Ruderalpflanzen/Mai-Aug

Lunaria rediviva Wildes Silberblatt (Cruciferae) Behaarte Pflanze/30-140 cm/Blätter oval/Blüte 20-25 mm/frische, nährstoffreiche, oft kalkhaltige Gesteinsschuttböden/Buchenwälder/Mai-Juli

Veronica hederifolia Efeublättriger Ehrenpreis (Scrophulariaceae) Behaart/8-30 cm/Blätter 3-7lappig/Blüte 4-9 mm/Lehmböden/Gebüsche/März-Mai

5 Blütenblätter

1A-Blüten braun	***Sorbus chamaemespilus***
1B-Blüten violett	
2A-Wälder und Gebüsche	
3A-Rankende Pflanze ohne grüne Blätter	
4A-1 Griffel mit 2teiliger Narbe	***Cuscuta lupuliformis***
4B-2-4 Griffel/Narbe fadenförmig	***Cuscuta europaea***
3B-Pflanze mit grünen Blättern	
4A-Stängel mit Dornen oder Stacheln	
5A-Blüten 6-8 cm	***Rosa rugosa***
5B-Blüten 2-5 cm	
6A-Blätter beidseits kahl	***Rosa dumalis***
6B-Blattunterseite drüsig behaart	***Rosa rubiginosa***
4B-Stängel ohne Dornen oder Stacheln	
5A-Strauch	***Sorbus chamaemespilus***
5B-Kletterpflanze ohne grüne Blätter	
6A-1 Griffel mit 2teiliger Narbe	***Cuscuta lupuliformis***
6B-2-4 Griffel/Narbe fadenförmig	***Cuscuta europaea***
5C-Pflanze mit ledrigen, kahlen Blättern	
6A-Blätter rosettenartig	***Chimaphila umbellata***
6B-Blätter nicht so	***Sedum telephium***
5D-Pflanze mit gefiederten Blättern	
6A-Blätter mit 3-5 Fiederpaaren	***Dictamnus albus***
6B-Blättchen 3-zählig	***Thalictrum aquilegiifolium***
5E-Pflanze anders	
6A-Blüten mit Sporn	***Aquilegia atrata***
6B-Blüte glockig	
7A-Blätter grundständig	***Cortusa matthioli***
7B-Blätter nicht grundständig	
8A-Kelchblätter mit Anhängseln	***Campanula sibirica***
8B-Kelchblätter ohne Anhängsel	
9A-Stängelblätter schmal lineal	***Campanula scheuchzeri***
9B-Stängelblätter herz-eiförmig	
10A-Blüten 1-2 cm	***Campanula bononiensis***
10B-Blüten > 3 cm	
11A-Stängel rund	***Campanula latifolia***
11B-Stängel scharfkantig	***Campanula trachelium***
6C-Blüte anders	
7A-Blüten <15 mm	***Geranium robertianum***
7B-Blüten größer	
8A-Obere Blätter gegenständig	***Geranium sanguineum***
8B-Stängel drüsig behaart	***Geranium sylvaticum***
8C-Stängel + Blütenstiele drüsenlos	***Geranium palustre***

2B-Rasengesellschaften und Ruderalstandorte	
3A-Rankende Pflanze ohne grüne Blätter	***Cuscuta europaea***
3B-Pflanze mit grünen Blättern	
4A-Blätter grundständig	
5A-Blütenblätter tief eingeschnitten	***Primula minima***
5B-Blütenblätter nicht so	
6A-Blüten blauviolett	<u>***Geranium pratense***</u>
6B-Blüten rotviolett	<u>***Geranium sylvaticum***</u>
4B-Blätter nicht grundständig	
5A-Blüte glockig	
6A-Kelchblätter mit Anhängseln	***Campanula sibirica***
6B-Kelchblätter ohne Anhängsel	
7A-Stängel rund	
8A-Grundblätter lang gestielt	***Campanula glomerata***
8B-Grundblätter nicht lang gestielt	***Campanula scheuchzeri***
7B-Stängel kantig	
8A-Grundblätter lang gestielt	***Campanula rapunculoides***
8B-Grundblätter nicht lang gestielt	
9A-Blüte hell violett	***Campanula rapunculus***
9B-Blüte rosalila	***Campanula patula***
5B-Blüte nicht glockig	
6A-Blätter fiederteilig	***Erodium cicutarium***
6B-Blätter nicht fiederteilig	
7A-Stängel kantig	***Asperugo procumbens***
7B-Stängel rund	
8A-Blüten mit Außenkelch	
9A-Blütenblätter 5-12 mm lang	<u>***Malva neglecta***</u>
9B-Blütenblätter 15-30 mm lang	<u>***Malva sylvestris***</u>
8B-Blüten ohne Außenkelch	
9A-Blätter tief eingeschnitten	<u>***Geranium palustre***</u>
9B-Blätter nicht so	
10A-Kelch länger als die Blüte	***Legousia hybrida***
10B-Kelchblätter nicht so	***Legousia speculum-veneris***
2C-Ufervegetation	<u>***Potentilla palustris***</u>
2D-Moore und Zwergstrauchheiden	
3A-Blätter grundständig	***Primula farinosa***
3B-Blätter nicht grundständig	<u>***Potentilla palustris***</u>
2E-Felsige Standorte	
3A-Blätter grundständig	***Primula minima***
3B-Blätter nicht grundständig	
4A-Blüte glockig	
5A-Untere Blätter herzförmig	***Campanula scheuchzeri***
5B-Untere Blätter nicht herzförmig	***Campanula cochleariifolia***
4B-Blüte nicht glockig	<u>***Geranium robertianum***</u>

Nesselblättrige Glockenblume
Campanula trachelium
(Campanulaceae)

Aquilegia atrata Schwarzviolette Akelei (Ranunculaceae) Behaarte Pflanze/20-70 cm/Blätter dreizählig/Blüte 30-40 mm/mäßig trockene, mäßig nährstoff- und kalkhaltige Böden/Kiefernwälder/Juni-Juli

Asperugo procumbens Scharfkraut (Boraginaceae) Filzig bis borstig behaartes Kraut/Stängel kantig/Blüten 3 mm/mäßig trockene, nährstoffreiche, meist kalkhaltige, steinige Ton- und Lehmböden/Ruderalpflanzen/Mai-Aug

Campanula bononiensis Filzige Glockenblume (Campanulaceae) Behaarte Pflanze/30-100 cm/untere Blätter schmal herzförmig/Blüten 1-2 cm/trockene, kalkreiche, nicht zu feinkörnige Böden/Waldnahe Staudenfluren/Juli-Okt

Campanula cochleariifolia Kleine Glockenblume (Campanulaceae) Dichtrasige Pflanze/5-15 cm/untere Blätter oval bis elliptisch/Blüten 12-18 mm/feuchte, kalkreiche Steinböden/Felsige Standorte/Juni-Sep

Campanula glomerata Geknäuelte Glockenblume (Campanulaceae) Kurz behaarte Pflanze/20-40 cm/Blätter lanzettlich bis oval/Blüte 15-30 mm/frische, nährstoffreiche, kalkhaltige Böden/Gebüsche-Rasengesellschaften/Juni-Aug

Campanula latifolia Breitblättrige Glockenblume (Campanulaceae) Weich behaarte Pflanze/60-150 cm/Blätter eiförmig-länglich/Blüte 35-55 mm/ frische, nährstoffreiche Lehmböden/Buchenwälder/Juni-Aug

Campanula patula Wiesen-Glockenblume (Campanulaceae) Pflanze mit rundlich-elliptischen bis eilänglichen Grundblättern/30-60 cm/Blätter ab der Mitte schmal lineal bis lanzettlich/Blüten 20-35 mm/frische, nährstoffreiche, ± kalkarme Böden/Rasengesellschaften/Mai-Aug

Campanula rapunculoides Acker-Glockenblume (Campanulaceae) Pflanze/ 20-80 cm/untere Stängelblätter schmal herzförmig/Blüte 2-3 cm/mäßig trockene, nährstoffreiche, ± kalkhaltige Böden/Rasengesellschaften/Juni-Sep

Campanula rapunculus Rapunzel-Glockenblume (Campanulaceae) Pflanze mit rübenartig verdickten Wurzeln/ 40-80 cm/Blätter länglich oder spatelförmig/Blüte 10-20 mm/mäßig trockene, nährstoffreiche, kalkarme Böden/Rasengesellschaften-Ruderalpflanzen/Mai-Aug

Campanula scheuchzeri Scheuchzers Glockenblume (Campanulaceae) Pflanze lockerrasig/5-60 cm/Blätter schmal lineal bis lanzettlich/Blüten 10-30 mm/ frische, magere Böden/Felsige Standorte-Rasengesellschaften-Waldnahe Staudenfluren/Juni-Sep

Campanula sibirica Sibirische Glockenblume (Campanulaceae) Behaarte Pflanze/15-50 cm/Blätter schmal lanzettlich/Blüten 15-25 mm/trockene, kalkhaltige Böden/Rasengesellschaften-Waldnahe Staudenfluren/Mai-Aug

Campanula trachelium Nesselblättrige Glockenblume (Campanulaceae) Behaarte Pflanze/30-100 cm/untere Blätter eiförmig bis herzförmig/Blüten 3-4 cm/frische, nährstoffreiche Mullböden/Buchenwälder-Gebüsche/Juni-Sep

Chimaphila umbellata Winterlieb (Pyrolaceae) Unbehaarter Zwergstrauch/ 5-25 cm/Blätter scharf gesägt/Blüten 7-12 mm/mäßig trockene, kalkreiche, sandige Moderhumusböden/Kiefernwälder/Juni-Aug

Wald-Storchschnabel
Geranium sylvaticum
(Geraniaceae)

Cortusa matthioli Heilglöckchen (Primulaceae) Zottig behaarte Pflanze/20-50 cm/Blätter in grundständiger Rosette/Blüten in 5-12blütigen Blütenstand/ Einzelblüten 1 cm/frische bis feuchte, nährstoffreiche, ± kalkhaltige Böden/ Waldnahe Staudenfluren/Mai-Aug

Cuscuta europaea Europäische Seide (Convolvulaceae) Schmarotzerpflanze ohne grüne Blätter/30-150 cm/Blüten 2 mm/feuchte, nährstoffreiche Ufer/ Ruderalpflanzen-Waldnahe Staudenfluren/Juni-Sep

Cuscuta lupuliformis Pappel-Seide (Convolvulaceae) Schmarotzerpflanze ohne grüne Blätter/50-200 cm/Blüten 4-5 mm/feuchtes Ufergebüsch der Stromtäler/Waldnahe Staudenfluren/Juli-Sep

Dictamnus albus Diptam (Rutaceae) Behaarte Pflanze mit schwarzen Drüsen/ 50-120 cm/Blätter unpaarig gefiedert/Blüte 4-6 cm mit 10 Staubblättern/ trockene, nährstoffarme, meist kalkreiche (basenreiche), oft flachgründige, steinige oder sandige Böden/Eichenmischwälder-Waldnahe Staudenfluren/ Mai-Juni

Erodium cicutarium Gewöhnlicher Reiherschnabel (Geraniaceae) Rau behaarte Pflanze/10-60 cm/Blätter fiederteilig/Blütenstand 3-10blütig/Blütenkronblätter 5-11 mm/mäßig trockene bis trockene, ± nährstoffreiche, oft kalkarme Lehm-, Sand- und Steinböden/Rasengesellschaften-Ruderalstandorte/ Apr-Okt

Geranium palustre Sumpf-Storchschnabel (Geraniacea) Behaarte Pflanze/20-100 cm/Blätter 5-7lappig/Blüte 22-30 mm/sickernasse, nährstoff- und meist kalkreiche Tonböden/Rasengesellschaften-Waldnahe Staudenfluren/Juni-Sep

Geranium pratense Wiesen-Storchschnabel (Geraniaceae) Behaarte Pflanze mit tief eingeschnittenen Blättern/20-80 cm/Blätter sitzend/Blüten violett/5 Blütenblätter/Blüten 25-30 mm/frische, nährstoffreiche, meist kalkhaltige Ton- und Lehmböden/Rasengesellschaften/Juni-Aug

Geranium robertianum Stinkender Storchschnabel (Geraniacea) Behaarte Pflanze/10-50 cm/Blätter/Blüte 14-18 mm/frische, nährstoffreiche, humose, lehmige Böden/Buchenwälder-Felsige Standorte-Waldnahe Staudenfluren/ Mai-Okt

Geranium sanguineum Blutroter Storchschnabel (Geraniacea) Behaarte Pflanze auch mit gegenständigen Blättern/15-60 cm/Blätter rundlich mit 5-7 fast bis zum Grund gespaltenen Lappen/Blüte 25-30 mm/trockene, lockere, nährstoffarme, oft kalkreiche Böden/Eichenmischwälder-Waldnahe Staudenfluren/Mai-Sep

Geranium sylvaticum Wald-Storchschnabel (Geraniacea) Behaarte Pflanze/20-60 cm/Blätter 5-7lappig/Blüte 22-26 mm/frische bis feuchte, nährstoffreiche, kalkarme bis -reiche Ton- und Lehmböden/Rasengesellschaften-Waldnahe Staudenfluren/Juni-Juli

Legousia hybrida Kleiner Frauenspiegel (Campanulaceae) Pflanze/10-30 cm/Blätter länglich eiförmig und leicht wellig/Blüte 18-20 mm mäßig frische, nährstoffreiche, kalkhaltige Böden/Ruderalpflanzen/Mai-Juli

Wilde Malve
Malva sylvestris
(Malvaceae)

Legousia speculum-veneris Gemeiner Frauenspiegel (Campanulaceae) Pflanze/10-30 cm/Blätter länglich eiförmig und leicht wellig/Blüte 18-20 mm mäßig frische, nährstoffreiche, kalkhaltige Böden/Ruderalpflanzen/Juni-Aug

Malva neglecta Weg-Malve (Malvaceae) Behaarte Pflanze/15-50 cm/Blätter 5-7lappig/Blüten 15-25 mm/Blüten zu 3-6/frische, nährstoffreiche Böden/ Ruderalpflanzen/Juni-Sep

Malva sylvestris Wilde Malve (Malvaceae) Behaarte Pflanze/20-150 cm/Blätter 5-7lappig/Blüte 2-5 cm/± trockene, nährstoffreiche Böden/Ruderalpflanzen/ Mai-Sep

Potentilla palustris Blutauge (Rosaceae) Pflanze mit kriechender Grundachse/20-60 cm/Blätter 3-7zählig gefiedert/Blüte 20-30 mm/nasse, oft zeitweise überschwemmte, mäßig nährstoffreiche Torf-Schlammböden/ Gebüsche-Moore-Ufervegetation/Juni-Juli

Primula farinosa Mehl-Primel (Primulaceae) Pflanze mit grundständigen Blättern/5-30 cm/Blätter oberseits grün und unterseits weiß bestäubt/Blüte 8-16 mm mit stumpfkantigem Kelch/feuchte bis nasse, nährstoffarme, kalkhaltige Sumpf-, Torf- oder Steinböden/Moore/Mai-Juli

Primula minima Zwerg-Primel (Primulaceae) Unbehaarte Pflanze mit eingeschnittenen Blütenblättern/1-5 cm/Blätter in grundständiger Rosette/Blüten 1-2 cm/frische, kalkarme, humose Böden/Felsige Standorte-Rasengesellschaften/Juni-Aug

Rosa dumalis Graugrüne Rose (Rosaceae) Strauch mit stark hakig gebogenen Stacheln/bis 2 m/Blätter 5-7zählig gefiedert/Blüte 3-5 cm/mäßig trockene, basenreiche, meist steinige Lehmböden/Gebüsche/Juni-Juli

Rosa rubiginosa Wein-Rose (Rosaceae) Dorniger Strauch/1-4 m/Blätter 5- bis 9-zählig gefiedert/Blüten 18-28 mm/mäßig trockene, basenreiche, vorzugsweise kalkhaltige, steinige oder sandige Ton- und Lehmböden/Gebüsche/ Juni-Juli

Rosa rugosa Kartoffel-Rose (Rosaceae) Dorniger Strauch/100-250 cm/Blätter 5- bis 9-zählig gefiedert/Blüten 4-7 cm/an Böschungen, Straßenrändern und Dünen gepflanzt und verwildert/Gebüsche/Mai-Juni

Sedum telephium Rote Fetthenne (Crasulaceae) Pflanze mit oft rötlich gefärbtem Stängel/25-60 cm/Blätter länglich-eiförmig/Blüten 8-10 mm mit 10 Staubblättern/mäßig trockene bis frische, nährstoffreiche, auch kalkhaltige Böden/Eichenmischwälder/Juli-Sep

Sorbus chamaemespilus Zwergmispel-Eberesche (Rosaceae) Strauch/60-300 cm/Blätter elliptisch bis breit lanzettlich/Blüte 10-14 mm mit 20 Staubblättern/mäßig trockene, basenreiche (vorwiegend kalkreiche), humose, steinige Lehmböden/Salzstandorte-Waldnahe Staudenfluren/Juni-Juli

Thalictrum aquilegiifolium Akeleiblättrige Wiesenraute (Ranunculaceae) Unbehaarte Pflanze/40-120 cm/Blätter 1-3x gefiedert/Blüten in reichblütigen Blütenständen/nasse, nährstoffreiche, ± kalkhaltige Böden/Buchenwälder/ Mai-Juli

Gewöhnliche Küchenschelle
Pulsatilla vulgaris
(Ranunculaceae)

Mehr als 5 Blütenblätter

1A-Blüten violett
  2A-Wälder und Gebüsche
    3A-Blätter grundständig — ***Pulsatilla pratensis***
    3B-Stängel mit Blättern — ***Thalictrum aquilegiifolium***
  2B-Rasengesellschaften und Ruderalstandorte
    3A-Blütezeit Aug-Nov — ***Colchicum autumnale***
    3B-Blütezeit März-Juni
      4A-Blüten nickend/Blüten ~ Staubblätter — ***Pulsatilla pratensis***
      4B-Blüten aufrecht/Blüten>>Staubblätter — ***Pulsatilla vulgaris***

Colchicum autumnale Herbst-Zeitlose (Liliaceae) Pflanze zur Blütezeit ohne grüne Blätter/5-40 cm/Blüte 4-6 cm/6 gelbe Staubblätter/3 Griffel/± feuchte, nährstoffreiche, kalkhaltige Böden/Rasengesellschaften/Aug-Nov

Pulsatilla pratensis Wiesen-Küchenschelle (Ranunculaceae) Behaarte Pflanze/ 10-50 cm/Stängelblätter 2-4fach fiederig oder handförmig geteilt/Blüte 3-4 cm/basenreiche Sandböden/Kiefernwälder-Rasengesellschaften/Apr-Juni

Pulsatilla vulgaris Gewöhnliche Küchenschelle (Ranunculaceae) Behaarte Pflanze/5-50 cm/Stängelblätter 2-4fach fiederig oder handförmig geteilt/Blüte 55-85 mm/vorwiegend auf Kalk/Rasengesellschaften/März-Mai

Thalictrum aquilegiifolium Akeleiblättrige Wiesenraute (Ranunculaceae) Unbehaarte Pflanze/40-120 cm/Blätter 1-3x gefiedert/Blüten in reichblütigen Blütenständen/nasse, nährstoffreiche, ± kalkhaltige Böden/Buchenwälder/ Mai-Juli

Blüte symmetrisch

1A-Blüten orange	***Anthyllis vulneraria***
1B-Blüten braun	
2A-Wälder und Gebüsche	***Epipactis atrorubens***
2B-Rasengesellschaften	
3A-Nebenblätter lang zugespitzt	***Trifolium thalii***
3B-Nebenblätter nicht lang zugespitzt	
4A-Mittleres Blättchen länger gestielt	***Trifolium campestre***
4B-Alle Blättchen gleich lang gestielt	
5A-Oberste Blätter fast gegenständig	***Trifolium badium***
5B-Alle Blätter wechselständig	***Trifolium hybridum***
2C-Felsige Standorte	***Scrophularia canina***
1C-Blüten violett	
2A-Wälder und Gebüsche	
3A-Blätter dreizählig	
4A-Blüten in vielblütigen Köpfchen	***Trifolium alpestre***
4B-Blüten nicht in vielblütigen Köpfchen	
5A-Blütenstand 1-5(8)blütig	***Corydalis intermedia***
5B-Blütenstand (4)6-20blütig	***Corydalis cava***
3B-Blätter in Quirlen oder gegenständig	***Impatiens glandulifera***
3C-Blätter1-3fach gefiedert	***Thalictrum aquilegiifolium***
3D-Blätter anders	
4A-Blätter tief eingeschnitten	
5A-Helm der Blüte breiter als hoch	***Aconitum napellus***
5B-Helm der Blüte höher als breit	
6A-Stängel drüsig behaart	***Aconitum paniculatum***
6B-Stängel kahl oder behaart	***Aconitum variegatum***
4B-Blätter nicht tief eingeschnitten	
5A-Blüte bis 4-6 cm und ohne Sporn	***Digitalis purpurea***
5B-Blüte 15-25 mm und mit Sporn	***Viola mirabilis***
2B-Rasengesellschaften und Ruderalstandorte	
3A-Blätter dreizählig	
4A-Pflanze mit Dornen	***Ononis spinosa***
4B-Pflanze ohne Dornen	
5A-Pflanze dicht behaart	
6A-Blütenköpfchen sitzend	
7A-Blättchen gezeichnet	***Trifolium pratense***
7B-Blättchen nicht gezeichnet	
8A-Blättchen lanzettlich	***Trifolium alpestre***
8B-Blättchen verkehrt-eiförmig	***Trifolium striatum***

6B-Blütenköpfchen gestielt	
7A-Kelch kürzer als die Blüte	***Trifolium montanum***
7B-Kelch länger als die Blüte	***Trifolium arvense***
5B-Pflanze nicht dicht behaart	
6A-Stängel aufrecht	
7A-Blütenköpfchen sitzend/zu 2	***Trifolium alpestre***
7B-Blütenköpfchen gestielt (> 1 cm)	***Trifolium hybridum***
6B-Stängel kriechend und wurzelnd	
7A-Kelch der Blüte ungleich 2-lippig	***Trifolium fragiferum***
7B-Kelch der Blüte nicht so	***Trifolium repens***
6C-Stängel liegend und nicht wurzelnd	***Trifolium thalii***
3B-Blätter nicht dreizählig	
4A-Blätter rundlich oder nierenförmig	***Viola palustris***
4B-Blätter tief eingeschnitten	
5A-Standorte unterhalb 1200 m	***Pedicularis sylvatica***
5B-Alpenpflanze oberhalb 1150 m	***Pedicularis rostrato-capitata***
2C-Moore und Zwergstrauchheiden	
3A-Blätter grundständig	***Viola palustris***
3B-Blätter über den ganzen Stängel verteilt	***Pedicularis palustris***
2D-Felsige Standorte	
3A-Blätter fiederschnittig	
4A-Blüte mit Ober- und Unterlippe	***Pedicularis rostrato-capitata***
4B-Blüte mit 5 ungleichen Blütenlappen	***Scrophularia canina***
3B-Blätter nicht fiederschnittig	
4A-Blätter gestielt/Blüten 2-3 cm	***Viola calaminaria***
4B-Blätter sitzend/Blüten 5 mm	***Anarrhinum bellidifolium***
2E-Salzstandorte	
3A-Pflanze mit Dornen	***Ononis spinosa***
3B-Pflanze ohne Dornen	***Trifolium fragiferum***

Anders

Roter Fingerhut
Digitalis purpurea
(Scrophulariaceae)

Aconitum napellus Blauer Eisenhut (Ranunculaceae) Unbehaarte Pflanze/10-300 cm/Blätter handförmig 5-7teilig/Helm der Blüte so breit wie hoch/kalkhaltige Böden/Buchenwälder-Gebüsche/Juni-Okt

Aconitum paniculatum Rispiger Eisenhut (Ranunculaceae) Oben drüsig-klebrig behaart/60-150 cm/Blätter handförmig 5-7teilig/Blüte 8-15 mm/frische, nährstoffreiche, kalkhaltige Böden/Gebüsche-Ruderalpflanzen/Juli-Sep

Aconitum variegatum Bunter Eisenhut (Ranunculaceae) Oben kahle Pflanze/60-150 cm/Blätter handförmig 5-7lappig/Blüten 8-15 mm/frische bis nasse, nährstoffreiche, kalkhaltige Böden/Buchenwälder/Juli-Sep

Anarrhinum bellidifolium Lochschlund (Scrophulariaceae) Unbehaarte Pflanze/25-80 cm/Stängelblätter meist 3-5teilig/Blüte 4-5 mm/mäßig frische, kalkarme Steinböden/Felsige Standorte/Juni

Anthyllis vulneraria Gewöhnlicher Wundklee (Fabaceae) Silbern behaart/5-60 cm/Blätter 1-7paarig gefiedert/Blüten 1-2 cm in vielblütigen Köpfchen/trockene bis frische, magere, meist kalkhaltige Lehm- und Lössböden, wenig entkalkte Dünensande/Rasengesellschaften-Zwergstrauchheiden/Mai-Sep

Corydalis cava Hohler Lerchensporn (Fumariaceae) Unbehaarte Pflanze/10-35 cm/Blätter dreizählig/Blütenstand 4-20blütig/Blüten 18-28 mm/frische, nährstoffreiche, tiefgründige Mullböden, kalkliebend/Buchenwälder/März-Mai

Corydalis intermedia Mittlerer Lerchensporn (Fumariaceae) Unbehaarte Pflanze/7-15 cm/Blätter doppelt dreizählig/Blüte 10-15 mm/frische, nährstoff-reiche, kalkarme Mullböden/Buchenwälder/März-Apr

Digitalis purpurea Roter Fingerhut (Scrophulariaceae) Behaarte Pflanze/50-150 cm/Blätter ± eiförmig/Blüte 40-55 mm/frische, nährstoffreiche, kalkarme Böden/Waldnahe Staudenfluren/Juni-Juli

Epipactis atrorubens Rotbraune Ständelwurz (Orchidaceae) Rhizompflanze/20-100 cm/Stängel behaart/Blätter parallelnervig/Blütenstand 8-18blütig/Blüten purpurn/trockene, nährstoffarme, kalkreiche Steinböden/Buchenwälder-Kiefernwälder-Rasengesellschaften/Juni-Aug

Impatiens glandulifera Drüsiges Springkraut (Balsaminaceae) Blätter oben quirlständig/50-300 cm/Blätter ei- bis schmal-lanzettlich/Blüten 25-40 mm/nährstoffreiche Lehm- und Tonböden/Waldnahe Staudenfluren/Juli-Sep

Ononis spinosa Gewöhliche Hauhechel (Fabaceae) Behaarte Pflanze mit Dornen/10-100 cm/Blätter 3zählig gefiedert/Blüte 1-2 cm/sommertrockene meist kalkreiche Lehmböden/Rasengesellschaften-Salzstandorte/Juni-Sep

Pedicularis palustris Sumpf-Läusekraut (Scrophulariaceae) Blätter teilweise gegen- oder quirlständig/10-80 cm/Blätter 1-2x fiederschnittig/Blüte 18-25 mm/± nährstoffreiche, kalkarme Sumpfhumusböden/Moore/Mai-Aug

Pedicularis rostrato-capitata Geschnäbeltes Läusekraut (Scrophulariaceae) Stängel behaart/5-20 cm/Blätter 2fach gefiedert/Blüte 18-25 mm/kalkreiche, ± steinige Böden, auf Schiefer/Felsige Standorte-Rasengesellschaften/Juli-Aug

Scrophularia canina Hunds-Braunwurz (Scrophulariaceae) Kahle Pflanze/20-60 cm/untere Blätter doppelt fiederteilig/Blüte 4-5 mm/ mäßig trockene, ± kalkhaltige, nicht zu feinkörnige Böden/Felsige Standorte/Juni-Aug

Feld-Klee
Trifolium campestre
(Fabaceae)

Thalictrum aquilegiifolium Akeleiblättrige Wiesenraute (Ranunculaceae) Kahle Pflanze/40-120 cm/Blätter 1-3x gefiedert/Blüten in reichblütigen Blütenständen/nasse, nährstoffreiche, ± kalkhaltige Böden/Buchenwälder/Mai-Juli

Trifolium alpestre Hügel-Klee (Fabaceae) Behaarte Pflanze/15-40 cm/Blätter 3zählig/Blütenköpfchen 15-30 mm lang/trockene Lehm-, Ton- + Sandböden/ Laubmischwälder-Rasengesellschaften-Waldnahe Staudenfluren/Juni-Aug

Trifolium arvense Hasen-Klee (Fabaceae) Behaart/5-40 cm/Blätter 3zählig/ Köpfchen 1-2 cm/Sand-, Kies-, Steingrusböden/Rasengesellschaften/Mai-Juli

Trifolium badium Braun-Klee (Fabaceae) Behaarte Pflanze/10-25 cm/Blätter 3zählig/Einzelblüte 6-9 mm/Köpfchen bis 2 cm lang &10-15 mm breit/nährstoffreiche, kalkhaltige Lehm- und Tonböden/Rasengesellschaften/Juli-Aug

Trifolium campestre Feld-Klee (Fabaceae) Niederliegend/5-50 cm/Blätter 3zählig/Einzelblüte 3-6 mm/Blütenstand 7-15 mm lang/trockene, humose, lockere Lehm-, Sand- und Steingrusböden/Rasengesellschaften/Juni-Sep

Trifolium fragiferum Erdbeer-Klee (Fabaceae) Niederliegende Pflanze/5-40 cm Blütenköpfchen 7-20 mm lang/Blüten 6-7 mm/feuchte, nährstoffreiche, kalk- und salzhaltige, tonige Böden/Rasengesellschaften-Salzstandorte/Juni-Sep

Trifolium hybridum Bastard-Klee (Fabaceae) Pflanze mit bis zu 10 cm lang gestielten Blättern/5-90 cm/Blätter 3zählig/Köpfchen 15-25 mm/frische bis feuchte, nährstoffreiche Lehm- und Tonböden/Rasengesellschaften/Mai-Sep

Trifolium montanum Berg-Klee (Fabaceae) Behaarte Pflanze/Blätter dreizählig/Köpfchen 1-7 cm lang gestielt/mäßig trockene bis wechseltrockene, kalkhaltige, humose Lehm- und Tonböden/Rasengesellschaften/Mai-Aug

Trifolium pratense Wiesen-Klee (Fabaceae) Behaarte Pflanze/10-60 cm/Blätter dreizählig/Blütenköpfchen 15-30 mm/frische, nährstoffreiche, tiefgründige Ton- und Lehmböden/Rasengesellschaften/Mai-Sep

Trifolium repens Weiß-Klee (Fabaceae) Pflanze mit weiß gefleckten Blättern/ cm/Blätter dreizählig/Blütenköpfchen 15-25 mm/5-30 cm lang gestielt/frische, nährstoffreiche, dichte, Lehm- und Tonböden/Rasengesellschaften/Mai-Sep

Trifolium striatum Gestreifter Klee (Fabaceae) Stängel abstehend zottig behaart 5-30 cm/Blätter 3zählig/Köpfchen 10-15 mm lang, 10 mm dick/trockene, lockere, sandige, kiesige oder lehmige Böden/Rasengesellschaften/Mai-Aug

Trifolium thalii Rasiger Klee (Fabaceae) Rasenbildende Pflanze/4-15 cm/ Blätter 3zählig/Köpfchen 4-12 cm lang gestielt/nährstoffreiche, steinige Ton- und Lehmböden, fast nur auf Kalk/Rasengesellschaften/Juli-Aug

Viola calaminaria Gelbes Galmei-Veilchen (Violaceae) Kahle Pflanze/10-25 cm/Blätter oval bis lanzettlich/Blüten 20-30 mm/Schutthalden, Grubenränder von Zink- und Bleiabbaustätten/Felsige Standorte/Juni-Aug

Viola mirabilis Wunder-Veilchen (Violaceae) Pflanze mit grundständiger Blattrosette/5-30 cm/Blätter herzförmig/Blüte 15-25 mm/± frische, nährstoff- und basenreiche, kalkhaltige, lockere Böden/Buchenwälder/Apr-Mai

Viola palustris Sumpf-Veilchen (Violaceae) Sumpfpflanze mit grundständigen Blättern/3-10 cm/Blätter nierenförmig/Blüte 10-15 mm/nasse, nährstoff- und basenarme, saure, Sumpfhumusböden/Moore-Rasengesellschaften/Mai-Juli

Silberdistel
Carlina acaulis
(Compositae)

Blüte margeritenartig

1A-Blüten orange
  2A-Rasengesellschaften und Ruderalstandorte ***Senecio doronicum***
  2B-Felsige Standorte ***Senecio rivularis***
1B-Blüten violett
  2A-Wälder und Gebüsche
    3A-Distelartige Pflanze ***Carlina acaulis***
    3B-Pflanze nicht distelartig
      4A-Pflanze unbehaart ***Scorzonera purpurea***
      4B-Pflanze behaart ***Achillea millefolium***
  2B-Rasengesellschaften und Ruderalstandorte ***Carlina acaulis***
1B-Blüten grau bis silbrig ***Carlina acaulis***

Blüten löwenzahnartig

1A-Blüten orange
  2A-Wälder und Gebüsche ***Hieracium aurantiacum***
  2B-Rasengesellschaften und Ruderalstandorte ***Senecio doronicum***
  2C-Felsige Standorte ***Hieracium aurantiacum***
1B-Blüten violett
  2A-Wälder und Gebüsche
    3A-Blätter unbehaart und linealisch ***Scorzonera purpurea***
    3B-Blätter behaart und fiederteilig ***Cicerbita alpina***

Alpen-Milchlattich
Cicerbita alpina
(Compositae)

Achillea millefolium Gewöhnliche Schafgarbe (Compositae) Behaarte aromatische Pflanze/8-100 cm/Stängelblätter doppelt fiederteilig/Einzelblüten 4-6 mm/frische bis mäßig trockene, nährstoffreiche, lockere, sandige, steinige oder reine Lehmböden/Waldnahe Staudenfluren/Juni-Okt

Carlina acaulis Silberdistel (Compositae) Distelartige Pflanze/1-50 cm/Blätter deutlich fiederteilig/Blüten 4-6 cm/mäßig trockene, ± tiefgründige Böden/ Kiefernwälder-Rasengesellschaften/Juli-Sep

Cicerbita alpina Alpen-Milchlattich (Compositae) Pflanze im oberen Teil braunrot drüsenborstig/60-130 cm/Blätter unregelmäßig fiederteilig-Endabschnitt 3eckig spießförmig/Blüten 20 mm/frische, nährstoffreiche, ± kalkhaltige Mullböden/Buchenwälder-Waldnahe Staudenfluren/Juli-Sep

Hieracium aurantiacum Orangerotes Habichtskraut (Compositae) Behaarte Pflanze mit Rosetten- und Stängelblättern/20-50 cm/Rosettenblätter eilanzettlich/Blüte 2-3 cm/± frische, kalkarme, humose Böden/Felsige Standorte-Waldnahe Staudenfluren/Juni-Aug

Scorzonera purpurea Purpur-Schwarzwurzel (Compositae) Unbehaarte Pflanze/20-60 cm/Blätter im Querschnitt V-förmig/Blüte 30-45 mm/trockene, kalkhaltige, humose, ± steinige Böden/Eichenmischwälder/Mai-Juni

Senecio doronicum Gämswurz-Greiskraut (Compositae) Behaarte Pflanze/20-60 cm/Blätter länglich eiförmig bis lanzettlich/Blüte 3-6 cm/frische, kalkhaltige, humose Ton- und Lehmböden/Rasengesellschaften/Juli-Aug

Senecio rivularis Krauses Greiskraut (Compositae) Pflanze/20-100 cm/Blätter eiförmig lanzettlich mit herzförmiger Basis/Blüte 25-40 mm/feuchte Bergwiesen, Bachufer, Torfstiche, Latschengebüsche/Felsige Standorte/Mai-Aug

<u>Blüten anders</u>

1A-Blüten grau — ***Artemisia vulgaris***
1B-Blüten braun
  2A-Wälder und Gebüsche
    3A-Baum oder Strauch
      4A-Zur Blütezeit ohne grüne Blätter
        5A-Kätzchen eindeutig gestielt — ***Alnus glutinosa***
        5B-Kätzchen sitzend oder kurz gestielt — ***Alnus incana***
      4B-Zur Blütezeit mit grünen Blättern
        5A-Blattrand fast ganzrandig — ***Fagus sylvatica***
        5B-Blattrand eindeutig gezähnt
          6A-Blütenstand aufrecht/Blätter stumpf — ***Betula humilis***
          6B-Blütenstand hängend/Blätter spitz
            7A-Junge Zweige+Blätter behaart — ***Betula pubescens***
            7B-Junge Zweige+Blätter kahl — ***Betula pendula***
            7C-Junge Zweige+Blattstiele zottig — ***<u>Carpinus betulus</u>***
    3B-Krautige Pflanze — ***Inula conyza***
    3C-Farnpflanze
      4A-Sporenbehälter (Sori) alle am Rand — ***Pteridium aquilinum***
      4B-Sori einzeln und vom Rand entfernt
        5A-Sori länglich oder hakenförmig — ***Athyrium filix-femina***
        5B-Sori rundlich
          6A-Blätter gefiedert — ***Gymnocarpium dryopteris***
          6B-Blätter tief eingeschnitten — ***Polypodium vulgare***
        5C-Sori nierenförmig
          6A-Farnwedel 2-fach gefiedert — ***<u>Dryopteris filix-mas</u>***
          6B-Farnwedel 3- bis 4-fach gefiedert — ***Dryopteris dilatata***
  2B-Rasengesellschaften und Ruderalstandorte
    3A-Farnpflanze — ***Ophioglossum vulgatum***
    3B-Krautartige Pflanze
      4A-Blätter grundständig
        5A-Blätter linealisch — ***Plantago atrata***
        5B-Blätter lanzettlich — ***<u>Plantago lanceolata</u>***
      4B-Stängel mit gefiederten Blättern — ***<u>Sanguisorba officinalis</u>***
  2C-Moore und Zwergstrauchheiden — ***Betula nana***
  2D-Felsige Standorte — ***Salix reticulata***
1C-Blüten violett
  2A-Wälder und Gebüsche
    3A-Stängelblätter quirlständig — ***<u>Eupatorium cannabinum</u>***
    3B-Stängelblätter handförmig geteilt — ***<u>Astrantia major</u>***
    3C-Stängelblätter anders — ***<u>Thalictrum aquilegiifolium</u>***

2B-Rasengesellschaften und Ruderalstandorte
  3A-Blätter distelartig
    4A-Blüten 4-6 mm — ***Carlina acaulis***
    4B-Blüten 15-25 mm — ***Cirsium arvense***
  3B-Blätter nicht distelartig
    4A-Blüten in 4-10 cm langen Ähren — ***Phyteuma nigrum***
    4B-Blüten anders
      5A-Untere Blätter rundlich-nierenförmig — ***Homogyne alpina***
      5B-Untere Blätter handförmig geteilt
        6A-Blütenhüllblätter derb — ***Astrantia bavarica***
        6B-Blütenhüllblätter dünn — ***Astrantia major***
      5C-Blätter fiederspaltig oder fiederteilig
        6A-Blütenköpfchen 3-6 mm breit — ***Centaurea diffusa***
        6B-Blütenköpfchen 2-4 cm breit — ***Knautia arvensis***
      5D-Blätter schmal bis spatelförmig — ***Antennaria dioica***
      5E-Blätter anders
        6A-Blattunterseite schneeweiß-filzig — ***Saussurea alpina***
        6B-Blattunterseite nicht so
          7A-Stiele der Grundblätter hohl — ***Arctium minus***
          7B-Stiele der Grundblätter markig — ***Arctium lappa***
2C-Moore und Zwergstrauchheiden — ***Antennaria dioica***
2D-Felsige Standorte
  3A-Pflanze zur Blütezeit ohne grüne Blätter — ***Petasites paradoxus***
  3B-Pflanze zur Blütezeit mit grünen Blättern — ***Adenostyles glabra***

Große Sterndolde
Astrantia major
(Apiaceae)

Adenostyles glabra Grüner Alpendost (Compositae) Behaarte Pflanze/30-80 cm/Blätter herz- bis nierenförmig mit deutlich hervortretendem Adernetz/ Blüte 6-8 mm/sickerfrische oder feuchte, kalkhaltige, ± feinerdereiche Steinschuttböden/Felsige Standorte/Juli-Aug

Alnus glutinosa Schwarz-Erle (Betulaceae) Baum zur Blütezeit ohne grüne Blätter/10-25 m/Blüten in 10-30 mm langen Kätzchen/nasse, zuweilen überschwemmte, nährstoffreiche, ± kalkarme Böden/Erlenstandorte/Feb-Apr

Alnus incana Grau-Erle (Betulaceae) Baum zur Blütezeit ohne grüne Blätter/3-25 m/Blüten in 11-17 mm langen Kätzchen/nasse, zuweilen überschwemmte, kalkhaltige Rohböden/Auwälder der Gebirgsbäche/Feb-Apr

Antennaria dioica Gewöhnliches Katzenpfötchen (Compositae) Behaart/5-30 cm/Rosettenblätter verkehrt eiförmig-spatelig/Blüten 6-12 mm/meist kalkarme, sandige Lehmböden/Rasengesellschaften-Zwergstrauchheiden/Mai-Juli

Arctium lappa Große Klette (Compositae) (Un)Behaartes Kraut/80-150 cm/ Blätter herzförmig-oval/Blüten in Gruppen/Blüte 20-25 mm x 35-42 mm/ Blütenstiel 3-10 cm/± frische, nährstoffreiche Lehmböden/Ruderalpflanzen/ Juli-Sep

Arctium minus Kleine Klette (Compositae) Behaartes Kraut/50-120 cm/Blätter herzförmig-oval/Blütenstiel hohl/Blüte 1-3 cm/frische, nährstoffreiche, ± kalkarme Böden/Ruderalpflanzen/Juli-Sep

Artemisia vulgaris Gewöhnlicher Beifuß (Compositae) Behaarte Pflanze/30-250 cm/Blätter 1-2x fiederteilig/Blüte 3-4 mm/frische bis feuchte, nährstoffreiche, ± humose Böden/Gebüsche-Rasengesellschaften-Ruderalpflanzen/ Juli-Okt

Astrantia bavarica Bayrische Sterndolde, Bayrische (Apiaceae) Ausdauernd/20-60 cm/Blätter handförmig 5-7teilig/Blüten 1-3 cm/± nährstoffreiche, kalkhaltige Lehm-&Tonböden/Rasengesellschaften-Ruderalpflanzen/Juni-Aug

Astrantia major Große Sterndolde (Apiaceae) Ausdauernd/30-100 cm/Blätter tief handförmig 5-7teilig/Blüten 2-5 cm/nährstoff- + basenreiche, kalkhaltige Lehmböden/Fichtenwälder-Gebüsche-Rasengesellschaften/Juni-Aug

Athyrium filix-femina Wald-Frauenfarn (Athyriaceae) Farnpflanze mit grundständigen Blättern/30-100 cm/Blätter 1-2x gefiedert/kalkarme, frische Böden/Gebüsche/Juli-Sep

Betula humilis Strauch-Birke (Betulaceae) Strauch mit graubrauner Rinde/50-150 cm/Blätter rundlich/Blüten in aufrechten 8-15 mm langen Kätzchen/ nasse, mäßig nährstoffreiche Torfböden/Gebüsche/Apr-Mai

Betula nana Zwerg-Birke (Betulaceae) Strauch mit graubrauner Rinde/20-80 cm/Blätter fast kreisrund/Blüten in aufrechten Kätzchen/bis 1 cm lang/nasse, nährstoffarme, saure Torfböden/Moore-Zwergstrauchheiden/Apr-Mai

Betula pendula Hänge-Birke (Betulaceae) Baum mit weißer Baumrinde/10-25 m/Blätter dreieckig-rhombisch/Blüten in 15-60 mm langen Kätzchen/feuchte bis trockene, ± nährstoffarme, ± saure Böden/Gebüsche/Apr-Mai

Acker-Kratzdistel
Cirsium arvense
(Compositae)

Betula pubescens Moor-Birke (Betulaceae) Baum mit weißer Rinde/5-25 m/ Blätter ei- bis rautenförmig/Blüten in 15-60 mm langen Kätzchen/feuchte, saure, sandige oder torfige Böden/Erlenstandorte/Apr-Mai

Carlina acaulis Silberdistel (Compositae) Distelartige Pflanze/1-50 cm/Blätter deutlich fiederteilig/Blüten 4-6 cm/mäßig trockene, ± tiefgründige Böden/ Kiefernwälder-Rasengesellschaften/Juli-Sep

Carpinus betulus Hainbuche (Corylaceae) Baum mit glatter Rinde und gedrehten Längswülsten im Stamm/8-25 m/Blätter elliptisch/Blüte in 5 cm langen, walzenartigen Kätzchen/frische bis mäßig trockene, mäßig nährstoffreiche, mäßig saure, sandige und besonders lehmige Böden/ Buchenwälder-Gebüsche/Apr-Mai

Centaurea diffusa Sparrige Flockenblume (Compositae) Pflanze mit grün-grauen Blättern/10-60 cm/untere Blätter zweifach fiederteilig/trockene, nährstoffreiche Lockerböden/Ruderalpflanzen/Juli-Sep

Cirsium arvense Acker-Kratzdistel (Compositae) Distelartige Pflanze/60-120 cm/Blätter distelartig/Blüten 15-25 mm/nährstoffreiche Böden/Rasengesell-schaften-Ruderalpflanzen/Juli-Sep

Dryopteris dilatata Breitblättiger Dornfarn (Aspidiaceae) Farnpflanze mit grundständigen Blättern/20-180 cm/Blätter 2-3x gefiedert/relativ nährstoff-reiche Böden/Gebüsche/Juni-Sep

Dryopteris filix-mas Gewöhnlicher Wurmfarn (Aspidiaceae) Farnpflanze mit grundständigen Blättern/30-120 cm/Blätter 1-4x gefiedert/nährstoffreiche Mullböden/Gebüsche/Juni-Sep

Eupatorium cannabinum Wasserdost (Compositae) Behaarte Pflanze/50-175 cm/Blätter handförmig 3-7teilig/Blüten 2-5 mm/frische, nährstoffreiche, meist kalkhaltige Lehm- und Tonböden/Waldnahe Staudenfluren/Juli-Sep

Fagus sylvatica Rot-Buche (Fagaceae) Baum mit glatter Rinde/3-40 m/Blätter elliptisch-eiförmig/Blütenstände gleichzeitig mit den Blättern erscheinend/ sickerfrische, nicht wasserstauende, mittelgründige, kalkreiche und kalkarme Mull- und Moderböden/Buchenwälder/Apr-Mai

Gymnocarpium dryopteris Eichenfarn (Aspidiaceae) Farnpflanze mit grund-ständigen Blättern/10-50 cm/Blätter im Umriß 3-eckig/kalkarme Böden/ Kiefernwälder/Juli-Aug

Homogyne alpina Gewöhnlicher Alpenlattich (Compositae) Behaarte Pflanze/ 10-40 cm/Blätter nieren- bis herzförmig/Blüten 10-15 mm/frische bis feuchte, humose und torfige, sandige Lehmböden/Kiefernwälder-Rasengesellschaften/ Juni-Aug

Inula conyza Dürrwurz (Compositae) Behaarte Pflanze/20-150 cm/Blätter ei-förmig bis elliptisch/Blüte 5-10 mm/mäßig trockene bis frische, ± nährstoff-reiche, oft steinige Lehmböden/Eichenmischwälder/Juni-Sep

Knautia arvensis Acker-Witwenblume (Dipsacaceae) Behaarte Pflanze/25-100 cm/Stängelbblätter fiederteilig/Blüten in violetten Köpfchen/2-4 cm/frische bis mäßig trockene, nährstoffreiche Böden/Rasengesellschaften-Ruderal-pflanzen/Mai-Sep

Schwarze Teufelskralle
Phyteuma nigrum
(Compositaeae)

Ophioglossum vulgatum Natternzunge (Ophioglossaceae) Farnpflanze mit grundständigen Blättern/10-30 cm/schwach salzertragend, auf feuchten, dichten Tonböden/Rasengesellschaften/Juni-Aug

Petasites paradoxus Alpen-Pestwurz (Compositae) Zur Blütezeit nur mit rötlichen, schuppenartigen Blättern/15-60 cm/Blütenstand 4-10 cm/sickerfeuchte, kalkhaltige Steinschutt- oder Kiesböden/Felsige Standorte/März-Mai

Phyteuma nigrum Schwarze Teufelskralle (Campanulaceae) Pflanze mit hohlem Stängel/20-60 cm/Grundblätter herzförmig/Blüten in 4-10 cm langen Ähren/frische, meist nährstoffreiche, kalkarme Mull- oder Moderhumusböden/Rasengesellschaften/Mai-Juli

Plantago atrata Berg-Wegerich (Plantaginaceae) Rosettenpflanze/5-20 cm/Blätter lanzettlich mit 3-7 deutlichen Adern/Blüten in Ähren/feuchte, nährstoffreiche, kalkige Tonböden/Rasengesellschaften/Mai-Aug

Plantago lanceolata Spitz-Wegerich (Plantaginaceae) Pflanze mit grundständigen Blättern/10-50 cm/Blätter lanzettlich mit 3-7 deutlichen Adern/Blüten in länglich-eiförmiger Ähre/frische bis trockene, magere bis nährstoffreiche, Sand- bis Lehmböden/Ruderalpflanzen/Mai-Sep

Polypodium vulgare Gewöhnlicher Tüpfelfarn (Polypodiaceae) Farnpflanze mit grundständigen Blättern/10-30 cm/kalkmeidend (in Humus über Kalk aber vorkommend)/Eichenmischwälder/Juli-Sep

Pteridium aquilinum Adlerfarn (Dennstaedtiaceae) Farnpflanze mit grundständigen Blättern/60-200 cm/Blätter 2-4x gefiedert/kalkmeidend, bevorzugt basenarme sandige Böden/Eichenmischwälder-Gebüsche/Juli-Okt

Salix reticulata Netz-Weide (Salicaceae) Kleiner Strauch/10-30 cm/Blätter breit elliptisch bis fast kreisrund/Blüten in 15-35 mm langen Kätzchen/vorwiegend auf Kalk/Felsige Standorte/Juli-Aug

Sanguisorba officinalis Großer Wiesenknopf (Rosaceae) Unbehaarte Pflanze/20-150 cm/untere Blätter mit 3-8 Fiederpaaren/Blüte 10-30 mm/grund- und sickerfeuchte, ± nährstoff- und basenreiche, humose Böden, auch Torfböden/Rasengesellschaften/Juni-Sep

Saussurea alpina Echte Alpenscharte (Compositae) Grau behaarte Pflanze/5-40 cm/Blätter eiförmig-lanzettlich/Blüte 15-20 mm/frische, ± kalkarme Steinböden/Rasengesellschaften/Juli-Sep

Thalictrum aquilegiifolium Akeleiblättrige Wiesenraute (Ranunculaceae) Kahle Pflanze/40-120 cm/Blätter 1-3x gefiedert/Blütenstand reichblütig/nasse, nährstoffreiche, ± kalkhaltige Böden/Buchenwälder/Mai-Juli

Alpen-Pestwurz
Petasites paradoxus
(Compositae)

Literatur

Aichele, D. & Schwegler, H. (2004) Die Blütenpflanzen Mitteleuropas Bd. 1-5. Franckh-Kosmos Verlags-GmbH & Co. KG, Stuttgart.
Blamey, M. & Grey-Wilson, C. (2003) Cassell's Wild Flowers Of Britain & Northern Europe. Weidenfeld & Nicolson, London.
Buttler, K.P. (1996) Orchideen. Mosaik-Verlag GmbH, München.
Eggenberg, S. & Möhl, A. (2007) Flora Vegetativa. Haupt, Bern.
Fleischhauer, S.G., Spiegelberger, R. & Gassner, C. (2017) Blatt für Blatt. AT Verlag, Aarau und München.
Gibbons, B. & Brough, P. (2004) Der große Kosmos-Naturführer Blütenpflanzen. Franckh-Kosmos Verlags-GmbH & Co. KG, Stuttgart.
Haueupler, H. & Muer, T. (2000) Bildatlas der Farn- und Blütenpflanzen Deutschlands. Verlag Eugen Ulmer, Stuttgart.
Lüder, R. (2004) Grundkurs Pflanzenbestimmung. Quelle & Meyer Verlag, Wiebelsheim.
Rothmaler, W. (1976-1987) Exkursionsflora für die Gebiete der DDR und der BRD. (Bd. 3-4). Volk und Wissen Volkseigener Verlag Berlin.
Schauer, T. & Caspari, C. (2004) Der große BLV Pflanzenführer. BLV Verlagsgesellschaft mbh, München.
Schmeil, O. & Fitschen, J. (1993) Flora von Deutschland und angrenzender Länder. Quelle & Meyer Verlag, Heidelberg.
Schubert, R., Hilbig, W. & Klotz, S. (2001) Bestimmungsbuch der Pflanzengesellschaften Deutschlands. Spektrum Akademischer Verlag, Heidelberg.
Tutin, T.G., Burges, N.A., Chater, A.O., Edmondson, J.R., Heywood, V.H., Moore, D.M., Valentine, D.H., Walters, S.M. & Webb, D.A. (1968-1980) Flora Europaea Bd.1-5. Cambridge University Press, Cambridge.

Index

A

H. Mehlhorn, *Quick Flora Deutschland*,
https://doi.org/10.1007/978-3-662-61696-3

A
B
C
D
E
F
G
H
I
J
K
L
M
N
O
P
Q
R
S
T
U
V
W
Z

A
B
C
D
E
F
G
H
I
J
K
L
M
N
O
P
Q
R
S
T
U
V
W
Z

B

C

A B C D E F G H I J K L M N O P Q R S T U V W Z

A B C D E F G H I J K L M N O P Q R S T U V W Z

D

E

A B C D E F G H I J K L M N O P Q R S T U V W Z

G

A B C D E F G H I J K L M N O P Q R S T U V W Z

H

A
B
C
D
E
F
G
H
I
J
K
L
M
N
O
P
Q
R
S
T
U
V
W
Z

I

A B C D E F G H I J K L M N O P Q R S T U V W Z

A B C D E F G H I J K L M N O P Q R S T U V W Z

A
B
C
D
E
F
G
H
I
J
K
L
M
N
O
P
Q
R
S
T
U
V
W
Z

A B C D E F G H I J K L M N O P Q R S T U V W Z

M

N

A B C D E F G H I J K L M N O P Q R S T U V W Z

O

P

A B C D E F G H I J K L M N O P Q R S T U V W Z

A
B
C
D
E
F
G
H
I
J
K
L
M
N
O
P
Q
R
S
T
U
V
W
Z

Q

R

A B C D E F G H I J K L M N O P Q R S T U V W Z

S

A B C D E F G H I J K L M N O P Q R S T U V W Z

A B C D E F G H I J K L M N O P Q R S T U V W Z

U

V

A
B
C
D
E
F
G
H
I
J
K
L
M
N
O
P
Q
R
S
T
U
V
W
Z

W

A
B
C
D
E
F
G
H
I
J
K
L
M
N
O
P
Q
R
S
T
U
V
W
Z

Z